Schädliche Nebenwirkungen von Arzneimitteln

Von

Dr. med. L. Meyler
Internist in Groningen ⟨Holland⟩

Deutsche, nach der zweiten holländischen Auflage
erweiterte und neu bearbeitete Ausgabe

Springer-Verlag Wien GmbH 1956

Die zweite Auflage der holländischen Ausgabe erschien 1954 unter dem Titel „Schadelijke Nevenwerkingen van Geneesmiddelen" im Verlag Van Gorcum & Comp. N. V., Assen. Die Übersetzung ins Deutsche besorgte General i. P. Dr. med. R. POLÁK, Groningen

ISBN 978-3-662-28256-4   ISBN 978-3-662-29774-2 (eBook)
DOI 10.1007/978-3-662-29774-2

Vorwort

Dieses Buch bringt eine Zusammenstellung alles dessen, was in der Literatur über die Nebenwirkungen der verschiedenen, täglich gebrauchten Arzneimittel zu finden war; der Arzt kann hier, bevor er ein bestimmtes Medikament verordnet, nachschlagen, was bisher über die Nebenwirkungen des betreffenden Heilmittels bekanntgeworden ist. Er wird jedes Medikament besser anwenden können, wenn er außer seinen Vorteilen auch seine Nachteile kennt. Ich möchte dem Arzt auch dazu behilflich sein, zu erkennen, ob neue Symptome, die im Verlauf einer Erkrankung auftreten, durch die Krankheit selbst verursacht wurden oder als Nebenwirkungen eines Heilmittels aufzufassen sind.

Es ist durchaus nicht meine Absicht, vom Gebrauch irgendeines Heilmittels abzuraten, aber ich möchte den Gebrauch eines Medikamentes auf die Fälle beschränkt sehen, bei denen die Ordination auf Grund einer sorgfältig gestellten Indikation erfolgt. Jeder Arzt sollte sich zur Regel machen, Medikamente erst nach vorheriger gründlicher Untersuchung und nach langem Überlegen der damit verbundenen Risiken zu verordnen; erst wenn die Diagnose feststeht, kann er den Gebrauch kausal wirkender Heilmittel verantworten. Solche Heilmittel dürfen erst dann angewendet werden, wenn der richtige Augenblick dazu gekommen ist. Dann ist — bei gleichzeitig verringerter Gefahr von Nebenwirkungen — die größtmögliche Wirkung zu erwarten.

Der Arzt verfügt gegenwärtig über Heilmittel, die gegen viele bakterielle Infektionen ausgezeichnet wirken und deren Anwendung durchaus zweckmäßig ist; Heilmittel, die aber nicht nur den Bakterien, sondern auch dem Organismus des Kranken schwere Schäden zufügen können. Diese Möglichkeit wird von vielen Ärzten noch nicht genügend in Betracht gezogen.

Ein großer Teil der Nebenerscheinungen ist allergischer Art, daher treten bei sehr verschiedenartigen Heilmitteln die gleichen Krankheitsbilder auf. Früher nahm man an, daß allergische Symptome nur durch artfremdes Eiweiß verursacht werden. Jetzt wissen wir, daß manche Medikamente mit Eiweißstoffen des Körpers in Verbindung treten; auf diese Weise wird ein artfremdes Eiweiß gebildet, das antigene Eigenschaften haben kann. Daher können zum Beispiel Sulfonamide, Quecksilber oder Thiaminchlorid dieselben anaphylaktischen Erscheinungen wie Serum erzeugen.

Neben den toxischen und allergischen Reaktionen des Patienten, deren Häufigkeit mit der wachsenden Anzahl neuer synthetischer Heilmittel komplizierter Struktur von Jahr zu Jahr zunimmt, bildet bei den Sulfonamiden und Antibiotika das Resistentwerden von Bakterien die größte Gefahr. Je mehr Sulfonamide und Antibiotika verordnet werden, desto größer wird die Zahl der resistenten Bakterienstämme. Dasselbe beobachtet man beim Penicillin: es gibt bereits ziemlich viele Stämme von Staphylokokken, gegen die Penicillin wirkungslos bleibt. Noch schlimmer können die Folgen bei der Tuberkulosebehandlung mit Streptomycin sein; behandelt man eine leichte tuberkulöse Infektion, die schon durch eine Ruhekur ausheilen würde, mit Streptomycin, dann besteht die große Gefahr, daß der Tuberkuloseerreger resistent wird. Stellt sich dann später eine Komplikation ein oder wird eine Operation, die nicht ohne Streptomycin vorgenommen werden kann, nötig, reagieren die Bazillen nicht mehr.

Die in dem Buch verarbeitete Literatur ist jeweils am Ende der Kapitel zusammengestellt; außerdem wurden folgende pharmakologische Werke benützt, die nur mit dem Namen des Autors zitiert werden:

U. G. BIJLSMA, Elementaire Geneesmiddelen. Utrecht: Oosthoek. 1947.

P. v. D. WIELEN, Pharmacotherapeutisch Vademecum. Amsterdam: D. B. Centen. 1947.

T. SOLLMANN, A Manual of Pharmacology and its Applications to Therapeutics and Toxicology. Philadelphia: Saunders. 1948.

F. R. DAVISON, Synopsis of Materia Medica, Toxicology and Pharmacology. St. Louis: Mosby. 1946.

B. N. GHOSH, Pharmacology, Materia Medica and Therapeutics. Calcutta: Hilton. 1946.

H. FUEHNER, Medizinische Toxikologie. Leipzig: G. Thieme. 1943.

E. BROWNING, Modern Drugs in General Practice. London: Arnold. 1947.

J. MAYR, Die Nebenwirkungen der Arzneimittel auf die Haut. Jena: G. Fischer. 1950.

C. ALBAHARY, Maladies médicamenteuses. Paris: Masson. 1953.

W. LINDEMAYR, Arzneimittelexantheme. Wien: Maudrich. 1954.

Bei der Nomenklatur und der Einteilung der behandelten Arzneimittel war mir Herr Dr. F. HUIZINGA, Apotheker des Akademischen Krankenhauses in Groningen, behilflich. Herr Dozent Dr. W. LINDEMAYR, II. Universitätsklinik für Haut- und Geschlechtskrankheiten in Wien, war so freundlich, das Manuskript gründlich durchzusehen; von seinen wertvollen Anregungen habe ich gern Gebrauch gemacht. Beiden Herren gebührt mein herzlichster Dank.

Zu besonderem Dank fühle ich mich Herrn Dr. R. POLÁK, Gast der Reichsuniversität in Groningen, verpflichtet, der die große Mühe auf sich nahm, das Manuskript dieser Ausgabe, die gegenüber den ihr vorangegangenen beiden holländischen Auflagen (nach der ersten holländischen Auflage wurde auch eine englische Ausgabe veranstaltet) wesentlich erweitert und neu bearbeitet ist, ins Deutsche zu übertragen.

Es ist noch immer der Mühe wert, danach zu streben, daß der Ausspruch VOLTAIRES „Der Arzt ist jemand, der Heilmittel, von denen er wenig weiß, in einen Körper gießt, von dem er noch weniger weiß" Lügen gestraft werde. Ich hoffe, daß dieses Buch dazu beitragen kann.

Groningen, im April 1956

L. Meyler

Inhaltsverzeichnis

I. Medikamente mit stimulierender Wirkung auf das Zentral-Nervensystem

Coffein (Trimethylxanthin)
ruft bei einer zu hohen Dosierung oder bei Menschen, die besonders für Coffein empfindlich sind, folgende Erscheinungen hervor: Unruhe, Angst, Aufregung, Zerstreutheit, Verwirrung, Schlaflosigkeit, Schwindelanfälle, Kopfschmerzen, Parästhesien, Erbrechen und andere Magenbeschwerden; zumeist beschleunigten, in einzelnen Fällen aber verlangsamten Puls (1)[1]; Erhöhung des Blutdruckes; tiefere Atmung.

Dieselben Erscheinungen können auch nach Gebrauch von Getränken entstehen, die Coffein enthalten. Insbesondere, wenn sie, so wie es bei colahaltigen Getränken der Fall ist, kalt genossen werden, wird die Magenschleimhaut so gereizt, daß man sogar mit dem Entstehen von Geschwüren rechnen muß (2).

Coffein sowie Theophyllin und Theobromin verkürzen die Prothrombin- und Gerinnungszeit des Blutes (3).

Coffeingebrauch kann zu Sulfhämoglobinämie führen.

Aminophyllin (Euphyllin, Deriphyllin), **Theophyllin** und **Theobromin** haben die gleichen Nebenwirkungen wie Coffein. Der Brechreiz hingegen ist, besonders beim Einnehmen per os, oft so stark, daß man die Darreichung einstellen muß. Die Reizung des Zentral-Nervensystems ist manchmal so heftig, daß Krämpfe auftreten können.

Die Magensekretion kann angeregt werden, es können Beschwerden beim Urinieren entstehen. Priapismus. In seltenen Fällen wurden Erytheme beobachtet.

Bei intravenösen Injektionen können, wenn die Injektion nicht langsam genug ausgeführt wird, tiefere Atmung, Schwindelanfälle, Bewußtlosigkeit entstehen.

Es sind einzelne Sterbefälle durch Kammerflimmern nach einer intravenösen Injektion von Euphyllin vorgekommen, vermutlich bei Menschen mit einer ernsten Koronarsklerose (4).

Apomorphin
Brechreiz, Erbrechen, Speichelfluß, Tränen, Schwindelgefühl, Krämpfe.

---

[1] Ziffern in Klammern beziehen sich auf die Literaturverzeichnisse am Ende jedes Kapitels.

Pikrotoxin

Gefühl von Brennen im Mund, im Ösophagus und im Magen, Brechreiz, Erbrechen, Speichelfluß, Diarrhöe, Krämpfe, Schweißausbruch. Kopfschmerzen (5).

Lungenödem, Gehirnödem (6).

Cardiazol (Pentetrazol, Pentazol, Metrazol)

Krämpfe. Bei Gebrauch als Schocktherapie sieht man in etwa 25 % der Fälle Wirbelfrakturen (7), auch andere Frakturen; paroxysmale Tachykardie, Dermatitis.

Coramin (Nikethamide)

kann auch so reizen, daß Krämpfe entstehen. Eine zu große Dosis kann Tod durch Atemstillstand verursachen.

Strychnin

Erhöhte Reflexe, tetanische Krämpfe, Krampf der Brustmuskeln, später Lähmung des Atmungszentrums.

Opisthotonus, schneller Puls, weite Pupillen, hie und da können sich allergische Symptome zeigen.

Ein Mann von 64 Jahren bekam nach Gebrauch von $2^{1}/_{2}$ mg Jucken am ganzen Körper und kollabierte.

Bei einer anderen Gelegenheit wiederholten sich diese Erscheinungen nach einer noch kleineren Dosis Strychnin (14).

Amphetamin (Benzedrin, Dexedrin), **Methylamphetamin** (Pervitin) **und andere Weckamine.**

Diese Stoffe werden heutzutage viel mißbraucht, um bessere Leistungen zu erreichen (Studenten, Sportler). Aber ich habe dasselbe auch bei Ärzten und Frauen von Ärzten gesehen (Gratismuster, Inserate in Fachzeitungen), die auf diese Weise versuchten, mit weniger Schlaf auszukommen.

Zu den gewöhnlichen Nebenerscheinungen, die eintreten können, gehören:

Allgemeine Erscheinungen: Schlaflosigkeit, selten jedoch schlaferzeugend (22), Reizbarkeit: die Patienten werden äußerst schreckhaft (20), Kopfschmerzen, Herzklopfen, Tachykardie, Hypertension, Anorexie, Brechreiz, Meteorismus, fühlbare Bewegung des Magens und Darmes, schlechter Geschmack im Munde (20), Verminderung der Riechschärfe, Trockenheit im Mund, Aufstoßen, manchmal Erbrechen und Diarrhöe.

Geschlechtstätigkeit. Zuweilen potenzsteigernde, meist potenzsenkende Wirkung. Nach langer Anwendung sinkt die Erektionsfähigkeit (22). Trotz geschwächter Potenz kann eine Steigerung der Libido entstehen. Bei der Frau heterosexuell bedingt, beim Manne übernehmen autoerotische Handlungen die Führung (22).

Psychische Wirkungen. Schwierigkeit, die Gedanken zu beherrschen. Mühe, die richtige Auswahl zu treffen, d. h. die Assoziationen, die von allen Seiten herbeiströmen, zu steuern. Eine motorische Getriebenheit, die das Stillsitzen zur Qual macht (WUNDERLE, 23). Es wird über einen passageren Zustand ausgesprochener choreatischer Unruhe berichtet (22). Parästhesien, Muskelkrämpfe, Pupillenerweiterung, Zittern.

Allergische Erscheinungen. Urtikaria, QUINCKESches Ödem, Exantheme, Jucken.

Der Blutdruck kann höher werden. Darum darf das Mittel bei Hypertension und Koronarsklerose nicht gegeben werden.

Bei einer Reihe von Männern wurde nach einigen Wochen Gynäkomastie wahrgenommen (8).

Bei Frauen kann während der Menstruation ein starker Blutverlust entstehen (16). In einem Falle trat eine Uterusblutung bei einem neunjährigen Mädchen auf (8).

Das sich aus den Inhalationsröhrchen verflüchtigende Amphetamin (Benzedrin-Inhalator) hat als Nebenwirkung einen unmittelbaren Geruchsverlust und Trockenheitsgefühl in der Nase zur Folge (20). Das inhalierte Amphetamin kann dieselben Nebenwirkungen hervorrufen wie oral zugeführtes.

Durch Befragen von fast 1200 Militärgefangenen, die Amphetamin aus Inhalationsröhrchen in erheblichen Mengen zu sich nahmen, wurden folgende Wirkungen, in Prozenten ausgedrückt, wahrgenommen:

100 % verging die Zeit schneller,
95 % fühlten sich glücklich,
94 % machte es redselig,
75 % ließ es die Sorgen vergessen,
72 % spürten Herzklopfen,
63 % hatten verringerten Appetit,
44 % ließ es am Tage träumen,
38 % verursachte es Stärkegefühl,
31 % verursachte es sexuelle Erregung,
18 % bekamen Zittern der Hände,
18 % wurden schreckhaft,
15 % hatten Magenbeschwerden (21).

Einige seltene Beobachtungen. Es können Störungen im Rhythmus der Herztätigkeit entstehen, speziell Extrasystolen. Einmal wurde ein Herzblock beobachtet (9).

Ein tödlicher Kollaps trat bei einem 25jährigen Studenten, der einige Tage 30 mg Amphetamin eingenommen hatte, ein (10).

Zehn Minuten nach dem Einnehmen von 5 mg d-Amphetamin klagte eine 41jährige Frau über heftige Kopfschmerzen, Schmerzen unter dem Brustbein und Angstgefühl. Sie wurde blaß und kalt. Vier Stunden später entstand QUINCKESches Ödem an den Augenlidern. Einige Tage später folgten dieselben (allergischen) Erscheinungen nach $2^{1}/_{2}$ mg (11).

Ein tödlicher Schock durch Erweiterung von Kapillaren im Gebiet des Splanchnicus wurde beschrieben (9).

Es können Psychosen entstehen, die dem Delirium tremens ähnlich sind (18).

STAEHELIN berichtet über Intoxikationszustände durch Pervitin nach einem Geländelauf: psychische Alterationen, motorische Unruhe, Verwirrtheit, ängstliche Erregungszustände, Zuckungen der Muskulatur, Suicide (22).

Einzelne Beobachtungen sind unsicher: Panzytopenie (12), Polyzythämie (zehn Millionen Erythrozyten p. mm^3) (13), Lebernekrose.

Durch fortwährenden Gebrauch entsteht *Angewöhnung* und es können sich verschiedene psychische Störungen entwickeln (10). Sogar Inhalation von Benzedrin kann Angewöhnung zur Folge haben.

Die Menschen werden nervös, unausgeglichen, reizbar, gesprächig, aufgeregt, schlaflos. Sie werden weniger kritisch, können hiedurch Paralytikern ähneln. Es kann auch das Bild einer thyreotoxischen Krisis entstehen (19). Auch Gedächtnisstörungen kommen vor. Man paßt nicht gut auf oder handelt undurchdacht.

Schließlich kann eine chronische Intoxikation entstehen. Man wird unzurechnungsfähig, begeht Übertretungen. Auch können paranoide Handlungen vorkommen. Es kann zu Delirien und Halluzinationen kommen. Auch eine leichte Temperatursteigerung kann erfolgen.

Einmal kam es zu einer an Enzephalitis erinnernden fieberhaften Krankheit mit Desorientation und Halluzination, nachdem der Patient einige Jahre hindurch dreimal täglich 2¹/₂ mg Metamphetamin gebraucht hatte (15).

Auch *Abstinenzerscheinungen* mit geistiger und körperlicher Erschöpfung wurden beobachtet. Es können depressive Zustände entstehen, so wie sie bei anderen Formen von Toxikomanie vorkommen, auch Zittern und Magen-Darmerscheinungen (17).

Literatur

1. BIJLSMA, S. 128.

2. Ned. Tijdschr. v. Geneesk. 94 (1950) 1570; J.A.M.A. 126 (1944) 814; Surgery 17 (1945) 650.

3. Amer. J. med. Sci. 212 (1946) 83.

4. J.A.M.A. 123 (1943) 115; 124 (1944) 1944; 136 (1948) 397.

5. DAVISON, S. 244.

6. J.A.M.A. 134 (1947) 1297.

7. Ned. Tijdschr. v. Geneesk. 83 (1939) 5164.

8. Lancet 256 (1949) 650.

9. J.A.M.A. 113 (1939) 1022; Ned. Tijdschr. v. Geneesk. 81 (1937) 3865, 5356.

10. CL. ALBAHARY, Maladies médicamenteuses, S. 115. Paris: Masson. 1953.

11. Lancet (1953 I) 699.

12. Canad. Med. Ass. J. 62 (1950) 594.

13. Brit. med. J. 1937, 25. September.

14. Brit. med. J. (1953 I) 1234.

15. Amer. J. Med. 14 (1953) 633.

16. Pr. méd. 61 (1953) 840.

17. J.A.M.A. 135 (1947) 989.

18. Schweiz. med. Wschr. 77 (1947) 982.

19. Sven. Läk. tidn. 49 (1952) 1500.

20. Arzneimittelforschung 5 (1955) 42; G. ZEINER und K. SOEHRING, Die Weckamine.

21. J.A.M.A. 133 (1947) 909.

22. G. BONHOFF und H. LEWRENZ, Über Weckamine. Berlin-Göttingen-Heidelberg: Springer-Verlag. 1954.

23. Arch. Psych. Neurol. 113 (1941) 504.

II. Medikamente mit dämpfender Wirkung auf das Zentral-Nervensystem

A. Barbitursäurederivate

Barbital (Veronal), **Phenobarbital** (Luminal), **Solutio Barbamini** (Somnifen), **Pentobarbital** (Nembutal), **Pentothiobarbital** (Pentothal, Thiopenton), **Allobarbital** (Dial), **Hexobarbital** (Evipan), **Cyclobarbital** (Phanodorm), **Methylphenobarbital** (Prominal), **Heptobarbital** (Rutonal), **Butobarbital** (Soneryl), **Barbipyrin** (Veramon), **Allopyrin** (Allonal)

Unangenehme Erscheinungen, die nach Gebrauch von Barbitursäuren vorkommen, können verschiedene Ursachen haben.

1. Überdosierung; aber auch eine kleinere Dosis, wenn der Patient *besonders empfindlich* ist, wie es bei Anoxie (1, 2, 3) (Asthma, hochgradige Anämie) und bei Patienten mit Leberkrankheiten der Fall sein kann.

Alte Menschen können oft unerwartet auf Barbiturate reagieren: diese können entweder einen lähmenden Einfluß auf die Atmung haben oder diese im Gegenteil anregen. Auch andere Funktionen können entweder abnormal gehemmt oder gereizt werden (4).

Alkohol verstärkt die Wirkung von Barbitursäurederivaten. Es wurden zwei Fälle von tödlicher Vergiftung beschrieben, wobei die Menge der Barbitursäure kaum größer war als die gebräuchliche therapeutische Dosis. In beiden Fällen wurde täglich eine kleine Menge Alkohol genommen (5).

Sowohl bei Überdosierung als auch bei besonderer Empfindlichkeit kann das Bild einer akuten Barbitursäure-Vergiftung entstehen: Verwirrung, Schläfrigkeit, Koma. Die Reflexe verschwinden, auch die Pupillen- und Kornealreflexe. Die Pupillen sind zumeist eng, sie können aber auch weit werden. Die Atmung wird oberflächlich, ihre Frequenz langsamer. Die Menschen können unter dem Bild von Atmungsstillstand sterben. Aussetzen der Herztätigkeit. Es kann Lungenödem entstehen. Man kann auch Erscheinungen von Schock beobachten.

Manchmal treten auch bei der Vergiftung Hautsymptome auf: Erythem, Ödeme, papulöse und bullöse Exantheme. Nekrose der Zehen- und Fingerspitzen wurde beobachtet (6).

Nach dem Koma können sich Amaurose, Polyneuritis, Diabetes insipidus entwickeln.

Das Koma muß mit Coramin, Picrotoxin, Amphetamin, Strychnin behandelt werden. Reichliche Sauerstoffzufuhr ist sehr wichtig. Antibiotika sind nötig, um einer Pneumonie vorzubeugen.

2. Allergische Erscheinungen. a) Haut. Hautreaktionen wurden in 1 bis 2 % beobachtet (7). Man muß die Medikation sofort einstellen!

Jucken; Erytheme, die wie Masern, Scharlach, Röteln aussehen oder polymorph sind; Erythema exsudativum multiforme. Auch fixe Erytheme sind bekannt. Es können vesikulöse und bullöse Eruptionen entstehen; Urtikaria (8), angioneurotische Ödeme (9), Purpura. Exfoliative Dermatitis (10) ist immer gefährlich. Es können auch Hautveränderungen entstehen, die an Lupus erythematosus und an oberflächliche Pilzerkrankungen erinnern (11).

Man hat auch Melanodermie (6) unbedeckter Hautstellen gesehen, sowie Akrozyanose (6). Nach Einspritzung von Phenobarbital können Hautnekrosen entstehen.

b) Schleimhäute. Enantheme, Stomatitis, Blutungen aus dem Zahnfleisch (12), Bindehautentzündung, Phlyktänen, Pharyngitis, Schnupfen.

Einmal wurde das STEVENS-JOHNSON-Syndrom (13) beschrieben, wobei Mund, Augen und Genitalien ergriffen wurden. Abstoßung vom Schleimhautepithel des Ösophagus, Larynx, der Bronchien, des Nierenbeckens und der Harnleiter wurde beschrieben (14).

c) Allgemeine Erscheinungen. Manchmal ähneln sie der Serumkrankheit: Fieber, Hauterscheinungen, Schwellung der Lymphdrüsen, Milzvergrößerung, Gelenksschwellungen, Asthma, Eiweiß im Harn. Auch werden vorübergehende Lungeninfiltrate beschrieben (15). Es wurde auch über Erkrankungen von parenchymatösen Organen berichtet; es handelt sich dann immer um ein ernstes Krankheitsbild.

Ein Patient starb nach viertägigem Gebrauch von Pentobarbital mit Hauterscheinungen, Anurie und Lungenödem (16).

Noch bei vier weiteren Patienten wurden allergische Reaktionen nach Phenobarbital beschrieben. Zwei dieser Patienten starben, ein dritter konnte, obwohl er schwer krank war, durch ACTH gerettet werden. Keiner dieser Kranken nahm mehr als 130 mg Phenobarbital täglich ein (17).

Die Erscheinungen waren: Erythem, Purpura, hohes Fieber, exfoliative Dermatitis, Verwirrtheit, Schädigung parenchymatöser Organe. Es zeigte sich Hepatitis und Gelbsucht. Bei der Obduktion wurden Blutungen in den Bronchien, im Mund, Magen und in den Nieren gefunden.

Eine allgemeine Erkrankung mit tödlichem Verlauf wurde auch bei einem Patienten, der vier Tage lang 100 mg Phenobarbital eingenommen hatte, festgestellt (18).

Bei einem Patienten mit exfoliativer Dermatitis wurden Veränderungen der Blutgefäße gefunden, wie sie bei Periarteriitis nodosa auftreten (19).

Hämorrhagische Enzephalitis (14) und Gehirnödem wurden auch beobachtet (20).

Bei einem Neugeborenen, dessen Mutter in der Schwangerschaft 20 mg Luminal täglich eingenommen hat, zeigten sich Symptome von Luminalvergiftung (102).

d) Magen-Darmkanal. Verstopfung, Diarrhöe (manchmal blutig), Appetitlosigkeit, Brechreiz, Magenschmerzen, auch Blutungen in der Magenschleimhaut wurden beobachtet.

e) Leber. Hepatitis mit Ikterus (21), hepatorenales Syndrom (22).

f) Nieren. Nephrose mit Anurie und Urämie. Es zeigen sich auch leichte Veränderungen des Harnes. Porphyrinurie.

g) Blut. Leukozytose, Eosinophilie.

Ein Patient hatte 73500 Leukozyten, darunter 32 % Eosinophile (23). Auch Myelozyten und Erythroblasten kann man im peripheren Blut finden.

Bei andauerndem Gebrauch kann Anämie entstehen, es kam auch eine akute hämolytische Anämie vor (24). Es kann thrombopenische Purpura entstehen. Verschiedene Fälle von Agranulozytose und Panzytopenie wurden beschrieben (25).

Ein Patient mit Agranulozytose hat als Gesamtdosis nur 1400 mg Luminal eingenommen (24 a).

h) Gelenke und Muskeln. Bei allergischen Reaktionen können Gelenksschwellungen vorkommen. Bei andauerndem Gebrauch kann es auch zu eigenartigen Gelenksaffektionen kommen, teils mit (26), teils ohne (27) Anschwellung der Gelenke. Bald ist ein Gelenk betroffen, bald mehrere.

Ankylosen und Kontrakturen hat man gesehen. Es kann sich auch eine sehr schmerzhafte Myalgie entwickeln.

3. Erscheinungen durch chronische Vergiftung. Kopfschmerzen, Schwindel, Ataxie, Tremor, periphere Neuritis, Neuritis optica (28), Nystagmus, Diplopie, Ptosis der Augenlider, Farbensehen; die Farben sind: gelb, grün, rot (29); Sprachstörungen; Erscheinungen, die an Enzephalitis erinnern (30); Krämpfe, herabgesetzte Reflexe, Unterdrückung des Hustenreflexes, manchmal völliges Verschwinden der Korneal- und Pupillenreflexe, Schluckstörungen.

Jucken, Anorexie, Stuhlverstopfung, Schnupfen, Bindehautentzündung, Lidrandentzündung (31).

Anämie (32), Störungen der Nierenfunktion (33), Porphyrinurie, Gelenksschmerzen.

Psychische Störungen wurden bei andauerndem Gebrauch von Barbituraten öfters beobachtet: Verblödung, Gedächtnisstörungen, Charakterveränderungen; die Menschen können reizbar, ängstlich, streitsüchtig werden (34), sind unruhig und aufgeregt. Der Intelligenzgrad sinkt, und es entsteht Mangel an Urteilsvermögen. Auch können Verwirrung und Halluzinationen vorkommen. Die Menschen pflegen sich schlecht. Echte Psychosen, die mit Krämpfen beginnen, können sich einstellen (35).

Chronische Barbitursäurevergiftung kann chronischem Alkoholismus gleichen (110).

Menschen, die regelmäßig Barbitursäure einnehmen, können periodisch Erscheinungen von Angst, Bewußtseinstrübung, Verwirrtheit bekommen. Man fand hiebei auch einen *zu niedrigen Blutzuckerwert* (111).

Nach wiederholtem Gebrauch kann es zur *Gewöhnung* kommen. Abstinenzerscheinungen können dem plötzlichen Aussetzen der Therapie folgen.

Sechs Fälle sind bekannt, bei denen sich im Laufe von vier bis acht Tagen nach dem Einstellen der Barbitur-Medikation eine akute Psychose entwickelte (36).

Wird die Verabreichung von Barbituraten plötzlich eingestellt, bemerkt man zumeist nach den ersten 12 bis 15 Stunden, daß sich das Denkvermögen bessert; der Patient denkt klarer und die Symptome seitens des Gehirns verschwinden. Später verschlechtert sich der Zustand aufs neue (36).

Das Einstellen der Behandlung mit Barbituraten muß langsam vor sich gehen. Werden die Patienten nervös, ängstlich, schlaflos oder stellt sich Tremor ein, so darf die Dosis nicht weiter verkleinert werden. Wenn sich Krämpfe, Delirien oder Halluzinationen zeigen, muß die Dosis der Barbitursäure wieder eine Zeitlang erhöht werden (36).

Andere *Abstinenzerscheinungen* sind: Allgemeines Erschlaffen, Müdigkeit, schneller Puls, schnelle Atmung, Hypertension, Anorexie, Brechreiz, Erbrechen, Krämpfe, Tremor, Gänsehaut, Tränen der Augen, Rhinitis.

Einzelne sind der Ansicht, daß die Abstinenzerscheinungen sogar schwerer sein können als bei Morphiumentzug (37).

B. Carbamide

Sedormid (Allylisopropylacetylcarbamid)

Nach Gebrauch von Sedormid hat man viele Fälle von *thrombopenischer Purpura* beobachtet.

Nach regelmäßigem unschädlichem Gebrauch dieses Schlafmittels kann doch plötzlich nur *eine* Tablette eine bedeutende Verminderung der Thrombozytenzahl verursachen.

Hiebei kommen nicht nur Hautblutungen, sondern auch Schleimhautblutungen vor. So sah man Meläna (38), Nasenblutungen, Hirnblutungen und Hämaturie entstehen (39).

Bei ernsten Blutungen, oder bei einer Thrombopenie, die nicht bald nach dem Aussetzen der Medikation zurückgeht, ist ACTH indiziert. Auch mit BAL erzielte man Erfolge. Bei manchen Fällen genügt Behandlung mit Kalzium.

Im Plasma wurde ein Faktor gefunden, der imstande ist, Thrombozyten von Kranken und Gesunden aufzulösen (40).

Nach Sedormid kann sich auch eine Polyneuritis einstellen (41).

Adalin (Carbromal, Diäthyl-bromacetylcarbamid, Diacid)

1. Haut. Toxikodermie. Diese beginnt an den Unterschenkeln mit gelben bis rotbraunen Eruptionen, die fleckig sind. Blutungen und Pigmentationen können entstehen. Erythrodermie, hämorrhagisches Exanthem, Jucken.

Ein Patient, der ohne Wissen anderer 1½ Jahre hindurch Diacid (Adalin) eingenommen hatte, bekam eine juckende Hautkrankheit. Es bildeten sich Papeln, Hämorrhagien, Pigmentationen, Teleangiektasien, so daß das ganze Bild an eine *Dermatitis lichenoide purpurique et pigmentaire* (GOUGEROT und BLUM) (106) denken ließ.

Wir sahen auch eine Patientin mit heftigem Jucken, die ein einer Dermatitis ähnliches Bild hatte. Später dachte man an Mycosis fungoides, aber die Probeexzision bestätigte diese Diagnose nicht. Ein anderer Hautarzt behandelte die Frau mit einem Brompräparat, da alles auf eine nervöse Komponente hinwies. Sie ist genesen, doch später kam sie mit einem Rezidiv zur Behandlung, das derart an den Fall in oben erwähnter Publikation erinnerte, daß durch weitere Untersuchung Carbromal als Ursache festgestellt werden konnte. Die frühere Heilung war nicht durch das Brompräparat, sondern durch das Aussetzen des Carbromals während der Zeit der Brombehandlung erzielt worden!

Immer wieder fällt es uns auf, wie schwierig es ist, festzustellen, ob und welche Medikamente ein Patient gebraucht. Zumeist sind es Schlafmittel, deren Gebrauch bewußt verschwiegen wird.

2. Allgemeine Erscheinungen. Müdigkeit und Diarrhöe. Bewußtlosigkeit von einigen Tagen Dauer beobachtete man bereits nach Gebrauch von 3 g. Schneller Puls, niedrige Temperaturen, Thrombopenie (43).

Phenuron (Phenylacetyl ureum, Phenacemid)

1. Haut. Jucken, Exantheme, Ödeme (44), Dermatitis.

2. Blut. Leukopenie, Anämie, aplastische Anämie (45), Eosinophilie.

3. Leber. Hepatitis (46), Störungen der Leberfunktion, Hepatonephritis (47), akute gelbe Leberatrophie (48).

4. Harn. Albuminurie, Nephrose, Glukosurie, Azetonurie.

5. Allgemeine Erscheinungen. Anorexie, Schläfrigkeit, Schlaflosigkeit, Brechreiz, Müdigkeit (49), Kopfschmerz, Abmagerung, Parästhesien (49).

6. Charakterveränderungen. Depressive Zustände, Gedächtnisstörungen, Verwirrtheit, Reizbarkeit, Selbstmordgedanken (49), manische und paranoide Zustände; öfters werden die Menschen aggressiv.

C. Hydantoinderivate

Nirvanol (Phenyl-äthyl-hydantoin)

Bei Nirvanol treten fast in 100 % der Fälle allergische Reaktionen auf (112).

1. Haut und Schleimhäute. Exantheme (50) (masernartig, scharlachartig, bullös), Urtikaria, Purpura, Ödem der Augenlider und Lippen, Stomatitis, Balanitis (51), Konjunktivitis.

2. Allgemeine Erscheinungen. Fieber, Drüsenschwellung, Milzvergrößerung. Es wird oft der Ausdruck Nirvanolkrankheit gebraucht. Diese kann rezidivieren.

3. Blut. Eosinophilie, Thrombopenie, Agranulozytose (50).

Bei vier Patienten beobachtete man eine hyperchrome Anämie mit Megaloblasten im peripheren Blut und im Knochenmark (115).

4. Nieren. Nephrose und Hämaturie (52).

5. Leber. Hepatitis (53).

6. Nervensystem. Schläfrigkeit und doch Schlaflosigkeit, Tremor, Schwindel, Ataxie, Geschmacksstörungen, Sehstörungen.

Dilantin (Diphenylhydantoin, Comital, Antisacer, Zentronal, Zentropil, Apydan).

1. Haut. Das Hydantoinexanthem erscheint meistens in den ersten drei Wochen der Behandlung. Bei neuerlicher Behandlung mit diesem Medikament kommt es zumeist nicht mehr zu einem solchen Exanthem.

Von 34 Patienten mit Hydantoinexanthem hatten 25 bei Wiederholung der Darreichung keine Reaktion, fünf zeigten die gleichen Erscheinungen, drei dieser Patienten haben später das Hydantoin ohne Beschwerden vertragen (113).

An Scharlach oder Masern erinnernde Exantheme: Urtikaria, Erythema exsudativum multiforme, angioneurotische Ödeme, Purpura ohne Thrombopenie, exfoliative Dermatitis, Furunkulose.

Bei einigen Patienten zeigte sich verstärkter Haarwuchs am Körper. Die Behaarung der Unterarme nimmt besonders zu (56).

2. Wucherung des Zahnfleisches (55).

W. A. M. van der Kwast berichtet hierüber aus der Abteilung für Mundchirurgie (Prof. Hut):

Nach Gebrauch von Dilantin tritt bei einem hohen Prozentsatz der mit diesem Medikament behandelten Patienten (40 %) eine Hyperplasie des Zahnfleisches auf.

Der Grad der Hyperplasie schwankt von geringer Schwellung der interdentalen Papillen bis zu einem Zustand, bei dem die Gebißelemente völlig von proliferierendem Gewebe bedeckt sind.

Lokale Faktoren sowie Mundhygiene und Karies spielen bei der sekundär auftretenden Gingivitis eine Rolle.

Im zahnlosen Mund entsteht keine Hyperplasie des Zahnfleisches.

Mikroskopisch wird eine Anzahl Plasmazellen gefunden, was möglicherweise auf eine allergische Ursache hinweist.

Oft ist eine Gingivektomie nötig, aber bei Fortsetzung der Dilantinkur stellt sich bald ein Rezidiv ein.

Hyperplasie des Zahnfleisches trat auf:

> bei 6 Kindern in 100 %,
> bei 19 Frauen in 73,7 %,
> bei 18 Männern in 59,5 % (114).

3. Allgemeine Erscheinungen. Fieber, öfters Drüsenschwellung, hämorrhagische Diathese, Brechreiz, Erbrechen, sonstige Magenbeschwerden.

4. Blut. Leukopenie, Panzytopenie (58), Agranulozytose (109); Eosinophilie, hyperchrome Anämie (124).

Die Beschreibung eines schweren toxischen Krankheitsbildes mit *mononukleärer Reaktion* nach Gebrauch von Dilantin folgt:

Ein elfjähriger Junge wurde sehr unruhig und begann zu fiebern. Einige Maculae wurden an Händen und Füßen gefunden, später breitete sich das Exanthem über den ganzen Körper aus und war masernähnlich. Das Kind war verwirrt und desorientiert. Die Schleimhäute des Pharynx, der Nase und der Bindehäute waren entzündet, die Halsdrüsen geschwollen. Es stellten sich Hautblutungen ein; die Reflexe waren auffallend gesteigert, der Fußklonus sehr deutlich. Im Blute kam es zu einer mononukleären Reaktion. Das Kind ist genesen (109).

5. *Nieren.* Oligurie, Nephrose (59), Porphyrinurie.

6. *Leber.* Hepatitis, Fettleber.

Ein Patient wurde beobachtet, der Hepatitis mit Ikterus, Fieber, Drüsenschwellung und Dermatitis bekam (60).

7. *Herz und Blutgefäße.* In zwei Fällen wurde bei der Obduktion eine Schädigung des Myokards gefunden (107).

Von 44 Patienten, die mit Dilantin behandelt wurden, wurde ein EKG gemacht. Man fand Leitungsstörungen, bei 50 % eine Verlängerung des P-R-Intervalls; bei 78 % war die T-Zacke niedriger und bei 100 % wurden Veränderungen im QRS-Komplex (108) konstatiert.

Fälle von *Periarteriitis nodosa* werden auf den Gebrauch von Dilantin zurückgeführt (57).

8. *Nervensystem.* Kopfschmerz, Nervosität, Schwindel, Verblödung, Schlaflosigkeit, vermehrte Libido, Ataxie, Tremor, Nystagmus, verminderte Sehschärfe, Doppeltsehen, Hemiplegie, Sprachstörungen, Schluckbeschwerden, epileptische Anfälle, Parkinsonismus, Halluzinationen, sonstige psychische Erscheinungen.

Mesantoin (Methylphenyläthylhydantoin)

Zumeist dieselben Nebenerscheinungen wie Dilantin (62).

1. *Haut.* Neben dem Exanthem sind oft die Schleimhäute rot und geschwollen. Es können sich Blasen bilden (116). Stomatitis aphthosa (118). Außer den bei Dilantin genannten Hautveränderungen wurden chloasmaähnliche fleckige Pigmentationen (63) und Dermatitis bullosa beschrieben (64); keine Zahnfleischwucherungen.

2. *Allgemeine Erscheinungen.* Fieber, Halsbeschwerden, allgemeines Müdigkeitsgefühl, Ataxie, Schwindel, Polyarteriitis nodosa (65); Metrorrhagien; Drüsenschwellungen.

3. *Blut.* Agranulozytose (66), Panzytopenie (67), Leukopenie. Bei 18 von 79 Patienten fiel die Zahl der Leukozyten während der Behandlung unter 2500 (105). Leichte Anämie (118).

Es wurden Blutbilder, wie sie das PFEIFFERsche Drüsenfieber zeigt, beobachtet. Ein solcher Patient hatte ein scharlachähnliches Exanthem, geschwollene Drüsen, nekrotische Schleimhäute. Außer Mononukleose fand man bei diesem Patienten auch Eosinophilie (68).

Es wurden L. E.-zellenähnliche phagozytierende Leukozyten angetroffen (69).

4. *Leber.* Hepatitis (70).

5. *Nervensystem.* Halluzinationen. Eine nach bloß vier Tabletten entstandene toxische Psychose wurde beschrieben (71).

Thiomedan (Dimethyldithiohydantoin)

Myxödem, Anämie, Leukopenie (72), Masernexanthem, Purpura, Purpura abdominalis (117).

Bei acht Patienten entwickelte sich nach einer Thiomedanbehandlung von einigen Monaten Myxödem. Genesung nach Aussetzen der Behandlung, Rezidive nach neuerlicher Darreichung. 10 bis 27 Tage nach dem Einstellen der Therapie kam es zu „reaktivem" Hyperthyreoidismus (117).

Thiantoin (Natrium phethenilatum)

Erytheme (76), Zahnfleischschwellung, Ataxie, Agranulozytose (73), Panzytopenie (74), Hepatitis. In vier Fällen führte eine Lebernekrose zum Tode (75).

D. Oxazolidine

Paramethadion (Paradion) und **Trimethadion** (Tridion) (77)

1. Haut und Schleimhäute. Jucken, Erytheme, scharlachähnliche Exantheme, Erythema multiforme, Urtikaria, QUINCKESches Ödem (78), exfoliative Dermatitis (79), Akne, Konjunktivitis, Rhinitis.

Bei einem Patienten sah man Symptome des STEVENS-JOHNSON-Syndroms; der Patient ist erblindet (80).

2. Allgemeine Erscheinungen. Fieber, Drüsenschwellung, Brechreiz, Magen-Darmbeschwerden, Müdigkeit.

3. Nervensystem. Kopfschmerz, Schläfrigkeit oder Schlaflosigkeit, Stupor (81), Unruhe, herabgesetztes Konzentrationsvermögen, Ataxie, Amblyopie, Hemeralopie, Photophobie, Farbensehen: gelb, rot, violett. Manchmal ist den Patienten das Licht zu grell (82). Doppeltsehen, Augenschmerzen.

In einzelnen Fällen können die Anfälle an Schwere oder Frequenz zunehmen (83).

4. Blut. Leukopenie, Agranulozytose (84), Panzytopenie (85), Thrombopenie (86).

Bei einem Manne entwickelte sich eine exfoliative Dermatitis gleichzeitig mit Hepatitis. Er hatte ein leukämisches Blutbild (87).

5. Nieren. Es wurde wiederholt das nephrotische Syndrom beschrieben. Eine Publikation erwähnt fünf Patienten mit dieser Nierenaffektion. Zwei starben, drei wurden gesund.

Einem Patienten wurde zweimal Tridion verordnet und beide Male führte es zum nephrotischen Syndrom (88).

Bei zwölf Kindern wurde der Harn untersucht. In acht Fällen waren Erythrozyten und Zylinder im Sediment (89).

E. Sulfonal, Trional

1. Magen-Darmkanal. Anorexie, Erbrechen, Magenschmerzen, Diarrhöe, Bauchschmerzen mit *Hämatoporphyrin* im Harn.

2. Nieren. Im Harn werden Eiweiß, Erythrozyten und granulierte Zylinder nachgewiesen. Es wurde ein Fall von Anurie beschrieben (90).

3. Nervensystem. Verblödung, Unruhe, Schwindel, Kopfschmerz, Parästhesien, Ataxie, Muskelschwäche (91), Verworrenheit, Gedächtnisstörungen, Schwermütigkeit, Delirien. Wiederholt tritt Porphyrinurie auf, zuweilen Hypokalämie (116, 120).

F. Andere Präparate

Presedon (Persedon)

Wir sahen einen Patienten mit thrombopenischer Purpura nach Gebrauch von Persedon. Auch Agranulozytose wurde beschrieben (94); ein Todesfall nach Einnahme von 18 g Persedon ist bekannt (95). Auch Haarausfall und Lockerwerden der Zähne kommen vor (95).

Paraldehyd

Es gibt Menschen, die gegen dieses Mittel besonders empfindlich sind.

Ein 20jähriger Mann starb nach einer Dosis von 16 g (96).

Zwei Fälle von akuter tödlicher Vergiftung unter Erscheinungen einer Zirkulationslähmung durch eine kleine Dosis von Paraldehyd bei Patienten mit akutem und chronischem Alkoholismus. Dies erinnert an eine antabusartige Wirkung des Paraldehyds (121).

Nach längerem Gebrauch von Paraldehyd können sich Magen-Darm- und Herzbeschwerden einstellen. Paraldehyd verursacht öfters Laryngospasmus und Hustenreiz.

Oft sah man auch psychische Störungen: Schlaflosigkeit, Halluzinationen, Verworrenheit, Angstzustände, Exantheme. Im Harn kann Eiweiß vorkommen (97). Methämoglobinämie (122).

Paraldehyd kann eine ätzende Wirkung auf die Schleimhaut der Speiseröhre und des Magens ausüben. Hiedurch kann es zu Blutungen kommen (123).

Chloralhydrat

Eine Normaldosis kann Brechreiz herbeiführen; Erbrechen, Ausschlag, Urtikaria, Purpura, niedrige Körpertemperatur, Hämaturie, Nephrose (98), Dyspnoe, Herzklopfen. Es kann Dekubitus auftreten (99).

Die toxische Dosis schwankt stark. Angegeben werden 2 bis 30 g. Koma, Delirien, Konvulsionen, enge Pupillen (100).

Bei Gewöhnung kommt es zu Schlaflosigkeit und Delirium tremens. 5 g können bei Herzkranken tödlich wirken (101).

Primidon (ist ein Pyrimidin-Derivat, Mysolin) (103)

Allgemeine Beschwerden. Kopfschmerz, Nystagmus, allgemeines Schwächegefühl, Anorexie; manchmal fühlen sich die Menschen krank, sie klagen über Schläfrigkeit, Schwindel, Unruhe, Parästhesien. Es besteht Ataxie; die Patienten sprechen schwer, sehen doppelt, können nur mit Mühe lesen, da die Akkomodation gestört ist. Es kommt zu Charakterveränderungen und Launenhaftigkeit. Verwirrtheit, paranoide Wahnvorstellungen (119).

Masernartige Erytheme, Ödem der Augenlider, Urtikaria, Leukopenie und Albuminurie wurden beobachtet. Anämie? (104).

Magen-Darmkanal. Brechreiz, Bauchschmerzen, Erbrechen.

Literatur

1. J.A.M.A. 143 (1950) 232.
2. Ned. Tijdschr. v. Geneesk. 94 (1950) 2767; New. Engl. J. Med. 238 (1948) 272.
3. Lancet 260 (1951) 1156.
4. J.A.M.A. 152 (1953) 801.
5. Lancet (1953 I) 1140.
6. ALBAHARY, S. 192.
7. Brit. med. J. (1952 I) 1276.
8. Münch. med. Wschr. 85 (1938) 1956.
9. J. MAYR, S. 94.
10. J.A.M.A. 116 (1941) 700.
11. Edinb. med. J. 58 (1951) 45.
12. J.A.M.A. 130 (1946) 1013.
13. Arch. Derm. Syph. 46 (1942) 386.
14. J.A.M.A. 116 (1941) 700.
15. Acta radiol. (Stockholm) 29 (1948) 493.
16. J.A.M.A. 136 (1947) 397; Minn. Med. 20 (1937) 92.
17. J.A.M.A. 14 (1953) 600.
18. Progrès méd. (Paris) 44 (1929) 1685.
19. Brit. med. J. (1951 I) 383.
20. Ann. Allergy 7 (1949) 346.
21. C. LANGTON HEWER, Recent Advances in Anesthesia and Analgesia, S. 35. London 1948.
22. Acta clin. belg. 8 (1953) 55.
23. J.A.M.A. 143 (1950) 232.
24. Nord. Med. 3 (1951).
24a. S. J. DE VRIES, Leerboek der Bloedziekten.
25. Proc. Meet. Mayo Clin. 8 (1933) 713.
26. Pr. méd. 49 (1941) 961.
27. Pr. méd. 42 (1934) 1536.
28. Psych. Neurol. Bl. (Amsterdam) (1935) 409.
29. Bull. Mém. Hôp. Paris (1934 I) 17; Ned. Tijdschr. v. Geneesk. 85 (1941) 2463.
30. J. Neuropath. exp. Neurol. 1 (1951) 145.
31. ETHEL BROWNING, S. 123.
32. Nord. Med. 45 (1951) 93.
33. DAVISON, S. 283.
34. J.A.M.A. 147 (1951) 1332.
35. Ärztl. Wschr. 7 (1952) 562.
36. West. Virg. med. J. 49 (1953) 254.
37. Ann. int. Med. 33 (1950) 108.
38. Arch. Neurol. Psych. 65 (1951) 557.
39. J.A.M.A. 147 (1951) 1332.
40. Clin. Science 7 (1948) 249; 8 (1949) 235 und 269; 10 (1951) 185; Sang 25 (1954) 911.
41. Schweiz. med. Wschr. 73 (1943) 1257.
42. Ned. Tijdschr. v. Geneesk. 59 (1915) 1500.
43. Schweiz. med. Wschr. 50 (1950) 177.
44. Wien. klin. Wschr. 63 (1951) 31.
45. Yearbook of Drug Therapy 1950, S. 377.
46. J. Pediat. 36 (1950) 159.
47. New Engl. J. Med. 242 (1950) 933.
48. Lancet 262 (1952) 242.
49. J.A.M.A. 147 (1951) 17.
50. Lancet 226 (1934) 1230.
51. J. MAYR, S. 101 und 103.
52. Ned. Tijdschr. v. Geneesk. 74 (1930) 3628.
53. Med. Klinik 36 (1940) 961.
54. Med. Clin. N. Amer. 34 (1950) 346; Ned. Tijdschr. v. Geneesk. 84 (1940) 3887; Ann. int. Med. 27 (1947) 548.
55. J.A.M.A. 135 (1947) 498; Lancet (1953 II) 600.
56. Wien. med. Wschr. 101 (1951) 239.
57. Arch. int. Med. 81 (1948) 605.
58. Texas St. J. Med. 46 (1950) 520.
59. J.A.M.A. 139 (1949) 376.
60. New Engl. J. Med. 242 (1950) 897.
61. Med. J. Austral. 1 (1949) 68.
62. Arch. Neurol. Psych. (Chicago) 60 (1948) 484; New Engl. J. Med. 241 (1949) 17; Proc. Meet. Mayo Clin. 24 (1949) 483.
63. J.A.M.A. 147 (1951) 744.
64. J.A.M.A. 137 (1948) 1031; Ned. Tijdschr. v. Geneesk. 93 (1949) 3434.

65. Ohio St. med. J. 47 (1951) 1013.
66. Minerva Med. 43 (1952) 558.
67. Amer. J. Med. 8 (1950) 124; Acta haemat. (Basel) 6 (1951) 354; Bull. Johns Hopk. Hosp. 91 (1952) 341; Klin. Med. (Wien) 7 (1952) 346; J.A.M.A. 138 (1948) 498, 1148; Schweiz. med. Wschr. 80 (1950) 337; New Engl. J. Med. 241 (1949) 17; Ann. West. Med. Surg. 6 (1952) 562; Calif. Med. 78 (1953) 138.
68. Wien. med. Wschr. 101 (1951) 426.
69. Schweiz. med. Wschr. 83 (1953) 536.
70. Arch. Neurol. Psych. (Chicago) 63 (1950) 235.
71. J. nerv. ment. Dis. 108 (1948) 118.
72. Pr. méd. 59 (1951) 599.
73. J.A.M.A. 149 (1952) 1312.
74. U. S. Armed Forces med. J. 2 (1951) 83; Amer. J. Med. 8 (1950) 124.
75. J.A.M.A. 148 (1952) 535, 536.
76. J.A.M.A. 138 (1948) 1012.
77. Lancet 256 (1949) 517, 519; J.A.M.A. 141 (1949) 18, 263; Amer. J. med. Sci. 4 (1948) 760.
78. J.A.M.A. 134 (1947) 138.
79. New Engl. J. Med. 240 (1949) 962.
80. J. Pediat. 2 (1948) 30.
81. Canad. Med. Ass. J. 64 (1951) 120.
82. Brit. med. J. (1948 I) 13.
83. J. Pediat. 35 (1949) 540.
84. Siehe 77.
85. J.A.M.A. 132 (1946) 11 und 13; Acta haemat. (Basel) 5 (1951) 74; Dtsch. med. Wschr. 78 (1953) 1107.
86. Lancet (1949 I) 517.
87. New Engl. J. Med. 240 (1949) 962.
88. Lancet 256 (1949) 59; Amer. J. Med. 4 (1948) 760; Maandschr. Kindergeneesk. 20 (1952) 23.
89. Lancet (1953 I) 1174.
90. Ghosh, S. 198.
91. Albahary, S. 184.
92. J.A.M.A. 141 (1949) 128, 132.
93. Bull. Mém. Hôp. Paris (1934 I) 17.
94. J.A.M.A. 141 (1949) 128, 132.
95. New Engl. J. Med. 242 (1950) 49.
96. Arch. int. Med. 82 (1948) 362.
97. Fuhner, S. 148.
98. Ghosh, S. 191.
99. Lancet (1949 I) 517; J. Mayr, S. 102.
100. Davison, S. 275.
101. Fuehner, S. 149.
102. Geburtsh. u. Frauenhk. 12 (1952) 619.
103. Lancet (1954 I) 19, 21, 102.
104. Schweiz. med. Wschr. 84 (1954) 446.
105. New Engl. J. Med. 250 (1954) 197.
106. Ned. Tijdschr. v. Geneesk. 94 (1950) 1258; Brit. med. J. (1955 I) 645.
107. Lancet (1940 I) 269.
108. J.A.M.A. 118 (1942) 1209.
109. Med. Ann. Columbia 22 (1953) 600.
110. Arch. int. Med. 94 (1954) 34.
111. Lancet (1954 I) 58, (1954 II) 939.
112. Lindemayr, S. 8.
113. Lindemayr, S. 39.
114. Ärztl. Wschr. 9 (1954) 1216.
115. Lancet (1954 II) 737.
116. Z. Haut- u. Geschl.-krkh. 17, S. 737.
117. Pr. méd. 62 (1954) 1376.
118. Schweiz. med. Wschr. 79 (1954) 1215.
119. Ned. Tijdschr. v. Geneesk. 98 (1954) 3778.
120. Ugeskr. Laeg. (Dän.) 115 (1953) 1616.
121. Wien. Arch. Psychol. Psychiatr. Neurol. IV/3 (1954).
122. Wien. klin. Wschr. H. 12 (1929).
123. Dtsch. Z. gerichtl. Med. (1937) 256.
124. Brit. med. J. (1955 I) 1247.

III. Analgetika

A. Opium-Alkaloide

Morphium, Pantopon, Opium, Dihydromorphinon (Dilaudid), **Metopon**

Die Versklavung durch Opium ist eine der ärgsten Geißeln der Menschheit. Der Morphiumgenuß degradiert die ganze Persönlichkeit und verwandelt den Körper in eine Ruine.

Die wichtigsten Erscheinungen sind: Müdigkeit, Tremor, Ataxie, Anorexie, Magenbeschwerden, Stuhlverstopfung, Schlaflosigkeit, Impotenz, Amenorrhöe, enge Pupillen, Ptosis der Augenlider.

Es kann nicht nur eine ausgesprochene Kachexie entstehen, die verminderte Widerstandskraft macht den Körper für Tuberkulose und andere bakterielle Infektionen empfänglich. Eine seltene Komplikation ist Endokarditis. Häufig sieht man Zahnfäule.

Dilatation des ganzen Magen-Darmtraktes, vom Ösophagus bis zum Rektum (2).

An den Injektionsstellen werden öfters Pigmentationen und Keloidbildung beobachtet.

Bei plötzlichem *Aussetzen* kann es zu einem ernsten Zustand mit Unruhe, Aufregung, Erbrechen, Diarrhöe und Kollaps kommen.

Das Neugeborene einer Morphinistin kann sehr schwere Enthaltungserscheinungen zeigen, die imstande sind, den Tod herbeizuführen: Erbrechen, Diarrhöe, Dehydration, Fraisen (3).

Durch eine einzige Morphiuminjektion, die als schmerzstillendes Mittel verabreicht wurde, können manchmal sogar gefährliche Nebenerscheinungen herbeigeführt werden: verminderte Speichelsekretion, die Trockenheit im Munde verursacht, herabgesetzte Absonderung von Magen-, Pankreas- und Gallensekret.

Morphium wirkt antidiuretisch, wodurch die Harnausscheidung geringer wird (4). Im Harn kann Glukose nachgewiesen und der Urin durch Glukuronsäure reduziert werden.

Hypertonus der glatten Muskulatur des Magens, des Kolons und der Gallenwege mit Schmerz. Bei Gallensteinen kann es auch zu Kolik kommen.

Krampf des Sphinkter Oddi kann Ursache der Zunahme von Amylase und Lipase im Serum werden. Fälschlich kann man dann eine Pankreatitis (5) diagnostizieren.

Symptome von Bronchialasthma können sich nach einer Morphiuminjektion verschlechtern. Bei Asthmatikern kann Morphium sogar einen Anfall hervorrufen.

Spasmus des Sphinkters der Harnblase kann das Harnlassen erschweren. Manche Menschen bekommen nach einer Morphiuminjektion Brechreiz oder Erbrechen. Bei Pantopon tritt dies selten auf. Es ist merkwürdig, daß die Menschen weniger unter Brechreiz und Erbrechen leiden, wenn sie flach liegen bleiben (6).

Opiate haben einen ungünstigen Einfluß auf das Atemzentrum (7) durch Herabsetzung der Reizbarkeit. Zum Beispiel vermindern bereits 10 mg Morphium die Reizbarkeit um 37 % bei Gesunden und um 66 % bei Herzkranken (8).

Eine Morphiuminjektion kann daher besonders bei Anoxie einen lebensgefährlichen Zustand verursachen.

Es wurden auch Todesfälle im Koma und mit Atmungsstillstand bei Bronchialasthma, Bronchiolitis, starker Kyphoskoliose, Lungenödem und schwerer Anämie nach einer unbedeutenden Morphiumdosis beschrieben (9).

Diese Mittel sind bei Cor pulmonale besonders gefährlich, da die Sauerstoffzufuhr bereits ohnedies infolge der Lungenerkrankung gestört ist (10). Die Sauerstoffversorgung ist auch bei stärkerem Lungenödem schlecht. Deshalb ist Morphium und dergleichen gefährlich.

Wir sahen eine Dame mit Lungenödem, die trotz kräftigen Pulses nach einer Morphiuminjektion ganz unerwartet durch Atemstillstand ad exitum kam.

Ein 40jähriger Mann, der an schwer zu behandelndem Asthma bronchiale litt, bekam nachts eine derartige Beklemmung, daß der behandelnde Arzt nach wiederholter Darreichung von Adrenalin und Euphyllin völlig ratlos 6 ml Somnifen, 20 mg Morphium und überdies noch Pyrifer injizierte.

Tatsächlich beruhigte sich der Patient nach dieser Therapie. Nachdem er gegen 4 Uhr ruhig eingeschlafen war, entfernte sich der Arzt. Da aber um 9 Uhr der Patient noch immer schlief und nicht zu wecken war, wurde er ins Krankenhaus eingeliefert. Die Ursachen der Symptome waren nicht unmittelbar feststellbar. Der Kranke hatte eine Temperatur von 40 Grad und tiefes Koma. Die Atmung war langsam und oberflächlich. Er war stark zyanotisch. Reflexe an Armen und Beinen waren nicht auslösbar. Es fehlten auch Korneal- und Pupillenreflexe. Die Pupillen waren sehr eng. Das Bild erinnerte an eine Barbitursäurevergiftung und wir beschlossen, ihn dementsprechend mit Pervitin und Coramin zu behandeln.

Nach dieser Behandlung erwachte der Kranke bald und die Reflexe stellten sich wieder ein.

Man kann annehmen, daß die Anoxie, die hier zweifellos vorhanden war, die Ursache der Überempfindlichkeit für Narkotika gewesen ist. Wahrscheinlich hat hier das Gehirn durch die hohe Temperatur eher Mangel an Sauerstoff erlitten als bei normaler Temperatur.

Eine 50jährige Frau litt an perniziöser Anämie mit einem Hämoglobingehalt von 30 %. Sie war verwirrt und wollte ständig aus dem Bett; deshalb bekam sie 10 mg Pantopon und 50 mg Luminal. Sie beruhigte sich. Eine Stunde nachher wurden wir telephonisch verständigt, die Frau sei gestorben, unmittelbar hierauf wurde telephoniert, die als verstorben gemeldete Frau atme noch.

Bei unserer Ankunft sahen wir eine komatöse Patientin mit sehr engen Pupillen, ohne Korneal-, Pupillen- und periphere Reflexe. Sie atmete schwer, sehr oberflächlich, etwa sechsmal in der Minute. Nach 5 ml Coramin besserte sich die Atmung, worauf nochmals 5 ml intravenös verabreicht wurden. Die Reflexe stellten sich wieder ein, und sie bewegte wieder Arme und Beine.

Wiederum wurde Coramin und einmal Lobelin gegeben. Hierauf wurde die Atmung normal und die Frau ebenso verwirrt wie vor der Darreichung der Narkotika.

Auch hier nahmen wir eine durch Anoxie verursachte Empfindlichkeit für Narkotika an. Die Ursache der Anoxie war in diesem Falle eine schwere Anämie.

Bei einer Konsultation trafen wir einen 48jährigen, stark buckligen Mann an, der in seinem Stuhl saß und schwere Dyspnoe und Zyanose hatte. Es waren feuchte Rhonchi über beiden Lungen zu hören. Die Diagnose, beginnendes Lungenödem, war nicht schwierig. Die Therapie bestand aus einer Venensektion, einer intravenösen Ouabaininjektion von $^1/_4$ mg und 20 mg Morphium um 8 Uhr abends.

Um 12 Uhr nachts wurde er wegen eines komatösen Zustandes ins Krankenhaus aufgenommen. Er hatte starke Zyanose und oberflächliche Atmung. Puls und Blutdruck waren normal. Reflexe waren nicht auslösbar; auch Korneal- und Pupillenreflexe fehlten. Es wurden 20 ml Coramin intravenös injiziert. Er bekam mäßige Krämpfe, kam zu sich und sprach wieder normal. Das war um 1 Uhr nachts. Um 4 Uhr wurde mir gemeldet, er sei wieder komatös. Die Reflexe waren wiederum verschwunden. Auch diesmal kam er mit Coramin sofort zum Bewußtsein, bekam nun aber laufend stündlich 1 ml Coramin und blieb bei Bewußtsein.

Ein Bronchiolitispatient wurde nach 20 mg Pantopon komatös und starb.

Ein junges Mädchen, Asthmatikerin, wurde nach 10 mg Morphium bewußtlos. Einige Stunden später wurde es ins Krankenhaus aufgenommen, wo es trotz Coramin, Ouabain, Lobelin nach zehn Minuten starb.

Man sollte Asthma nicht mit Morphium und dergleichen behandeln!

Bei schweren Blutungen und Schock aus anderen Ursachen sind Narkotika ebenfalls verboten, weil auch hier Anoxie vorhanden ist.

Auch bei Meningitis wird vor Gebrauch von Morphium gewarnt. weil hiebei die herabgesetzte Reizbarkeit des Atemzentrums gefährlich werden und Morphium Gehirnödem verursachen oder verstärken kann (11). Auch Gehirnödem aus anderen Ursachen wird durch Opiate verstärkt (12).

Bei alten Menschen wirken Opiumalkaloide auch ungünstig auf das Atemzentrum. Leicht entsteht bei ihnen CHEYNE-STOKESsches Atmen, während selbst eine geringe Menge Atemstillstand erzeugen kann.

Patienten mit Myxödem können nach 15 mg Morphium komatös werden. Auch bei Leberkranken ist Vorsicht geboten.

Morphium verstärkt die Wirkung von Alkohol, Barbitursäure, Brom. Als Folge dieses Synergismus können Todesfälle vorkommen (37).

Aufregungszustände nach Alkohol oder Barbitursäuren soll man nicht mit Opiaten behandeln (40).

Einige Nebenwirkungen des Morphiums sind: Kopfschmerzen. Jucken, besonders Jucken in der Nase (trockene Schleimhaut), Urtikaria, Ödeme, Dermatitis (13), Angst, Apathie, Herzklopfen, Singultus (41).

Bei Leuten, die Morphium schlecht vertragen (Brechreiz usw.), kann angeblich eine Besserung durch tägliche Injektion von Vitamin B_1 erreicht werden (14).

Die narkotische Wirkung der Opiate wird durch Stimulantien bekämpft. Hier wirkt auch N-Allyl-Normorphin günstig (38).

Nach intravenöser Darreichung von 5 bis 10 mg Allyl-Normorphin (Nalline) steigt im Laufe von 30 Sekunden die Atmungsfrequenz und Atmungstiefe. Die Zyanose verschwindet. Bei Morphinisten kann Allyl-Normorphin zu Entzugserscheinungen führen (42).

Heroin (Diacetylmorphin)

Heroinismus, Schleimhautveränderungen, Erbrechen, Diarrhöe, Koma (15).

Codein (Methylmorphin, Dionin, Paracodin, Dicodid, Acedicon)

Nach Gebrauch von Codein wurden beobachtet: Brechreiz, Erbrechen, Magenschmerzen, Unruhe, Aufregung (39).

Bei kleinen Kindern sah man verstärkte Empfindlichkeit für Codein. Der Tod kann nach einer Dosis von 3 bis 4 mg eintreten, wobei CHEYNE-STOKESsche Atmung auftritt. Enge Pupillen, niedrige Körpertemperatur, Konvulsionen, Verblödung, Fraisen, besonders Streckkrämpfe (16).

Bei Erwachsenen können nach einer hohen Dosis Codein dieselben Erscheinungen auftreten wie bei Morphium.

An die Möglichkeit von Codein- und Dionin-*Mißbrauch* wird selten gedacht. Codein, Dionin, Acedicon und Dicodid werden jedoch als Suchtgifte verwendet.

Es wird auch berichtet, daß Paracodin- bzw. Ticardamißbrauch bei fünf Patienten zu einer Gewöhnung mit mehr oder weniger massiver Dosensteigerung führte. Nach Aussetzen des Präparates traten erhebliche Abstinenzerscheinungen auf.

Vor dem Gebrauch von suchtmachenden Hustenmitteln wird gewarnt (44).

Allergische Erscheinungen: Erytheme, Urtikaria, Jucken, QUINCKEsches Ödem (19), exfoliative Dermatitis (17, 21).

Einige Stunden nach dem Genuß von 45 mg Codein entwickelte sich ein juckendes Erythem mit Eosinophilie (18).

Bei einem anderen Patienten kam es zu einem skarlatinösen Ausschlag mit allgemeinem Sehwächegefühl, Kopfschmerzen, Brechreiz und Eosinophilie (20). Asthma nach Codein ist ebenfalls bekannt.

Papaverin

Zwei Todesfälle unter Erscheinungen von Vasomotorenlähmung nach intravenöser Injektion von 30 und 65 mg Papaverinum hydrochloricum sind bekannt.

Eine Papaverininjektion ist imstande, schnelle und tiefe Atmung und unregelmäßigen Puls hervorzurufen.

Eine Tagesdosis von 400 bis 800 mg per os kann Schwindel, Müdigkeit, Kopfschmerz, Anorexie, Stuhlverstopfung, Magenschmerzen verursachen (22).

B. Opiumfreie Analgetika

Heptadon (24, 25) (Physepton, Methadon, Polamidon, Dolophine)

Brechreiz, Erbrechen, Appetitlosigkeit, Sodbrennen, Schweißausbruch, trockener Mund, Unruhe, Euphorie, Schwindelanfälle, Träume, Kopfschmerzen, Wallungen, Jucken, Urtikaria, Ödeme und andere allergische Erscheinungen, Herzklopfen, Singultus, Muskelzuckungen; Beschwerden beim Urinieren; Vergeßlichkeit; enge Pupillen, schließlich auch Anämie.

Methadonismus (26) und Enthaltungssymptome (27), wenn auch leichter als nach Morphiummißbrauch, sind: Schwäche, Müdigkeit, Schlaflosigkeit, Anorexie, Abmagerung, Bauchschmerzen, Gallenblasen- und Darmspasmen (23 a), Temperatursteigerung, Tachykardie, erhöhter Blutdruck, diabetische Blutzuckerkurve.

An der Injektionsstelle können Entzündungen mit Induration und nässenden Stichkanälen auftreten.

Pethidin (28, 29) (Meperidin, Dolantin, Demerol)

Allgemeine Erscheinungen. Schwindel, Parästhesien, Bedrücktheit, Sehstörungen, Brechreiz, Erbrechen, trockener Mund, Schweißausbruch, Schlaflosigkeit, herabgesetzte Reizung des Atemzentrums, Apnoe (30), Schock mit langsamer Atmung (fünfmal in der Minute) (31), höherer Tonus der glatten Muskulatur, Krampf des Sphinkter Oddi.

Allergische Erscheinungen. Urtikaria, angioneurotische Ödeme (32). Nach einer Injektion von 100 mg kann es zu anaphylaktischem Schock mit Urtikaria und Schwellung der Augenlider (33) und Asthma (34) kommen.

Überdosierung kann Pupillenerweiterung und Nystagmus verursachen.

Besonders empfindlich sind Patienten mit Leberschwellung. Die gebräuchliche Dosis verursachte bei vier Patienten mit Leberschwellung Stupor, Delirien und Amnesie (36).

Pethidin wird als *Suchtgift* verwendet (Pethidinismus) (43).

Literatur

1. Arch. int. Med. 83 (1949) 653.
2. Sem. Hôp. Paris 27 (1951) 3516.
3. J.A.M.A. 135 (1947) 633.
4. Amer. J. Obstet. Gynec. 57 (1949) 302; Amer. J. med. Sci. 214 (1947) 372.
5. Gastroenterology 15 (1950) 699; Proc. Meet. Mayo Clin. 28 (1951) 18.
6. Surg. Gynec. Obstet. 87 (1948) 221; Lancet 260 (1951) 398.
7. Z. ges. exper. Med. 117 (1951) 539.
8. Proc. Meet. Mayo Clin. 22 (1947) 391.
9. Canad. Med. Ass. J. 64 (1951) 95; New Engl. J. Med. 238 (1948) 272; Ned. Tijdschr. v. Geneesk. 94 (1950) 2467.
10. Lancet 260 (1951) 1156.
11. Ann. int. Med. 28 (1948) 248.
12. Yearbook of Drug Therapy 1951, S. 287.

13. J.A.M.A. 113 (1939) 1955; Brit. J. Derm. Syph. 56 (1944) 177.
14. Bull. Acad. nat. Méd. (Paris) 135 (1951) 45.
15. Brit. med. J. (1949 I) 619.
16. Ned. Tijdschr. v. Geneesk. 92 (1948) 1671.
17. New Engl. J. Med. 238 (1948) 469.
18. Arch. Derm. Syph. (Chicago) 47 (1943) 654.
19. Lancet 175 (1908) 1356; J.A.M.A. 102 (1934) 908.
20. Brit. med. J. (1951 I) 281; (1949 II) 266.
21. New Engl. J. Med. 238 (1948) 469.
22. J. lab. clin. Med. 34 (1949) 992.
23. J.A.M.A. 148 (1952) 265.
23a. Gastroenterology 16 (1950) 484.
24. J.A.M.A. 137 (1948) 365.
25. J.A.M.A. 135 (1947) 888; 136 (1948) 920.
26. J.A.M.A. 138 (1948) 1019.
27. Arch. int. Med. 82 (1948) 362.
28. Ann. int. Med. 21 (1944) 17; 29 (1948) 1003.
29. Practitioner 161 (1948) 52.
30. Edinb. med. J. 50 (1943) 177.
31. Brit. med. J. (1951 I) 1081.
32. Brit. med. J. (1951 I) 125; (1951 II) 715.
33. Brit. med. J. (1951 II) 715.
34. Minerva Med. 49 (1948) 644; J. lab. clin. Med. 30 (1945) 916.
35. Arch. int. Med. 90 (1952) 125.
36. Brit. med. J. (1952 II) 703.
37. Tidsskr. Norske Laegeforening 73 (1953) 1.
38. J.A.M.A. 148 (1952) 1205.
39. Ann. Allergy 11 (1953) 561.
40. Bull. Narcotics 5 (1953) 11.
41. J.A.M.A. 156 (1954) 230.
42. Amer. J. Med. 17 (1954) 214.
43. Med. Ann. Columbia 23 (1954) 318.
44. Nervenarzt 26 (1955) 30; Dtsch. med. J. 6 (1955) 117.

IV. Antipyretische Analgetika

A. Pyrazolonderivate

Antipyrin (Phenazon) ist u. a. in Melubrin, Novalgin, Quadronal enthalten. **Salypyrin** (Antipyrin + Salizylsäure)

Antipyrin erzeugt selten Agranulozytose und oft Hautausschläge. Bei Amidopyrin (= Pyramidon) ist es gerade umgekehrt. Thrombopenie wurde beobachtet (105).

Nach Melubrin und Novalgin wurden einige Fälle von Agranulozytose festgestellt (1).

Haut. Masern- oder scharlachähnliche Erytheme, Erythema multiforme, Pemphigus, herpetiformes Exanthem, Urtikaria, Purpura. Die Hauterscheinungen befinden sich oft an Stellen, an denen Haut und Schleimhaut ineinander übergehen.

Es wurden auch Pigmentationen am Penis beschrieben (2). Epididymitis (3).

Auch andere *allergische Erscheinungen* sowie Asthma bronchiale kommen vor. Bei einem Patienten entstand nach einer intravenösen Novalgininjektion Lungenödem (4). Ein Fall von Glottisödem nach *einem* Antipyrinpulver ist uns bekannt. Die Schwester dieses Patienten reagierte auf Antipyrin mit Urtikaria.

Amidopyrin (Aminophenazon, Dimethylamido-antipyrin, Dimethyl-aminophenazon, Pyramidon)

Kommt vor in Cibalgin, Veramon, Eumed, Lenal, Compral, Arantil, Dismenol, Causyth, Optalidon, Irgapyrin, Antineuralgicum, Analgetikum-Compretten, Verasulf, Pentetten, Octadon, Aneuxol, Antialgon, Apalgin, Taumasthman, Bronchisan, Complamin, Dyspnoced, Eupaco, Gardan und anderen Mischtabletten.

Agranulozytose ist die große Gefahr des Amidopyrins.

Seitdem in Dänemark Amidopyrin (= Pyramidon) nicht mehr eingeführt werden darf, ist dort die Sterblichkeit an Agranulozytose beinahe auf Null gesunken. In Ländern, wo dieses Verbot nicht besteht, kann jedermann soviel Pyramidon, als er wünscht, in einer Apotheke oder Drogerie kaufen, wo übrigens gegen Kopfschmerzen oder Menstruationsbeschwerden eine ganze Reihe von Spezialitäten angeboten wird, die ebenfalls Amidopyrin enthalten.

In Amerika, wo der Verkauf dieses Mittels nicht frei ist, zeigt es sich, daß die Kategorie von Menschen, die sich mühelos Pyramidon enthaltende Medikamente verschaffen kann (Ärzte, Zahnärzte und ihre Frauen, Pflegerinnen), achtmal so viel Fälle von Agranulozytose aufweist als andere Gruppen.

Es wird angenommen, daß in England jährlich 50 Personen an Agranulozytose sterben, die durch Amidopyrin verursacht ist. KRACKE ist der Ansicht, daß in vier von fünf Fällen von Agranulozytose Pyramidon die Ursache ist.

Es gibt einige Berechnungen über die Möglichkeit des Entstehens von Agranulozytose durch Amidopyrin (5). PLUM berechnete für Dänemark, daß auf je 60 bis 70 kg importierten Pyramidons *ein* Sterbefall an Agranulozytose entfällt. DAMESHEK meint, daß *ein* Fall von Agranulozytose auf je 10 000 Rezepte fällt.

In einem Lande, wo der Verkauf von Pyramidon frei ist, muß man mit einer Sterblichkeit an Agranulozytose von zwei bis fünf Patienten rechnen. In den Niederlanden sterben nach den Angaben des Zentralbüros für Statistik jährlich 20 bis 40 Menschen an Agranulozytose. Die tatsächliche Anzahl solcher Patienten ist zweifellos viel höher, da nicht in jedem Falle das Blut untersucht wird.

Man nimmt an, daß auf 100 Patienten, die mit Pyramidon behandelt wurden, *ein* Fall von Agranulozytose fällt. Man könnte vielleicht zur Annahme neigen, daß dies kein so ungünstiges Verhältnis sei, aber *einer* von 100 ist immerhin ein Mensch, der verloren geht und seiner Familie fehlt.

Es wurde nachgewiesen, daß Agranulozytose nicht durch Vergiftung, sondern durch Allergie gegen das Mittel bei einem empfindlichen Patienten entsteht.

Ist ein Patient nach Pyramidon-Agranulozytose genesen, kann man durch eine Dosis von 200 bis 500 mg Pyramidon eine mit Fieber und Krankheitsgefühl einhergehende, starke Senkung der Leukozytenzahl hervorrufen.

Jahrelang kann jemand ein Medikament vertragen und plötzlich durch uns unbekannte Faktoren empfindlich werden, so daß eine kleine Dosis desselben Mittels zur Ursache eines schweren Krankheitsbildes wird. Dieser Werdegang ist nach Gebrauch vieler Heilmittel bekannt.

Die Pyramidon-Agranulozytose und die Sedormid-Thrombopenie sind hiefür klassische Beispiele.

Für das Entstehen der Agranulozytose müssen zweifellos uns unbekannte konstitutionelle Faktoren verantwortlich sein. Die Vermutung, daß Rasse oder geographische Verhältnisse ein solcher Faktor sind, konnte nicht bewiesen werden. Doch eines ist auffallend: *Frauen erkranken dreimal so häufig als Männer.* Auch die niederländische Statistik weist das Verhältnis 3 : 1 auf.

Noch vor kurzem war man der Ansicht, daß der Angriffspunkt des Agranulozytose hervorrufenden Heilmittels im Knochenmark liege. Man nahm an, es entstehe eine Hemmung des Reifungsprozesses („maturation arrest"): Agranulozytose mit hauptsächlich jungen Myelozyten im Knochenmark, und wenn das Heilmittel noch weiter genommen wird, Agranulozytose mit aplastischem Knochenmark.

Gegen diese Auffassung spricht, daß Agranulozytose in einigen Stunden entstehen kann.

Gestützt auf die Kenntnis des Rhesus-Mechanismus fand man bei hämolytischem Ikterus Antistoffe gegen die eigenen Erythrozyten. Im Blutserum von Patienten mit Thrombopenie (durch Sedormid oder Chinidin [5]) wurden Antikörper gegen Thrombozyten gefunden, und nun drängte sich die Frage auf, ob es vielleicht Immunstoffe gibt, die die Leukozyten zum Verschwinden bringen.

MOESCHLIN (6) hat Versuche angestellt, durch die unser Einblick in die Pathologie der Agranulozytose mit den Erfahrungen der Immunpathologie verglichen werden kann. Ein für Pyramidon allergischer Patient nahm 300 mg Pyramidon ein. Als nach drei Stunden deutliche Leukopenie eingetreten war, wurden ihm 300 ml Blut entnommen, und diese wurden einigen Versuchspersonen (!) der gleichen Blutgruppe eingespritzt. Binnen 20 Minuten fiel bei diesen Personen die Zahl der Leukozyten von 5000 auf 1000 pro mm^3 und nach 40 Minuten auf 800 pro mm^3. Nach vier Stunden war die ursprüngliche Leukozytenmenge wieder vorhanden. Daß von passiver Übertragung der Sensibilisation keine Rede sein kann, ist aus der Feststellung ersichtlich, daß die Versuchspersonen (!) nach 600 mg Pyramidon keine Leukopenie bekamen. Auch in vitro wurden Agglutinine gefunden; das Serum eines von Pyramidon-Agranulozytose genesenen Patienten, der drei Stunden vor der Blutentnahme 300 mg Pyramidon einnahm, war imstande, Leukozyten des Patienten und fremde Leukozyten in vitro zu agglutinieren.

MOESCHLIN hat durch diese Probe die Art des Mechanismus der Agranulozytose unumstößlich festgestellt und deutlich bewiesen, daß diese in einigen Stunden entstehen kann. (Trotzdem halten wir diese Versuche an Menschen nicht für statthaft.)

Nun konnte man auch die Veränderungen im Knochenmark bei Agranulozytose besser begreifen. In leichten Fällen fehlen im Knochenmark nur reife Leukozyten, in schweren Fällen auch die Myelozyten, so daß nur Retikulumzellen übrig bleiben. Es besteht keine Hemmung in der Entwicklung der Knochenmarkzellen, die Veränderungen im Knochenmark sind vielmehr Folge des großen Bedarfes an Granulozyten durch die Vernichtung so vieler Zellen in der Peripherie. Das Knochenmark schickt zur Ergänzung ständig jüngere Zellen ins „Feld" bis zur Erschöpfung (ebenso wie es im Kriege mit den Menschen der Fall ist).

Durch Agglutinine verschwindet auch ein Teil der Lymphozyten; diese Zellart nimmt auch bei Agranulozytose ab.

Unabhängig voneinander ist die Auffassung der Immuno-Agranulozytose und die Beschreibung einiger Patienten mit hämolytischer Anämie, bei denen neben einem hohen Titer von Kälte- und Wärme-Agglutininen auch starke Thrombopenie und Leukopenie vorhanden waren (7). Beide Auffassungen stützen sich gegenseitig. ACTH setzt die Kälte- und Wärme-Agglutinine herab, während die Zahl der Leukozyten und Thrombozyten steigt.

Meistens ist die Pyramidon-Agranulozytose von leichter Anämie und mäßiger Verminderung der Thrombozyten begleitet.

Einige Fälle von Panzytopenie nach Pyramidon wurden publiziert.

1. Hb: 8,5 g/%, Erythrozyten: 2,6 Millionen, Leukozyten: 2400, Thrombozyten: 65000.
2. Hb: 6 g/%, Erythrozyten: 2,5 Millionen, Leukozyten: 800, Thrombozyten: 41200 (89).

Es wurde noch ein anderer Fall von Panzytopenie beschrieben (92).

Um der Sterblichkeit an Pyramidon-Agranulozytose so weit als möglich vorzubeugen, werden folgende Maßnahmen empfohlen:

A. Ärzte. 1. Der Arzt muß genau informiert sein, welches die wirkliche Zusammenstellung der Heilmittel ist, die er verschreibt. Er muß wissen, unter welchen verschiedenen Namen Pyramidon auf den Markt gebracht wird und daß es außerdem in etwa 50 Spezialitäten enthalten ist. Von dem Gebrauch des Pyramidons als Mittel gegen Kopfschmerzen, gegen Menstrualbeschwerden und als Schlafmittel muß entschieden abgeraten werden. Acidum-aceto-salicylicum (= Aspirin) hilft ebensogut und andere Salizylverbindungen sind ebenso wirksam. Warum nimmt man Sedormid, wenn es harmlose Schlafmittel gibt? Warum verschreibt man Chloramphenicol (Globenicol), wenn Bakterien gegen andere Antibiotika ebenso empfindlich sind? Noch unverständlicher: Warum schreibt man Chloramphenicol vor, nur deshalb, weil der Patient fiebert?

2. Wenn man ein Mittel verschreibt, das Agranulozytose hervorrufen kann, muß man Vorkehrungen treffen, *diese Nebenwirkung so schnell als möglich* zu entdecken. Behandelt man Rheuma mit Pyramidon oder Thyreotoxikose mit Thiouracil, soll man zwei- oder drei-

mal wöchentlich die Leukozyten kontrollieren. Wir tun es selbst auch, aber wir bezweifeln, daß wir damit mehr leisten, als den Kontakt mit dem Patienten aufrecht zu erhalten und unser Gewissen zu beruhigen. Es ist natürlich fraglich, ob die hie und da erscheinende Leukopenie ein Vorbote der Agranulozytose ist. Wir sahen wiederholt, trotz des Fortsetzens der Therapie, die Leukozytenzahl steigen. Ebenso sahen wir, daß sich Agranulozytose doch einstellte, einen Tag, nachdem die Zahl der Leukozyten normal war.

Wichtiger ist es, den Patienten davon zu überzeugen, daß er sofort aufhört, das Medikament zu nehmen, wenn er *Fieber, Halsschmerzen oder Grippe* bekommt, und den Arzt ruft. Dann *muß* man das Blutbild kontrollieren. Wird das Mittel trotzdem weiter gebraucht, kann es zu einer unheilbaren Agranulozytose kommen.

3. Man muß eine Behandlung so schnell als möglich beginnen, die aus Einstellen verantwortlicher Heilmittel, Antibiotika und ACTH oder Cortison besteht.

B. Behörden. 1. Der Verkauf gefährlicher Heilmittel ohne Rezept muß gesetzlich verboten werden.

2. Es ist notwendig, daß eine Verordnung besteht, die vorschreibt, daß alle verpackten Medikamente und alle Inserate eine deutliche Zusammenstellung der Heilmittel in der landesüblichen Nomenklatur enthalten. Ebenfalls muß die Gebrauchsanweisung auf mögliche ernste Gefahren aufmerksam machen.

3. Bei Vorschriften, die von Behörden ausgegeben werden, muß den schädlichen Folgen, die Heilmittel haben können, Rechnung getragen werden.

Andere Nebenwirkungen von Amidopyrin (= Pyramidon):

Haut. Jucken, Erytheme, angioneurotische Ödeme, Erythma exsudativum multiforme, Urtikaria, Purpura, Pigmentationen, Hautgangrän.

Schleimhäute. Glottisödem (8), Konjunktivitis, Stomatitis, Balanitis.

Allgemeine Erscheinungen. Fieber, Kollaps, Schwindelanfälle, Ohrensausen, Schlaflosigkeit, Nervosität, Albuminurie, Asthma, Opticusatrophie (9), Magen-Darmschmerzen, Mundfäule.

Pyramidon verursacht Natrium- und Flüssigkeitsretention, wodurch bei Herzkranken Lungenödem entstehen kann.

Senkung des Prothrombingehaltes im Blut (10).

Amidopyrin kann eingespritzt werden als:

Irgapyrin
besteht aus 15% Amidopyrin (= Pyramidon) und 85% Phenylbutazon (= Butazolidin) als Lösungsmittel. *Siehe auch bei Butazolidin.*

1. *Zirkulation.* Es entwickelt sich öfters *Natriumretention,* so daß es zu *Ödem* und *Hypertension* kommen kann. Es wurden dadurch Erscheinungen von ungenügender Herztätigkeit beobachtet.

2. *Blut.* Nicht unerwartet entstanden durch dieses einspritzbare Pyramidonpräparat mehrere Fälle von Agranulozytose. Wir selbst be-

obachteten zwei Fälle, die mit ACTH geheilt wurden. Auch Thrombopenie kommt vor und auch Panzytopenie (89).

3. Magen-Darmtrakt. Brechreiz, Sodbrennen, Erbrechen. Wiederholt entstand ein *Ulcus pepticum.* Öfters bildeten sich tiefe Magengeschwüre. Ihre Anzeichen können bereits nach der zweiten Injektion beginnen (11). Auch multiple Magengeschwüre wurden konstatiert (12). Öfters sah man ein Geschwür im obersten Drittel des Magens. Perforation eines Ulcus pepticum wurde beschrieben (13).

4. Leber. Hepatitis (14).

5. Nieren. Wiederholt kam es zu Hämaturie (15), vereinzelt auch zu Glukosurie (16).

6. Haut. Jucken, sowohl makulöse, papulöse als auch vesikulöse Erytheme, Purpura, Urtikaria (17).

An der Injektionsstelle können Infiltrate, Abszesse und Nekrosen entstehen (18).

7. Nervensystem. Eine gewisse Euphorie kann eintreten; Neuritis (19).

Irgapyrin soll bei Alkoholikern eine an Antabus erinnernde Wirkung haben (90).

Irgapyrin verursachte bei einem Patienten Koma und Konvulsionen. Im Gehirn wurde Purpura gefunden. Ein anderer Patient bekam epileptische Insulte, später auch Lungenödem, wurde jedoch wieder gesund (91).

Es kann sich eine Atrophie des N. opticus entwickeln. Bei einem Patienten folgte bleibende Erblindung (97).

Bei intravenöser Darreichung (warum?), selten bei intramuskulären Injektionen, sieht man bei schnellem Injizieren: Schwindelgefühl, Kopfschmerzen, Müdigkeit, Brechreiz, Tachykardie, Kollaps und hie und da Konvulsionen (99).

In 22 Fällen traten nach intraglutäalen Injektionen von Irgapyrin Ischiadikusschädigungen mit langdauernden Spätschmerzen auf, die erst nach einigen Monaten aufhörten (115).

Nach zweiwöchiger Behandlung entstanden bei einem Patienten: Fieber, Schwäche, Arthritis, Drüsenschwellungen, Leber- und Milzschwellung, Anämie durch Hämolyse, masernartiges Exanthem, Urtikaria. Langsame Genesung nach Behandlung mit ACTH (100).

Butazolidin (Phenylbutazon)

Das Mittel wurde vorerst als Lösungsmittel gebraucht, später wurde erkannt, daß es allein ebenfalls schmerzstillend, eventuell antirheumatisch wirkt. Es ist besonders toxisch. Alle Nebenwirkungen, die bei Butazolidin angegeben werden, können bei Irgapyrin oder auch umgekehrt erscheinen.

1. Zirkulation. Die Retention von Natrium und Wasser kann in einem höheren Prozentsatz zu Ödemen führen und Hypertension verursachen. Stauung in den Lungen führt zur Kurzatmigkeit, in einzelnen Fällen wird Lungenödem konstatiert.

Ein 70jähriger Mann bekam nach Behandlung mit Phenylbutazon Ödeme der Beine. Die Behandlung wurde ausgesetzt, aber später wieder aufgenommen. Die Folge war ein tödliches Lungenödem (82).

Blutdrucksteigerung bis 280, mit Eiweiß und Blut im Harn (107). Auch andere Erscheinungen ungenügender Herztätigkeit sind bekannt. Eine nicht ganz unbedeutende Zahl von Patienten klagt über Druckgefühl hinter dem Brustbein oder über andere Symptome von Angina pectoris. Die T-Zacken nehmen an Höhe ab, vereinzelt sieht man auch eine Senkung im ST-Intervall (82). Auch Vorhofflimmern kommt vor.

Es gibt auch Veränderungen der Blutgefäße: nekrotisierende Polyarteriitis mittelgroßer Arterien und Entzündung von Arteriolen oder kleinen Venen (85, 89).

Nach einer achttägigen Behandlung mit Phenylbutazon klagte ein Patient über bedeutende Müdigkeit und Diarrhöe. Die Therapie wurde eingestellt. Bei Neuaufnahme der Behandlung kam es nach zwei Tagen zu Diarrhöe und am nächsten Tage starb der Patient im Koma.

Es wurden Blutungen in den Nebennieren gefunden (95).

2. Blut. Es wurden mehrfach Fälle mit *Agranulozytose* beobachtet (20). Auch Panzytopenie, Purpura mit oder ohne Thrombopenie (21, 106), Hämorrhagische Diathese wurde angeblich öfters nach Gebrauch von *Butazolidin* als nach Irgapyrin beobachtet (108).

Einer von sechs mit Butazolidin behandelten Patienten bekommt eine Senkung der Thrombozytenzahl unter 100 000 per ml, manchmal sogar 30 000. Man kann auch eine Senkung des Hämoglobingehaltes von 1 bis 4 g sowie der Zahl der Erythrozyten und des Hämatokritwertes entstehen sehen (8). Als Ursache hievon ist eher die Wasserretention als die Blockade des Knochenmarkes anzusehen (88).

Wiederholt findet man *Eosinophilie.*

Von 44 mit Phenylbutazon behandelten Patienten hatten sechs verlängerte Gerinnungszeit und 14 verlängerte Prothrombinzeit. Durch Vitamin K_1 wird das Blut wieder normal (81).

3. Magen-Darmkanal. Brechreiz, Erbrechen, Anorexie, Speichelfluß, Trockenheit im Mund, Stomatitis (21), manchmal mit Geschwüren (ohne Blutveränderungen), Magenschmerzen, Stuhlverstopfung, Diarrhöe, Magengeschwür, Ulcus duodeni, mehrfache Geschwüre (17, 21, 22), frische Geschwüre und Aktivierung alter Geschwüre, Magenblutung, Perforation eines Ulkus (23). Man sah auch Geschwüre im Rektum und in der Vagina (90).

Ein Patient erlag den Folgen einer Magenblutung. Man fand kein Ulkus, jedoch ödematöse Magenschleimhaut mit Blutungen in der Pylorusgegend (93).

Von einem Patienten wird mitgeteilt, daß er während des Gebrauches von Phenylbutazon den Geschmack verlor (113).

4. Leber. Hepatitis (21, 24), Fettleber (80), Nekrose der Leber (112).

Sechs Patienten bekamen 6 bis 40 Tage nach der Behandlung Hepatitis, vier Patientinnen zeigten andere Erscheinungen: Thrombopenie, Erythem, Leukopenie. Magenblutung. Man fand eine Nekrose der Leberzellen und Entzündung des periportalen Gewebes.

Ein Patient starb an einer Leberzirrhose 40 Tage nach dem Auftreten des Ikterus (109).

5. Nieren. Hämaturie, bisweilen ernster Art (84). Nekrose der Nieren (112).

Ein Kranker bekam drei Tage hindurch sechsmal 200 mg Phenylbutazon. Dies vertrug er gut. Zwei Wochen später kam es zu Anurie nach 200 mg Phenylbutazon. Nierenbiopsie: Tubulusnekrose. Es kam zur Heilung (96).

Anurie als Folge von Niederschlägen der Harnsäure in Nieren und Harnleitern (110).

6. Haut. Jucken, Erytheme, besonders an den belichteten Hautstellen. Makulöse, papulöse und bullöse Exantheme, Urtikaria, angioneurotische Ödeme (86), Erythema exsudativum multiforme, Erythema exsudativum bullosum (94), Stevens-Johnson-Syndrom, Erythema nodosum (25), Dermatitis (26), Purpura.

Ein Patient erkrankte nach der 16. Injektion von Phenylbutazon an ausgebreiteter Urtikaria mit hohem Fieber und starb. Bei der Obduktion konnte keine Todesursache festgestellt werden.

Ein anderer Patient starb nach Auftreten einer heftigen bullösen Dermatitis und Konjunktivitis mit Schädigung der Kornea. Bei der Obduktion fand man degenerative Veränderungen in Leber und Nieren. Es wurden herdförmige Nekrosen, Nekrose von Arterien und Myokarditis konstatiert.

Diese Veränderungen erinnern an allergische Erscheinungen durch Sulfa-Präparate (85).

Eine Frau bekam nach einer 13tägigen Behandlung Stomatitis ulcerosa, eitrige Konjunktivitis und ein Erythema exsudativum multiforme. An den distalen Teilen der Extremitäten waren zahlreiche, mit Flüssigkeit gefüllte Blasen vorhanden. Die Umgebung der Nägel war stark entzündet. Im Kubikmillimeter Blut zählte man 2800 Leukozyten.

Penicillin und Benadryl retteten die Kranke (100).

7. Nervensystem. Schwindelanfälle, die manchmal ernst sein können.

Wir sahen eine 46jährige Dame, die einige Monate hindurch täglich zwei Butazolidintabletten einnahm und jedesmal, wenn sie sich im Bett aufrichtete, heftigen Schwindel bekam, der mit Erbrechen, Dyspnoe und Kollapsneigung einherging (kleiner, schneller Puls).

Ein Patient bekam eine hämorrhagische Myelitis und zeigte schwere neurologische Erscheinungen (27).

Psychische Störungen wurden beobachtet: Euphorie, Benommenheit, Schlaflosigkeit, Aufregung, Halluzinationen, einmal auch eine echte Psychose (21).

8. Augen. Sehstörungen, speziell beim Fixieren (21), auch Flimmern vor den Augen, Konjunktivitis.

9. Allgemeine Erscheinungen. Arzneifieber (drugfever), Schüttelfrost; Kopfschmerz, Drüsenschwellungen, Struma (114).

Ein 46jähriger Mann war vor 10 Jahren ein Jahr hindurch allergisch gegen Aspirin. Auf eine Tablette reagierte er mit Schwellung der Lippe. Später hatte er nach Aspirin auch Beklemmungen, konnte schwer schlucken und litt unter Jucken. Schließlich bekam er nach einer Aspirintablette einen Kollaps, erbrach und war eine Weile bewußtlos. Zugleich bekam er QUINCKESches Ödem.

Später konnte er jahrelang ohne Beschwerden wiederum Aspirin vertragen, bis zum Februar 1955, als er wegen Zahnschmerzen eine Aspirintablette einnahm. Darauf trat eine Schwellung des Gesichtes auf, und er hatte wieder Beklemmungen. Am folgenden Tage nahm er anstatt Aspirin ein Viertel einer Veramontablette (die Amidopyrin = Pyramidon enthält) und reagierte auf diese Tablette mit Schwellung im Gesicht.

Besonders sei noch betont, daß er am Morgen Niesanfälle hatte, ebenfalls ein Zeichen allergischer Konstitution.

Einen Monat später klagte er, als er von einer Reise nach Hause kam, über Schmerzen in der rechten Schulter. Der Hausarzt untersuchte ihn gründlich, nahm an, daß es sich um eine Periarthritis humeroscapularis handle und spritzte ihm — in Unkenntnis der Allergie gegen Veramon — eine Ampulle Irgapyrin ein.

Einige Sekunden hierauf begann der Patient heftig zu husten, war stark benommen und verlor nahezu unmittelbar das Bewußtsein. Der Puls war nicht zu fühlen. Im Laufe von zehn Minuten starb er.

Es ist fast sicher, daß es sich hier um einen anaphylaktischen Schock als Folge von Überempfindlichkeit für Irgapyrin gehandelt hat.

Da keine Obduktion stattfand, haben wir keine sichere Diagnose. Es kann jedoch auch daran gedacht werden, daß der leichte Schmerz in der rechten Schulter und im Arm durch einen Herzinfarkt verursacht war.

Kombinierte Allergie gegen Aspirin und Pyramidon kommt häufiger vor. Wir behandelten einen Patienten wegen Agranulozytose, nachdem er wegen akuten Gelenksschmerzen mit Pyramidon behandelt worden war. Bei einem früheren Anlaß wurde ein akuter Rheumatismus mit Salizyl behandelt, worauf der Kranke mit Fieber, Exanthem und schwerer Verwirrtheit reagierte.

Aus verschiedenen Prozentzahlen von Nebenwirkungen ist ersichtlich, wie toxisch Butazolidin wirkt.

a) Von 800 Patienten (21) hatten 40 % Nebenerscheinungen, 14 % bekamen Ödeme, 1,3 % Hypertension, Erythem kam bei 5,6 %, Stomatitis bei 2,6 % zur Entwicklung.

Bei 5 % stellten sich Magenbeschwerden ein, bei 1 % ein Ulkus, 12 % klagten über Brechreiz. Hepatitis kam bei zwei Patienten vor. Schwindelanfälle bei 3,7 %, Sehstörungen bei 1,5 %. Anämie entstand bei 1,5 %, Leukopenie bei 2,1 %. Bei fünf Patienten kam es zu Agranulozytose, einmal zu Panzytopenie. Purpura mit Thrombopenie trat bei einem, Purpura ohne Thrombopenie bei vier Patienten auf.

b) Eine Statistik über 109 Patienten berichtet über 40 % toxische Erscheinungen (24), 19 % hatten schwere Anorexie und Magenschmerzen, 15 % Halsentzündung, 2 % Geschwüre im Mund, 14 % Erytheme. Zwei zeigten Schwellungen der Halslymphdrüsen. Einmal wurde eine Senkung der Leukozytenzahl auf 1700 konstatiert, sechsmal fand man Hepatitis. Bei drei Patienten verschlechterte sich ihr Rheumatismus.

c) Von 193 Patienten bekamen 35 % Ödem, 10 % wurden kurzatmig und etwa 10 % klagten über anginöse Schmerzen (82).

Phenyl-dimethyl-isopropyl-pyrazolon

Ein Patient bekam nach Gebrauch dieses Ersatzmittels für Pyramidon Purpura mit Thrombopenie (102).

B. Anilinderivate

Acetanilid (Antifebrin), **Phenacetin** (p-Acetylphenetidin) kommt unter anderem in Saridon und Almedin vor.

1. Blut. Zyanose durch Bildung von *Sulf-*, selten Methämoglobin, Hämoglobinurie; Porphyrinurie (28). *Anämie*, die bedeutend werden kann; Hämoglobinsenkung von 50 %, mit üblichen Beschwerden. Oft wird Leukozytose gefunden.

Ein Fall eines Patienten, der durch drei Monate 2,5 bis 5 g Phenacetin einnahm und an Panzytopenie erkrankte, wird beschrieben (29).

Nach Gebrauch von zwei bis sechs Tabletten Saridon täglich durch ein bis zehn Jahre kam es bei drei Patienten zu *hämolytischer Anämie* (30), Ikterus.

2. Allgemeine Erscheinungen (durch Sulf- und Methämoglobin). Kopfschmerz, Schwindelgefühl, Müdigkeit, tote Finger u. a. Parästhesien, Schweißausbruch, Herzklopfen, ungenügende Herztätigkeit, Kollaps, Nephritis (33).

Ein Fall von tödlicher Vergiftung nach 2 g Phenacetin ist bekannt (31). Andere Patienten erholten sich noch nach 30 g.

3. Magen-Darmkanal. Anorexie, Erbrechen, Diarrhöe, Abmagerung, Hepatitis mit Ikterus, Hepato-splenomegalie, Geschwüre im Ösophagus (32).

4. Nervensystem. Gleichgewichtsstörungen, Hyperästhesie, Taubheit, erhöhte Reflexe, Amblyopie, Diplopie, Skotome.

5. Allergische Erscheinungen. Urtikaria, Exantheme, Purpura, Fieber, Asthma.

Es erschien eine Publikation über 24 Patienten, die durch längere Zeit Phenazetin enthaltende Präparate gebraucht hatten (33). Bei allen wurde Zyanose (fahlgrau bis gelbbraun) und Anämie wahrgenommen (zwischen 37 und 76 %). Diese Anämie war zwölfmal hyperchrom, achtmal hypochrom und viermal normochrom; 24mal war Sulfhämoglobin und einmal auch Methämoglobin nachweisbar. Bei zwölf Patienten war die Sättigung des arteriellen Blutes mit Sauerstoff herabgesetzt.

Bei drei Patienten wurden Nierenerscheinungen beobachtet. Man hielt sie für eine interstitielle Nephritis. Ein anderer Bericht führt 13 Patienten mit interstitieller Nephritis von einer Gesamtzahl von 43 Patienten an, die längere Zeit Phenazetin gebrauchten.

Anämie und Obstipation erhöhen die Gefahr von Vergiftungserscheinungen.

C. Salizylverbindungen

Acidum acetosalicylicum (Aspirin), **Acidum salicylicum, Phenylsalicylat** (Salol), **Methylsalicylat**

Die häufigsten Nebenerscheinungen sind Magenbeschwerden und Ohrensausen.

1. Magen-Darmtrakt. Anorexie, Brechreiz, Magenschmerzen, Erbrechen, Diarrhöe, peritoneale Symptome (34).

2. Allgemeine Erscheinungen. Ohrensausen, Schwindelgefühl, Kopfschmerz, Störungen des Gesichtes und des Gehörs, Schweißausbruch, Fieber, Tachykardie, selten Bradykardie.

3. Blut. Öfters sind nach verschieden hohen Dosen Blutungen an verschiedenen Stellen vorgekommen. Diese Blutungen können verschiedene Ursachen haben.

a) Schädigung der Kapillaren. Magenblutungen können schon nach zwei Aspirintabletten entstehen (GHOSH). Bei Gastroskopie sah man Ödem, Hyperämie, Blutung oder sogar Geschwürbildung in der Nachbarschaft einer Aspirintablette.

Gehäufte Magenblutungen nach Aspirineinnahme werden beschrieben (109).

b) Senkung des Prothrombingehaltes im Blutserum (36).

Bei einer Frau entstand auf diese Weise hämorrhagische Diathese mit heftiger Hämaturie, nach Einnehmen von 2½ bis 3 g im Laufe von drei Tagen (37). Die Blutungen können in allen Schleimhäuten (Zahnfleisch, Nase), weiters auch in Nieren, Leber, Haut und Gehirn vorkommen.

Bei einem viermonatigen Kind kam es zur Hirnblutung nach Verabreichung von sechsmal 170 mg Aspirin innerhalb von zwei Tagen (38). Kinder sind in den ersten Lebensjahren für Aspirin besonders empfindlich.

Es empfiehlt sich, bei höherer Dosierung von Salizyl täglich Vitamin K_1 zuzugeben (39).

c) Thrombopenie (40). Es wurde ein Todesfall nach intravenöser und oraler Verabreichung beschrieben. Es entstanden diffuse Blutungen, unter anderem im Gehirn (41). Nach Gebrauch von 144 g *Salicylamid* im Laufe von drei Monaten entstand bei einem Patienten schwere Thrombopenie (42).

Zwei Fälle von Blutungen in Haut und Schleimhäuten durch Thrombopenie nach Gebrauch von Salicylamid werden beschrieben. Es bestand auch Leukopenie (113).

Salizyl fördert angeblich die Ausscheidung von Vitamin C, wodurch die Gefahr der Blutungen zunimmt (43).

Es kann auch zu Sulfhämoglobinämie kommen, ebenso zu hämolytischer Anämie (44).

Nach (durch?) Gebrauch von Natrium-gentisat entstand eine lymphozytäre Reaktion im peripheren Blut (87).

4. Azidose. Große Dosen von Salizyl können Unruhe, Angstgefühl, Brechreiz, Kopfschmerz erzeugen. Der Kranke hat Beklemmungen, es entsteht KUSSMAULsche Atmung. Die Atemluft riecht nach Azeton (45).

Der Kranke kann auch benommen werden, es kann sogar Koma entstehen. Diese Erscheinungen treten angeblich dann auf, wenn der Salizylgehalt des Blutserums 32 mg% übersteigt (46).

Durch „sehr tiefe Atmung" kann sich vorerst Alkalose, später Azidose einstellen (47). Trotz doppelter Dosis von Speisesoda kann sich die Azidose entwickeln.

5. Nieren. Eiweiß, Zylinder, Erythrozyten im Harn. Es kann **Polyurie** und in einem späteren Stadium Dehydration mit Oligurie und Nephrose entstehen (48), Nierenkoliken (49).

6. Leber. Schädigung der Leber, Fettleber, Nekrose der Leber (50).

7. Nervensystem. Depression, Stupor, Desorientation, Reizbarkeit, Unruhe, Aufregung, unzusammenhängende Sprache, Verworrenheit, Halluzinationen, Delirium.

Nach intravenöser Einspritzung von Natrium salicylicum entstand sogar in 17% Delirium (51); Hyperpyrexie (52), Konvulsionen und Koma (53) wurden ebenfalls beobachtet.

Schädigung von Ohr- und Augennerven kann zu Taubheit und Blindheit führen (54).

8. Innere Sekretion. Es kann sich Cushingsches Syndrom mit Wasser- und Salzretention entwickeln, ebenso wie Glukosurie und Akne (55). Nach Einnahme von Salizyl können auch hämatologische und biochemische Veränderungen auftreten, so wie es bei Hyperfunktion der Nebennierenrinde vorkommt (56).

9. Allergische Erscheinungen (57). *Haut.* Makulöse und papulöse Exantheme (58), Urtikaria, Quinckesches Ödem (59).

Fünf Personen einer Familie waren für Acidum acetosalicylicum allergisch und reagierten mit Urtikaria und Ödem der Augenlider.

Erythema nodosum, Erythema multiforme, hämorrhagische Exantheme, Pigmentationen.

Asthma. Eine einzige Aspirintablette kann bei hiefür allergischen Patienten einen lebensgefährlichen Anfall von Asthma hervorrufen. Bevor man einem Asthmatiker ein Aspirin enthaltendes Medikament verschreibt, muß man ihn fragen, ob er es verträgt (60).

Ein Patient reagierte zwei Jahre lang auf Aspirin mit Urtikaria und Ödem der Augenlider. Zehn Minuten nach Einnehmen einer Aspirintablette starb er im Schock (98).

Ein anderer Patient, dem es bekannt war, daß er Aspirin nicht vertrage, nahm in einem Asthmaanfall eine Tablette, von der er nicht wußte, daß es Aspirin sei. Nach zehn Minuten starb er in einem Asthmaanfall (101).

Von 830 Asthmatikern reagierten 22 allergisch auf Acidum acetosalicylicum, fünf davon starben sogar daran (61).

Man beobachtete auch Rhinitis vasomotoria, Konjunktivitis, sogar Lungenödem (62). Auch Thrombopenie (40).

Die folgenden Fälle müssen ebenfalls durch erhöhte Empfindlichkeit erklärt werden.

Eine tödliche Reaktion folgte dem Einnehmen von 6,6 g Azetylsalizylsäure (Aspirin). Es kam zu Blutungen, Dyspnoe, Unruhe, Koma, Hyperpyrexie.

Ein fünfjähriger Junge starb nach 2 g (63).

Wir sahen einen Mann, der wegen akutem Rheumatismus Aspirin nahm. Er bekam nach wenigen Wochen hohes Fieber und war verwirrt. Dieselben Erscheinungen wiederholten sich drei Wochen später schon nach einigen Tagen Aspirinkur.

Herz. Vorübergehende Schädigungen des Myokards mit Veränderungen im EKG (64). Auch Angina pectoris kann (manchmal kombiniert mit Urtikaria) entstehen. Dies kam bei drei Patienten mit Anzeichen von Arteriosklerose nach 300 bis 600 mg Azetylsalizylsäure (Aspirin) vor. Während der Anfälle bestanden Zeichen von Schock mit schnellem Puls und niedrigem Blutdruck (65).

Nodalrhythmus und Bündelblock folgten nach 300 mg Acidum acetosalicylicum (32).

Es gibt Patienten, die auf Azetylsalizylsäure allergisch reagieren, während sie Salizylsäure und Salizylate gut vertragen (68).

Toxische und allergische Erscheinungen sind auch bei Applikation von Salizylsäure auf die Haut bekannt (67).

In der Zeitperiode von 1933 bis 1943 betrug die Zahl der Todesfälle nach Salizylpräparaten in den USA 526 (69). In der Weltliteratur konnten noch 557 Fälle von Salizylvergiftung entdeckt werden; es waren 144 Todesfälle darunter (69).

D. Atophan (Acidum phenylchinolincarbonicum, Cinchophen) und Novatophan (Methylcinchophen)

Atophan enthalten auch die Kombinationsmittel: Uro-Zero, Arkanol, Gorun.

1. Allgemeine Erscheinungen. Kopfschmerz, Schwindelanfälle, Temperatursteigerung, allgemeines Krankheitsgefühl, Abmagerung.

2. Haut. Jucken, scharlach- und masernähnliche Exantheme, Erythema exsudativum multiforme, fixe Erytheme, Exantheme besonders an den belichteten Hautstellen (71), Pigmentationen, Urtikaria, angioneurotische Ödeme (79), Dermatitis exfoliativa (72), Purpura.

3. Leber. Hepatitis mit Ikterus [Mortalität 50 % (104)], akute gelbe Leberatrophie (73), Leberzirrhose (89).

Leberleiden durch Atophan kommen wiederholt vor. Bei einer Behandlung mit Atophan muß der Harn regelmäßig auf Urobilingehalt kontrolliert werden. Besonders empfindlich für Atophan ist die Leber während der Schwangerschaft, bei chronischem Alkoholismus und Lues.

4. Magen-Darmtrakt. Anorexie, Brechreiz, Diarrhöe, Magenschmerzen, Ulcus ventriculi? (70), Stomatitis aphthosa.

5. Blut. Purpura mit Thrombopenie, nekrotische Purpura mit Thrombopenie (74), Blutungen durch Senkung des Prothrombingehaltes (103),

Agranulozytose (75), Panzytopenie, akute hämolytische Anämie mit Ikterus und Milzschwellung (76, 77).

6. Einige andere Nebenwirkungen durch Atophan. Anzeichen von Myokardinfarkt mit Veränderungen im EKG (78). Vasomotorische Störungen, Bronchitis, Albuminurie, Hämaturie, degenerative Veränderungen in Nieren und Herz (77).

Literatur

1. Lancet (1952 II) 682; Brit. med. J. (1954 I) 919.
2. J. Mayr, S. 12.
3. Arch. Derm. Syph. 64 (1951) 198.
4. Med. Klinik 45 (1950) 371.
5. Brit. med. J. (1952 I) 1273.
6. Schweiz. med. Wschr. 82 (1952) 1104.
7. Ohio St. med. J. 48 (1952) 318.
8. Ghosh, S. 447.
9. Ned. Tijdschr. v. Geneesk. 75 (1931) 5539.
10. Bull. Soc. Chim. biol. (Paris) 29 (1947) 641.
11. Ned. Tijdschr. v. Geneesk. 97 (1953) 1525.
12. J. A. M. A. 152 (1953) 30.
13. J. A. M. A. 152 (1953) 28.
14. J. A. M. A. 150 (1952) 1084, 1087, 1332; Pr. méd. 61 (1953) 373.
15. Pr. méd. 59 (1951) 1315; Wien. med. Wschr. 104 (1954) 178.
16. Klin. Wschr. 29 (1951) 726.
17. J. A. M. A. 150 (1952) 1087; Sem. Hôp. Paris 29 (1953) 3659.
18. Ned. Tijdschr. v. Geneesk. 96 (1952) 2505.
19. Ned. Tijdschr. v. Geneesk. 97 (1953) 993.
20. Amer. Heart J. 42 (1951) 582; J. A. M. A. 151 (1953) 38; 151 (1953) 555, 557, 639, 1286; 152 (1953) 33; Bull. rheumat. Dis. 3 (1952) 23.
21. Arch. int. Med. 92 (1953) 646; Lancet (1954 I) 225; Amer. J. Med. 16 (1954) 212; Illinois med. J. 105 (1954) 83.
22. Brit. med. J. (1952 II) 1273, 1427.
23. Bull. Acad. nat. Méd. 134 (1950) 225; Ann. Biol. Clin. 8 (1950) 326.
24. Brit. med. J. (1953 I) 159; Pr. méd. 62 (1954) 593.
25. J. A. M. A. 151 (1953) 1023.
26. J. A. M. A. 153 (1953) 642.
27. Lancet (1952 II) 682.
28. Ugeskr. Laeg. (Dän.) 110 (1948) 1222.
29. Soc. méd. Biol. Montpellier et Languedoc. Médit. 5 Fév. 1943, 69.
30. Schweiz. med. Wschr. 78 (1948) 681; 80 (1950) 681.
31. Pharmacotherapeut. Vademecum, 8. Aufl., S. 587. Amsterdam 1942.
32. J. A. M. A. 152 (1953) 910.
33. Schweiz. med. Wschr. 83 (1953) 1953; 85 (1955) 746.
34. Wien. klin. Wschr. 60 (1948) 175.
35. Ned. Tijdschr. v. Geneesk. 64 (1920) 1073; Lancet 235 (1938) 1222; Brit. med. J. (1951 II) 302.
36. Amer. J. Med. 6 (1949) 433; Ann. rheumat. Dis. 8 (1949) 120; J. Pharmacol. 97 (1949) 353; J. Biol. chem. 147 (1943) 463.
37. Acta med. Scand. 141 (1952) 256.
38. J. A. M. A. 126 (1944) 806.
39. Pr. méd. 57 (1949) 805; Amer. J. Dis. Child. 69 (1945) 37; Gaz. Méd. France 57 (1950) 1091.
40. Minerva med. 49 (1948) 644; J. lab. clin. Med. 30 (1945) 916; Schweiz. med. Wschr. 80 (1950) 1177.
41. J. A. M. A. 126 (1944) 806.
42. Schweiz. med. Wschr. 80 (1950) 1177.
43. Amer. J. Dis. Child. 78 (1949) 467.
44. Policlinico 58 (1951) 1063.
45. J. A. M. A. 135 (1947) 712.
46. Canad. Med. Ass. J. 67 (1952) 117.

47. Texas J. Med. 44 (1948) 354; Amer. J. Dis. Child. 78 (1949) 467; Amer. J. med. Sci. 217 (1946) 256.
48. SOLLMANN, S. 537.
49. J.A.M.A. 131 (1946) 209.
50. Policlinico 58 (1951) 1063; Bull. Mém. Hôp. Paris (1934) 1201; Dtsch. Arch. klin. Med. 176 (1934); Rev. Rhumat. 19 (1952) 405.
51. J.A.M.A. 135 (1947) 712.
52. J.A.M.A. 131 (1946) 209.
53. Proc. Meet. Mayo Clin. 22 (1947) 391.
54. DAVISON, S. 325.
55. Brit. med. J. (1950 II) 1411.
56. Lancet 261 (1951) 374.
57. J.A.M.A. 108 (1937) 445.
58. Acta med. Orient. (Tel-Aviv) 6 (1947) 333.
59. Brit. med. J. (1949 II) 628.
60. Schweiz. med. Wschr. 81 (1951) 623; Pr. méd. 62 (1954) 33.
61. Canad. Med. Ass. J. 64 (1951) 187.
62. Quart. J. Med. 41 (1948) 153.
63. J.A.M.A. 135 (1947) 712.
64. Ann. Allergy 10 (1952) 339; HARKAVY, Allergy in Theory and Practice. Philadelphia: Saunders. 1947; Les Maladies des Coronaires. Paris: Masson & Cie. 1950.
65. J. Allergy 4 (1953) 506.
66. J. lab. clin. Med. 29 (1944) 595.
67. J.A.M.A. 151 (1953) 37.
68. J.A.M.A. 73 (1949) 759; Ann. Allergy 7 (1949) 219.
69. The Salicylates. New Haven: Hillhouse Press. 1948.
70. Nord. Med. 40 (1948) 2264; J.A.M.A. 99 (1932) 1859.
71. N.Y. J. Med. 52 (1952) 227.
72. J. MAYR, S. 19.
73. Sem. Hôp. Paris 25 (1949) 330; New Engl. J. Med. 236 (1947) 500; J.A.M.A. 131 (1946) 367; Policlinico 59 (1952) 169.
74. Rev. méd. Chile 80 (1952) 291.
75. Amer. J. med. Sci. 192 (1936) 705.
76. Arch. Path. Clin. Med. 28 (1950) 366.
77. Bull. Mém. Hôp. Paris (1937) 717.
78. J.A.M.A. 148 (1952) 203.
79. Med. Klinik 13 (1919) 927.
80. Med. Klinik 48 (1953) 664.
81. J.A.M.A. 154 (1954) 260.
82. Schweiz. med. Wschr. 84 (1954) 125.
83. Pr. méd. 62 (1954) 204.
84. Lancet (1953 II) 1153.
85. Ann. int. Med. 39 (1953) 1096.
86. Michigan St. Med. Soc. J. 57 (1953) 1210.
87. Brit. med. J. (1953 II) 1142.
88. Amer. J. Med. 16 (1954) 181.
89. Pr. méd. 62 (1954) 750.
89a. Klin. Wschr. 32 (1954) 916.
90. Schweiz. med. Wschr. 84 (1954) 1281.
91. Dtsch. Gesdh.wes. 9 (1954) 1072.
92. Acta haemat. (Basel) 12 (1954) 304.
93. Pr. méd. 62 (1954) 1031.
94. Arch. Derm. Syph. 69 (1954) 674.
95. Pr. méd. 62 (1954) 1518.
96. Ann. int. Med. 41 (1954) 1075.
97. Lancet 264 (1953) 1232; Ann. int. Med. 41 (1954) 70.
98. Lancet 264 (1953) 951.
99. R. G. A. v. WAJEN, Geneeskundige Bladen 46 (1954).
100. N.Y. J. Med. 54/2 (1954) 265.
101. Sem. Hôp. Paris 30 (1954) 14. April.
102. Sem. Hôp. Paris 30 (1954) 30. Aug.
103. Scand. J. clin. lab. invest. 6 (1954) 91.
104. Pr. méd. 63 (1955) 379.
105. Sang 26 (1955) 130.
106. Wien. klin. Wschr. 67 (1955) 393.
107. Med. Mschr. 3 (1955) 177.
108. Münch. med. Wschr. 97 (1955) 564.
109. Brit. med. J. (1955 II) 7.
110. New Engl. J. Med. 252 (1955) 1086.

111. S. African med. J. 29 (1955) 269. 114. Lancet (1955 II) 164.
112. Brit. med. J. (1955 II) 240. 115. Schweiz. med. Wschr. 85 (1955)
113. Acta med. Scand. 152 (1955) 153. 1065.

V. Anästhetika

A. Inhalations-Anästhetika

Bei der Anästhesie kann man, was das Risiko des Patienten betrifft, vier Grade unterscheiden, die vom Allgemeinzustand des Patienten abhängen (1).

Risiko I: Patienten, die nicht älter als 50 Jahre und, außer dem zu operierenden Leiden, gesund sind.

Risiko II: Patienten mit leichten Störungen, z. B. geringer Anämie oder Hypertension.

Risiko III: Patienten, die älter sind als 70 Jahre, mit organischen Veränderungen, z. B. Koronarsklerose, chronischer Bronchitis oder anderen Lungenerkrankungen, Kachexie.

Risiko IV: Patienten, deren Allgemeinzustand schlecht ist und die Erscheinungen von Schock oder ungenügender Funktion von Herz oder Nieren haben.

Es ist klar, daß die Zahl der Lungenkomplikationen, Kreislaufstörungen und auch die Sterblichkeit von der Kategorie I zu IV deutlich zunehmen.

Veränderungen im Organismus, die bei *allen Inhalations-Anästhetika* angetroffen werden können (2):

1. Blut. Eindickung des Blutes oder gerade Verminderung des Hämoglobingehaltes, Leukozytose, Senkung der Alkalireserve. Diese Senkung ist bei langdauernder Narkose nicht gleichgültig und kommt auch manchmal bei Lokalanästhesie vor. Der Blutzuckergehalt steigt durch Mobilisation des Glykogenvorrates der Leber; infolgedessen entsteht auch eine Ketose. Bei allgemeiner Anästhesie wird in 67 %, bei lokaler sogar bei 85 % Azetonurie gefunden. Bei Zuckerkranken vermindert sich die Toleranz für Kohlehydrate in hohem Maße.

2. Magen. Verminderung des Tonus. Es ist möglich, daß die akute Magenerweiterung, die man öfters nach Operationen antrifft, mit dem durch Anästhesie hervorgerufenen Tonusverlust zusammenhängt.

3. Leber. Lachgas und Cyclopropan verursachen keine Leberfunktionsstörungen, Chloroform hingegen erzeugt die größten Störungen, an der Bromsulphaleïn-Ausscheidung und dem Hangertest (cephalin flocculation test) gemessen. Auch durch Äthernarkose wird die Leberfunktion geschädigt. Es wird daher empfohlen, nach der Anästhesie möglichst viel Zukker und Eiweiß zu reichen, damit die Leber den schädigenden Einfluß des Anästhetikums besser verarbeiten kann. Eine gute Sauerstoffzufuhr während der Operation ist auch für die Leber von größter Bedeutung. Es ist zweifellos, daß bei Anoxie die Leberschädigung stärker ist (3). Anoxie an sich kann Leberdegeneration verursachen.

4. Herz. Vorübergehende Veränderungen im EKG, speziell bei Chloroform, Cyclopropan und Trichloräthylen. Ventrikuläre Tachykardie mit verschieden geformten Komplexen. Diese Tachykardie kann ein Vorbote von Kammerflimmern sein (4). Adrenalin kann während der Anästhesie Kammerflimmern verursachen, besonders bei der Cyclopropan-Anästhesie. Siehe auch bei Adrenalin (S. 53).

Bei Herzstillstand muß außer rechtzeitig eingeleiteter künstlicher Atmung innerhalb drei bis fünf Minuten Herzmassage angewendet werden, wobei das Herz thorakal oder abdominal zugänglich gemacht wird. Man kann überdies Procain kombiniert mit Adrenalin probieren (5).

5. Atmung. Bei *Apnoë* muß künstliche Atmung eingeleitet und müssen Stimulantia (Lobelin, Coramin) gereicht werden. Wenn aber die Asphyxie ernst ist, kann Coramin diese noch verschlechtern.

6. Nieren. Lang dauernde Anästhesie, besonders mit Chloroform und Äther, kann zu Oligurie und Anurie führen, besonders, wenn die Nieren vorher nicht gesund waren.

Etwas Eiweiß im Harn ist ein normaler Befund nach der Narkose.

Während der Narkose funktionieren die Nieren sichtlich schlechter. Die Menge des Glomerulus-Filtrates ist geringer, da weniger Blut die Nieren durchströmt (96, 97). Die Steigung des Ureumgehaltes wird jedoch größtenteils extrarenal durch verstärkten Eiweißzerfall und Flüssigkeitsverlust verursacht. Wahrscheinlich ist das Operationstrauma hiebei von größerer Bedeutung als die Anästhesie.

Äther

1. Atmung. Wird zu viel Äther gegeben, kann *Atemstillstand* durch Lähmung des Atemzentrums und Schock durch Lähmung des Vasomotorenzentrums entstehen. Der Atemstillstand kann überdies reflektorisch entstehen.

2. Zirkulation. Der *Blutdruck* steigt anfänglich etwas, um in einem späteren Stadium der Narkose zu sinken; der diastolische Blutdruck sinkt mehr, es entsteht also ein großer Pulsdruck.

3. Blut. Unter Einfluß von Äther wird die Blutgerinnung beschleunigt. Später sinkt der Prothrombingehalt des Blutes und die Blutgerinnung wird, wenn die Leber geschädigt ist, eher verlangsamt. Die Verlängerung der Gerinnungszeit ist dann ungefähr am vierten Operationstag am deutlichsten. Phagozytose wird durch Äther gehemmt. Tendenz zur Kaliumverminderung, Fett- und Cholesterinzunahme im Blut. Die Leber kann soweit geschädigt werden, daß Ikterus entsteht.

4. Nieren. Nach langdauernder Äthernarkose kommt es regelmäßig zu leichter Albuminurie. Im Harnsediment findet man Zylinder und manchmal Erythrozyten (GHOSH). Die Nierenfunktion ist herabgesetzt. Es ist bekannt, daß auch oft Azetonurie vorkommt.

5. Schleimhäute. Reizung der Schleimhäute verursacht: Konjunktivitis, Bronchitis, Erbrechen. Speichelfluß durch Reizung der Speicheldrüsen.

6. Nervensystem. Nach Anästhesie sieht man hie und da Konvulsionen (6), die durch Tetanie (7) begründet sein können oder durch latente Epilepsie, die später manifest wird. Nach Anästhesie beobachtete man auch Zustände, die Restzuständen nach Enzephalitis ähnlich sind (8).

7. Als Zeichen von *Allergie* sah man bei einem Patienten immer wieder nach Gebrauch von Äther das Auftreten einer Urtikaria (9) und QUINCKEsches Ödem (106). Nach lokaler Anwendung von Äther kann sich Dermatitis entwickeln (87).

Nach *intravenöser* Ätherinjektion wurden Fettembolien in Gehirn, Lunge, Leber und Nieren (Hämaturie) beobachtet (10).

Bei Gebrauch von *Divinyläther* hat man auch Störungen der Leberfunktion, Lebernekrose und Konvulsionen festgestellt (11).

Chloroform

Senkung des systolischen und Erhöhung des diastolischen *Blutdruckes.* Im Vordergrund steht die Schädigung der *Leber.* Nach einer Narkose von 15 Minuten sind 75% des Glykogenvorrates verbraucht. Es ist ein Fall bekannt, in welchem nach Gebrauch von 15 g Chloroform, vier Tage nach der Anästhesie, der Tod im Koma durch Lebernekrose folgte (12). Ein weiteres Zeichen von Leberschädigung ist die Herabsetzung des Prothrombingehaltes im Blut (13).

Zirkulation. Degeneration des Herzmuskels; die Herzschwäche kann auch einige Tage nach der Narkose auftreten. Vasomotorenlähmung. Atmungsstillstand.

Blutung in serösen Häuten und im Magen-Darmtrakt (DAVISON).

Blut. Niedrigere Sauerstoffspannung und höherer Kohlensäuregehalt des Blutes (15), stärkerer Eiweißabbau, stärkere Hämolyse, Anämie, Verringerung des Kaliumgehaltes, Erhöhung des Fett- und Cholesteringehaltes im Serum (14).

Lachgas (Stickstoff-Oxydul)

Motorische Unruhe, die monatelang dauern kann; Sehstörungen, Aphasie, Zittern, Rigidität, Gehirnnekrose (15). Besonders die Rinde und die Stammganglien werden geschädigt (16). Dementia. Zerebellare Ataxie (17). Ein Patient starb einige Wochen nach der Narkose (18).

Die Komplikationen von Lachgas können möglicherweise ausbleiben, wenn besser für Sauerstoffzufuhr gesorgt wird.

Cyclopropan

Öfters entstehen Extrasystolen. Bradykardie. Bei tiefer Anästhesie sieht man im EKG Senkung im ST-Intervall und der T-Zacken. Kammerflimmern (19). Man hüte sich bei der Cyclopropannarkose vor Adrenalin. Es besteht Neigung zur Blutdrucksteigerung.

Es wurde Glottiskrampf beobachtet, durch den es zu Lungenkollaps kommen kann.

Im Gegensatz zu Äther wird durch Cyclopropan die Atmung angeregt. Der Operation folgt Exzitation.

Zuweilen sieht man einen vorübergehenden Ausschlag (20). Zunahme der Gerinnungsfähigkeit des Blutes (21).

Trichloräthylen (Trilen)

13 Fälle von Lähmung eines Hirnnerven wurden beschrieben, für welche Trichloräthylen verantwortlich gemacht werden muß (22).

Schnelle Atmung, mäßige Leberschädigung, Psychosen (DAVISON), Herpes labialis.

Es sind Fälle von Trichloräthylen-Sucht bekannt (23).

Chloräthyl

Tödliche Zwischenfälle, sogar nach einem kurzdauernden Rausch, sind nicht selten. Herzstillstand, Kammerflimmern, Schock kann vorkommen.

Veränderungen im EKG lassen die Erhöhung des Vagustonus vermuten; verschiedene Arrhythmien, die durch Atropin behoben werden können, kommen vor (23 a).

Nach Auftropfung von 40 Tropfen Chloräthyl trat Aussetzen der Atmung und kurz darauf Herzstillstand ein. Die Leichenöffnung ergab die Zeichen eines sogenannten Status thymico-lymphaticus mit einer starken Hypotrophie der Nebennieren (111).

Kopfschmerz, Brechreiz, Erbrechen (DAVISON), Neigung des Blutdruckes zum Sinken, Asphyxie durch Spasmen der Bronchialverzweigungen, Spasmus der Kaumuskeln. Bei Überdosierung leidet besonders der Herzmuskel.

B. Nichtflüchtige Anästhetika

Zur vorbereitenden Anästhesie gebraucht man Avertin, Hexobarbital, Pentothiobarbital.

Avertin (Tribromäthylalkohol, Bromethol)

Wird zumeist rektal gereicht, selten intravenös. Herabsetzung des *Blutdrucks*. Das *Atmungszentrum* wird weniger reizbar: Atmungsstillstand. *Herz:* Kammerflimmern (24), Bradykardie. *Blut:* Senkung der Alkalireserve, Zunahme des Blutzuckers, Ketose. *Leber:* Hepatitis, gelbe Leberatrophie (25). *Nieren:* toxische Nephrose mit Anurie und Urämie (25).

Eingeweide. Darmnekrose, Kolitis, Darmblutungen. Diese Erscheinungen treten auf, wenn Avertin vorerst stark erwärmt wurde; es entsteht Bromwasserstoff, was eine stark irritierende Wirkung auf die Rektumschleimhaut ausübt.

Evipan (Hexobarbital, Narcodorm)

Psychische Störungen, Brechreiz, Erbrechen, Schwindelgefühl, Kopfschmerzen, Nystagmus, Lichtscheu, Hepatitis, Exantheme, Dermatitis.

Es wurden auch *Blutveränderungen* beschrieben: Agranulozytose und Thrombopenie.

Nach 250 mg Hexobarbital (Narcodorm) entstand *anaphylaktischer Schock*. Der Patient erholte sich. Hierauf entwickelte sich eine hämorrhagische Diathese mit 18 000 Thrombozyten pro mm³. Der Patient erholte sich wiederum. Später wurde das Blut des Patienten in vitro mit 10 % Narcodorm vermischt. Die Zahl der vorhandenen Thrombozyten fiel von 130000 auf 26000 (98).

Was die Häufigkeit von Todesfällen betrifft, kommt Hexobarbital nach dem gefährlichen Chloroform. Die Sterblichkeit beträgt bei Hexobarbital 0,14 % (26).

Zu schnelle Einspritzung führt zu Atmungsstillstand. Bei einem Asthmapatienten sah man eine gefährliche Lähmung des Atemzentrums; Coramin brachte Rettung (27).

Man hat Zustände beobachtet, die postenzephalitischem Parkinsonismus ähnlich sind (28).

Thiopental (Pentothal, Thiopenton) (92)

1. Erscheinungen, die unmittelbar auftreten. Brechen, Husten, Muskelkrampf in einer der Gliedmaßen oder allgemeine Krämpfe, so wie sie bei Dezerebrations-Rigidität vorkommen. Auch epileptische Zustände können sich einstellen.

Wird die Injektion nicht langsam vorgenommen, kann es zu Apnoe kommen, die durch Spasmen von Larynx und Kaumuskeln hervorgerufen wird.

Auch Extrasystolen können sich zeigen. Thiopental darf Patienten während eines Schockes oder bei Anämie nicht gegeben werden.

2. Erscheinungen, die später entstehen. In ungefähr 3 % der Fälle entsteht 1 bis 24 Stunden nach der Injektion Arzneifieber. Es kommt auch zu Exanthemen und Gelenkschmerzen. Die Patienten klagen weiter auch über Müdigkeit und fühlen sich schwach und nervös.

C. Lokal-Anästhetika

Die Annahme, daß die Sterblichkeit nach allgemeiner Anästhesie größer ist als nach lokaler, ist wahrscheinlich unrichtig (30).

Der Grad der Toxizität hängt außer von der Dosis auch von der Konzentration ab. Die Giftigkeit einer 1%igen Lösung ist viermal so groß als die einer 0,5%igen Lösung. 2 % sind 16mal giftiger. Man tut gut daran, immer die schwächste Lösung, die noch Anästhesie hervorruft, anzuwenden (30 a). Die Lösung muß frisch sein.

Es gibt Zustände, bei denen Lokalanästhetika schlechter vertragen werden: Schock, Dehydration, Avitaminose, Kachexie. Besondere Vorsicht ist bei allergischer Konstitution geboten, also bei Asthma, Heufieber, Ekzemen, Migräne. Besonders vorsichtig sei man weiter bei kleinen Kindern und alten Menschen.

Erscheinungen, die bei allen Arten von lokaler Anästhesie wahrgenommen werden können:

1. Allgemeine Erscheinungen durch Lähmung der Vasomotoren. Parästhesien, die Menschen werden blaß und zyanotisch, beginnen zu schwitzen, klagen über Kopfschmerzen, sehen schlecht und sind ängstlich. Der Puls wird klein, es kann zu Schock kommen. In einzelnen Fällen ist der Puls langsam (38). Konvulsionen können auftreten. Die

Menschen können Beklemmungen haben und eine forcierte Atmung, noch ernster ist eine Lähmung des Atemzentrums. Bei forcierter Atmung kann es zu tetanischen Erscheinungen kommen (39). Auch Tod kann unmittelbar nach einer Injektion eintreten. Nach einer Periode von Koma und Krämpfen können sich die Menschen noch erholen; es kann aber auch eine Mono- oder Hemiplegie zurückbleiben. Prophylaktische Darreichung von 200 mg Phenobarbital, eventuell auch etwas Morphium, kann der Toxizität entgegenwirken. Zeigen sich Reizerscheinungen, gebe man raschwirkende Barbiturate.

2. *Magen-Darmtrakt.* Brechreiz, Erbrechen, Diarrhöe, Bauchschmerzen, die kolikartig sein können.

3. *Nervensystem.* Verwirrung, Aufregung, Halluzinationen, Delirien, Doppeltsehen, Skotome.

Nach einer Unterkieferanästhesie wurden vorübergehende Blindheit, Schmerzen und Parese beider Arme beobachtet.

4. *Allgemeine Erscheinungen.* Außer durch Lähmung der Vasomotoren verursachtem Schock kann auch anaphylaktischer Schock entstehen, oft kombiniert mit Fieber, Jucken, Erythemen, Urtikaria, Quinckeschem Ödem, Gelenksschmerzen.

5. Durch Injektionen und *lokalen Kontakt* (67, 68) (Zahnärzte) können Ekzeme, Dermatitis, Dermatosen durch Sensibilisierung gegen Sonnenlicht entstehen.

Auch die Schleimhäute können allergisch reagieren. Nekrose an der Einstichstelle.

Von 3900 Zahnärzten in USA waren 3 % durch Novocain sensibilisiert und bekamen infolgedessen Ekzeme (102).

Eine Rundfrage bei Laryngologen in Amerika und Kanada umfaßte beinahe 40000 Patienten, bei denen eine Lokalanästhesie angewendet wurde. Es wurden sieben Todesfälle gemeldet, deren Ursache Kokain oder Tetracain (Pantocain) war (30 b).

Eine Rundfrage bei 60 Kliniken, in denen Gastroskopie vorgenommen wurde, brachte drei Todesfälle auf über 22000 Untersuchungen infolge von Kokain und Pantocain ans Licht (30 c). Von 30000 Patienten starben drei durch Kokain nach Tonsillektomie (30 d).

Im Jahre 1924 wurden nachträglich von der *American Medical Association* 26 Todesfälle nach Gebrauch von Kokain plus Procain (Novocain) mitgeteilt. Nur zwei Patienten wurden ausschließlich mit Procain behandelt (30 e).

Kokain

Kokain verwende man nur für Oberflächen-Anästhesie. Es gibt viele Menschen, die sehr empfindlich für Kokain sind. Ein Todesfall nach Kokainisation der Urethra mit einer 5%igen Lösung wurde beschrieben (31). Nach epimuköser Anwendung von nur 5 mg entstanden ernste Symptome (32). Außer als Folge von Idiosynkrasie können äußerst unangenehme Symptome durch Überdosierung oder durch starke Resorption von einer geschädigten Schleimhaut aus auftreten.

Zu Beginn wird oft über Parästhesien geklagt, später entwickeln sich folgende Erscheinungen: schneller, unfühlbarer Puls, bis zum Schock und Koma (84), Blässe, Schweißausbruch, Zittern, Schwächegefühl, klonische Krämpfe in Armen und Beinen, choreatische Bewegungen, spastische Paraplegie, Magen-Darmstörungen: Brechreiz, Erbrechen, Bauchschmerzen, Diarrhöe (DAVISON); Trockenheit im Hals, Schluckbeschwerden, weite Pupillen, Akkomodationsschwäche, Aufregung, Gesprächigkeit, Verwirrtheit, Depression, Melancholie, Angst, Wahnvorstellungen, Halluzinationen.

Die Atmung ist vorerst verstärkt: Dyspnoe, später CHEYNE-STOKESsches Atmen, zum Schluß Lähmung des Atmungszentrums (33).

Alkohol per os wird als Gegengift empfohlen.

Oberflächen-Anästhesie mit einer sehr kleinen Menge Kokain kann ventrikuläre und aurikuläre Tachykardie verursachen (34).

Nach der Anästhesie hört man oft noch längere Zeit Klagen über starke Kopfschmerzen; eine vorübergehende Paralyse des Schließmuskels der Harnblase wurde auch beobachtet.

Alkoholiker sind oft für Kokain sehr empfindlich.

Angeraten wird, stets eine frische Kokainlösung zu benützen.

Eine kleine Dosis Kokain verursacht Euphorie und eine gewisse Aufpulverung, wodurch sich die gefährliche Sucht entwickeln kann.

Procain (Novocain, Aethocain)

Die Toxizität beträgt $^1/_5$ bis $^1/_7$ der Toxizität des Kokains. Die tödliche Dosis beträgt bei intravenöser Injektion nur $^1/_{10}$ der subkutanen Darreichung. Man hüte sich deshalb, in eine Vene einzuspritzen (35). Bei intravenöser Anwendung muß die Verdünnung viel schwächer sein als 1 bis 2 %.

Die Gefahr von Komplikationen ist bei der Anästhesie in der Halsgegend am größten. Bei 64 Todesfällen stellte es sich heraus, daß mehr als die Hälfte in dieser Gegend gefühllos gemacht wurde. Ein Drittel aller Todesfälle betraf Tonsillenoperationen (85). Nach der Meinung einiger Untersucher soll die Toxizität nach Zugabe von Adrenalin zunehmen. Reicht man vorher 200 mg Phenobarbital, so könnte man der Toxizität vorbeugen.

1. Allgemeine Erscheinungen. Mors subita. Glücklicherweise ist es nur sehr selten der Fall, daß Patienten in der Ordination des Zahnarztes sterben. Bisweilen erholt sich der Patient nach einem sehr bedrohlichen Zustand. Ein solcher Patient bekam tonische Krämpfe, wurde pulslos und verlor das Bewußtsein. Nach 5 Minuten erholte er sich vollständig. Siehe weiters allgemeine Erscheinungen, S. 40.

Falls nach einer Injektion vom Zentralnervensystem ausgehende Reizerscheinungen entstehen (Zuckungen, Angst, Aufregung, Verwirrtheit), muß man ein schnell wirkendes Barbiturderivat darreichen (Pentothal, Hexobarbital).

2. Allgemeine allergische Erscheinungen. a) Anaphylaxie (36, 37), b) Erscheinungen wie bei Serumkrankheit: Fieber, Urtikaria, Gelenksschmerzen, c) Symptome lokaler Allergie: Urtikaria, Asthma, angioneurotische Ödeme, Nierenerscheinungen,

d) Dermatitis und andere Hauterscheinungen (35), Purpura (89).

3. Lokale allergische Erscheinungen im Gebiet der Infiltration. Ödem, Erythem, Blasenbildung, papulo-vesikuläres Ekzem, Blutungen, Schwellung der regionalen Drüsen, oberflächliche und tiefe Nekrose (103).

Hier folgen einige Beobachtungen:

Ein Asthmapatient starb einige Minuten nach Anästhesie mit 10 % Novocain, die zwecks Bronchoskopie vorgenommen wurde. Es kam zu ernsten Bronchusspasmen.

Ein Patient, der früher wiederholt Novocain gut vertragen hatte, bekam eine Injektion von 18 ml 2%igem Novocain zur Behandlung einer Interkostalneuralgie. Einige Minuten später starb er unter Erscheinungen von heftiger Beklemmung und Zyanose.

Ein anderer Patient hatte früher ebenfalls Novocain gut vertragen. Nach Novocainanästhesie zwecks zahnärztlicher Behandlung starb er unter Erscheinungen von Schock und Lungenödem.

Manchmal besteht gleichzeitig Allergie für Novocain und für Sulfa-Präparate und Para-phenylen-diamin (Hautfärbemittel). Es empfiehlt sich daher, sich vor einer Novocain-Injektion nach allergischen Erscheinungen nach einem dieser Mittel zu erkundigen (40 a).

Der Effekt von Sulfonamiden wird durch Novocain aufgehoben. Daran muß man denken, wenn infizierte Wunden chirurgisch behandelt werden sollen. Sowohl das Sulfonamid, das lokal, als auch das Sulfonamid, das per os gegeben wird, verliert seine Wirkung, sobald es in der Wunde mit Novocain in Berührung kommt (43).

Durch Beifügung von Novocain kann Depot-Penicillin allergische Erscheinungen zur Folge haben (104).

Patienten mit Hyperthyreoidie reagieren oft heftig auf Novocain mit Symptomen von schnellem Puls, Unruhe, Schwitzen und Erschöpfung (44).

Bei Verwendung in der Geburtshilfe sah man dauernden Schaden für das Kind und auch den Tod des Kindes (48).

Wenn man Procain intravenös einspritzt, muß dies langsam geschehen, da Gefahr der Lähmung des Atemzentrums und der Vasomotoren besteht.

Nach *intravenöser Injektion* von Novocain wurden folgende Zustände beobachtet: Brechreiz, Erbrechen, Ohrensausen, Parästhesien, Schwindelanfälle, Schwächegefühl, Schweißausbruch, Angst, Herzklopfen, Tachykardie, Brustschmerzen, Dyspnoe, Asthma, schlechtes Sehen, weite Pupillen, Sprachstörungen, Schwerhörigkeit, Zittern, Konvulsionen, Verwirrtheit, Halluzinationen.

In drei Fällen von 1600 intravenösen Injektionen mit Novocain sah man allergische Reaktionen:

1. Ein Asthmapatient bekam Beklemmungen, Angstgefühl, Schmerzen und pfeifende Geräusche in der Brust.

2. Ein Patient hatte Brechreiz, zitterte am ganzen Körper und wurde kurzatmig.

3. Beim dritten Patienten entstanden Kongestionen, Dyspnoe und Tachykardie.

Alle Patienten erholten sich nach Unterbrechen der Injektionen (105).

Bei intravenöser Verwendung wurden folgende Abweichungen im EKG gefunden: Verzögerte atrio-ventrikuläre Leitung, Verbreiterung des Kammerkomplexes und der T-Zacken. Auch Bündelblock wurde gesehen (49, 94). Es kann Kammertachykardie entstehen (99).

Ein Patient starb an den Folgen von Kammerflimmern nach langsamer Einspritzung von *Procain-amid* (83).

Auf Kammerflimmern kann Herzstillstand folgen (99).

Procain-amid wurde während einer Operation eingespritzt, da Extrasystolen eintraten. Nach jeder Dosis wurde der QRS-Komplex breiter. Hierauf kam es zu Kammertachykardie und nachher zu Herzstillstand. Es wurde Herzmassage angewendet; 15 Minuten später begann das Herz wieder zu schlagen und nach einer Stunde konnte man wieder ein normales EKG registrieren (100).

Nach intravenöser Injektion wurden auch allergische Erscheinungen beobachtet. Ein Patient bekam nach jeder Injektion Fieber und gleichzeitig ein scharlachartiges Exanthem (41). Man beobachtete auch Erscheinungen von Anaphylaxie. Anaphylaktischer Schock trat im Anschluß an die 13. Injektion ein, nachdem vorher zwölf Einspritzungen symptomlos verlaufen waren (45).

Procain per os hatte nach langdauerndem Gebrauch bei verschiedenen Patienten Agranulozytose zur Folge (46, 80).

Man fand auch Thrombopenie (46 a). Nach Darreichung per os wurden weiter gesehen: Asthma, Urtikaria, QUINCKESches Ödem, Hypertonie, Konvulsionen, paroxysmale Tachykardie (81), Fieber und Schüttelfrost (82).

Zur Behandlung allergischer Erscheinungen werden empfohlen: Adrenalin, Antihistamine, ACTH und Cortison, Neostigmin (47).

Bei anaphylaktischem Schock soll eine intravenöse Infusion mit Anwendung dieser Mittel gemacht werden. Auch Sauerstoff ist notwendig.

Es empfiehlt sich, bei allergischen Personen vor einer Lokalanästhesie einen Hauttest zu machen oder den Effekt von einem Tropfen ins Auge abzuwarten (88).

Wird Novocain längere Zeit als *Augentropfen* verwendet, sieht man öfters eine Schädigung der Kornea; es können sogar Geschwüre entstehen. Auch andere Lokalanästhetika können dieselben Folgen haben (50, 69).

Efocain (93) (Novocain in Polyäthylen-glycol gelöst)
Nach Verwendung von Efocain bei interkostaler und paravertebraler Anästhesie wurden verschiedene ernste neurologische Komplikationen beobachtet: Querschnittläsion, lumbosakrale Neuritis, Schädigung des Sympathikus mit Anhydrosis als Folge. Auch Nekrose des Rückenmarkes hat man wahrgenommen.

Dr. L. A. Boeré (Leiden) teilte auf einer Versammlung der Niederländischen Chirurgenvereinigung am 20. März 1954 mit, daß in den Niederlanden vier ernste Komplikationen nach *interkostaler* Injektion von Efocain vorgekommen sind. Bei zwei Patienten entstand Querschnittläsion. Beide sind gestorben. Bei zwei anderen entstand das Syndrom nach Brown-Séquard. Ein Patient erholte sich vollkommen, der andere mit leichten Resterscheinungen.

Bei einem Patienten von Dr. Boeré entstanden einen Tag nach Aortaresektion Parästhesien; es traten Beschwerden beim Harnlassen auf und später wurden *homolateral* gefunden:
1. Parese bis Paralyse des linken Beines,
2. Störungen des Tast-Unterscheidungsgefühles,
3. Vibrationsgefühl links verschwunden,
4. Schmerz- und Temperaturgefühl links intakt,
5. Ataxie, die nach dem Verschwinden der Paralyse manifest wurde.

Heterolateral: 1. Schmerz- und Temperaturgefühl rechts gestört, 2. leichte Ataxie rechts.

Es wird angenommen, daß Efocain das Rückenmark über den subarachnoidalen Raum erreicht, der sich in manchen Fällen in die Interkostalnerven fortsetzt.

Man sah auch Abszeßbildung, wenn Efocain direkt in eine Schleimhaut eingespritzt wurde.

Tutocain

ist dreimal so toxisch als Novocain.

Pantocain (Tetracain, Amethocain, Decicain)

Dieses wirkt zehnmal stärker als Novocain und ist auch zehnmal so toxisch. Es können dieselben Erscheinungen wie bei Procain vorkommen (51).

Man muß sehr vorsichtig sein bei: Allergie, Herz-, Schilddrüsen- und anderen endokrinen Krankheiten; ebenfalls bei Kachexie und bei einer offenen Wundfläche (52).

Bericht über drei Fälle (56):
1. Für Bronchusanästhesie wurden 7 ml 2 % verwendet: Atemstillstand, Krämpfe, Tod nach zwei Minuten.
2. Nach 8 ml 2 %: Blässe, Brechreiz, Erbrechen, rotes und geschwollenes Gesicht, klonische Krämpfe, Erholung nach zehn Minuten.
3. Nach 8 ml 2 %: schneller kleiner Puls, Desorientierung, Krämpfe in Hals- und Rumpfmuskeln, Bewußtlosigkeit, danach Delirium, Erholung.

Es empfiehlt sich, nicht mehr als 8 ml 1/2 % Pantocain zu gebrauchen. Konvulsionen können mit Dial behandelt werden (59).

Eine Statistik über 1000 Fälle, bei denen Anästhesie von 2 % Tetracain benützt wurde, wurde angelegt.

Zwölfmal entstanden kurzdauernde Erscheinungen von Lähmung der Vasomotoren, Unruhe, allgemeines Schwächegefühl mit weiten Pupillen, Blässe, Schwindelgefühl, Ohnmachtsanwandlungen. Der Blutdruck sank, manchmal bis 70 mm systolisch, 50 mm diastolisch. Der Puls wurde klein und schnell, manchmal dagegen langsam (40 pro Minute). Waren die Erscheinungen innerhalb drei Minuten nicht verschwunden, oder entstanden Muskelzuckungen im Gesicht und an den Händen, so gab man dem Patienten 5 ml 2¹/₂iges Pentothal und Sauerstoff.

Siebenmal wurden überdies noch ernstere Reaktionen beobachtet, sechs Patienten hatten Krämpfe, ein Patient einen Asthmaanfall.

Sauerstofftherapie und künstliche Atmung, manchmal Herzmassage können notwendig werden.

Auch bei Tetracain-Anästhesie empfiehlt es sich, vorher 200 mg Phenobarbital zu geben, eventuell kombiniert mit Morphium (58), jedoch nur dann, wenn der Patient kein Asthma hat (59).

Andere versuchen, die gefährlichen Reaktionen bei lokaler Anästhesie dadurch hintanzuhalten, daß sie drei Stunden und eine Stunde vor dem Eingriff 120 mg Phenobarbital und eine halbe Stunde davor 50 mg Pethidin geben (57).

Eine tödliche Reaktion entstand, obwohl kurz zuvor Anästhesie mit demselben Mittel ohne Beschwerden vertragen wurde (60).

Einige Publikationen über lokale Empfindlichkeit sprechen von Hauterscheinungen (52, 53), Ekzemen durch Kontakt mit Tetracain bei behandelnden Augenärzten und Laryngologen (54), Blepharitis, Konjunktivitis.

Schädigung der Kornea durch Augentropfen: Ulcus corneae, Ulcus serpens (55, 59).

Percain (Dibucain, Nupercain, Cinchocain)

Es ist 25mal so toxisch und 40mal so wirksam als Procain. Da nur sehr kleine Mengen notwendig sind, ist Dibucain nicht gefährlicher als Procain (61). Es werden aber auch Fehler begangen. Durch Gebrauch zu hoher Konzentration und wegen der irreführenden Ähnlichkeit der Worte Per- und Procain treten manchmal Schädigungen ein (62). Ein Patient starb, weil irrtümlich eine 2%ige statt einer ¹/₂%igen Lösung zubereitet wurde (62 a).

Schock (63) und Vasomotorenlähmung, die bei Novocain und Pantocain beobachtet wurden, kann man auch bei Percain erwarten (64).

Lidocain (Xylocain, Astracain)
ist angeblich weniger giftig. Es wurden jedoch unter 800 Anwendungen zwei Fälle gemeldet, bei denen beunruhigende Zustände vorkamen (65).

Anaesthesin (Äthylaminobenzoat, Benzocain)

Es kann zu Zyanose und anderen Zeichen von Anoxie kommen, besonders bei Kindern.

Einige Stunden nach dem Einnehmen eines Pulvers, das 300 mg enthielt, kam es zu Zyanose (66 a). Man hat Hauterscheinungen beobachtet, darunter Dermatitis und Ekzem (66, 67). Auch Sucht kann entstehen.

Überempfindlichkeit gegen Sulfa-Präparate und Anaesthesin treten oft gleichzeitig auf (Aminogruppe in Para-Stellung).

Ein Patient mit leicht juckendem Sulfonamid-Exanthem bekam eine tödliche Erythrodermie nach Behandlung des Juckens mit einer Anaesthesin enthaltenden Salbe (108).

D. Lumbal-Anästhetika

Diese sind bei weitem nicht so harmlos, wie oft behauptet wird. Abgesehen von bleibender Invalidität durch Lähmungen ist auch die Sterblichkeit nicht gerade gering. 20 000 Fälle, die mit Rückenmarksanästhesie behandelt wurden, hat man mit 30 000 Fällen von Chloroformnarkose verglichen. In der Gruppe der Rückenmarksanästhesie war die Zahl der Komplikationen mit tödlichem Verlauf dreimal so groß wie bei Chloroformnarkose (70).

Aber auch ein anderer Bericht liegt vor: Nach dem Ergebnis einer Untersuchung von etwa 10 000 Fällen von Lumbalanästhesie wurde diese Methode als besonders verläßlich empfohlen. Es wird sogar von geringerer Mortalität als bei allgemeiner Anästhesie gesprochen und es wurden keine neurologischen Störungen beobachtet (100).

Komplikationen (71), die *unmittelbar* der Anwendung des Anästhetikums folgen: Kopfschmerzen, Nackenstarre, Schwindelanfälle, Singultus, Zähneknirschen, Konvulsionen, Herdepilepsie, Schwitzen, Benommenheit, Unruhe, Angst, Brechreiz, Erbrechen, plötzliche Blutdrucksenkung mit Symptomen von Gehirnanämie: Kopf niedrig legen! In der Lumbalflüssigkeit findet man Eiweiß und Zellvermehrung, insbesondere, wenn die Kopfschmerzen im Vordergrund stehen.

Der Blutdruck sinkt während der Lumbalanästhesie im allgemeinen bedeutend; wiederholt habe ich einen Blutdruck von 80 mm Hg systolisch und 50 mm Hg diastolisch gemessen. Die Ursache der Blutdrucksenkung ist nicht ganz geklärt; man spricht von Paralyse der Arteriolen. Bei Koronarsklerose kann die Blutdruckherabsetzung katastrophal sein. Bei schlechtem Allgemeinzustand und Vitaminmangel wird die Lumbalanästhesie schlecht vertragen.

Herzstillstand (72), Koma (77) wurden beobachtet.

Bei einem Patienten, bei dem das Herz stillstand und auch die Atmung aufhörte, wurden Zwerchfell und Herzbeutel geöffnet und Herzmassage, kombiniert mit künstlicher Atmung und Adrenalininjektionen in das Herz, angewendet. Nach 19 Minuten begann das Herz wieder zu arbeiten.

Der Kranke blieb vier Tage komatös, erholte sich aber schließlich vollkommen (73).

Gehirnödem und Lungenödem können als Folgen von Anoxie durch Kreislaufstörungen auftreten. Einige Publikationen berichten über erfolgreiche Behandlung dieser Erscheinungen mit menschlichem Serumalbumin (74, 75).

Es wurde auch doppelseitige Lungenatelektase beobachtet (76).

Spätkomplikationen (76) in der postoperativen Zeit: Kopfschmerzen, die sehr unangenehm sein können, kommen nach Lumbalanästhesie häufig vor. Die Mitteilungen über die Häufigkeit sprechen von 25 bis 80 %. Strychnin soll als Vorbeugungsmittel und zur Behandlung der Kopfschmerzen wirksam sein (86).

Ein Patient bekam nach einer Lumbalanästhesie eine aseptische Meningitis. Er hatte 55 Tage Kopfschmerzen. Bei drei anderen Patienten dauerten die Kopfschmerzen zwei Monate bzw. zwei Wochen und eine Woche (110).

Auch Brechreiz kann nach Lumbalanästhesie besonders lästig sein. Erbrechen, Singultus, Meteorismus, Magen- und Darmatonie (77 a), Lungenatelektase, Fieber, Rückenschmerzen, Schmerzen und Parästhesie in einem Bein, Peronaeusparese, Paraplegie, Harnretention, Inkontinenz, Impotenz, Symptome von Meningismus, Doppeltsehen, das vorübergehend oder bleibend sein kann, wochenlang anhaltende Taubheit.

Rötung und Gangrän des Sakrum (78), Decubitus.

Verschiedene Fälle, bei denen Lähmungen nach Lumbalanästhesie entstanden, sind bekannt. Bei verschiedenen wurde jedoch später konstatiert, daß sie von einem intra- oder extramedullären Tumor herrührten, der vorher symptomlos war (78 a).

Es kann auch vorkommen, daß Erscheinungen einer multiplen Sklerose sich erst nach einer Lumbalanästhesie zeigen (90).

Literatur

1. Klin. Wschr. 29 (1951) 154.
2. C. Langton Hewer, Recent Advances in Anesthesia and Analgesia. London 1948.
3. J. Pharmacol. (1937) 1.
4. Lancet 222 (1932) 1139.
5. J.A.M.A. 135 (1947) 622; Ned. Tijdschr. v. Geneesk. 97 (1953) 2776.
6. Zbl. Chir. 75 (1950) 580.
7. Ned. Tijdschr. v. Geneesk. 80 (1936) 2342, 2871.
8. Lancet 256 (1949) 1045.
9. Gi. Sci. med. 3 (1948) 182; Excerpta med. Sec. VI, Intern. Med., Vol. III (1949), Referat Nr. 7979, S. 1814.
10. J.A.M.A. 136 (1948) 827.
11. Brit. med. J. (1933 I) 71.
12. Lancet 227 (1934) 596.
13. J.A.M.A. 115 (1940) 12.
14. Ref. 2, S. 2 und 104.
15. Ned. Tijdschr. v. Geneesk. 82 (1938) 2310.
16. Ref. 2.
17. Arch. Neurol. Psych. (Chicago) 63 (1950) 471.
18. Ned. Tijdschr. v. Geneesk. 83 (1939) 4191.
18a. J.A.M.A. 150 (1952) 1240.
19. Rev. argent. Anest. Analg. 10 (1948) 19; Excerpta med. Sec. VI, Intern. Med., Vol. III (1949), Referat Nr. 4452, S. 986; Pr. méd. 59 (1951) 117.
20. Ref. 2, S. 50.
21. Schweiz. med. Wschr. 78 (1948) 1230.
22. Brit. med. J. (1944 I) 315.
23. Schweiz. med. Wschr. 67 (1937) 1238.
23a. New Orleans med. Surg. J. 104 (1952) 427.
24. J.A.M.A. 111 (1938) 122.
25. Anesthesiology 6 (1945) 284.
26. Ref. 2, S. 140.
27. Münch. med. Wschr. 81 (1934) 257.
28. Wien. klin. Wschr. 61 (1949) 231.
29. Med. J. Austral. 2 (1949) 416.
30. Ned. Tijdschr. v. Geneesk. 94 (1950) 1705.
30a. J.A.M.A. 148 (1951) 17.
30b. Laryngoscope 61 (1951) 767.
30c. Amer. J. digest. Dis. 7 (1940) 293.
30d. Trans. Amer. Acad. Ophthalm. 55 (1951) 643.
30e. J.A.M.A. 82 (1924) 876.
31. Ref. 2, S. 163.
32. Pharmacotherapeut. Vademecum, 8. Aufl., S. 380. Amsterdam 1942.
33. Ned. Tijdschr. v. Geneesk. 91 (1947) 2188.
34. Amer. Heart J. 34 (1947) 272.
35. Ref. 2, S. 160.
36. Schweiz. med. Wschr. 75 (1945) 198.
37. J. Allergy 5 (1934) 218.

38. Bull. U.S. Army med. Dept. 8 (1948) 877.
39. Anesth. et Analg. 27 (1948) 159.
40. Ned. Tijdschr. v. Geneesk. 93 (1949) 3087; J.A.M.A. 97 (1931) 440; VAN VLOTEN, Dissertation, S. 33. Amsterdam 1950.
40a. Rev. Stomat. 53 (1952) 164.
41. Wien. med. Wschr. 101 (1950) 77.
42. Med. Klinik 46 (1951) 365.
43. Proc. Soc. exp. Biol. (N.Y.) 47 (1941) 182.
44. Ned. Tijdschr. v. Geneesk. 94 (1950) 1706.
44a. J.A.M.A. 147 (1951) 1761.
45. Anesthesiology 10 (1949) 1753.
46. J.A.M.A. 147 (1951) 62, 652.
46a. J. lab. clin. Med. 38 (1951) 850.
47. Amer. Practitioner 1 (1950) 347.
48. J.A.M.A. 142 (1950) 862.
49. Anesth. et Analg. 27 (1948) 159; Indiana St. Med. Ass. J. 44 (1951) 369.
50. Dtsch. med. Wschr. 76 (1951) 278.
51. Wien. klin. Wschr. 52 (1939) 505; J.A.M.A. 112 (1939) 217; Proc. R. Soc. Med. 32 (1939) 538; Amer. J. digest. Dis. 7 (1940) 293.
52. J. Allergy 14 (1942) 143.
53. J. invest. Derm. 8 (1947) 403.
54. Arch. Derm. Syph. (Chicago) 40 (1939) 92; Ann. Oculist. (Paris) 176 (1939) 198.
55. Amer. J. Ophthalm. 25 (1942) 206; 32 (1949) 263.
56. Ned. Tijdschr. v. Geneesk. 84 (1940) 1861.
57. J.A.M.A. 147 (1951) 218.
58. Canad. Med. Ass. J. 62 (1940) 249.
59. Anesth. et Analg. 20 (1941) 233.
60. Anesthesiology 6 (1945) 421.
61. Brit. med. J. (1931 II) 986.
62. Ned. Tijdschr. v. Geneesk. 93 (1949) 31.
62a. Brit. med. J. (1952 II) 672.
63. Wien. klin. Wschr. 47 (1934) 1018; 52 (1939) 505.
64. Anesth. et Analg. (1938) 299.
65. Ned. Tijdschr. v. Geneesk. 94 (1950) 1707; Anaesthesia 4 (1949) 4.
66. Med. Welt 20 (1951) 903.
66a. Rev. Gastroenterology 19 (1952) 411.
67. J.A.M.A. 146 (1951) 717.
68. J. invest. Derm. 12 (1949) 299.
69. Derm. Wschr. 85 (1927) 1195.
70. Ned. Tijdschr. v. Geneesk. 94 (1950) 1709; Med. J. Austral. 2 (1946) 545.
71. J.A.M.A. 142 (1950) 551.
72. New Engl. J. Med. 234 (1946) 691.
73. J. intern. Coll. Surg. 15 (1951) 152.
74. J.A.M.A. 147 (1951) 1563.
75. Proc. Meet. Mayo Clin. 24 (1949) 370.
76. Anesthesiology 10 (1949) 325.
77. Ann. Surg. 122 (1945) 278.
77a. Zbl. Chir. 77 (1952) 744.
78. Ref. 2, S. 215.
78a. Neurology 2 (1952) 255.
79. J.A.M.A. 148 (1952) 360.
80. J. lab. clin. Med. 38 (1951) 850.
81. Pr. méd. 60 (1952) 462.
82. New Engl. J. Med. 245 (1951) 1006; J.A.M.A. 149 (1952) 1393.
83. J.A.M.A. 149 (1952) 1390.
84. Pharmazie 6 (1952) 351.
85. Arch. Ohren- usw. Hk. 132 (1932) 49.
86. Chirurg (Berlin) 23 (1952) 320.
87. J. Méd. Lyon 33 (1952) 741.
88. J.A.M.A. 151 (1953) 1185.
89. Athena (Roma) 1952.
90. J.A.M.A. 152 (1952) 550.
91. J.A.M.A. 152 (1953) 28.
92. Anesthesiology 13 (1952) 86.
93. J.A.M.A. 152 (1953) 608; 154 (1954) 329; Arch. Surg. 67 (1953) 738.
94. Rev. argent. Cardiol. 19 (1952) 84.
95. Klin. Mbl. Augenhk. 122 (1953) 527.
96. J.A.M.A. 152 (1953) 1686.
97. Surgery 30 (1951) 241.
98. Ugeskr. Laeg. (Dän.) 114 (1952) 1564.

99. Amer. Heart J. 44 (1952) 432.
100. J. A. M. A. 154 (1954) 985.
101. Ann. Allergy 11 (1953) 778.
102. Dent. Res. 337 (1949).
103. Dtsch. med. Wschr. 79 (1954) 1287.
104. Z. Haut- u. Geschl.-krkh. 5/54.
105. Ann. Allergy 11 (1953) 778.
106. Anesthesiology 6 (1955) 515; Dtsch. med. Wschr. 79 (1954) 1120.
107. Sang 25 (1954) 510.
108. Hautarzt 1 (1950) 402.
109. J. A. M. A. 156 (1955) 1486.
110. Illinois med. J. 105/4 (1954).
111. Anaesthesist 3 (1954) 128.

VI. Muskelrelaxantia

Tubocurarin (Curare)

Während Tubocurarin eine Erschlaffung der willkürlichen Muskulatur verursacht, kann der Tonus glatter Muskeln anderseits erhöht werden, wodurch eine stärkere Peristaltik von Magen und Darm entsteht (1). Die Magensekretion kann ebenfalls stärker werden (2).

Es kann sich eine Atelektase beider Lungen, wahrscheinlich als Folge von Krampf der Bronchusmuskeln, entwickeln. Dieser sehr ernste Zustand kann, wenn er rechtzeitig erkannt wird, durch Adrenalin, Novocain, Antihistamin behoben werden (3).

Bei Lähmung von Interkostalmuskeln und des Zwerchfells kann Atemstillstand entstehen. Längere künstliche Atmung kann notwendig werden. Es können sich nach der Anästhesie auch Lähmungen zeigen, die einige Tage andauern. Man hat insbesondere Lähmung der Beine und Augenmuskeln beobachtet. Tubocurarin führt einen Zustand herbei, der mit einer akuten oder vorübergehenden Myasthenia gravis verglichen wurde. In beiden Fällen kann man mit Prostigmin (4) eine Besserung erzielen. Zweimal kam es jedoch bei Anwendung von Prostigmin zu diesem Zwecke zu einem tödlichen Kollaps (5).

Sehr gefährlich ist die Anwendung von Curare bei Myasthenie; in diesem Falle darf man kein Curare gebrauchen.

Tubocurarin kann auch eine histaminartige Wirkung mit Gefäßerscheinungen, Schüttelfrost, Urtikaria, Ödemen haben.

Gehirnödem mit Konvulsionen und Lungenödem hat man beobachtet.

Flaxedil (Gallamine triethiodid)

Man hat auch Hypertension, Tachykardie und Erytheme beobachtet.

Bei Myasthenia gravis, Asthma, Nierenkrankheiten ist Flaxedil kontraindiziert.

Neostigmin kann die Flaxedilwirkung aufheben.

Die Krankengeschichten von vier Patienten wurden publiziert, bei denen nach der Operation Prostigmin eingespritzt wurde, um die Wirkung von Flaxedil aufzuheben.

Ein bis zwei Stunden später stellten sich Atmungsbeschwerden und starke Zyanose ein. Man spricht von einer „Rekurarisation", da die Wirkung des Prostigmins früher erschöpft war als die des Flaxedils.

Nach einer neuerlichen Dosis Prostigmin von 1 bis 2 mg folgte Erholung.

Ein Patient starb an beiderseitiger Atelektase der Lungen. Bei schlechter Nierenfunktion wird vor Gebrauch des Flaxedils gewarnt (19).

Bei einem Patienten mit einer fortgeschrittenen Nierenkrankheit entstand nach Einspritzung von 140 mg Flaxedil Lähmung der Interkostalmuskeln (6).

Myanesin [Mephenesin (7), Dioloxal, Oranixon]

Müdigkeit, Schwindelgefühl, Aufregung, Anorexie, Brechreiz, Erbrechen, Bauchschmerzen.

Nystagmus, Doppeltsehen, Ataxie, Anämie, Leukopenie, akute Nephrose (12). Albuminurie (13), Speichelfluß, erhöhte Schleimbildung (14).

Eine Publikation über die intravenöse Anwendung von Myanesin 2 % berichtet über folgende Nebenerscheinungen in der Reihenfolge der Frequenzabnahme: Horizontaler Nystagmus, Wärmegefühl, Parästhesien in der Umgebung des Mundes, leichte Senkung des systolischen Blutdruckes, perikorneale Rötung, vertikaler Nystagmus, schlechteres Sehen, Trockenheit im Mund, Euphorie, Ataxie, Schläfrigkeit (16).

Leichte Senkung des Blutdruckes ist nicht selten, stärkere, durch Schädigung des Myokards verursachte wurde einige Male beobachtet (17).

Es kam bei einem Kranken nach Injektion von 1,5 ml 5%igem Mephenesin (8) zur Hämoglobinurie. Geringe Hämolyse konnte bei 18 Patienten festgestellt werden (13). Thrombophlebitis kommt bei zu schneller Einspritzung vor.

Mephenesin erzeugt Gefühllosigkeit, wenn es lokal auf Schleimhäuten angewendet wird (15).

Einem Patienten mit Tetanus wurde Mephenesin per os in flüssigem Zustand gereicht. Er verschluckte sich und bekam eine Pneumonie.

Lysthenon (Succinylcholin, Sioline)

Erzeugt Lähmungserscheinungen des Vagus.

Spritzt man eine zu große Dosis intravenös ein, folgt Hypertension (9). Atmungsstillstand von 25 bis 45 Minuten kann auftreten (10).

Am Tage nach der Injektion von Suxamethonium (Succinylcholin) wird oft über Muskelschmerzen geklagt (18).

BEECHER und TODD sind der Ansicht, daß die Sterblichkeit bei Narkose mit muskellähmenden Mitteln sechsmal höher wird. Sie berechnen eine Sterblichkeit von 1:2100 ohne und von 1:370 mit Gebrauch von lähmenden Mitteln. Ihre Statistik betrifft 600000 Narkosen (20).

Literatur

1. N. Y. J. Med. 50 (1950) 1721.
2. Bull. Johns Hopk. Hosp. 80 (1947) 299.
3. J. A. M. A. 142 (1950) 1344.
4. C. LANGTON HEWER, Recent Advances in Anesthesia and Analgesia. London 1948.
5. Pr. méd. 59 (1951) 117.

6. J.A.M.A. 145 (1951) 46.
7. J.A.M.A. 143 (1950) 424; 146 (1951) 1298.
8. Lancet 262 (1952) 178.
9. Lancet (1952 II) 1225.
10. Brit. med. J. (1952 I) 866, 971, 1135; Lancet (1953 II) 1067.
11. Wien. med. Wschr. 102 (1952) 999.
12. Lancet 259 (1949) 183.
13. Lancet 257 (1949) 987.
14. Wien. med. Wschr. 99 (1949) 420.
15. Münch. med. Wschr. 89 (1942) 376.
16. Dtsch. med. Wschr. 78 (1953) 999.
17. Amer. J. Med. 4 (1948) 465.
18. Brit. med. J. (1954 I) 74.
19. Pr. méd. 63 (1955) 141.
20. Ann. Surg. 140 (1954) 2.

VII. Medikamente, die auf das autonome Nervensystem wirken

A. Heilmittel, die den Sympathikus reizen (Sympathikomimetika)

Adrenalin

Häufige Nebenerscheinungen: Tremor, Blässe, Herzklopfen, erhöhter Blutdruck, Extrasystolen, schneller Puls, Aufregung, Schlaflosigkeit, Schwitzen, weite Pupillen, Hyperglykämie, Polyurie.

Bekommt ein Patient zu viel (1) oder wird eine nicht zu große Dosis zu bald wiederholt, kann es zu Blutdrucksteigerung mit nachfolgendem Lungenödem kommen. Bei Hypertension sieht man oft das Gegenteil, der Blutdruck sinkt (2).

Manche Patienten sind sehr empfindlich für Adrenalin; sie können mit Erscheinungen von Koronarinsuffizienz reagieren; Herzinfarkt, Gangrän der Finger; Aortennekrose (FUEHNER), Bewußtlosigkeit nach 0,2 mg (164).

Wir sahen selbst einen Mann, der nach einer subkutanen Injektion von 1 mg eine Blutdrucksteigerung bis zu 300 mm Hg bekam, die mit Angstgefühl und Schmerz hinter dem Brustbein einherging. Diese Erscheinungen verschwanden wieder nach einigen Minuten.

Es wurden auch Todesfälle nach Adrenalin beobachtet. Bei der Obduktion fand man Lungenödem und Blutungen in inneren Organen.

Nach Gebrauch von im ganzen 1½ mg Adrenalin im Laufe von drei Tagen kam es zu einer Hemiplegie mit Aphasie (4).

Bei einem anderen 28jährigen Patienten trat nach subkutaner Injektion von ½ mg Adrenalin in einigen Minuten ebenfalls Hemiplegie auf (5).

Herzkranken darf kein Adrenalin verabreicht werden, weil dieses akute Erweiterung des Herzens mit Lungenödem und Extrasystolen zur Folge haben kann.

Paroxysmale Tachykardie kann sich einstellen (3). Sogar Kammerflimmern wurde beobachtet.

Menschen mit einem gesunden Herzen können nach einer Adrenalininjektion eine tiefere T-Zacke im EKG bekommen (6).

Während einer Narkose (besonders mit Cyclopropan und Chloroform) muß man mit Adrenalin vorsichtig sein; es kann zu Vorhofflimmern kommen. Dieser Komplikation beugt man dadurch vor, daß man mit Adrenalin gleichzeitig Novocain einspritzt (7).

Nach einer Digitalis-Behandlung ist das Myokard gereizt und kann nach einer Adrenalininjektion mit tödlichem Kammerflimmern reagieren (8).

Nach einer gebräuchlichen Adrenalindosis stellten sich bei einem Patienten Krämpfe ein, die wahrscheinlich Folgen einer Hyperventilationstetanie waren (9).

Mehr als ¹/₂ mg Adrenalin gleichzeitig soll man nicht geben; man gebe Adrenalin subkutan, nicht intravenös. Adrenalin kann aber intravenös in einem Tropfeninfus, aufgelöst in einem Liter physiologischer Kochsalzlösung, verwendet werden.

Zuweilen kann Adrenalin bei der Behandlung von Asthmatikern kontraindiziert sein, weil eine starke Bronchusdilatation zur Anhäufung von Schleim führen kann, wodurch das Aushusten erschwert wird.

Nach Gebrauch von Adrenalin können auch *allergische Erscheinungen* entstehen. Einem Patienten wurde während eines Asthmaanfalles Adrenalin verabreicht, der Anfall nahm allmählich ab, aber er bekam Urtikaria. Auch auf Ephedrin reagierte er mit Urtikaria (10).

Bei einigen Patienten entwickelte sich an der Injektionsstelle eine Entzündung und später eine Nekrose (Phänomen nach ARTHUS?).

Ein Patient hatte nach Adrenalininjektionen 2¹/₂ Jahre lang keine Beschwerden, bei vier anderen Patienten war dieses mindestens sechs Jahre der Fall. In diesen Fällen entwickelten sich 1 bis 20 Stunden nach der Injektion Infiltrate; ein bis drei Tage später wurden diese Stellen nekrotisch. Heilung mit pigmentierten Narben erfolgte nach zwei bis sechs Wochen. Einer dieser Patienten klagte darüber, daß seine Augen nach jeder Injektion rot wurden und schmerzten (98).

Allergische Hauterscheinungen können auch nach lokalem Gebrauch von Adrenalin in Lösung oder als Salbe entstehen (11 a).

Adrenoxyl (Monosemicarbazon)
Injektionen mit Adrenoxyl führten zu einer Blutung und später zu einer großen Narbe (79).

Bei einem anderen Patienten kam es zu Erscheinungen, wie sie bei der Serumkrankheit vorkommen: Fieber, Erythem, Urtikaria, Lymphdrüsenschwellungen. Im peripheren Blut wurden dabei 30 % Plasmazellen gefunden (80).

Arterenol (Noradrenalin, Dihydrooxy-phenylamino-ethanol)
Spasmen der Venen, Phlebitis, Hautnekrose (99).

Bei einem Patienten mit einem intravenösen Infus in die Knöchelgegend entstanden nach 24 Stunden Blasen und Geschwüre im Verlauf der Vena saphena des Beines. Unter heftigen Schmerzen entwickelte sich schließlich Gangrän, so daß das Bein amputiert werden mußte (100).

Es wird noch über drei Patienten mit ausgebreiteter Nekrose der Haut und des Unterhautbindegewebes berichtet. Die Nekrose begann beim Knöchel und reichte bis zum Knie. Man nimmt an, daß die Nekrose eine Folge von Ischämie war. Durch Stagnation in der Vene soll das Arterenol im Wege der Kapillaren zu den Arteriolen zurückfließen (136).

Nach Beobachtung von vier Fällen, bei denen es zu Nekrose kam, da die Nadel in den Knöchel oder Handrücken eingestochen wurde, wird empfohlen, das Infus derart auszuführen, daß es im Ellbogen angelegt wird und 10 mg Novocain pro 1000 ml beigefügt werden (137).

Aludrin (Isoprenalin, Iso-propyl-noradrenalin, Isuprel, Neo-Epinine)

Herzklopfen, Tachykardie, Hypertension, Angina pectoris, im EKG Zeichen von Koronarinsuffizienz (16). Vergrößerung des Schlagvolumens und Minutenvolumens (17) des Herzens.

Ein Patient bekam Stomatitis mit Rötung und Bläschen (122).

Meta-Sympatol [Neo-synephrin (12), Phenylephrin hydrochloric.]

Parästhesien und Unempfindlichkeit der Finger, Druck im Kopf, Präkordialschmerzen. Lokale Nekrosen von Haut- und Unterhautzellgeweben nach intravenöser Injektion (129).

Ephedrin

Tremor, Tachykardie, Herzklopfen, Extrasystolen, Schwitzen, Euphorie, Schlaflosigkeit, Aufregung, Angst, erhöhte Libido, Hypertension.

Bei Prostatakranken kann Ephedrin Urinbeschwerden verursachen. Aber auch bei Jüngeren, sogar bei Kindern kann es zur Retention kommen.

Manchmal verursacht Ephedrin sogar Schläfrigkeit. Reizerscheinungen sieht man besonders bei Kindern, so daß Beruhigungsmittel gegeben werden müssen (13).

Allergische Erscheinungen. Durch ephedrinhaltige Nasentropfen entstanden Papeln und Bläschen um die Nasenlöcher herum (14). Ein 14jähriger Patient reagierte auf 16 mg Ephedrin mit einem juckenden Erythem in den Achselhöhlen, Knien, Handflächen und um die Lippen (15).

Als große Seltenheit wird über einen süchtigen Patienten berichtet (163), der erhebliche Mengen Ephedrin einnahm (drei- bis viermal täglich 20 Ephedrintabletten).

Orthoxin (Methoxyphenamin) (18)

Brechreiz, Erbrechen, Schwindel, Ohnmachtsgefühl, Schläfrigkeit oder Schlaflosigkeit, Krämpfe, Schwitzen, trockener Mund.

Privin (Naphazolin)

Schläfrigkeit, Bradykardie, enge Pupillen, Koma (19), Rhinitis durch Nasentropfen mit Privin: Schwellung der Nasenschleimhaut, manchmal mit grauem Belag (20); Konjunktivitis, Schwächegefühl,

Blässe (21). Besonders bei Kindern unter einem Jahr manchmal Schläfrigkeit und Kollaps (139).

Die Verwendung von Privin als Nasentropfen verursachte bei einem Patienten vollkommene Harnverhaltung. Ein anderer Patient klagte wiederholt nach Privinnasentropfen über Beschwerden beim Harnlassen (138).

Vergiftung mit Naphazolin mit Symptomen einer Tachykardie, unregelmäßigem Atmen, Koma (22).

Durch Gebrauch von Privin als Nasentropfen kann es zu Sucht kommen (131).

B. Heilmittel, die die Wirkung des Sympathikus hemmen (Sympathikolytika)

Ergotamin (Gynergen, Dihydroergotamin, Secale, Bellergal enthält Gynergen)

1. Allgemeine Erscheinungen. Brechreiz, Erbrechen (wird durch ¹/₂ mg Atropin behoben), Abschnürungsgefühl im Hals, Uteruskontraktionen (Abortus).

Depression, Blässe, Schwitzen, Kollaps (23), nach intravenöser Injektion Blutdrucksteigerung, Bradykardie, schmerzliche tonische und klonische Krämpfe (24).

2. Zirkulationsstörungen. Ameisenlaufen in Fingern und Zehen, Spasmus der Arteria femoralis (24), kalte Füße; Schmerzen in den Beinen während des Gehens, besonders in den Waden [Besserung durch Nikotinsäure (25)]; Gangrän.

Brustbeklemmung, bei Menschen mit Koronarsklerose kann es zu Anfällen von Angina pectoris kommen (26).

Außer bei Gefäßerkrankungen muß man mit der Verordnung von Gynergen vorsichtig sein bei: Fieber, Anämie, Schwangerschaftstoxikosen (27) und bei Patienten mit A-Avitaminose. Die Empfindlichkeit für Gynergen ist auch bei Hyperthyreoidismus und Leberkrankheiten (28) erhöht. Gangrän bei einem Patienten mit Ikterus (25).

3. Allergische Erscheinungen. QUINCKESches Ödem (29); Purpura mit und ohne Thrombopenie (91).

Dihydroergocornin (30)

Verstopfung der Nase, Brechreiz, Erbrechen, Kongestionen, Kopfschmerzen, Harndrang, Müdigkeit, hemmende Wirkung auf das Atemzentrum.

Dibenamin (N,N-dibenzyl β-Chlorethylamin hydrochlorid)

Trockenheit im Mund, Brechreiz, Erbrechen, Diarrhöe, Schwitzen, Herzklopfen, Schwindelgefühl, Doppeltsehen, orthostatische Hypotension, Verstopfung der Nase, Miosis (31), Fieber, Kollaps (32), Unruhe, Halluzinationen, Verwirrtheit (33), Vorhofflimmern (34), Verlängerung der QT-Zeit. Bei einem Patienten kam es zu vorübergehender Anurie (35).

C. Blutdrucksenkende Mittel

Tetra-aethyl-ammoniumbromid (TEAB, Teamyl)

Kopfschmerzen, Parästhesien, Schwindelanfälle, Schläfrigkeit, Schwitzen, Sehstörungen, Akkomodationslähmung, Ptosis, weite Pupillen, Sprach- und Schluckstörungen, Lähmung der Arm- und Halsmuskeln (36) und der Interkostalmuskeln. Es werden zwei Todesfälle durch Atemlähmung beschrieben (37). Es kann aber auch anderseits Hyperventilation entstehen.

Blutdruckherabsetzung, die eine Synkope zur Folge haben kann. Die dadurch entstandene Blutdrucksenkung ist bei Arteriosklerose gefährlich, wobei eine ernste Angina pectoris (39) und sogar ein Herzinfarkt entstehen können.

Ein Patient mit maligner Hypertension starb im Schock nach einer Blutdrucksenkung von 230 mm auf 60 mm.

Zuweilen aber steigt der Blutdruck sogar. In einem Fall stieg dieser auf 300 mm; es entstand Lungenödem (41).

Im EKG kann man Veränderungen in den T-Zacken und im ST-Intervall finden. Paroxysmale Tachykardie wurde beobachtet.

Ein plötzlicher Todesfall bei einem Patienten mit Bronchialasthma ist bekannt (43).

Es kann zu Oligurie durch verstärkte Rückresorption kommen, weil die Menge des Glomerulusfiltrates durch verminderte Durchströmung der Nieren abnimmt (44).

Es bildet sich weniger Magensaft, der auch weniger Salzsäure enthält (44 a).

Hie und da kommt Eiweiß im Harn vor. Man fand auch Leukopenie (38).

Benzazolin (2-benzyl-4,5-imidazolin hydrochlorid, Priscol, Priscolin, Vasodil)

Hypertension, Angst, Schüttelfrost.

Die Magensekretion wird angeregt, Magenschmerzen, Brechreiz, Erbrechen, Diarrhöe, Anorexie, Urtikaria (85).

Wir sahen einen Patienten, der jedesmal, wenn er 25 mg Priscol einnahm, einige Stunden später Brechreiz empfand, erbrach und Schüttelfrost bekam.

Über einen Fall von Oligurie und Ödeme, die erst verschwanden, nachdem die Darreichung des Mittels zwei Monate ausgesetzt worden war, wird berichtet (45).

Benzodioxan (Piperoxan)

Der Blutdruck kann bedeutend steigen; bei einem Patienten stieg er über 300 mm nach 3 und 5 mg Piperoxan. Bei einem anderen Patienten hatte nach 17 mg die Hypertension Lungenödem zur Folge (35). Es wurden auch eklamptische Erscheinungen beobachtet (46).

Herzklopfen, Kopfschmerzen, Kongestionen, Schwindelgefühl, Nervosität, Angst, kalte Füße (48), thrombopenische Purpura (49), der

Säuregrad des Magensaftes nimmt ab, Bauchschmerzen (47); Brechreiz, Erbrechen.

D. Methoniumverbindungen

1. Magen-Darmtrakt. Es kommt manchmal zur Atonie von Magenund Darm-Kanal, deren Folgen eine hartnäckige Stuhlverstopfung und sogar ein paralytischer Ileus sein können. Dies kommt insbesondere dann vor, wenn das Mittel eingenommen wird, seltener nach Injektion von Methonium. Man muß, insbesondere wenn das Mittel per os verabreicht wird, für regelmäßigen Stuhlgang sorgen, sonst kann sich eine große Menge Methonium im Darmkanal anhäufen, manchmal mit tödlich verlaufendem Ileus (50, 103). Prostigmin kann in einem solchen Zustand Hilfe bringen.

Ein Todesfall infolge von Ileus wurde nach Gebrauch von Hexamethonium-bromid, gelöst in Polyvidon (Hexamethonium retard) beobachtet (140).

Zwei Kinder, deren Mutter in der Schwangerschaft mit Methonium behandelt wurde, starben an paralytischem Ileus (96). Andere Erscheinungen im Magen-Darmkanal sind: Anorexie (52), Diarrhöe (140); Magenatonie, die Brechreiz und Erbrechen erzeugt; verminderte Magenund Darmsekretion, Klagen über Trockenheit im Mund und Schluckbeschwerden.

Stomatitis und Zungenschmerzen, die durch Riboflavin günstig beeinflußt wurden (53), werden beschrieben.

2. Folgen von starker Blutdruckherabsetzung. Es kommt oft vor, besonders bei Einstellung der richtigen Dosierung von Methonium, daß der Blutdruck sinkt, wenn die Patienten *stehen.* Sie werden schwindlig, sie können sogar kollabieren. Gewöhnlich bessert sich der Zustand, doch kann es auch auf diese Weise zu Todesfällen kommen. Bei einem bestimmten Grad von Arteriosklerose kann die Herabsetzung des Blutdruckes besonders gefährlich werden. So können Gehirnerscheinungen und Angina pectoris entstehen. Wir sahen selbst Patienten, die mit Methonium behandelt worden waren und über Angina pectoris klagten. Die Ischämie kann so stark werden, daß es zu Gehirn- und Herzinfarkten kommt. Aus gleichen Gründen können sich bei schlechter Nierenfunktion Urämie und sogar Anurie entwickeln (52 a).

Auch Amaurose eines Auges, die sich nur teilweise besserte, wurde beobachtet (52 b).

Ist der Blutdruck durch Methonium herabgesetzt, so kann er *zu niedrig* werden, wenn eine Dekompensation des Herzens mit venöser Stauung entsteht.

Wird bei einem solchen Patienten wegen schlechter Herzarbeit eine Venensektion gemacht, so kann es auch zu Kollapserscheinungen kommen.

Stellt man die Behandlung mit Methonium plötzlich ein, kann der Blutdruck über die frühere Grenze steigen, wodurch eklamptische Erscheinungen entstehen.

Bei Darreichung von Methonium per os besteht die Möglichkeit, daß eine *protrahierte Hypotension* entsteht. Diese kann sich einstellen, wenn das Methonium eine Stuhlverstopfung verursacht. Eine ernstliche Hypotension kann dann viele Tage andauern, da nach dem Aussetzen der Darreichung im Darm noch Methonium übrig bleibt.

Auch wenn ein Ödem der Darmwand durch Besserung der Herzfunktion verschwindet, kann mehr Methonium resorbiert werden. Als dritter Mechanismus einer länger dauernden Hypotension wird die Verminderung der Nierenfunktion angesehen, die eine Folge der Herabsetzung des Blutdruckes ist. Methonium wird dann schlechter ausgeschieden und bleibt länger im Körper. Es wird über drei Patienten berichtet, die infolge einer dieser Ursachen eine langdauernde Periode von Hypotension durchmachten. Um den Kreislauf herzustellen, mußte sogar ein Infus mit Noradrenalin angelegt werden (130).

3. Nervensystem. Müdigkeitsgefühl, Schläfrigkeit oder im Gegenteil Schlaflosigkeit, Desorientierung, emotionelle Labilität, Schwindelanfälle, Impotenz.

4. Augen. Sehschwäche, besonders durch Herabsetzung des Akkomodationsvermögens (53); oft braucht man eine Brille zum Lesen. Amaurose (52 b); manchmal klagen die Patienten darüber, daß sie Licht stört.

5. Einige andere Nebenerscheinungen. Dysmenorrhöe, papulöse Hautausschläge (51, 140), Akne. Die Patienten klagen oft über Kältegefühl.

Beschwerden beim Urinieren (97); es kommt auch vollständige Retention vor. Verstopfung der Eustachischen Röhre mit nachfolgender seröser Otitis media kann entstehen, vielleicht auch Stenose des Ausführungsganges der Parotis mit nachfolgender Parotitis (118). Schlechtere Nierenfunktion (53 b).

Erscheinungen von Jodismus oder Bromismus, wenn längere Zeit Methonium-jodid oder -bromid per os genommen wurde.

Drei Patienten wurden beobachtet, die nach 7 bis 15 Monate dauernder Methonium-Therapie Lungenveränderungen bekamen. Sie hatten Beklemmungen. Auf dem Röntgenbilde sah man symmetrische Schatten, die sich bei der Obduktion als Karnifikation der Lungen erwiesen (97, 165). Eine andere Publikation berichtet über fünf Todesfälle an interstitieller Pneumonie nach kombinierter Behandlung mit Hexamethonium und Apresolin (118).

Hydrazalin (Apresolin, Nepresol)

1. Herz- und Gefäßsystem. Hypotension beim Aufrechtstehen, Herzklopfen, Tachykardie, Extrasystolen (121), Ödeme, Dyspnoe, Angina pectoris, Veränderungen im EKG, Thrombophlebitis (123).

Eine Frau mit Präeklampsie starb im siebenten Schwangerschaftsmonat nach der dritten Dosis von 25 mg Apresolin. Es entstand Hypotension, dann Hypertension, worauf die Frau das Bewußtsein verlor (142).

2. Allgemeine Erscheinungen. Kopfschmerzen, allgemeines Schwächegefühl, Muskelschmerzen, Kongestionen, Fieber.

Hydrazalin hemmt die Histaminase, weshalb der Körper auf normal vorkommende Histaminase stärker reagiert. Es kommt zu Herzklopfen, Tachykardie, Kongestionen, Kopfschmerzen, Ödemen. Mit der Zeit verschwinden diese Erscheinungen, da die Wirkung auf die Histaminase aufhört (141).

3. Magen-Darmkanal. Trockenheit im Mund, Anorexie, Brechreiz, Erbrechen, Diarrhöe. Oft sind die Leberfunktionsprüfungen abweichend (HANGER-Test, Thymol), Hepatitis und große Leber und Milz wurden beobachtet (119).

4. Haut und Schleimhäute. Schnupfen, Konjunktivitis, Schwellung der Lippen und Zunge (134), Erytheme mit und ohne Schuppung (121), Urtikaria (134).

5. Nervensystem. Apathie, Nervosität, Angst, Depression, Schläfrigkeit, Koma (42, 120), Parästhesien, Schwindelanfälle, Kopfschmerzen, neuralgischer Schmerz im Hinterkopf, schlechtes Sehen, Schwierigkeiten beim Harnlassen als Folge der Hypotonie der Blase (127).

6. Blut. Bei einigen Kranken wurde eine Leukopenie (weniger als 3500) festgestellt (119). Panzytopenie? (124). Leichte Anämie kommt vor, schwerere Anämie ist selten. Man beobachtete auch Drüsenschwellungen und Milzvergrößerung.

7. Nieren. Albuminurie, Hämaturie (119).

8. Gelenke. Die wichtigsten Nebenerscheinungen von Apresolin sind *rheumatische Symptome* und ein Syndrom, das dem *Lupus erythematosus* ähnlich sieht (117, 119).

13 von 139 Patienten, die lange mit Hydrazalin hydrochlorid (Apresolin) (117) behandelt wurden, bekamen Symptome von *rheumatoider Arthritis.* Nachdem die Therapie nicht ausgesetzt worden war, entstand eine fieberhafte Krankheit, die dem *Lupus erythematosus* ähnlich sah.

Gelenksschmerzen setzten durchschnittlich nach einer zwölfmonatigen Behandlung ein, das ernstere Krankheitsbild nach durchschnittlich 19 Monaten.

Am häufigsten waren die Fingergelenke angegriffen, weniger oft die Hand-, Ellbogen-, Schulter- und Kniegelenke. Die Gelenke waren steif und empfindlich, in ernsten Fällen rot und geschwollen. Ein Patient bekam Anämie, ein anderer Leukopenie. In allen Fällen war im Serum eine Abnahme des Albumins und Zunahme des α- und β-Globulins feststellbar. Eine Woche nach dem Aussetzen der Therapie verschwanden die Symptome. Beinahe alle Patienten bekamen wieder Gelenksschmerzen, als die Behandlung mit Apresolin wieder aufgenommen wurde.

Fünf Patienten mit einer durchschnittlichen Behandlungsdauer von 17 Monaten erkrankten schwerer mit hohem Fieber, fühlten sich elend und klagten über Schmerzen in Brust und Bauch. Drei von ihnen bekamen eine Polyserositis (Pleuritis und Perikarditis), einer ein Infiltrat in der Lunge und ein anderer Erytheme an Händen und Unterarmen.

Bei diesen Patienten wurden L.-E.-Zellen gefunden; auch das Plasma enthielt den L.-E.-Faktor.

Auch dieses Syndrom verschwand nach Aussetzen der Behandlung. ACTH und Cortison wirkten günstig auf die akuten Erscheinungen. Bei den Fällen, in denen eine Biopsie vorgenommen wurde, fand man in der Umgebung der Blutgefäße lymphozytäre Infiltrate.

Es wurden auch rheumatische Knötchen und Nekrose des Kollagens gefunden (143).

Bei einem Patienten entstanden nach Darreichung von 800 mg Apresolin pro die ein Jahr hindurch Fieber, Infiltrate auf den Beinen und anderwärts, Gelenksschwellungen und Albuminurie. Es wurden keine L.-E.-Zellen gefunden. Genesung nach ACTH und Cortison (144).

Hier folgen einige statistische Daten:

Von etwa 103 Patienten haben 32 Apresolin ohne Beschwerden vertragen, aber nur bei 5 % waren die Klagen so ernst, daß man die Behandlung einstellen mußte (123). Die gewöhnlichen Nebenerscheinungen waren vaskulärer Art und bestanden aus *Kopfschmerz* und *Ödem.* Man nahm an, daß man nach Darreichung von Antihistaminsubstanzen einen günstigen Effekt erzielen kann. Öfters klagen die Kranken auch über *Anorexie* und *Brechreiz.* 12 % der Kranken klagten über grippeartige Zustände: *Muskel-* und *Gelenkschmerzen,* manchmal von Fieber begleitet.

Eine andere Statistik über Nebenerscheinungen von Apresolin meldet (125): Herzklopfen 52 %, Kopfschmerzen 37 %, Brechreiz und Erbrechen 37 %, Schwindelgefühl 22 %, Schwächegefühl 22 %, 15 % hatten Tachykardie, 15 % klagten über Benommenheit, 5 % über Parästhesien in den Gliedmaßen, 15 % fühlten sich nervös, bei 9 % wurden Änderungen im EKG registriert, 7 % hatten anginöse Beschwerden, 7 % Diarrhöe, 6 % Muskelschmerzen, 4 % Fieber, 2 % bekamen während der Behandlung einen Herzinfarkt.

Sicher ist, daß das Operieren während einer *künstlichen Hypotension* (Methonium, Thiophanium, Pendiomid, Lumbalanästhesie) dem Chirurgen Vorteile bietet.

Es ist aber a priori nicht zu erwarten, daß diese Methode für den Patienten ungefährlich sei.

Englische Anästhesisten veranstalteten eine Enquete. Von 21 000 Operationen, bei denen Hypotension angewendet wurde, kam es zu 42 Todesfällen, die dem niedrigen Blutdruck zuzuschreiben waren. Bei 549 Patienten sah man Komplikationen, die nicht tödlich endeten und größtenteils durch unzureichende Zirkulation im Gehirn, in den Nieren oder im Herz erklärt werden müssen.

Eine gleichartige Enquete meldet aus Amerika sogar 50 Todesfälle infolge von Hypotension unter 6805 Operationen.

Die Anzahl der Komplikationen scheint bei einem Blutdruck unter 80 mm Hg viel größer zu sein als über dieser Grenze.

Es ist deutlich, daß von der Anwendung der Hypotension als Routinemaßregel abgeraten werden muß und daß der niedrige Blutdruck nur dann vorteilhaft ist, wenn eine Operation ohne Hypotension überhaupt nicht möglich wäre (133).

Rauwolfia serpentina (Serpasil, Raupina)

Schläfrigkeit, Depression, Angst, Brechreiz, Erbrechen, Diarrhöe, Bradykardie, Extrasystolen, Bigeminie, niedrige Temperatur, Gewichtszunahme, starke Müdigkeit in den Beinen, Trockenheit im Mund, verstopfte Nase, Jucken, Urtikaria (135), Asthma.

Bei einer größeren Gruppe von Patienten wurden folgende Nebenwirkungen beobachtet: verstopfte Nase 56 %, erhöhter Appetit 51 %, Gewichtszunahme 53 %, Müdigkeit 16 % (145).

Die Beobachtung von zwei Patienten ergab, daß sie nach Gebrauch von Rauwolfia schwere *Asthmaanfälle*, kombiniert mit Urtikaria, bekamen (146).

Ein Patient bekam wiederholt ³/₄ Stunden nach dem Einnehmen einer Serpasil-Tablette Schmerzen in der Herzgegend mit Kollapserscheinungen (147).

Es zeigten sich Symptome von Colica mucosa, während auch ein masernartiges Exanthem, das schuppte und zum Teil hämorrhagisch war, sichtbar war (148).

Nach dem Gebrauch einer Tablette Rauwolfia folgte ein Kollapszustand, der einige Tage dauerte (149).

Hier folgt eine Statistik von Nebenerscheinungen, hervorgerufen durch Serpasil bei 56 Patienten:

Schläfrigkeit 34,9 % (Besserung nach Koffein).

Verstopfte Nase 24,8 %. Diese entstand manchmal schon einige Stunden nach Beginn der Behandlung. Es kann sogar zu *eitriger* und *hämorrhagischer* Sinusitis kommen.

Schmerzen in den Beinen 14 %.

Flüssiger Stuhl 9,8 %.

Viele Träume 9,1 %.

Dyspnoe in Ruhe 7,3 %.

Es kann *nächtliche Beklemmung* entstehen, wenn Serpasil vor dem Schlafengehen gebraucht wird (150).

Intramuskulärer Gebrauch (166) von 2½ bis 15 mg: Senkung des Blutdruckes bis zu 80/60, manchmal mit Schocksymptomen, Pulsverlangsamung, Hyperämie der Konjunktivae, Schüttelfröste, Diarrhöe, viele Träume, Müdigkeit, Brechreiz, Ödem des Gesichtes und der Füße, pemphigoide Erscheinungen.

Parkinsonismus, Verwirrtheit, epileptische Anfälle.

Pentapyrrolidin

Zwölf Patienten wurden ein bis sieben Monate mit je einer Dosis von 200 bis 300 mg behandelt.

Alle bekamen *Obstipation* und mußten Laxantien einnehmen; einmal kam es zu paralytischem Ileus; sieben Patienten hatten Beschwerden, wenn sie *aufrecht standen*, zwei wurden ohnmächtig. *Trockenheit im Mund und Hals* war bei sechs Patienten besonders unangenehm, Sie hatten Schluckbeschwerden und keinen Geschmack beim Essen. Bei zwei Männern kam es zu *Harnverhaltung*. Bei einem Patienten wurde eine schwere *Depression* beobachtet (151).

Pentapyrrolidin führt zu Retention von Wasser und Salz. Hiedurch bekamen drei Patienten Symptome von Dekompensation des Herzens. Quecksilberdiuretika sind in solchen Fällen angezeigt (155).

Veratrum viride

1. Magen-Darmkanal. Brechreiz, Erbrechen, Diarrhöe, Anorexie, Magenschmerzen, Sodbrennen.

Brechreiz und Erbrechen entstanden in 100 % nach Gebrauch von Veriloid; bei 77 % waren die Symptome ernster Art (152).

2. Allgemeine Erscheinungen. Müdigkeit, Kopfschmerzen, Schwindelgefühl, Singultus, Schwitzen, Speichelfluß, Ohrensausen, Taubheit (111), schlechtes Sehen (116). Wird der Blutdruck sehr niedrig, kommt es zu Erscheinungen von Schock. Dabei kann der Puls langsam sein.

Brustbeklemmung und Gefühl von Zusammenschnürung im Hals können sich einstellen; auch Erscheinungen, die an einen Herzinfarkt erinnern.

Sinkt der Blutdruck zu stark, kommt es zu Oligurie (112). Man sah auch Nierenschädigungen.

Lungenödem und Hirnödem (113) können auch vorkommen.

3. Das *Zentralnervensystem* wird vorerst gereizt, später kann es zu Lähmungen kommen (114).

Auch Verwirrtheit wurde beobachtet (115).

Protoveratrin,

ein gereinigtes Produkt von Veratrum album, verursacht unregelmäßige Herztätigkeit: Herzblock, Nodalrhythmus, ventrikuläre Extrasystolen, Bigeminie.

Die Arrhythmie wechselte mit Perioden regelmäßiger Herztätigkeit ab.

Mit Atropin erzielte man Besserung (153).

Überdosierung kann zu Herzblock führen, der durch Atropin nicht behoben werden kann (154).

E. Heilmittel, die den Vagus reizen (Parasympathikomimetika)

Pilocarpin (54)

Speichelfluß, Tränen der Augen, Schwitzen, Durstgefühl, Hypersekretion in den Bronchusverzweigungen, Lungenödem, Zyanose, Herzschwäche, Brechreiz, Erbrechen, Diarrhöe, Bauchkrämpfe, Kongestionen, Schmerz in den Augäpfeln, Sehstörungen, Myopie, enge Pupillen, Schwindelgefühl, Konvulsionen.

Erhöhter Tonus der glatten Muskulatur (Uteruskontraktionen), erschwertes Harnlassen, Glukosurie (55).

Pilocarpin pflegt manchmal ein Bestandteil von Haarwasser zu sein und kann so durch Resorption von der Haut aus Vergiftungserscheinungen verursachen.

Atropin hebt die Wirkung von Pilocarpin auf.

Als Augentropfen gebraucht, kann Pilocarpin Ursache von Bindehautentzündung sein.

Ein Mann gebrauchte elf Jahre lang Augentropfen mit Pilocarpin wegen Glaukom. Erst dann bekam er Erscheinungen von Sodbrennen, Erbrechen, Singultus, Schwitzen, während auch Herzblock mit Perioden von Bewußtlosigkeit auftrat.

Nach Einstellen der Behandlung mit Pilocarpin verschwanden der Herzblock und damit auch gleichzeitig andere Erscheinungen von Intoleranz (86).

Physostigmin und das diesem verwandte **Neostigmin** (Prostigmin)

Schmerzlicher Krampf in bestimmten Muskelgruppen, z. B. in den Fußmuskeln, wobei auch Angstgefühl auftritt (56).

Wir selbst sahen einen Patienten, der zehn Minuten nach der Einspritzung Gefühllosigkeit, Kaltwerden, Schmerzen und Prickeln in einem Bein bekam. Der Unterschenkel war blaß und bei Berührung gefühllos. Diese Erscheinungen verschwanden nach zehn Minuten. Wir dachten an einen Gefäßkrampf.

Spasmen der Akkomodationsmuskeln, Miosis, Bauchkrämpfe mit viel Geräuschen, Diarrhöe, tränende Augen, Speichelfluß, Schweiß, Brechreiz, Erbrechen.

Stuhl- und Harndrang, Gefühl von Schwellung von Hals und Zunge.

Gehirnerscheinungen: Kopfschmerzen, Schwindelgefühl (58), Schwermütigkeit, Unruhe, Bewußtlosigkeit, Krampfanfälle.

Im EKG sieht man niedrige T-Zacken und Senkung des ST-Intervalls (56). Manchmal wird Bradykardie beobachtet (57).

Ein Todesfall unter Erscheinungen von vagotonem Schock nach einer intramuskulären Injektion von ¹/₂ mg Neostigmin wurde beschrieben: Starke Pulsverlangsamung, Konvulsionen, Speichelfluß, Atemnot (59).

Auch ein Todesfall eines Patienten mit Myasthenie, bei dem zur Feststellung der Diagnose Neostigmin eingespritzt wurde, ist bekannt (60).

Bei Behandlung eines an multipler Sklerose leidenden Patienten mit Physostigmin entstand Lungenödem (61).

Atropin hebt die Wirkung von Prostigmin teilweise auf.

Mecholyl (β-Acetyl-methyl-cholin, Mecholylchlorid)

Wallungen, Schwitzen, Speichel- und Tränenfluß, Sehstörungen, Schmerzen in der Magengegend, Diarrhöe, Blutdrucksenkung, Kollaps, Dyspnoe und Schmerz hinter dem Brustbein (62).

Die Gefahr von β-Acetyl-methyl-cholin ist Stillstand des Herzens in der Systole. Es wurde einmal eine Systole, die 70 Sekunden dauerte, konstatiert (63).

Zu Herzblock kann es insbesondere bei Patienten kommen, die Digitalis gebraucht haben (62).

Man kennt einen Todesfall, nachdem dieses Mittel *irrtümlich* intravenös gegeben worden war.

Wird das Mittel per os gegeben, so verursacht es hie und da Magenbeschwerden.

Es gibt Menschen, die Idiosynkrasie gegen β-Acetyl-methyl-cholin haben und darauf mit Atemnot reagieren. Asthmatiker können einen richtigen Anfall bekommen. Bei Bronchialasthma und Angina pectoris darf dieses Mittel nicht angewendet werden.

Auch bei β-Acetyl-methyl-cholin wird Atropin als Gegenmittel empfohlen. β-Acetyl-methyl-cholin darf nicht gleichzeitig mit Neostigmin und dergleichen verordnet werden (88), und zwar wegen der Erhöhung der Wirkung, die tödlich sein kann.

Carbachol (Doryl)

Speichelfluß, Schwitzen, Brechreiz, Synkope durch langsamen Puls und niedrigen Blutdruck (64), Angina pectoris, Harn- und Stuhldrang (64 a). Kongestionen können entstehen.

Furmethid (Furfuryl-trimethylammoniumjodid)
verursachte bei einem Patienten mit Harnretention eine Erweiterung der Ureteren, die eine Pyelonephritis zur Folge hatte (30).

F. Parasympathikolytika

Atropin (Belladonna)
hat eine lähmende Wirkung auf glatte Muskulatur und vermindert die Sekretion vieler Drüsen.

Bei Gebrauch einer *normalen* Dosis Atropin kann es zu folgenden Erscheinungen kommen: Trockenheit in Mund und Hals, Durst; trockene, rote Haut; Heiserkeit, Schwindelanfälle, Akkomodationsschwäche, weite Pupillen, schneller Puls.

Bei *Überdosierung* wird das Sehen schlechter; es kommt zu Schluckbeschwerden, die Gesichtsfarbe wird hochrot, Temperatur und Blutdruck steigen. Aufregung, Halluzinationen, Delirium können in Schock übergehen und schließlich kann es zu Atemstillstand kommen. Auch kann Anurie entstehen.

Nach Ablauf der akuten Erscheinungen: schlechte Laune, Schläfrigkeit, Müdigkeit, Hemmung der geistigen Funktionen, schlechtes Gedächtnis.

Bei *andauerndem* Gebrauch, z. B. während der Hirsauer-Kur, kann man folgende Erscheinungen beobachten (66): Weite Pupillen, die nicht auf Licht reagieren, Tachypnoe, Tachykardie, zuweilen Anfälle von paroxysmaler Tachykardie (67), Anorexie, Erbrechen, Verstopfung, Megakolon (?) (70) oder Diarrhöe.

Extr. Belladonnae kann bei Pylorusstenose die Entleerung des Magens durch Verminderung der Peristaltik aufhalten (157).

Gestörter Schlaf, Beschwerden beim Harnlassen, Kopfschmerzen, Schwindelanfälle, Muskelkrämpfe, Ataxie, Delirium, Halluzinationen.

Zwei Personen mit Hypertension bekamen eine bedeutende Erhöhung des Blutdruckes (68).

Manchmal kann man Azeton und Zucker im Harn nachweisen (68).

Bei plötzlichem Einstellen der Atropinbehandlung sieht man Schwitzen, Speichelfluß, Brechreiz, Erbrechen, Schwindelgefühl (69), Polyurie, Bradykardie.

Bei alten Menschen kann Atropin und Homatropin (110) Glaukom verursachen, speziell bei Gefäßerkrankungen und bei lokalen Augenveränderungen [kleine Kornea, seichte vordere Augenkammer, Hypermetropie (71)].

Bei Patienten mit Rheumatismus kann es zu Verschlechterung der Gelenkerscheinungen kommen. Diese beginnt ½ bis 1½ Tage nach dem Anfang der Atropinbehandlung und verschwindet 1 bis 2 Tage nach ihrem Einstellen (101).

Allergische Reaktionen auf Atropin sind bekannt: Konjunktivitis, Erytheme, Dermatitis (72), Purpura ohne Blutveränderungen (91).

Bei lokalem Gebrauch von Atropin in Augentropfen können Dermatitis, Lidekzem, auch Konjuktivitis entstehen. In der Tränenflüssigkeit wurden hiebei eosinophile und basophile Leukozyten gefunden (94).

Ein solcher Patient genas schnell nach ACTH (72 a). Zuweilen ist es nicht nötig, bei einer solchen Dermatitis der Augenlider und Konjunktivitis das Atropin auszusetzen, wenn man zugleich Antihistamin (73), ACTH (93) oder Hydrocortisontropfen (128) gibt.

Einige merkwürdige Beobachtungen nach Gebrauch von Atropin in Augentropfen:

Ein Patient, der jeden Morgen seine Augen mit Atropin einträufelte, bekam Widerwillen gegen das Essen und konnte schwer schlucken; später wurde er müde, schwitzte stark und bekam Herzklopfen mit schnellem Puls. Alle Erscheinungen verschwanden gegen Abend.

Ein anderer Patient wurde nach Eintropfen von Homatropin in die Augen delirant und später bewußtlos (87).

Kleine Kinder sind besonders empfindlich gegen Atropin und es sind Todesfälle nach Eintropfen einer kleinen Menge Atropin in die Augen vorgekommen (81).

Ein zweijähriger Junge bekam nach Einträpfeln mit 1%igem Atropin am zweiten Tage einen schnellen Puls, subnormale Temperatur, wurde benommen, bekam weite Pupillen, und es kam zu Hautblutungen. Nach 24 Stunden starb das Kind (82).

Ein anderes Kind bekam nach sechs Tropfen Atropin Delirien, Halluzinationen, Konvulsionen und Koma. Dieses Kind genas schließlich wieder (120).

Besonders bei Kindern kann eine kleine Menge Atropin Fieber erzeugen (156).

Cyclospasmol (Trimethyl cyclohexanolamygdalat)

Leichte Magenbeschwerden können entstehen, Brechreiz, Sodbrennen, Stuhlverstopfung, Herzklopfen, Kongestionen, Parästhesien.

Bei hoher Dosierung (600 bis 1000 mg pro Tag) wird manchmal über Kopfschmerzen geklagt, Schwindelanfälle, Benommenheit oder Schlaflosigkeit.

Banthin (Methantelin bromid, Dexabin)

Trockenheit im Mund, Schluckbeschwerden, weite Pupillen, Schwierigkeiten beim Lesen.

Klagen über erschwertes Urinieren, sogar Urinretention bei Prostatahypertrophie. Diese Harnbeschwerden können auch sonst vorkommen.

Magenatonie, bei der das Gefühl von vollem Magen besteht. Auch der Dünndarm kann aufgebläht sein, wodurch Symptome von Ileus entstehen können. Fünf Patienten mit Magen-Darmblutungen bekamen während einer Behandlung mit Banthin oder Probanthin paralytischen Ileus (158).

Ein Patient klagte über salzigen Geschmack im Mund (159).

Bisweilen wird über schlechteren Schlaf geklagt. Erscheinungen von Depression oder im Gegenteil von Euphorie können sich entwickeln.

Libido und Potenz können herabgesetzt sein. Einigemal wurden psychotische Symptome beobachtet.

Der Blutdruck kann sinken, der Puls schneller werden.

Ein Patient bekam acht Tage nach Beginn der Behandlung ein papulöses Exanthem, das sich schnell in eine exfoliative Dermatitis veränderte, wobei alle Haare ausfielen. Nach der Genesung kam es nach einer neuen Dosis Banthin zu einem Rezidiv.

Ein $3^1/_2$ Wochen altes Kind bekam zwei Stunden nach einer Dosis von 8 mg per os ein Erythem und hohes Fieber. 250 Pulsschläge in der Minute. Bedeutende Unruhe. Nach einem kalten Bad erholte es sich (160).

Pro-Banthin (Propanthelin)

zeigt dieselben Nebenerscheinungen, jedoch in geringerem Maße.

Buscopan

Nebenerscheinungen besonders bei parenteraler Verabreichung: Senkung des Blutdruckes, leichter Kollaps, beschleunigte Herztätigkeit, vorübergehende Sehstörungen, Trockenheit im Mund.

Zwei Patienten gaben an, daß sie nach einer Injektion die Arme nur mit Mühe heben konnten.

Diparcol (74) (Diethazin, Diaethylaminoäthyl phenothiazin)

Schläfrigkeit, Schwindelanfälle, Ataxie, Anorexie, Brechreiz, Sodbrennen, Magenschmerzen, Obstipation oder Diarrhöe, Parästhesien, trockener Mund, schlechtes Sehen, Angst, Herzklopfen, Konvulsionen, Arzneifieber, Erytheme, Leukopenie, Agranulozytose (75), Panzytopenie (95)

Nasenbluten, Bindehautblutung, Hautblutungen, Schwellung des Zahnfleisches, erschwertes Harnlassen, Harnretention. Manchmal wird aus unbekannter Ursache der Harn rot oder schwarz (161).

Parapanit

Nebenerscheinungen bei 17,2 % der behandelten Patienten (106): Kopfschmerzen, Schwindel, Benommenheit, Trockenheit in der Kehle,

Schluckbeschwerden, selten Speichelfluß, Sehstörungen, Diplopie, Herzklopfen, kurzdauernde Senkung von Blutdruck und Blutzucker (76), Verschlechterung post-enzephalitischer epileptiformer Erscheinungen (77), Anorexie, Brechreiz, Erbrechen, Schweregefühl in den Beinen, Ataxie, Müdigkeit (162).

Artan (Trihexyphenidyl)

Nebenerscheinungen bei 8,5 % der behandelten Patienten (105). Trockenheit im Mund, Brechreiz, Schwindel, Schwere im Kopf, Sehstörungen, Ohrensausen, Unruhe, Halluzinationen, Verwirrung, Delirium (78).

Die Neigung zum Schwitzen nimmt ab (89).

Man nimmt an, daß das Entstehen sternförmiger Angiome dem Artan zugeschrieben werden muß, möglicherweise durch eine vorübergehende Schädigung der Leber (104).

Scopolamin (83)

Nebenerscheinungen wurden bei 11 % der behandelten Patienten beobachtet (106): Trockenheit im Mund, Herabsetzung der Magensaftsekretion, Schluckbeschwerden, Ataxie, Muskelschwäche, Mydriasis, schneller Puls, Kollaps, Delirium, Halluzinationen.

Es gibt Menschen, die besonders gegen eine kleine Menge Scopolamin empfindlich sind.

Allergische Erscheinungen, unter anderem Lungenödem, Ödem der Glottis und Uvula (84).

Durch Gebrauch von Augentropfen kann es zu Konjunktivitis mit einer Dermatitis der Augenlider kommen.

Nach Gebrauch von Scopolamin enthaltenden Augentropfen wurde eine Frau unruhig, schwermütig, konnte schwer denken und klagte ebenfalls über Trockenheit im Mund.

Literatur

1. Amer. Heart J. 33 (1947) 107.
2. Amer. J. Med. 5 (1948) 792.
2a. Minerva Chir. 7 (1952) 164.
3. HARRY GOLD, Quinidine in Disorders of the Heart, S. 40. New York: P. B. Hoeber. 1950.
4. Amer. Heart J. 33 (1947) 102; Ned. Tijdschr. v. Geneesk. 74 (1930) 3126.
5. J. Allergy 15 (1944) 392.
6. J. clin. Invest. 21 (1942) 409.
7. Ned. Tijdschr. v. Geneesk. 92 (1948) 1468.
8. Acta chir. Belg. 48 (1949) 177.
9. Ann. Allergy 6 (1948) 153.
10. Lancet 260 (1951) 615.
11. J. Allergy 19 (1948) 62; 11 (1940) 393; J.A.M.A. 97 (1931) 314.
11a. Pr. méd. 61 (1953) 713.
12. Amer. Heart J. 37 (1949) 359.
13. Brit. med. J. (1943 I) 414.
14. Arch. Derm. Syph. (Chicago) 51 (1945) 48.
15. N. Y. St. J. Med. 45 (1945) 307.
16. J.A.M.A. 139 (1949) 452.
17. Z. ges. exper. Med. 116 (1950) 202.
18. New Engl. J. Med. 241 (1949) 231.
19. Laryngoscope 58 (1948) 1294.
20. J.A.M.A. 134 (1947) 1175; Alabama med. J. 39 (1946) 658.
21. J. Pediat. 31 (1947) 355.
22. Amer. J. Dis. Child. 75 (1948) 76.
23. Schweiz. med. Wschr. 77 (1947) 98.

24. Dtsch. med. Wschr. 2 (1931) 1979.
25. Arch. int. Med. 85 (1950) 691.
26. Amer. Heart J. 39 (1950) 629.
27. Schweiz. med. Wschr. 78 (1948) 869.
28. J.A.M.A. 106 (1936) 1625.
29. J. Allergy 12 (1940/1941) 69.
30. Lancet 256 (1949) 510; J. clin. Invest. 28 (1949) 615.
31. Med. Clin. N. Amer. 34 (1950) 380.
32. Klin. Wschr. 26 (1948) 715.
33. Proc. Soc. exp. Biol. (N.Y.) 67 (1948) 163.
34. J.A.M.A. 141 (1949) 1144.
35. New Engl. J. Med. 244 (1951) 582.
36. Brit. med. J. (1950 II) 321.
37. Circulation 4 (1951) 47.
38. Acta med. Scand. 133 (1949) 382.
39. Acta med. Scand. 131 (1948) 581.
40. Brit. med. J. (1950 II) 713.
41. New Engl. J. Med. 244 (1951) 582.
42. J.A.M.A. 139 (1949) 153.
43. Lancet 256 (1949) 1001.
44. Lancet 256 (1949) 957, 999.
44a. Arch. Sci. med. 92 (1951) 465.
45. Rev. Rhumat. 13 (1946) 343.
46. J.A.M.A. 142 (1950) 408.
47. J.A.M.A. 146 (1951) 1384.
48. Med. Clin. N. Amer. 34 (1950) 382.
49. Calif. Med. 69 (1948) 279.
50. Lancet 260 (1951) 585; Brit. med. J. (1951 I) 1205; S. African med. J. 26 (1952) 552.
51. Brit. med. J. (1951 I) 864.
52. Brit. med. J. (1951 I) 778.
52a. Arch. int. Med. 89 (1952) 523.
52b. Brit. med. J. (1952 II) 759.
52c. J. clin. Invest. 30 (1951) 435.
53. J.A.M.A. 147 (1951) 1311; Lancet 261 (1951) 899.
53a. Prensa méd. argent. 38 (1951) 2069.
53b. Med. J. Austral. 1 (1952) 769.
54. DAVISON, S. 352; FUHNER, S. 205.
55. GHOSH, S. 233.
56. Quart. Bull. Northw. Univ. med. School 22 (1948) 125.
57. J.A.M.A. 141 (1949) 107.
58. Med. Clin. N. Amer. 31 (1947) 1238.
59. J.A.M.A. 137 (1948) 362.
60. J.A.M.A. 147 (1951) 378.
61. Ann. int. Med. 30 (1949) 838.
62. ETHEL BROWNING, S. 96.
63. DAVISON, S. 361.
64. ETHEL BROWNING, S. 97.
64a. Brit. med. J. (1953 I) 374.
65. J.A.M.A. 142 (1950) 7.
66. Ned. Tijdschr. v. Geneesk. 76 (1932) 27.
67. Ärztl. Wschr. 8 (1948) 371.
68. Amer. J. Psychiatr. 108 (1951) 107.
69. Münch. med. Wschr. 79 (1932) 540.
70. Ned. Tijdschr. v. Geneesk. 95 (1951) 3368, 3807.
71. Pr. méd. 59 (1951) 1611.
72. Arch. Ophthalm. (Chicago) 41 (1949) 583.
72a. Bull. Johns Hopk. Hosp. 87 (1950) 354.
73. Arch. Ophthalm. (Chicago) 41 (1949) 583.
74. Brit. med. J. (1949 I) 613.
75. Brit. med. J. (1949 I) 613; Med. J. Austral. 2 (1950) 295; Rev. clin. méd. 3 (1952) 13; Ned. Tijdschr. v. Geneesk. 96 (1952) 3079.
76. Schweiz. med. Wschr. 76 (1946) 1291.
77. Ned. Tijdschr. v. Geneesk. 94 (1950) 1255.
78. J.A.M.A. 141 (1949) 379; Amer. J. med. Sci. 218 (1949) 655.
79. ALBAHARY, S. 495.
80. Pr. méd. 61 (1953) 21.
81. Pr. méd. 59 (1951) 1611.
82. Brit. med. J. (1950 II) 608.
83. Brit. med. J. (1950 II) 981.
84. Amer. J. Obstet. Gynec. 56 (1948) 587.
85. J.A.M.A. 148 (1952) 1083.
86. Wien. klin. Wschr. 64 (1952) 148.
87. S. MOESCHLIN, Klinik und Therapie der Vergiftungen. S. 327. Stuttgart: G. Thieme. 1952.
88. J.A.M.A. 149 (1952) 269.

89. J.A.M.A. 149 (1952) 635.
90. New Engl. J. Med. 246 (1952) 252.
91. Practitioner 166 (1952) 235.
92. Arch. int. Med. 89 (1952) 523.
93. Bull. Johns Hopk. Hosp. 87 (1950) 354.
94. J.A.M.A. 151 (1953) 27.
95. Ned. Tijdschr. v. Geneesk. 97 (1953) 816.
96. Lancet (1953 I) 322.
97. Brit. med. J. (1953 I) 1291, 4823; Brit. Heart J. 16 (1954) 101.
98. Brit. med. J. (1953 I) 1315.
99. New Engl. J. Med. 246 (1952) 252.
100. J.A.M.A. 152 (1953) 607.
101. Ann. med. int. Fenniae 41 (1952) 177.
102. J.A.M.A. 152 (1953) 1121.
103. New Engl. J. Med. 248 (1953) 1109.
104. New Engl. J. Med. 248 (1953) 318.
105. J.A.M.A. 139 (1949) 1317.
106. Albahary, S. 257.
107. Gastroenterology 17 (1951) 178, 551; 18 (1951) 26.
108. N.Y.J. Med. 52 (1952) 1530.
109. Arch. Derm. Syph. 66 (1952) 101.
110. Amer. J. Ophthalm. 33 (1950) 448.
111. Arch. int. Med. 90 (1952) 587.
112. J. clin. Invest. 28 (1949) 353; Amer. J. Obstet. Gynec. 58 (1949) 90.
113. J.A.M.A. 134 (1947) 1297.
114. Bijlsma, S. 220.
115. J.A.M.A. 143 (1950) 6; Lancet 2 (1951) 1002.
116. Amer. Practitioner 1 (1950) 840.
117. J.A.M.A. 154 (1954) 23.
118. Circulation 8 (1953) 829.
119. J.A.M.A. 154 (1954) 670.
120. Pr. méd. 62 (1954) 256.
121. Lancet (1954 I) 429.
122. Lancet (1954 I) 734.
123. Arch. int. Med. 90 (1952) 734.
124. J.A.M.A. 151 (1953) 1488.
125. Arch. int. Med. 91 (1953) 419.
126. Circulation 5 (1952) 28.
127. New Engl. J. Med. 247 (1952) 525; 248 (1953) 464.
128. Pr. méd. 62 (1954) 636.
129. New Engl. J. Med. 250 (1954) 114.
130. J.A.M.A. 154 (1954) 1079.
131. Pr. méd. 62 (1954) 694.
132. Brit. med. J. (1954 I) 1036.
133. Arch. Surg. (Chicago) 67 (1953) 549.
134. J.A.M.A. 154 (1954) 1419.
135. Lancet (1954 I) 1096, 1099.
136. Surgery 36 (1954) 822.
137. Nord. Med. 52 (1954) 1045.
138. J.A.M.A. 156 (1954) 1393.
139. J. Pediat. 31 (1947) 355; J.A.M.A. 157 (1955) 1152, **1153**.
140. Lancet (1955 I) 371.
141. Arch. int. Med. 93 (1954) 705.
142. Amer. Heart J. 45 (1953) 931.
143. J.A.M.A. 155 (1954) 1492.
144. New Engl. J. Med. 251 (1954) 273.
145. J.A.M.A. 155 (1954) 1027.
146. Medizinische (1955) 48.
147. J.A.M.A. 155 (1954) 858.
148. Ann. N.Y. Acad. Sci. 59 (1954) 102.
149. Dtsch. med. Wschr. 79 (1954) 1448.
150. Ann. N.Y. Acad. Sci. 59 (1954) 66.
151. Proc. Meet. Mayo Clin. 29 (1954) 503.
152. Ann. int. Med. 41 (1955) 1211.
153. Circulation 1 (1950) 204.
154. Amer. Heart J. 48 (1954) 266.
155. Lancet (1955 I) 122.
156. Amer. J. Dis. Child. 88 (1954) 25.
157. New Engl. J. Med. 251 (1954) 600.
158. New Engl. J. Med. 251 (1954) 705.
159. Medizinische (1954) 1582.
160. Amer. J. Dis. Child. 88 (1954) 25.
161. Duchesnay: Le Risque Thérapeutique, S. 222. Paris: Doin. 1954.
162. Duchesnay: Le Risque Thérapeutique, S. 223. Paris: Doin. 1954.

163. Nervenarzt 26 (1955) 30.   166. J.A.M.A. 158 (1955) 11, 110;
164. Medizinische (1955) 485.   Arch. int. Med. 95 (1955) 538;
165. Canad. Med. Ass. J. 72 (1955)   Schweiz. med. Wschr. 85 (1955)
     448.   627.

VIII. Antihistaminika

Es ist unmöglich, alle Antihistamine einer Kritik zu unterziehen, denn ihre Zahl ist zu groß und nahezu täglich kommen neue dazu. Wenn auch die Zusammenstellung dieser Gruppe verschiedenartig ist, kann man doch eine Anzahl Nebenerscheinungen, die bei allen oder fast allen Antihistaminen beobachtet werden, in Gruppen unterbringen.

1. Nervensystem. a) Narkotische Wirkung. Fast alle Antihistamine haben mehr oder weniger die Eigenschaft gemeinsam, daß sie einschläfernd wirken, während sie außerdem die Ursache einer Verzögerung des Reaktionsvermögens, einer Verminderung des Koordinationsvermögens und von Ataxie sind. Hie und da nimmt die Schläfrigkeit die Form einer echten Narkolepsie an. Oft hört man die Patienten über Müdigkeit und Leere im Kopf klagen. Kombiniert man Antihistamine mit Koffein oder Ephedrin, können die einschläfernden Eigenschaften teilweise behoben werden.

Unbedingt muß verboten werden, daß Autofahrer, Flugzeugführer und alle diejenigen, die andere Menschen in Gefahr bringen können, *bei Tag einschläfernde Antihistamine* gebrauchen. Es wurden bereits Auto- und Flugzeugunfälle beschrieben, die zweifellos durch Gebrauch von Antihistaminstoffen verursacht worden waren (1). Sogar eine kleine Menge wie 25 mg Phenergan oder 50 mg Benadryl macht den Menschen unfähig zu höherer Koordination und schnellem Reagieren. Die narkotische Wirkung ist am deutlichsten bei Phenergan, dann folgt Benadryl, während Pyribenzamin nur leicht benommen macht. Multergan und Thephorin haben beinahe keine narkotische Eigenschaften.

Bei manchen Menschen wird die narkotische Wirkung der Antihistamine bei langdauerndem Gebrauch schwächer.

b) Stimulierende Wirkung. Man hört öfters Klagen über Herzklopfen als Begleiterscheinung einer schnellen Herztätigkeit. Oft kommen Kopfschmerzen, Ohrensausen, Fiebergefühl, besonders beim Einnehmen auf nüchternen Magen, vor. Diesen Beschwerden kann man dadurch vorbeugen, daß Antihistamine nur während des Essens oder mit etwas Zucker eingenommen werden.

Während bei Erwachsenen die narkotische Wirkung im Vordergrund steht, sieht man bei Kindern gerade das Gegenteil: sie klagen über Nervosität und unruhigen Schlaf. Bei Kindern herrscht die stimulierende Wirkung so deutlich vor, daß viele Kinderärzte Phenergan mit einer kleinen Dosis Luminal kombinieren.

Sogar Verwirrtheit, Schlaflosigkeit, Halluzinationen können vorkommen; Muskelkrämpfe und sogar epileptiforme Krämpfe werden beschrieben. Aus diesen Gründen ist es besser, bei Epilepsie keine Antihistamine zu verwenden. Die Anzahl der Anfälle kann zunehmen (2).

Oft wird über Muskelschmerzen geklagt.

Man sah auch Erscheinungen, die auf einen erhöhten Vagustonus hinweisen: langsamer Puls, Verstopfung.

Auch wurden wiederholt Schwierigkeiten beim Harnlassen beobachtet, die teils von der Harnblase, teils von der Prostata herrühren. Bei 28 Kindern wurden *Charakterveränderungen* beobachtet, die zwei bis drei Tage nach dem Einstellen der Antihistamin-Therapie wieder verschwanden. Die Kinder hatten kein Interesse für die ihnen zugewiesene Beschäftigung, wurden zornig, widerspenstig, lärmend und zuweilen ängstlich (3).

Hie und da kam es auch nach Gebrauch von Antihistaminen zu einer Psychose, an der aber zumeist eine zu hohe Dosierung Schuld trug.

2. Magen-Darmkanal. Am meisten wird über Brechreiz und Appetitlosigkeit geklagt, manchmal über Sodbrennen und Erbrechen. Vereinzelt kamen Magenschmerzen vor, zuweilen kolikartige Schmerzen im Bauch. Zu Stuhlverstopfung kommt es oft, zu Diarrhöe selten.

Menschen, die früher ein Ulcus pepticum oder eine Dickdarmerkrankung hatten, bekommen eher Beschwerden seitens des Magen-Darmkanals (4). Auch diesen Beschwerden kann man vorbeugen, indem man das Mittel während oder nach einer Mahlzeit oder mit etwas Zucker gibt.

3. Die meisten Antihistamine haben eine *atropinartige* Wirkung. Infolge von Hemmung der Speichel- und Schleimsekretion wird über Trockenheit im Mund geklagt. Die Trockenheit der Nasenschleimhaut verursacht Jucken und damit in weiterer Folge Schluckbeschwerden. Auch die Schweißbildung kann gehemmt werden (5). Dieselbe Wirkung setzt die Schleimmenge bei Asthmatikern herab, so daß der Schleim zäher und das Aushusten schwerer wird (4).

Herabgesetzte Akkomodation kann das Lesen erschweren.

4. Allergische Erscheinungen. Erytheme, die Masern oder Scharlach ähnlich sehen. Quinckesches Ödem, besonders im Gesicht, aber auch an den Schleimhäuten in Mund und Kehle und selbst Lungenödem wurden wahrgenommen.

Exantheme an lichtexponierten Hautstellen und Dermatitis können entstehen.

Muskelschmerzen, Gelenkschwellungen, Fieber, Eosinophilie können vorkommen.

Die merkwürdige paradoxe Reaktion, die man bei Gebrauch von Antihistaminen zuweilen sieht, sei hier erwähnt. Es kann vorkommen, daß Urtikaria oder Asthma, zu deren Behandlung man das Mittel vorschreibt, sich durch Gebrauch von Antihistamin verschlechtern. Insbesondere wurde bei Antihistamin enthaltenden Salben beobachtet, daß Jucken, Ekzem, Dermatitis schlechter wurden (6).

Krankengeschichten von neun Patienten, die wegen Heufieber und Rhinitis mit Antihistaminen behandelt wurden, werden mitgeteilt. Gleichzeitig mit der Besserung dieser Beschwerden traten Anfälle von

Asthma bronchiale auf. Ein Teil dieser Menschen war vorher nie asthmatisch (64).

5. Blut. Einige Fälle von Agranulozytose und hämolytischer Anämie wurden beobachtet.

Bis jetzt wurden nach Gebrauch von Phenergan und Multergan keine Blutveränderungen beschrieben.

Es empfiehlt sich, den Gebrauch von Antihistaminen nicht plötzlich einzustellen, weil dadurch Schwindelanfälle, Brechreiz und Erbrechen auftreten können (7).

Die meisten Antihistamine haben eine große Anziehungskraft auf Kinder, da sie verzuckert und schön gefärbt in den Handel kommen. Man kann nicht oft genug darauf hinweisen, daß solche Tabletten aus dem Bereich von Kindern ferngehalten werden müssen. Es sind viele Todesfälle nach Vergiftung bekannt, die das Naschen einer größeren Menge solcher Tabletten zur Ursache hatten. Zumeist starben die Kinder nach einigen Stunden. Nach einer Periode von Aufregung und Krämpfen entstehen Schockerscheinungen mit weiten Pupillen, Zyanose, Temperatursteigerung und Koma. Auch Gehirnödem wurde gefunden. Auch bei Selbstmordfällen Erwachsener wurden Konvulsionen und Koma und auch psychotische Erscheinungen beobachtet (8).

Zur Behandlung der Intoxikation durch Antihistamine werden empfohlen: Wärme, Ruhe, Gynergen, Stoffe, die die Durchlässigkeit der Blutgefäße herabsetzen (Kalziuminjektionen), weiters Koffein und Nikotinsäureamid (65).

Es ist schwer, einen verläßlichen Prozentsatz der Nebenerscheinungen verschiedener Antihistamine anzugeben, da man nicht feststellen kann, wie oft diese Heilmittel auf Empfehlungen der Industrie als Hausmittel gebraucht werden. Die folgende Statistik (9) gibt immerhin einen Begriff davon, wie verschieden der Grad der Giftigkeit ist.

	Prozentsatz der Nebenerscheinungen	Prozentsatz der Nebenerscheinungen, die das Einstellen der Therapie notwendig machten
Benadryl	35	14
Antallergan	33	16
Pyribenzamin	26	6,7
Neohetramin	16	9
Antistin	14	7,5

Auch aus anderen Publikationen gewinnt man den Eindruck, daß Antistin den kleinsten Prozentsatz Nebenwirkungen aufweist, aber auch die kleinste Wirksamkeit als Antihistamin besitzt.

Hier folgen einige Angaben über einzelne Antihistamine:

Pyribenzamin (Tripelennamin)

1. Nervensystem. Schläfrigkeit, die jedoch nicht so stark ist wie bei anderen Antihistaminen, Kopfschmerz, Muskelschmerz, Parästhesien in Zunge und Lippen.

Ein Patient kollabierte wiederholt, wenn er eine Tablette einnahm (11). Atmungslähmung, Aufregung, Desorientierung (12), Delirium, Halluzinationen.

2. Augenerscheinungen. Durch Refraktions-Anomalien (13) wird das Lesen beschwerlich. Zuweilen kann eine vorübergehende Myopie entstehen. Man hat auch Ödem der Kornea gesehen.

3. Magen-Darmbeschwerden verschiedener Art wurden gerade bei Pyribenzamin oft beobachtet.

Es können auch recht oft *spastische* Zustände entstehen, z. B. Kardiospasmen und Spasmus des Schließmuskels der Blase, wodurch Störungen im Harnlassen und sogar Retention entstehen können (14).

4. Agranulozytose wurde bisher in fünf Fällen beschrieben (14), ebenso hämolytische Anämie (15).

5. Hautveränderungen. Einige Fälle von Dermatitis (16) wurden beobachtet, weiter Purpura ohne Thrombopenie (17), verschiedene Exantheme und Urtikaria (18). Ein Patient bekam während der Behandlung Angiome der Haut (19).

Durch Pyribenzamin enthaltende Salben kommt es oft zur Verschlechterung bestehender Hautkrankheiten (20).

6. Asthma und *Fieber* nach diesem Antihistamin wurden festgestellt. Während der Behandlung bekam ein Patient Hämaturie (21).

Benadryl (Diphenylhydramin, Histaphen)

1. Die folgenden *allgemeinen Erscheinungen* werden in der Reihenfolge ihrer Frequenzabnahme angeführt: Benommenheit, Magen-Darmbeschwerden, Schwindelanfälle, Parästhesien, Müdigkeit, Gefäßerscheinungen, Muskelschmerz, Schwierigkeiten bei koordinierten Bewegungen, Kopfschmerz (22). Oft sieht man eine kurz dauernde Neigung zur Erhöhung, aber auch Senkung des Blutdruckes kommt vor (23). Es wird aber auch Hypertension beobachtet (24). Auch *Schock*erscheinungen können vorkommen.

Eine Frau hatte in einer Periode von drei Tagen 300 mg Benadryl eingenommen und wurde, nachdem sie später noch einmal 50 mg genommen hatte, bewußtlos. Sie war blaß, kalt und pulslos. Sie erholte sich nach Adrenalin (25). Eine gleiche Beobachtung wurde nach 200 mg Benadryl mitgeteilt (26).

Barbitursäuren erhöhen die Wirkung des Benadryls. Ein Mann hat zweimal 100 mg Benadryl genommen und danach Barbital. Er wurde zyanotisch, klagte über Brustschmerzen und hatte hohen Blutdruck. Er jammerte, und starb, ohne vollständig zu Bewußtsein gekommen zu sein. Bei der Obduktion wurde keine Todesursache gefunden (27).

Bei *intravenöser* Verwendung von Benadryl sind Benommenheit, Schwindelgefühl und Kopfschmerzen oft noch stärker ausgesprochen.

Auch Tachykardie und Hypertension wurden beobachtet. Im EKG waren Veränderungen in den P- und T-Zacken (31).

2. Nervensystem. Stupor, Narkolepsie, Verwirrtheit, Halluzination (28), hysterische Symptome (29). Schwache oder eben erhöhte Reflexe, Muskelkrämpfe, Wippen mit den Beinen, Neuritis, Gleichgewichtsstörungen (30), Sprachstörungen.

3. Augen. Weite Pupillen, Ptosis der Augenlider, vorübergehende Blindheit und Hemianopsie können vorkommen (32).

4. Allergische Erscheinungen wurden beobachtet, Asthma, QUINCKEsches Ödem (33).

5. Blut. Es kamen verschiedene Fälle von Agranulozytose nach langdauerndem Gebrauch von Benadryl vor (15). Es kommt auch zu hämolytischer Anämie nach monatelangem Gebrauch, mit viel Urobilin im Harn und Vermehrung des Bilirubins im Blut (15).

Antallergan (Pyranisamin, Neoantergan, Anthisan)

Man kann die gleichen Erscheinungen seitens des Zentralnervensystems und Magen-Darmkanals beobachten, doch ist die narkotische Wirkung etwas geringer.

Anorexie, Brechreiz, Sodbrennen, Erbrechen, Kopfschmerzen, Schwindelanfälle, Müdigkeit, Herzklopfen, Schock, Angst, Schläfrigkeit oder Schlaflosigkeit, Fieber, Ödeme, Erytheme, Oligurie, Dysurie (34).

Zwei Patienten wurden beobachtet, die nach Gebrauch von Antallergan Lungenödem bekamen (35).

Verschiedene Fälle von Agranulozytose (36) und auch Panzytopenie, wobei der Patient Erscheinungen von hämorrhagischer Diathese bekam (37), wurden beschrieben.

Ein Patient, der drei Monate fortlaufend Antallergan einnahm, bekam eine schwere akute hämolytische Anämie mit Kälte-Agglutination und Auto-Agglutination.

Antergan (Phenyl-äthylen-diamin, Bridal, Dimetina)

Verschiedene Fälle von Agranulozytose (37), hepatorenales Syndrom mit Anurie und Urämie (38), schmerzhafte und geschwollene Gelenke (39).

Multergan (Thiazinamon)

Wenige Nebenwirkungen: Trockenheit des Mundes und der Nasenschleimhaut, Akkomodationsschwierigkeiten, Beschwerden beim Urinieren, Tachykardie.

Phenergan (Promethazin)

Phenergan ist das am meisten schlaferzeugende Mittel von allen Antihistaminen, weshalb es ungeeignet ist, bei Tag eingenommen zu werden. Die schlaferzeugende Eigenschaft kann bei Nacht nützlich sein, aber es kann die Expektoration erschweren. Außerdem kann, wie man bei Morphium und Barbitursäuren gesehen hat, die narkotische Wirkung auf das Atemzentrum bei Asthma zu Anoxie führen.

Kinder reagieren manchmal mit Aufregung.

Selten sieht man Magen-Darmerscheinungen. Zuweilen gibt es Klagen über Schwindelanfälle, Kopfschmerz, Müdigkeit, Herzklopfen, Muskelkrampf (34).

Nach Gebrauch von phenerganhaltiger Creme kann eine Dermatitis entstehen, insbesondere an Stellen, die der Sonne ausgesetzt sind (40). Wenn ein solcher Patient später Phenergan innerlich einnimmt, können ebenfalls allergische Reaktionen auftreten. Nach Einnehmen einer kleinen Dosis dieses Mittels können dann Hauteruptionen und hohes Fieber entstehen (41). *Antihistamine dürfen daher nicht lokal angewandt werden.*

Largactil [Megaphen, Chlorpromazin (63), Atosil, Thorazine]

1. Allgemeine Erscheinungen. Leichte Schläfrigkeit wird bei jedem Patienten beobachtet; oft verschwinden diese Beschwerden nach ein oder zwei Wochen. Die Schläfrigkeit kann durch Amphetamin oder Koffein bekämpft werden. 20 % der Patienten klagen über Trockenheit im Mund. Trockenheit der Haut und der Schleimhäute. Rhagaden an den Mundecken, Konjunktivitis, Blepharitis, Dakryozystitis, Rhinitis, Gingivitis, Glossitis (68). Manche Patienten haben auch einen unangenehmen oder bitteren Geschmack im Mund. Asthma bronchiale (80).

Zuweilen wird über Kongestionen und Parästhesien, öfters über hartnäckige Stuhlverstopfung geklagt. Darmatonie wurde beobachtet.

Es kann zu Fieber kommen (73), Kollaps (76).

Manchmal kommt Brechreiz vor.

Manchmal glauben die Patienten, daß sie während des Gebrauches dieses Mittels mehr träumen. Gynäkomastie (71, 79).

2. Haut. Erytheme, Urtikaria, Ekzem (66).

Bei Pflegerinnen können durch Kontakt Jucken, Ekzem und Urtikaria der Hände und des Gesichtes entstehen (67). Bei einem Arzt und bei sieben Krankenschwestern traten meist drei bis sechs Wochen nach Beginn ihrer Tätigkeit auf der Largactil-Station stark juckende morbilliforme bzw. skarlatiniforme Exantheme und teils diffuse, teils follikulare Dermatitiden an den Handrücken und im Gesicht auf (Umgebung beider Augen). Ödem des Gesichts, Purpura (80).

Bei einem Krankenpfleger begann die Dermatose mit Brennen an den Händen. Es bildete sich ein Ekzem der Hände und die Lider beider Augen schwollen stark an.

Auch zehn Patienten reagierten mit Effloreszenzen skarlatiniformer und urtikarieller Art.

Bei einigen trat etwa zehn Minuten nach Sonnenbestrahlung eine akute Dermatitis auf.

An eine *photosensibilisierende* Wirkung des Largactils muß gedacht werden.

Bei 28 mit Megaphen behandelten Kranken und 16 Angehörigen des Pflegepersonals an Megaphenstationen wurden, fast ausschließlich bei Frauen (13,9 bzw. 60 %), Überempfindlichkeitserscheinungen der Haut und der Schleimhäute beobachtet.

Bei den Patienten traten die allergischen Symptome im allgemeinen in der zweiten bis vierten Behandlungswoche auf. Die Hauterscheinungen waren ausgesprochen polymorph. Außer urtikariellen, morbilliformen und skarlatiniformen Erythemen mit Juckreiz und gelegentlichen Temperatursteigerungen wurden vereinzelt papulöse Exantheme und Dermatitis beobachtet. Auch QUINCKESches Gesichtsödem (bei neun Frauen), Konjunktivitis und Stomatitis kamen vor.

Die Hauterscheinungen beim Pflegepersonal traten nach acht bis zehn Wochen auf, waren weniger generalisiert und zeigten sich vorwiegend an den Händen, den Unterarmen sowie am Hals und im Gesicht. Bei einer Schwester trat außerdem Purpura auf; auch schuppende, vesikulöse und nässende Ekzeme kamen vor. Bei den Schwestern waren Konjunktivitis, aber auch Rhinitis, Gingivitis und Glossitis häufig.

Diese störenden allergischen Dermatosen haben sich durch Verwendung des Megaphens in Dragées beim Pflegepersonal, nicht aber bei den Kranken verringert. Durch Sonnenbestrahlung kam es zu Exazerbationen der Dermatosen; nach epikutanen Hauttesten traten Generalisierung und Verstärkung der Hauterscheinungen ein.

Oft wurde Eosinophilie beobachtet (zwischen 10 und 40%) (81).

3. Nervensystem. Kopfschmerzen, Harnbeschwerden, herabgesetztes Konzentrationsvermögen, Sprachstörungen.

Bei 13 von 152 Patienten wurden psychotische Veränderungen beobachtet: Die Menschen wurden gesprächig, hatten Verfolgungswahn, motorische Unruhe, waren aggressiv, delirierten zeitweise. Die Symptome verschwanden zwei bis drei Tage nach dem Aussetzen der Therapie (68). Parkinsonismus (77).

4. Zirkulationssystem. Wiederholt beobachtet man Tachykardie und Hypotension.

Zur Behandlung des niedrigen Blutdruckes genügt es oft, die Beine einzuwickeln oder den Patienten mit dem Kopf abwärts zu legen. Hie und da ist jedoch eine intensive Schockbehandlung mit gefäßverengenden Mitteln notwendig (69). Ein Patient starb an Niereninsuffizienz als Folge von Schock (69).

Koronarthrombose und Hirnthrombose wurden wiederholt beobachtet (70, 71).

Wiederholt reagierten Patienten während des Gebrauchs von Largactil mit Dyspnoe und Tachykardie nach Anstrengung (70).

Bei verschiedenen Patienten sah man Veränderungen im EKG: Senkung des ST-Intervalls und negative T-Zacken (71). Eine schwere und lang dauernde Tachykardie wurde nach einer intravenösen Injektion von Largactil beobachtet. Eine solche Tachykardie entstand nicht, wenn man die gleiche Dosis auf einige Injektionen verteilte (72).

5. Leber. Man sah verschiedene Fälle von Hepatitis mit Ikterus. Dieser entwickelte sich in der zweiten bis dritten Woche und dauerte manchmal 40 Tage, manchmal vier Monate. Die Leberfunktionsproben waren normal. Die Leberbiopsie zeigte keine Schädigung der Leberzellen, wohl aber Stauung in den Gallenkapillaren: *Cholangiohepatitis* (74).

Einer dieser Patienten hatte eine Eosinophilie von 42%.

Wiederholt wurden Patienten, die Symptome eines Verschlußikterus zeigten, ohne Notwendigkeit laparotomiert.

(Eine solche Stauung in den Gallenkapillaren fand man auch nach Testosteron und manchmal nach Salvarsan.)

6. *Blut*. In einigen Fällen von Agranulozytose wurde der Gebrauch von Largactil als Ursache angesehen (75).

Hier folgt eine Übersicht von Nebenerscheinungen bei Patienten, die wegen psychischer Störungen durch 20 Tage je 100 bis 200 mg injiziert bekamen (71).

Schmerzen in der Injektionsstelle, in einigen Fällen mit lokalen Hämatomen; Kopfschmerzen, Stuhlverstopfung, die zum Gebrauch von Abführmitteln nötigte; leichte Temperatursteigerung, viermal *Nasenbluten*, fünfmal Schwellung der *Nasenschleimhaut*, zweimal Glossitis, einmal Stomatitis, einmal Ödem der Haut an Händen und Füßen, Tachykardie, Asthenie, Parästhesien der Füße, Hypotension, zumeist bei aufrechter Haltung, aber manchmal auch im Liegen.

Ein Patient bekam Synkope nach zwei Tabletten Largactil.

400 Patienten wurden wegen psychischer Störungen mit einer großen Dosis Largactil behandelt. Zumeist war diese Dosis höher als 600 mg pro Tag. 27mal sah man Hauterscheinungen, oft Dermatitis, aber auch Erythema multiforme und in einem Fall Effloreszenzen, die wie Akne aussahen, mit schmerzhaftem Zahnfleisch und Gaumen. Oft wurde auch über Jucken geklagt.

Während Largactil zumeist schläfrig macht, verursachte es bei vier Patienten Schlaflosigkeit.

Verwirrung und Desorientierung wurden ebenfalls beobachtet. Bei 14 Patienten zeigten sich Symptome von *Parkinsonismus*. Bei zwölf Frauen kam es zu *Gynäkomastie* mit Sekretion.

Einige Patienten hatten Sehstörungen: Akkomodationsstörungen, manchmal Diplopie und Miosis.

Wiederholt trat Fieber auf und wurde über allgemeine Schwäche geklagt, wobei die Haut auffallend blaß war. In einzelnen Fällen entstand Glukosurie.

Antistin (Antazolin)

Müdigkeit, Schläfrigkeit, Schwindelanfälle, Tremor, Schwitzen, trockener Mund, Dermatitis (42), Asthma (43).

Antistin kann Jucken oder Ekzem verschlechtern (44). Nach Antistin enthaltenden Augentropfen (45) kann es zu Dermatitis der Augenlider kommen.

Bei subkutaner Injektion können an der Einstichstelle Rötung und Schwellung entstehen.

Ein Kind bekam Konvulsionen nach einer Tablette von 100 mg (46). Purpura mit Thrombopenie (78).

Ein Fall von Agranulozytose wurde beschrieben, doch ist es zweifelhaft, ob hier Antistin die Ursache war (47).

Phenindiamin (Thephorin) (48)

Mehr Schlaflosigkeit als Schläfrigkeit, Unruhe, Reizbarkeit, Schwindelanfälle, Herzklopfen, trockener Mund, juckende Bindehäute, Stuhlverstopfung, Bauchschmerzen, Harnbeschwerden (26), Impotenz (49).

Verschlechterung von Hautkrankheit durch Salbe, die Thephorin enthielt (50).

Bei einem Patienten mit Koronarsklerose verursachte Thephorin Umkehrung der T-Zacke (51). Ein Fall von Agranulozytose wurde beschrieben, aber der Zusammenhang ist höchst unsicher (52).

Neohetramin (Thonzylamin) (53)

Gestörter Schlaf, Unruhe, Benommenheit, Kopfschmerzen, Obstipation, Störungen beim Urinieren, Rhinitis, Purpura ohne Thrombopenie (17).

Methapyrilen (Thenylen, Histadyl)

Benommenheit oder Aufregung, Schlaflosigkeit, Müdigkeit, Kopfschmerzen, Schwindelanfälle, trockener Mund und Hals, Brechreiz, Erbrechen, Diarrhöe (55); Fieber, Schüttelfrost (56), Störungen im Harnlassen.

Ein Todesfall bei einem Kind nach 100 mg durch Nephrose, Anurie und Gehirnödem (54). Eine Psychose ist beschrieben (57).

Trimeton (Prophenpyridamin)

Magen-Darmbeschwerden (58), Störungen im Harnlassen, Fieber, Trockenheit im Mund, Schläfrigkeit, Unruhe, Nervosität, Schwindelgefühl, Vergeßlichkeit, Halluzinationen, Delirium, Psychose (59), Dermatitis (60).

Methaphenilen (Diatrin)

Bei einem Patienten, der durch 20 Tage 150 mg täglich einnahm, entstand eine Agranulozytose (61).

Dimetin

Ein Patient hatte das Mittel anfänglich gut vertragen, ein Jahr später war eine Tablette Ursache von Purpura (62).

Dramamin (Dimenhydrinat, Suprimal)

Benommenheit und Schläfrigkeit.

Literatur

1. J.A.M.A. 132 (1946) 212; Med. Klin. 50 (1955) 979.
2. J.A.M.A. 141 (1949) 18.
3. Ann. Allergy 11 (1953) 317.
4. Feinberg e. a., The Antihistamines. Chicago: Yearbook Publ. 1950.
5. J.A.M.A. 149 (1952) 635.
6. Wien. Z. inn. Med. 32 (1951) 13; Pr. méd. 59 (1951) 550, 775; J.A.M.A. 150 (1952) 773.
7. Med. J. Austral. 2 (1949) 540.
8. J.A.M.A. 145 (1951) 277.
9. J. Allergy 19 (1948) 178.
10. Amer. J. Med. 2 (1947) 296.
11. J. med. Soc. N. Jersey 44 (1947) 374.
12. N. Y. J. Med. 50 (1940) 214.
13. Amer. J. Ophthalm. 32 (1949) 987.
14. New Engl. J. Med. 241 (1949) 865; J.A.M.A. 134 (1947) 454; 143 (1950) 741, 742.
15. J.A.M.A. 143 (1950) 726.
16. J.A.M.A. 134 (1947) 782; J. Allergy 21 (1950) 63; 18 (1947) 408; J. invest. Derm. 14 (1950) 1.

17. J. Allergy 22 (1951) 544.
18. J. invest. Derm. 13 (1949) 217.
19. Brit. J. Derm. Syph. 60 (1948) 368.
20. Pr. méd. 59 (1951) 550, 775.
21. Calif. Med. 73 (1950) 361.
22. Amer. J. Med. 2 (1947) 296.
23. J.A.M.A. 134 (1947) 1278.
24. J. Allergy 19 (1948) 390.
25. J.A.M.A. 133 (1947) 392.
26. Brit. med. J. (1946 II) 732.
27. J. Allergy 19 (1948) 390.
28. Ann. int. Med. 29 (1948) 135.
29. J. Allergy 18 (1947) 417.
30. N.Y. J. Med. 48 (1948) 88.
31. J. Allergy 19 (1948) 365.
32. J.A.M.A. 138 (1948) 985.
33. J.A.M.A. 133 (1947) 392, 393.
34. Documents expérimentaux et clinique sur le phénergan. Paris: Specia. 1953.
35. Ned. Tijdschr. v. Geneesk. 90 (1946) 374; Excerpta med. Sec. VI, Intern. Med., Vol. I (1947), Referat Nr. 670.
36. Pr. méd. 58 (1950) 448.
37. ALBAHARY, S. 247.
38. Diagnosi 3 (1947) 137.
39. Acta Allerg. (K'hvn) 1 (1948) 191.
40. Pr. méd. 59 (1951) 1248.
41. J.A.M.A. 151 (1953) 1510.
42. J. Allergy 21 (1950) 63; 18 (1947) 408; J. invest. Derm. 14 (1950) 1.
43. Wien. Z. inn. Med. 32 (1951) 13; Dtsch. med. Wschr. 76 (1951) 897.
44. Z. Haut- u. Geschl.-krkh. (1948) 405.
45. Amer. J. Ophthalm. 34 (1951) 1318.
46. Brit. med. J. (1948 I) 874.
47. Dtsch. med. Wschr. 76 (1951) 897.
48. Ann. Allergy 6 (1948) 398; N. Y. J. Med. 48 (1948) 1596; Amer. J. med. Sci. 216 (1948) 437.
49. Ann. Allergy 8 (1950) 407.
50. J. invest. Derm. 13 (1949) 25.
51. Ann. Allergy 7 (1949) 385.
52. S. African med. J. (1951) 945.
53. J. Pediat. 34 (1949) 414.
54. J.A.M.A. 140 (1949) 958, 1022.
55. Siehe Nr. 4.
56. Brit. med. J. (1953 I) 103.
57. J.A.M.A. 143 (1950) 1334.
58. J.A.M.A. 142 (1950) 817.
59. J.A.M.A. 143 (1950) 428.
60. J. Allergy 21 (1950) 63; 18 (1947) 408; J. invest. Derm. 14 (1950) 1.
61. J.A.M.A. 142 (1950) 477.
62. Policlinico 57 (1950) 854.
63. Pr. méd. 61 (1953) 1687, 1688; J.A.M.A. 155 (1954) 18.
64. Brit. med. J. (1954 II) 632.
65. H. JANZEN, Toxicologie van enige Antihistaminica, Dissertation, Amsterdam 1954.
66. Pr. méd. 63 (1955) 167.
67. G. DUCHESNAY, La risque thérapeutique, S. 197. Paris: Doin. 1954.
68. Dtsch. med. Wschr. 79 (1954) 1564.
69. J.A.M.A. 156 (1954) 1249.
70. Bull. Soc. méd. Hôp. Bordeaux 6. Mai 1954.
71. J. Méd. Bordeaux 3 (1954) 235.
72. Lancet (1954 II) 760.
73. J.A.M.A. 156 (1954) 1187.
74. New Engl. J. Med. 251 (1954) 1003; J.A.M.A. 157 (1955) 114, 321, 156, 1286; J.A.M.A. (1955) 1187; Schweiz. med. Wschr. 85 (1955) 445.
75. Z. Haut- u. Geschl.-krkh. 18 (1955) 1042, 1274; Brit. med. J. (1955 I) 950.
76. Lancet (1955 I) 1083.
77. J.A.M.A. 157 (1955) 1274; Lancet (1955 I) 1144.
78. Sang 26 (1955) 115.
79. Pr. méd. 63 (1955) 1092.
80. Ärztl. Wschr. 22 (1955) 501.

IX. Medikamente, die auf das kardiovaskuläre System wirken

Digitalis

Zwischen therapeutischer und toxischer Dosis besteht nur ein geringer Unterschied. Bei der doppelten therapeutischen Dosis kommt es bei 50 % der Patienten zu toxischen Erscheinungen (49).

Um einen maximalen therapeutischen Erfolg zu erzielen, muß man oft leichte toxische Erscheinungen in Kauf nehmen.

Die therapeutische Dosis des Digitoxins wechselt zwischen 0,9 mg und 4,8 mg (49).

Die Symptome der Digitalisintoxikation sind:

1. Magen-Darmkanal. Anorexie, Übelkeit, Erbrechen, Diarrhöe, Bauchschmerzen. Anorexie ist oft das erste Zeichen einer Digitalisintoxikation. Zumeist ist der Zusammenhang dieser Klagen mit dem Medikament ohneweiters deutlich, aber dies ist nicht immer der Fall:

Ein Patient hatte viele Jahre dyspeptische Beschwerden, bis erkannt wurde, daß das Medikament, das er gegen Asthma gebrauchte, Digitalis enthielt. Nach Aussetzen der Therapie verschwanden die Magenbeschwerden und gleichzeitig die Veränderungen im EKG (44).

2. Herz. Ventrikuläre Extrasystolen, Bigeminie, Trigeminie, langsamer Puls, Tachykardie, Vorhofflimmern und -flattern, Kammerflimmern, teilweiser und vollständiger Block, nodaler Rhythmus.

Manche Patienten sind für Digitalis sehr empfindlich. Ventrikuläre Tachykardie entwickelte sich nach dem Gebrauch von 0,6 mg Digitoxin (1).

Zumeist kommt es nach Gebrauch von Digitoxin früher zu Tachykardie als nach pulv. fol. digitalis (2).

Kammerflimmern nach einer intravenösen Injektion von Strophanthin wurde beschrieben (3).

Zweimal sahen wir bei alten Menschen WENCKEBACHsche Perioden entstehen, nachdem nur 100 mg pulv. fol. digitalis gegeben worden waren. Beide Patienten waren gerade operiert worden.

Erhöhte Empfindlichkeit kommt auch bei Infektionskrankheiten, Herzinfarkt und Lungenembolie vor. Man nimmt an, daß die Empfindlichkeit unter diesen Umständen mit einem niedrigen Kaliumgehalt durch den „stress" zusammenhängt (4). Eine toxische Dosis von Digitalis macht Kalium aus dem Herzmuskel frei (51). Ein niedriger Kaliumgehalt des Serums soll angeblich das Herz für Digitalis empfindlicher machen (40). Durch Kaliumdarreichung (5 g Kalium-Chlorid pro die) werden möglicherweise Extrasystolen, Tachykardie und Herzblock ohne Aussetzen der Digitalistherapie zum Stillstand gebracht (5).

Auch Pronestyl ist zu empfehlen.

Im EKG sieht man als erste Wirkung von Digitalis eine Verkürzung der QT-Zeit (6). Ferner beobachtet man Senkung des ST-Intervalls und der T-Zacken. Die T-Zacken können negativ werden. Die EKG-Veränderungen durch Digitalis können einen Infarkt der Vorderwand vortäuschen (7).

Man sah auch elektrische Alternation (8).

Wird Digitalis in einer genügenden Dosis gegeben, läßt die Koronarzirkulation nach, wodurch eine Verschlechterung einer bestehenden Angina pectoris eintreten kann.

Nach Digitalis wurde eine Verschlechterung von Dekompensations-erscheinungen beobachtet; Aussetzen des Digitalis brachte Besserung (9).

Ein Patient reagierte vorerst gut auf eine hohe Dosis von Digitalis, später bekam er wieder Atemnot, Ödeme und es entstanden Bigeminie und Symptome von Herzblock (49).

Bei Digitalisintoxikation kann man Zeichen einer Nekrose im Herzmuskel finden.

Eine intravenöse Injektion mit Strophanthin, die kurz nach dem Einnehmen von Digitalis verabreicht wird, kann zu plötzlichem Herztod führen.

Man vermeide auch, Kalzium intravenös zu geben (16). Hyperkalzämie fördert das Entstehen einer Digitalisintoxikation (49).

3. Psychische Veränderungen. Unruhe, Stupor, Gedächtnisstörung, Verwirrung, Desorientierung, psychotische Zustände mit Wahnvorstellungen und Halluzinationen, Delirium (10).

4. Sehstörungen. Neblig sehen, Akkomodationsstörungen, Skotome, die Patienten sehen alles gelb, rot, blau oder grün (12); Blitzlichtsehen, manchmal gelbe und weiße Flecken. Ein Patient dachte, daß alles mit Schnee bedeckt sei (13). Es kamen auch Gesichtsfeldeinschränkungen vor (40). Retrobulbäre Neuritis (14), Doppeltsehen, Nystagmus, Mydriasis, Exophthalmus, Konjunktivitis.

Ein Patient bekam sechsmal zu verschiedener Zeit Digitoxin und jedesmal entstand Diplopie (50).

5. Neurologische Erscheinungen. Durch Digitalis kann eine *Trigeminusneuralgie* entstehen; außerdem können Schmerzen in Armen, Beinen, Kreuz und Waden, Kopfschmerzen, Parästhesien (15), Ohrensausen und vorübergehende Taubheit auftreten.

Nach Digitalisintoxikation können Konvulsionen entstehen, die durch Leitungsstörungen zustande kommen, und es können Krämpfe entstehen, ohne Veränderung im Herzrhythmus (49).

Es können sich Harnbeschwerden entwickeln, einige Male wurde reflektorische Anurie bei Gebrauch von zu viel Digitalis festgestellt. Eine gewohnte Erscheinung bei Digitalisvergiftung ist Oligurie.

6. Allergische Erscheinungen. Jucken, Urtikaria, Erytheme, scharlachartiges Exanthem, Dermatitis, Ekzem (11), angioneurotische Ödeme, Ödeme mit Blasenbildung (47), Asthma. Unter Allergie für Digitalis versteht man meistens Allergie für alle Digitalispräparate: Digitalisblätter, Digitoxin, Digoxin, Digilanid, Lantosid C.

Während einer Urtikaria durch Digitalis bekam ein Patient auch Blasenbeschwerden; bei der Zystoskopie fand man Ödem der Blasenschleimhaut (48).

Bei einem Patienten kam es 24 Stunden nach Beginn der Digitalisbehandlung zu einer ausgebreiteten Urtikaria und angioneurotischen Ödemen mit Blasenbildung. Nach einem intrakutanen Test mit Digitalis wurde der ganze Arm ödematös (52).

7. Blut. Es kann sich Eosinophilie entwickeln. Man hat sogar einen Prozentsatz von 30 % gesehen (40). Einzelne Fälle von Purpura mit Thrombopenie wurden konstatiert (20). Bei manchen Patienten verkürzt Digitalis die Gerinnungszeit des Blutes (18). Dies ist die Ansicht einiger Untersucher, andere erkennen es nicht an (19).

8. Innere Sekretion. Die Vergiftung durch Digitalis bei einem BASEDOW-Kranken kann thyreotoxische Krise verursachen (17). Eine eigenartige Erscheinung ist die *Gynäkomastie*, die bei Männern, unabhängig von der Dosis und der Behandlungsdauer, einseitig oder doppelseitig vorkommen kann. Mikroskopisch wurde Hyperplasie festgestellt (43).

Chinidin

Zur Feststellung der Verträglichkeit des Mittels reiche man vor einer Chinidinkur eine Probedosis von 200 mg.

1. Herz. Die toxische Wirkung hängt nicht nur von der Gesamtmenge ab, sondern auch von der Größe der Dosis, die auf einmal gegeben wird, von der Zeitspanne zwischen verschiedenen Darreichungen sowie von der Art der Verabreichung (per os oder Injektion). Überdies vermehrt Digitalis die Intoxikationserscheinungen. Es kann zu Veränderungen in den P- und T-Zacken kommen. Der QRS-Komplex kann breiter werden (21). Es kommt vor, daß die Überleitungszeit verlängert wird und sogar Block entsteht.

Der Puls kann langsamer werden, doch meist verursacht Chinidin Tachykardie, die von der Kammer ausgeht. Diese Tachykardie ist manchmal durch Novocain beeinflußbar (22). Der Tachykardie gehen oft Extrasystolen voraus. Kammerextrasystolen müssen als Warnungszeichen angesehen werden. Es wurden auch Vorhofflimmern und Vorhofflattern beobachtet. Kammerflimmern kann durch Einspritzung entstehen, aber auch nach innerlicher Darreichung (22 a).

Auch Herzstillstand kann eintreten.

Wenn sich bei Behandlung des Vorhofflimmerns die Vorhöfe wieder normal kontrahieren, kann Lungenödem entstehen. Manchmal kommt es zu niedrigem Blutdruck mit Kollapserscheinungen.

2. Magen-Darmkanal. Anorexie, Brechreiz, Erbrechen, Bauchschmerzen, Diarrhöe.

3. Allgemeine Erscheinungen. Allgemeines Krankheitsgefühl, Kopfschmerz, gefühllose Finger, Zittern, Schwindelgefühl, Ohrensausen, Taubheit (Chinidin einstellen!) (26), Schock, Apnoe (25). Apnoe wird hie und da von Herzstillstand und Konvulsionen begleitet.

In einer Publikation wird die Krankengeschichte von fünf Patienten mit diesem Syndrom mitgeteilt. Man spricht von Chinidinschock. In einem Fall entstand die Apnoe schon nach 400 mg Chinidin. Künstliche Atmung kann lebensrettend sein (46). Man sah auch Symptome von Tetanie (23).

Nephrose mit Anurie wurde beschrieben (24). Bei einem Patienten entstand Sinusthrombose (32).

4. Nervensystem. Aufregung, Verwirrtheit, Delirium. Konvulsionen können entstehen.

5. Sehstörungen. Nebligsehen, Doppeltsehen, weite Pupillen, Lichtscheu, Skotome, Amaurose durch Ischämie der Retina (25 a). Atrophie des N. opticus.

6. Allergische Erscheinungen. Erytheme, Urtikaria (27), angioneurotische Ödeme, Dermatitis (30), Lichen planus (53), Ekzem (31); Gelenkschmerzen, Asthma.

Es kann zu Fieber mit anderen allergischen Symptomen kommen, aber Fieber kann auch die einzige Erscheinung sein. Zwei Brüder reagierten beide mit hohem Fieber auf Chinidin (46).

7. Blut. Wiederholt sah man Haut- und Zahnfleischblutungen. Zumeist ist Thrombopenie damit verbunden (27, 28). Bei einem Patienten entstand Thrombopenie schon nach 100 mg Chinidin (26).

Ein anderer Patient bekam einige Stunden nach einer Chinidindosis Brechreiz, wurde müde, Kopf- und Bauchschmerzen stellten sich ein, nach denen es zu Hautblutungen kam (29).

Nach einer Gesamtmenge von 1,14 g Chinid. nitros. kam es zu thrombopenischen Blutungen; derselbe Patient hatte 40 Jahre vorher nach Chinin Lippen- und Gesichtsschwellungen bekommen.

Positiver Ausfall der Intrakutan-Teste mittels einer Verdünnung des Medikaments mit Patientenserum (54).

Es macht den Eindruck, daß die Thrombopenie durch einen Faktor im Serum erzeugt wird, der Thrombozyten des Patienten und normaler Menschen agglutinieren kann (29 a). Nach Genesung des Patienten kann man in vitro durch das Zufügen einer kleinen Menge Chinidin zum Plasma Thrombozyten wieder agglutinieren lassen und der Retraktion des Blutkoagulums entgegenwirken (41, 42).

Leukopenie und Agranulozytose können entstehen (33).

Nitrite (Amylnitrit, Nitroglyzerin, Tetra-nitro-erythroli)
Zyanose durch Bildung von Methämoglobin.

Heftige Kopfschmerzen, Kongestionen, manchmal entsteht Senkung des Blutdruckes mit Kollapserscheinungen, wobei im EKG Zeichen von Koronarinsuffizienz wahrgenommen wurden (39).

Herzklopfen, Tachykardie, Schwindelgefühl, Müdigkeit. Bei Überdosierung können Erbrechen, Diarrhöe, Verwirrtheit entstehen.

Khellin (Visamin)
Magen-Darmkanal. Anorexie, Übelkeit, Erbrechen, Magenschmerzen, Sodbrennen, Meteorismus (38); manchmal bekommen die Patienten einen Metallgeschmack im Mund und haben Speichelfluß; Stuhlverstopfung, Diarrhöe.

Allgemeine Erscheinungen. Kopfschmerzen, Depression, Verwirrtheit (37), Schlaflosigkeit, Müdigkeit, Parästhesien (36). Hypotension in aufrechter Haltung, Schwitzen, Polyurie (38); Urtikaria, Dermatitis (35).

Literatur

1. J.A.M.A. 143 (1950) 1052.
1a. Amer. J. Med. 12 (1952) 491.
2. Ann. int. Med. 29 (1948) 822.
3. Circulation 3 (1951) 647.
4. Proc. Soc. exp. Biol. (N. Y.) 76 (1951) 797.
5. Amer. Heart J. 39 (1950) 713.
6. Ned. Tijdschr. v. Geneesk. 93 (1949) 4317.
7. Rev. méd.-chir. (Jassy) 59 (1948) 272.
8. Amer. J. med. Sci. 216 (1948) 179; J.A.M.A. 137 (1948) 531.
9. Circulation 1 (1950) 1052.
10. Ann. int. Med. 33 (1950) 1360; Amer. J. med. Sci. 161 (1921) 157.
11. J. MAYR, S. 49.
12. Yearbook of General Therapeutics 1946, S. 376.
13. J.A.M.A. 147 (1951) 1231.
14. Arch. Ophthalm. (Chicago) 36 (1946) 478.
15. Amer. Heart J. 36 (1948) 582.
16. DAVISON, S. 437.
17. J.A.M.A. 134 (1950) 868.
18. Nord. Med. 35 (1947) 1580; J. A.M.A. 125 (1944) 840.
19. Circulation 1 (1950) 1176; J. A.M.A. 147 (1951) 1142.
20. J.A.M.A. 148 (1952) 282.
21. Fol. cardiol. (Milano) 8 (1949) 189.
22. Boston med. Quart. 1 (1950) 9.
22a. Circulation 1 (1950) 569.
23. Nord. Med. 37 (1949) 473.
24. Med. Clin. N. Amer. 29 (1945) 215.
25. J.A.M.A. 79 (1952) 1947; Klin. Wschr. 36 (1948) 850.
25a. Arch. int. Med. 80 (1947) 763.
26. H. GOLD, Quinidine in Disorders of the Heart. New York: P. B. Hoeber. 1950.
27. Amer. Heart J. 39 (1950) 302.
28. Amer. J. Med. 9 (1950) 828.
29. New Engl. J. Med. 242 (1950) 53.
29a. Amer. J. med. Sci. 224 (1952) 274.
30. J.A.M.A. 145 (1951) 641.
31. Derm. Wschr. 78 (1924) 157.
32. Z. klin. Med. 119 (1931) 64.
33. Amer. Heart J. 24 (1942) 559; CASTEL, Dissertation, Paris 1949.
34. Boston med. Quart. 1 (1950) 11.
35. J.A.M.A. 143 (1950) 160.
36. Circulation 3 (1951) 80.
37. J. A. M. A. 148 (1952) 465.
38. Ann. int. Med. 36 (1952) 1173, 1190.
39. Circulation 6 (1952) 250.
40. STEWART, Cardiac Therapy, S. 85 (1952).
41. Blood 8 (1953) 16.
42. Blood 8 (1953) 26.
43. New Engl. J. Med. (1953); Pr. méd. 61 (1953) 784.
44. Ugeskr. Laeg. (Dän.) 114 (1952) 1252.
45. Minn. Med. 36 (1953) 1052.
46. New Engl. J. Med. 248 (1953) 96; 249 (1953) 796.
47. J. Allergy 25 (1954) 75.
48. New Engl. J. Med. 248 (1953) 148.
49. Circulation 9 (1954) 115.
50. J. A. M. A. 157 (1955) 486.
51. New Engl. J. Med. 250 (1954) 819.
52. J. Allergy 25 (1954) 477.
53. Arch. Derm. Syph. 69 (1954) 741.
54. Ärztl. Wschr. 10 (1955) 876.

X. Metalle

A. Arsen

1. Anorganische Arsenverbindungen

(Acid. arsenicum, Acid. arsenicosum, Arsenik, Liquor Fowleri = Liquor Kalii arsenicosi)

Langdauernder Gebrauch von Arsen, insbesondere von L. Fowleri, führt zu verschiedenen, charakteristischen toxischen Erscheinungen.

1. Allgemeine Erscheinungen. Prodromal-Symptome: Appetitlosigkeit, Magenschmerzen, Brechreiz, Erbrechen, Diarrhöe.

Katarrh der Schleimhäute: Angina, Pharyngitis, Rhinitis, Geschmacks- und Geruchsstörungen, Tracheobronchitis, Konjunktivitis, Augentränen. Manchmal *grippöse* Erscheinungen mit Fieber, Schwindelgefühl, schnellem Puls, Gelenkschmerzen. Es kommt zu Abmagerung, Müdigkeit, Depression.

Es kann zu *Blut*veränderungen kommen: Anämie, Leukopenie, Agranulozytose. Linksverschiebung, Eosinophilie und basophil punktierte Erythrozyten kann man finden (248).

Hie und da entsteht Polyglobulie (9) und Erythroblastose (10).

2. Haut. Die häufigsten Symptome sind *Melanose* (2) und *Hyperkeratose.* Melanose findet man besonders am Rumpf; entblößte Teile bleiben zumeist frei. Zuerst sieht man Melanose an bereits pigmentierten Stellen, Narben; Stellen, die einem Druck ausgesetzt sind. Regentropfenpigmentierungen meist an der Bauchhaut.

In den meisten Fällen werden Schleimhäute nicht ergriffen; man kann aber auch blaue Verfärbung des Zahnfleisches, Arsensaum, finden. Die Hyperkeratose tritt an den Handflächen und Fußsohlen auf, kann auch wieder verschwinden, aber es können sich an diesen Stellen bösartige und gutartige Epitheliome entwickeln (4, 214, 272). Oft sieht man auch Erytheme, manchmal fixe Erytheme und exfoliative Dermatitis (6).

Ferner wurden folgende Hautveränderungen beobachtet: Erytheme, Herpes zoster, Herpes zoster necroticans (3), Teleangiektasien, Lichen ruber planus, Pityriasis rosea, Parapsoriasis, Pemphigus, Erythema nodosum; Eruptionen, die wie schwarze Blattern aussehen; Arsenwarzen, Depigmentationen (7), Jucken, Ödeme, Haarausfall, abbröckelnde Nägel; kennzeichnend sind weiße Querstreifen an den Nägeln (MEES) (8).

Durch intensiven Gebrauch von Arsen kann bei jungen Personen Gangrän der Extremitäten entstehen (5).

Arsen kann noch 15 Jahre nach der letzten Darreichung in der Haut und in den Haaren nachgewiesen werden (288).

3. Nervensystem. Oft kommt es zu *Polyneuritis*, die zumeist an den Beinen (1) und doppelseitig einsetzt.

Es wird über Muskelschmerzen und Ermüdung beim Gehen geklagt. Hauptsächlich werden die Extensoren betroffen. Oft kommt es zu Parästhesien. Sensibilitätsstörungen (Fußsohle) und trophische Störungen (Atrophie, Kontrakturen) pflegen sich zu bilden.

Hie und da werden N. facialis und N. oculomotorius oder die Seh- und Gehörnerven ergriffen. Zwerchfellähmung hat man beobachtet. Weniger oft wird durch organische Arsenpräparate das Zentralnervensystem angegriffen.

Ein Mann bekam Symptome von hämorrhagischer Enzephalitis nach Behandlung seines Asthmas mit L. Fowleri (246).

4. Leber. Es kann Hepatitis oder Leberzirrhose entstehen, die oft mit Dermatitis und Keratose kombiniert sind. In einer Publikation werden die Krankengeschichten von vier solchen Patienten mitgeteilt (186).

Als Folge von niedrigem Prothrombingehalt bei Leberschädigungen kann es zu Blutungen kommen.

5. Andere Erscheinungen. Es gibt degenerative Veränderungen der *Nieren,* und als Seltenheiten werden noch genannt: Arteriitis, Papillome der Blase und der Ureteren (227), vorübergehende Myopie (11).

Zwei Patienten mit chronischer Arsenvergiftung bekamen Symptome von Insuffizienz des Herzens. In diesen Fällen nahm man als Ursache eine Schädigung des Myokards durch Arsen an (256).

Aus folgenden Zahlen ist ersichtlich, daß die Menge Arsen nicht groß sein muß:

Vergiftungerscheinungen zeigten sich nach Gebrauch von 13 g L. Fowleri in 48 Tagen, 19 g in 32 Tagen, 16 g in 37 Tagen (248).

Ein Mann verbrauchte in 15 Monaten einen halben Liter L. Fowleri (= 5,2 g As_2O_3). Die Haut wurde braun pigmentiert, an den Handflächen und Fußsohlen kam es zu Hyperkeratose. Die Leber war groß und hart. Nach Behandlung mit BAL wurde die Leber wieder kleiner, aber sie schien zuviel Bindegewebe zu enthalten (228).

Ein Patient klagte über Herzklopfen, Übelkeit, Erbrechen, Müdigkeit, Abmagerung. Die Haut war pigmentiert. Durch 17 Jahre hatte er täglich 1,7 mg As_2O_3 verbraucht. Sein Haar enthielt viel Arsen. Nach Aussetzen der Behandlung trat rasch Genesung ein (236).

2. Dreiwertige organische Arsenverbindungen

Arsphenamin (Salvarsan), *Neoarsphenamin* (Neosalvarsan), *Sulpharsphenamin* (Sulfarsenol, Belasphin, Myosalvarsan), *Mapharsen, Bimarsen* (Bismuth-sulfarsphenamin)

A. Unmittelbare Reaktionen (12). *Nitroid-Reaktionen* während oder einige Minuten nach der Injektion. Oft sind es Erscheinungen von anaphylaktischem Schock: Unruhe, Singultus, Stöhnen. Durch Erweiterung der Kapillaren werden Hals und Gesicht rot oder aber blaß, wenn es zu Erweiterung der Blutgefäße im Bauch kommt. Wiederholt sieht man stark pulsierende Arterien. Die Patienten klagen über Beklemmung in der Brust, starke Kopfschmerzen, sind benommen und husten. Es kann sogar zu einem Asthmaanfall und Lungenödem kommen. Oft werden sie ängstlich. Häufig hört man Klagen über Schwindelgefühl, Ohrensausen, Brechreiz, Erbrechen, Diarrhöe, Schwitzen, Urtikaria, Schwellung der Zunge und Lippen, Ödem der Augenlider, Glottisödem, weite Pupillen, injizierte Konjunktiven.

Zuweilen wird über heftige Bauchschmerzen geklagt, manchmal über Gelenkschmerzen. Es können Blutungen in den Hirnhäuten entstehen, Uterusblutungen, Melaena, Hämaturie (249). Der Puls wird schnell, hie und da unregelmäßig; weniger häufig Hypertension, meistens niedriger Blutdruck, Schock, Koma.

Behandlung: Atropin, Adrenalin, Antihistamine.

Durch langsames Einspritzen und starke Verdünnung kann man diesen Nitroidreaktionen vorbeugen.

B. Toxische Frühreaktionen. Wenige, bis 24 Stunden nach der Injektion: Schüttelfrost, Fieber, Brechreiz, Erbrechen, Schmerzen in Armen und Beinen, Urtikaria, Herpes und andere Hauterscheinungen, Albuminurie, akute Nephrose, niedriger Blutdruck.

Reaktion von Herxheimer. Verschlechterung luetischer Erscheinungen durch Freiwerden von Endotoxinen zugrunde gegangener Spirochäten.

Auf diese Weise kann es zu Blindheit nach einer Keratitis kommen, zu Angina pectoris, und zwar durch Schrumpfung luetischer Geschwüre in der Aorta in der Nachbarschaft der Einmündung von Koronar-Arterien.

Eine vollkommene Querläsion des Rückenmarks nach der zweiten Neosalvarsaninjektion wurde beschrieben. Bei fortgesetzter Behandlung folgte Besserung (13).

C. Spätreaktionen. Diese entstehen Tage oder Wochen nach der Injektion. In erster Linie sind es Erkrankungen des Nervensystems, des Blutes, der Haut und der Leber.

1. Nervensystem. Die Hälfte der Todesfälle nach Neosalvarsan wird durch eine *hämorrhagische Enzephalitis* hervorgerufen (14). Viel seltener ist die Komplikation nach Mapharsen. In den meisten Fällen folgt die Enzephalitis ein bis vier Tage nach der Neosalvarsaninjektion, ziemlich oft nach der zweiten bis vierten Injektion. Die Symptome sind: heftige Kopfschmerzen, Erbrechen, Delirium, Fieber, Koma, Konvulsionen, periphere Lähmungen, Lähmungen der Augenmuskeln, Fazialislähmung (16). Die Lumbalflüssigkeit steht unter hohem Druck, enthält Eiweiß, aber meistens sieht man keine besondere Zellvermehrung. Beginnt die Behandlung mit BAL nicht sehr bald, geht die Mehrzahl der Kranken im Laufe von 48 Stunden zugrunde (20 a). Lebt der Patient noch nach drei Tagen, besteht große Hoffnung auf Genesung.

Das anatomische Substrat dieses Krankheitsbildes sind Gehirnödem (17) und Gehirnblutungen.

Es scheint, daß Arsphenamin-Präparate bei Unterernährung und bei Mangel an B-Vitaminen in der Nahrung gefährlicher sind (18). Auch Schwangerschaft soll ein prädisponierender Faktor sein.

Weiter beobachtete man: Myelitis (19), Polyneuritis (20) oder allein Lähmung des Peroneus und Radialis (19). Vereinzelt wurden N. opticus und acusticus ergriffen (45).

2. Blut. Agranulozytose (21), Panzytopenie, aplastische Anämie (22), Thrombopenie (Purpura arsenobenzoica), Purpura fulminans (HENOCH) (23). Erscheinungen von erhöhtem Blutabbau, sogar Hämoglobinurie; in einzelnen Fällen akute hämolytische Anämie (24). Die Blutgerinnung kann schneller eintreten (212). In anderen Fällen kann der Prothrombingehalt niedriger werden (27). Eigenartig ist es, daß Agranulozytose häufiger bei Frauen vorkommt als bei Männern, in 3 % bzw. 3 ‰ der behandelten Fälle (25).

Eosinophilie kann sich sogar in 70 bis 80% zeigen. Eosinophilie ist immer ein warnendes Zeichen dafür, daß die Therapie eingestellt werden muß.

3. Haut. Das *Erythem am neunten Tag* (30) wurde früher als ein harmloses Zeichen angesehen, und man nahm an, daß es nicht nötig sei, die Salvarsanbehandlung zu unterbrechen. Dieser Standpunkt ist bestimmt nicht richtig (31). In 30% der Fälle folgen sicher bei Nichtbeachtung des Erythems ernste Reaktionen, wie Dermatitis, Hepatitis, Nephrose, Agranulozytose (26). Man muß die Kur unterbrechen und nach einiger Zeit vorsichtig erneuern, möglichst mit einem anderen Präparat, und erwägen, ob nicht Antihistamine am Platze wären.

Das Erythem ist Masern, Scharlach oder Röteln ähnlich. Bald ist es ein Erythema exsudativum multiforme, bald ein Erythema nodosum. Die Erytheme lassen oft das Gesicht frei. Häufig sieht man konjunktivale Injektion, hie und da Drüsenschwellungen. Die Kranken haben hohes Fieber (Arzneifieber), Krankheitsgefühl, Brechreiz und Erbrechen; Kopfschmerzen, Muskel- und Gelenkschmerzen. Manchmal kann auch Hemmung des Knochenmarks eintreten.

Wenn während einer Salvarsankur Urtikaria oder Asthma (32) auftreten, handelt es sich zweifellos um eine Allergie. Jucken geht oft Hauterscheinungen voraus und gilt als Warnungszeichen.

Die Erscheinungen gleichen völlig denen der Serumkrankheit und kommen ebenso bei vielen modernen Mitteln vor, z. B. Sulfonamiden, Penicillin und Streptomycin. Auch bei diesen Heilmitteln ist man zur Einsicht gekommen, daß die Zeichen der Allergie absolut nicht harmlos sind und ein Aussetzen der Behandlung begründen.

Man sah allergische Erscheinungen nach Salvarsan bei verschiedenen Familienmitgliedern, was auf eine gewisse Disposition hinweist (278).

Exfoliative Dermatitis ist besonders gefährlich, ihr geht starkes Jucken oder Urtikaria voraus. Man setze dann vor allem die Therapie nicht fort!

Die Salvarsandermatitis entsteht in den meisten Fällen in der zweiten Hälfte oder kurz nach der ersten Kur. Dies war bei 60 von 90 Patienten der Universitätsklinik in Amsterdam der Fall (224). Bei 18 Patienten kamen die Erscheinungen während oder kurz nach der zweiten Kur; nur bei zwei Kranken begann die Dermatitis noch später. Zehn Patienten bekamen die Hauterscheinungen in der ersten Hälfte der ersten Kur, fünf schon nach der ersten Injektion. Die Sterblichkeit ist hoch.

Die Angaben über das Vorkommen von Salvarsandermatitis sind sehr ungleichmäßig: 1,3% bis 14,3% (273).

Ein Patient bekam nach Salvarsan eine Dermatitis. Vier Jahre später kam es nach 300 mg wieder zu einer schweren Dermatitis (274).

Ein anderer Patient bekam ein Dermatitisrezidiv nach Gebrauch einer arsenhaltigen Zahnpasta (275).

Das Auftreten einer Salvarsandermatitis wird durch Überdosierung oder durch paravenöse Infiltrate gefördert (276).

Arsen, Gold. Quecksilber und Wismut werden in der Haut gespeichert. Deshalb dauert es so lange, bevor die Dermatitis zurückgeht (277).

BAL-Injektionen (33) und Antibiotika (wegen häufiger Pneumonien und anderer Infektionen) sind notwendig. Es wurden auch intravenöse Injektionen von Natriumthiosulfat empfohlen. Man sorge für Flüssigkeits- und Salzzufuhr, da durch die Haut viel Feuchtigkeit verloren geht.

Nach Heilung der Dermatitis können Depigmentation, Haarausfall und Anhidrosis entstehen (35). Andere Hauterscheinungen, die während einer Salvarsankur vorkommen können, sind: Arsenmelanose, Hyperkeratose, Herpes, Herpes zoster arsenicalis; es können auch Exantheme auftreten, die Lichen planus, Pityriasis rosea oder Ekzemen gleichen (36). Pigmentation von Urtikariaquaddeln (245).

Ein fixes Erythem zusammen mit heftigen Schmerzen im Oberkiefer entwickelte sich 10 bis 20 Sekunden nach sechs aufeinanderfolgenden Injektionen mit Marpharsen (222).

Lichen ruber der Mundschleimhaut (37). Zeichen von Laktoflavin-Mangel? (38).

Noch drei Wochen nach Aussetzen der Therapie können sich Hautausschläge zeigen (7).

4. Leber. Zu Beginn der Behandlung oder auch später kann es zu Ikterus kommen. Hepatitis kann noch Monate nach der Kur auftreten. Die „Spät"-Hepatitis ist gefährlicher als die „Früh"-Hepatitis. Aus der Hepatitis kann sich eine akute gelbe Leberatrophie entwickeln. Die Hepatitis kann chronisch werden. Außer der Hepatitis findet man oft zugleich auch andere Erscheinungen, wie Dermatitis und Nephrose. Manchmal ist aber nur die Leber betroffen.

Bei Hepatitisfällen nach Salvarsanbehandlung handelt es sich teilweise um eine homologe Serumhepatitis. Von 200 Soldaten, die mit unsterilisierten Spritzen behandelt wurden, bekam die Hälfte Ikterus.

Ein richtiger Salvarsanikterus kommt aber sicher vor (28).

Bei Unterernährung (in oder nach einem Krieg) ist die Gefahr des Salvarsanikterus größer (29).

Gewöhnlich trifft Salvarsan die Leberzelle, jedoch nicht immer. Es wurde eine Form des Ikterus beschrieben, bei der sich zumeist nach der zweiten oder dritten Injektion Fieber, Exanthem, Brechreiz und manchmal Gelenkschmerzen, Ödeme, Eosinophilie einstellten. Im Anschluß daran kam es zu Ikterus, der einen bis sieben Monate dauerte. Die Leberbiopsie war hiebei durch das Fehlen einer Schädigung der Leberzellen gekennzeichnet und durch das Bestehen von *Cholangiolitis mit Gallenthromben* in den Gallenkapillaren. Die Patienten hatten einen hohen Cholesteringehalt im Blutserum (bis 2000 mg%) (225). Bei einem solchen Kranken entstand eine ausgebreitete Xanthomatose (226).

5. Nieren. Albuminurie, Zylinder, einzelne Erythrozyten, oft deutliche Hämaturie. Akute Nephrose, manchmal mit Anurie und oft als

Teil eines hepatorenalen Syndroms. Einzelne Fälle von Lipoidnephrose sind beschrieben (249).

6. Herz. Akute interstitielle Myokarditis (40) auf allergischer Basis, oft kombiniert mit Dermatitis. Elektrokardiographische Abweichungen in Form der Senkung der T-Zacken und im ST-Intervall (41).

7. Lungen. Bronchitis, Asthma.

Der Fall eines Arztes ist bekannt, der jedesmal einen Asthmaanfall bekam, wenn er eine Ampulle mit Neosalvarsan öffnete (42).

Bronchopneumonie (30). Krankheitsbilder wie bei „poumon rhumatismal" mit herdförmigen Infiltraten, die perivaskulär gelagert sind, sind möglich (43).

8. Blutgefäße. Nekrose einer Hand nach einer irrtümlich vorgenommenen intraarteriellen Injektion; Thrombophlebitis, Krampf der Vene (42). Verschiedene französische Autoren sind der Ansicht, daß ein Großteil der Salvarsanreaktionen durch Venenkrampf bedingt ist. Sie behandeln daher gerne mit intravenöser Darreichung von Novocain (249).

9. Gelenke. Polyartikuläre Symptome, oft begleitet von Erythema exsudativum multiforme (44).

Ein Fall von Polyarthritis verschlechterte sich während einer Behandlung mit BAL (34).

10. Nebennieren. Es kann zu Erscheinungen der Addisonschen Krankheit kommen.

11. Augen. Panophthalmie, Keratitis superficialis, Ödem der Kornea, Geschwüre der Kornea (39), Conjunctivitis palpebrobulbaris (36), Myopie, Optikusatrophie.

Die amerikanische Marine (45) stellte einen Vergleich an (Tab. 1) zwischen Nebenerscheinungen von Neosalvarsan und Mapharsen, beobachtet bei 1 392 838 bzw. 1 006 951 Einspritzungen.

Tabelle 1

Nebenerscheinungen	Neosalvarsan (total 1 392 838 Injektionen)		Mapharsen (total 1 006 951 Injektionen)	
	Tod	ernste Reaktion	Tod	ernste Reaktion
Hämorrhagische Enzephalitis	18	1	3	0
Dermatitis	13	214	0	37
Blutgefäßerkrankungen	6	57	1	3
Blutveränderungen	9	20	0	1
Akute Nephrose	2	5	1	0
Hepatitis	—	—	1	19
Akute gelbe Leberatrophie	2	0	—	—
Reaktion nach Herxheimer	0	2	—	—
Gastrointestinale Erscheinungen . .	0	5	—	—
Polyneuritis	0	2	0	1
Atrophie des N. opticus	0	1	—	—

3. Fünfwertige organische Arsenverbindungen

Atoxyl, Stovarsol (Spirocid, Acetarson), **Arsacetin, Acetylarsan, Tryparsamid, Carbason**

Ebenso wie andere Arsenverbindungen sind auch diese Präparate bei Leber- und Nierenkranken kontraindiziert.

1. Augen. Die größte Gefahr ist die *Atrophie des N. opticus,* die besonders bei Atoxyl und Arsacetin vorkommt. Es empfiehlt sich eine regelmäßige Kontrolle des Gesichtsfeldes. Eine Publikation berichtet über sieben Fälle von Optikusatrophie durch Acetylarsan (16); Optikusschädigung durch Tryparsamid (51). Sind die Augen schon vorher geschädigt, ist die Gefahr der Atrophie größer.

Es ist beachtenswert, daß man bei fünfwertigen Verbindungen häufiger Optikusschädigung sieht als bei dreiwertigen.

2. Magen-Darmerscheinungen. Erbrechen und Diarrhöe, Magenschmerzen.

3. Haut. Erytheme, Urtikaria, Purpura.

Nach Gebrauch von Carbason wurden *exfoliative Dermatitis* und *akute Hepatitis (*48) beobachtet; auch nach Gebrauch von Zäpfchen (49, 213) traten Dermatitis und Hepatitis auf.

Eine schwere exfoliative Dermatitis durch Azetarsolzäpfchen (279).

Ferner Ödem der Augenlider, Gesichts-, Glottis- und Lungenödem. Häufiges Niesen und Augentränen. Jucken ist ein Warnungssymptom: sofort aussetzen.

4. Nervensystem. Kopfschmerz, Schwindel. Außer Neuritis der Gehör- und Sehnerven kann es zu peripherer Neuritis kommen. Myelitis (254) und *Enzephalomyelitis.*

Eine Publikation berichtet über 8300 mit Carbason behandelte Patienten. Bei 44 entwickelten sich toxische Erscheinungen, acht hatten schwere Symptome von Enzephalomyelitis; vier davon starben. Man fand Blutungen im Gehirn und Rückenmark.

Heftige Magenbeschwerden und Schädigung der Leber wurden beobachtet. Die Dosierung von Carbason war besonders niedrig. Auch durch frühzeitiges Aussetzen der Therapie konnte der Tod nicht verhindert werden. Doch ist man der Ansicht, daß ein *rechtzeitiges Eingreifen mit BAL* die Patienten hätte retten können (234).

Es macht den Eindruck, daß diese Enzephalitis eine allergische Reaktion ist.

Eine Frau wurde ohne Unannehmlichkeiten mit Stovarsol behandelt. Drei Monate später wurde sie schwer krank, nachdem sie eine Stunde vorher eine Stovarsoltablette in die Vagina eingeführt hatte: Fieber, Übelkeit, Konvulsionen, Koma. Langsam folgte Genesung (249).

Nach vier Tabletten Carbason wegen Amöben folgte nach neun Tagen ein Erythem und Nackensteifheit. Einen Tag später Exitus. Hämorrhagische Enzephalitis, besonders in der weißen Substanz des Gehirns, Kleinhirns und den Basalganglien (280).

B. Antimon

(Kaliumstibyltartrat, Stibenyl, Neostibosan, Fonasin, Fuadin)

1. Magen-Darmkanal. Brechreiz, Erbrechen, Diarrhöe, Speichelfluß, Zahnfleischnekrose.

2. Haut. Urtikaria, Erytheme, papulöse Eruptionen (54), Herpes zoster (53).

3. Allgemeine Erscheinungen. Zyanose, Schwindel, Muskel- und Gelenkschmerzen, Drüsenschwellungen, starke Kopfschmerzen, Bradykardie, Fieber, Glottisödem, Asthma, flüchtige Lungeninfiltrate, anaphylaktischer Schock.

4. Leber und *Nieren* können ergriffen werden (52).

5. Nervensystem. Ein Patient bekam vorübergehende Parästhesien, Gefühllosigkeit und Lähmung beider Beine (54 a).

C. Wismut

1. Allgemeine Erscheinungen. Müdigkeit, allgemeines Krankheitsgefühl, Anorexie, schlechter Schlaf, Depression, Schwindelgefühl, Schwitzen, Herzklopfen, Gelenkschmerzen (287), Fieber. Dieses Bild erinnert an eine Infektionskrankheit, aber es wiederholt sich bei weiteren Injektionen. Man spricht von *Wismutgrippe* (55).

Es kommen auch *nitroide Reaktionen* vor, besonders nach intravenösen, aber auch nach intramuskulären Injektionen.

2. Magen-Darmkanal. Erbrechen, Stuhlverstopfung, Diarrhöe kommen fast gleichzeitig mit dem Einsetzen der Wismutgrippe. Ferner können vorkommen: Enteritis, Kolitis (59).

Es gibt auch einzelne *Lebererkrankungen:* Hepatitis mit Ikterus (60, 61), sogar Lebernekrose.

3. Schleimhäute. Oft verursacht Wismut auch Veränderungen an der Mundschleimhaut: *Pigmentationen* und *Stomatitis* (56). Man spricht auch von einer Wismutlinie am Zahnfleisch. Sorgfältige Mundhygiene ist ein gutes Mittel gegen Stomatitis. Andere Schleimhäute, wie Wangen, Zunge, Kehle, Darm und Vagina, können durch unlösbare Wismutsulfide blau gefleckt werden. Nach dem Aussetzen der Behandlung kann es noch Monate dauern, bevor solche Verfärbungen verschwinden.

Schon nach zwei bis drei Injektionen können als Beginn der Stomatitis Speichelfluß und übler Geruch aus dem Mund entstehen und die Zähne locker werden. Das Zahnfleisch schwellt an und blutet leicht; das unter ihm befindliche Periost beteiligt sich an der Entzündung.

Es zeigen sich Geschwüre am Zahnfleisch, der Zunge und den Wangen. Auch die Nasenschleimhaut kann entzündet sein, und auf den Tonsillen kommt es zu Geschwür- und Membranenbildung, was schwere Schluckbeschwerden verursacht.

4. Haut. Jucken; Erytheme, die dem Scharlach ähneln; Urtikaria, Ödeme, Purpura (57), Erythrodermie (58), lichenartige und dem Lupus erythematosus gleichende Eruptionen, Herpes zoster, Ekzem, Pityriasis rosea, Pemphigus, Miliaria. Auch blaue Pigmentationen der Haut können sich zeigen.

5. Nieren. Wismut ist ein Diuretikum, es kann demnach Polyurie entstehen (62). Im Harn kann man Eiweiß, Zylinder und Erythrozyten finden. Auch viel Blut kann im Harn erscheinen. Die Nierenerkrankung wird zumeist als Nephrose angesehen (63). Akute Nephrose mit Anurie und Urämie kommt vor. Eine Publikation berichtet sogar, daß es nach einer Wismutinjektion zu tödlicher Anurie kam (221). Es gibt auch Krankheitsbilder, die mehr einer Nephritis und auch einer Lipoidnephrose gleichen.

6. Zentralnervensystem. Schlaflosigkeit, Nervosität, Parästhesien, Polyneuritis, Lähmungen, Konvulsionen, Ataxie, Koma.

7. Blut. Thrombopenie, Agranulozytose (64), Anämie, basophile Granula in den Erythrozyten (65), schnellere Blutgerinnung (212).

8. Skelett. Osteoporose und rachitisähnliche Veränderungen. Auf dem Röntgenphoto findet man bandförmige Schatten in den Metaphysen, die Wismut als Ursache haben (66).

Die Injektionsstelle (Bismogenol) kann auch anschwellen und schmerzen; zuweilen kommt es hier zu Nekrose. Es können sich Abszesse bilden und Zysten, die mit Öl und Wismut gefüllt sind (67).

Schatten nach Wismut können noch nach Jahren auf Röntgenphotos sichtbar sein.

Kommt unglücklicherweise Wismut bei einer Injektion in ein Gefäß, können sich ernste Symptome von Arterienabschluß, auch mit Nekrose und Lungenembolie, einstellen.

Vergiftungserscheinungen durch Wismut behandle man auch mit BAL.

Gebraucht man Pulver mit *basischem Wismutnitrat,* kann dies zur Bildung von Methämoglobin mit Zyanose und Anoxie führen. Auf diese Weise ist ein Kind gestorben (68).

Bei Kindern sah man ferner: Erbrechen, Diarrhöe, Blutungen, Konvulsionen und Fieber (69).

1947 starb eine Reihe von Kindern, die mit *Analbis*-Zäpfchen behandelt wurden, in denen Wismut enthalten war (70).

D. Eisen

Die *Eisentherapie per os* kann Ursache von Störungen der Magenfunktion werden: Anorexie, Ructus, Obstipation, Diarrhöe, vereinzelt Koliken. Ein Fall von Ileus ist bekannt, verursacht durch Anhäufung von Eisen im Coecum; an dieser Stelle war auf dem Röntgenbild das Eisen deutlich sichtbar.

Kopfschmerzen, Schlaflosigkeit, Nasenbluten, Lungenbluten, Druck in der Brust, manchmal auch Tachykardie, ebenso Exanthem (71), Urtikaria, Jucken und QUINCKESches Ödem. Gehirnerscheinungen wurden beobachtet (72).

Nach Einnehmen einer großen Menge Ferrosulfat kam es bei Kindern zu Vergiftungserscheinungen; Schädigung der Leber und hämorrhagische Gastritis wurden nachgewiesen. Die Hauptsymptome sind: Blässe, Benommenheit, Schock, Bluterbrechen und Melaena (74).

Eine Frau starb an Hepatitis nach dem Einnehmen von 15 g Ferro-ammonium-zitrat (75).

Eine Frau, die 16 Jahre mit Eisen behandelt worden war, bekam eine pigmentierte Haut, Leber- und Milzschwellung. Bei der Leberbiopsie sah man Hämochromatose (71).

Bei der *parenteralen Eisentherapie* unterscheidet man Frühreaktionen, die unmittelbar oder jedenfalls binnen zehn Minuten entstehen, und Spätreaktionen, die etwa eine halbe Stunde bis sechs Stunden nach der Einspritzung deutlich werden (265).

Frühreaktionen. Starke Kopfschmerzen (78); Schmerz in den Armen, Schultern und Brust, so wie sie bei Angina pectoris vorkommen; Schmerzen in den Lenden, in der Kreuzgegend, in den Beinen.

Die Schmerzen in der Lumbosakralgegend werden als klopfend bezeichnet und sind mit dem Pulsschlag synchron. Meist nehmen die Schmerzen nach einigen Minuten ab und verschwinden in einer halben Stunde (79 a, 79).

Übelkeit, Erbrechen, Diarrhöe, Herzklopfen, Tachykardie, Schüttelfrost, Parästhesien, Kongestionen; ein Gefühl, als ob der ganze Körper in Brand stehe. Beklemmung und Druck auf der Brust (Bronchospasmus?), Hypertension, Hypotension, Schock und Koma können entstehen.

Spätreaktionen. Schwindelanfälle, Ataxie, allgemeine Schwäche, Schüttelfröste, Fieber, Schwitzen, Brechreiz, Erbrechen, Diarrhöe, Anorexie, Brustbeklemmung, Kopfschmerzen, Magenschmerzen, Bauchschmerzen; Schmerz in der Brust oder den Seiten, in der Kreuzgegend, in Armen, Beinen und Füßen.

Man hat auch Ödeme, Urtikaria, Erytheme, vorübergehende Leukopenie (77) und Hämolyse (76) beobachtet.

Thrombophlebitis mit schmerzhaften Infiltraten an der Einstichstelle, ohne daß neben die Vene eingespritzt worden wäre. Man sah sogar schmerzhafte Infiltrate im Ellbogen, während die Einspritzung in eine Vene des Handrückens erfolgte.

Die Eisenteilchen können einen Niederschlag bilden und Ursache mehrfacher Lungenemboli und peripherer Emboli sein (81, 82). So läßt sich auch ein der Enzephalitis ähnelndes Bild erklären (80) und auch ein Todesfall drei Minuten nach der Injektion mit Symptomen einer Koronarthrombose (247).

E. Kobalt

Bei vielen Fällen sah man nach einer Dosis von 300 mg Kobalt pro die: Brechreiz, Erbrechen, Anorexie, Diarrhöe.

Ein Patient wurde taub, die Taubheit verschwand jedoch nach Einstellen der Therapie. Es kann zu allgemeinen Erscheinungen, z. B. Urtikaria und Erythema multiforme kommen (262).

Fünf Patienten wurden beobachtet, bei denen sich eine deutliche Struma entwickelte; bei drei Patienten waren Zeichen einer Hypofunktion der Schilddrüse vorhanden; ein Patient bekam eine schwere Form von Myxödem. Nach Einstellen der Kobalttherapie verschwanden die Erscheinungen (281).

Auch bei Kindern mit Struma sah man Hypothyreoidie (282).

Andere Untersucher bezweifeln den Einfluß von Kobalt auf die Schilddrüse (289).

F. Silber

Durch Einnehmen von Silbernitrat oder durch Kollargolinjektionen können dyspeptische Beschwerden sowie Erbrechen und Diarrhöe entstehen. Hauterscheinungen sind: Jucken, Erytheme und insbesondere *Argyrie*, die bei langdauerndem Gebrauch entstehen kann. Es kommt zu Silbersaum am Zahnfleisch. Hautstellen — bevorzugt sind: Augenlider, Bindehäute, Kornea, Nagelbetten und überdies alle anderen unbedeckten Stellen — verfärben sich gleichmäßig grau (83, 84, 86, 86 a).

Bei Überdosierung können zerebrale Erscheinungen sowie Konvulsionen, Lähmungen, Koma und das hepatorenale Syndrom (250) auftreten.

Silbernitrate enthaltende *Augentropfen* können die Ursache von Argyrie der Kornea, der Bindehäute (insbesondere der unteren Augenlider) und Augenlider sein (85, 240).

Behandelt wird mit lokalen Injektionen von Kaliumferricyanid oder Natriumthiosulfat.

Argyrie nach lokaler Bepinselung mit Arg. nitr. der Nasenschleimhaut, am deutlichsten an den dem Licht ausgesetzten Hautstellen. Das Haar zeigte Metallglanz. Augenschleimhäute und Augenhintergrund schiefergrau, desgleichen Trommelfell und Larynx (271).

G. Gold
(Sanochrysin, Lopion, Solganal, Chrysalbine, Aurodetoxin, Allochrysine)

Etwa bei 10 % der Patienten, die zum ersten Mal Gold bekommen, treten toxische Erscheinungen auf. Bei der zweiten Serie von Goldinjektionen muß man mit dem doppelten Prozentsatz rechnen.

Einige Symptome sind eine Warnung vor weiteren Goldinjektionen: Fieber, Jucken, Ausschlag, Purpura, Leukopenie, Eosinophilie zwischen 5 und 45 % (88), Gelenkschwellungen, leichte Albuminurie. Die Therapie muß ausgesetzt werden; nach einigen Wochen kann man noch kleinere Dosen versuchen. Treten auch dann toxische Erscheinungen auf, muß die Goldtherapie aufgegeben werden.

Nach einer Goldinjektion kann es zu Kollapserscheinungen kommen (112).

1. Haut. Jucken, Urtikaria; Scharlach, Masern und meist Röteln ähnelnde Exantheme; die Exantheme können auch hämorrhagisch sein. Die Exantheme sind oft symmetrisch lokalisiert; Erythema nodosum (90); Erythema exsudativum multiforme. *Exfoliative Dermatitis* ist auch hier die gefürchtetste Hautkomplikation, der Wärmegefühl, Jucken, manchmal ein flüchtiges Erythem oder Urtikaria vorauszugehen pflegen.

Auch wenn man die Behandlung schon bei Beginn aussetzt, ist die Dermatitis doch nicht mehr aufzuhalten. So wie bei Arsen werden Handflächen und Fußsohlen selten ergriffen. Wiederholt findet man gleichzeitig Veränderungen in Blut, Nieren, Leber usw.

Andere Hauterscheinungen sind: Pemphigus (89), Ekzem, rote infiltrierte Flächen im Gesicht und an den Handflächen (94), Herpes zoster (92), Pityriasis rosea (87), Lichen ruber planus, Veränderungen an den Nägeln (89), Haarausfall, Hyperkeratose, Vitiligo, Seborrhöe.

Pigmentationen (Chrysiasis) (93) können wie bei Argyrie vorkommen; sie sind oft schieferfarbig, violett oder schwarz. Auch an der Mundschleimhaut können pigmentierte Flecken erscheinen. Gold kann sich auch in der Kornea absetzen (251).

2. Schleimhäute. Stomatitis mit Metallgeschmack im Mund, Cheilitis, Gingivitis, Geschwüre, Aphthen, lichenartige Flecken im Mund, Leukoplakie, Konjunktivitis. Parotitis und Schwellung anderer Speicheldrüsen; Geschwüre am After. Metrorrhagie.

3. Gastro-intestinale Erscheinungen (95). Meist gering; manchmal etwas Bauchschmerzen, manchmal kolikartige Schmerzen; Meteorismus, Brechreiz, Erbrechen, Diarrhöe, vereinzelt tödlich verlaufende Entero-Kolitis (96, 97), Aktivierung einer Darmtuberkulose? (98).

Ikterus bei Hepatitis (96, 97). Es gibt Zellschädigung oder *Cholangiolitis.*

4. Blut (95). Eosinophilie, Leukopenie, Agranulozytose, Panzytopenie, hypochrome Anämie, Zeichen von Hämolyse, verzögerte Gerinnungszeit (100).

Thrombopenische Purpura, die chronisch werden kann. Bei einem Patienten mit Thrombopenie sah man neurologische Erscheinungen, die durch Blutungen im Gehirn und Rückenmark erklärt werden.

Die Behandlung mit ACTH ist nicht immer erfolgreich. Dimercaprol gibt manchmal günstige Resultate (267). Man hat, wenn die medikamentöse Behandlung keinen Erfolg hatte, auch Milzexstirpation empfohlen.

Zumal Gold oft in Öl suspendiert wird, kann es sehr lange dauern, bevor das Gold den Körper verläßt, und daher können toxische Erscheinungen noch lange nach der letzten Injektion auftreten. So entstand thrombopenische Purpura vier Monate nach der letzten Einspritzung. In diesem Falle stieg nach Cortison die Zahl der Blutplättchen, um nach Aussetzen des Cortisons wieder zu sinken. In einem anderen Falle verschwand zwar nach Cortison die hämorrhagische Diathese, doch die Thrombozyten blieben aus. Nach vier Monaten erschienen sie wieder spontan (100 a).

Panzytopenie zwei Monate nach Schluß der Goldbehandlung (290). Hypoplasie des Knochenmarks durch radioaktives Gold (231).

5. Nieren. Albuminurie, Hämaturie, akute Nephrose.

Bei 2000 Patienten mit chronischem Rheumatismus, die mit Gold behandelt wurden, wurde in vier Fällen Nephrose festgestellt. Der Anfang war immer alarmierend, da noch einige Tage vorher der Harn eiweißfrei war. Danach kam es zu einer Eiweißausscheidung von 9 bis 28 ‰. Der Albumingehalt des Blutes wurde niedrig. Nach einem halben Jahr erholten sich schließlich alle Patienten. Dies entspricht etwa der Zeit, zu der man Gold im Urin nachweisen kann, falls in Öl suspendierte Goldverbindungen gebraucht wurden (100).

Man sah auch das Auftreten der sogenannten Lipoidnephrose. Es kann auch zu renaler Glukosurie nach Gold kommen (252).

Eine tödlich verlaufende Nierenerkrankung mit Anurie entstand nach 0,35 g Crisalben. Dieser Patient war fünf bzw. drei Jahre vorher mit Gold behandelt worden. Es wurden schwere Veränderungen der Tubuli mit Goldkörnchen in den Zellen gefunden (283).

6. Lungen. LOEFFLER-Infiltrat (101) mit Fieber und 36 % Eosinophilen im Blut bei einem Patienten mit allergischer Konstitution nach der dritten Injektion (10, 20 und 30 mg Gold). Der Patient hatte an der Injektionsstelle eine schmerzhafte Schwellung.

Ein anderer Patient hatte herdförmige Schatten in beiden Lungen (102) mit Zyanose und Dyspnoe, gleichzeitig mit Urtikaria.

Weiter wurden beobachtet: Asthma (105), Bronchitis (104), Bronchiolitis (232), Lungenödem (105).

7. Nervensystem. Angst, Aufregung, Depression, Kopfschmerz, Psychose, Enzephalitis (106), Meningomyelitis, Chorea, Konvulsionen, Paralyse von LANDRY, Syndrom von GUILLAIN-BARRÉ (107), Tic convulsif (108), Polyneuritis (109), Meningitis (110), Vermehrung von Eiweiß und Zellen in der Lumbalflüssigkeit (111). Choreatische Zuckungen, Taubheit, Neuritis.

8. Gelenke. Erscheinungen von akuter Arthritis (112) können während einer Goldkur entstehen.

Bei Behandlung von chronischem Rheumatismus mit Gold rezidivieren die Gelenkerkrankungen, wenn man wegen toxischer Erscheinungen die Therapie einstellen mußte, gleichgültig, ob man BAL gab oder nicht.

Für die Behandlung von Nebenerscheinungen nach der Gold-Therapie stehen uns drei Mittel zur Verfügung:

1. Unmittelbares Aussetzen der Gold-Therapie.

2. ACTH oder Cortison.

3. BAL.

Auch Natriumthiosulfat kann nützlich sein (112 a).

Bei einem Patienten kam es zu Dermatitis, Stomatitis, Hepatitis, während er außer mit Gold auch mit ACTH behandelt wurde. BAL brachte rasche Genesung (237).

Wir haben selbst einen Schwerkranken mit Hepatitis, Dermatitis und starker Leukopenie mit ACTH und BAL erfolgreich behandelt. Die Arthritis rezidivierte.

Zwei andere Patienten mit Dermatitis und Stomatitis wurden erfolgreich mit Cortison und ACTH behandelt, und da scheinbar noch Gold im Körper vorhanden war, blieben die Gelenke gesund (239).

H. Quecksilber

Quecksilber wird in verschiedenen Verbindungen in der Medizin gebraucht; diese Verbindungen können auf sehr verschiedene Art angewendet werden.

Durch Quecksilber verursachte Erscheinungen können schon durch sehr geringe Mengen entstehen.

Die Resorption kann auf dem Wege des Magen-Darmtraktes, der Haut, der Schleimhäute oder durch Injektionen zustande kommen.

Sogar die geringfügige Menge von Quecksilber in einer Zahnfüllung kann bei dafür empfindlichen Menschen zu typischen Vergiftungserscheinungen führen (113).

Während einer Schmierkur mit Quecksilber bekam der Patient im Nachbarbett ein scharlachartiges Exanthem, Ödem der Augenlider, Enanthem, Fieber, Bauchschmerzen (284).

Auf diesen ungleichen Wegen können sehr verschiedenartige Quecksilberverbindungen die gleichen toxischen und allergischen Erscheinungen hervorrufen.

Die moderne Therapie verwendet vor allem organische Quecksilberpräparate als Diuretika, die, wenn sie sachgemäß angewendet werden, selten eine Quecksilbervergiftung verursachen (114) (Salyrgan, Esidron, Novasurol, Neptal, Mercupurin, Mersalyl, Mercuhydrin, um nur einige Fabriksmarken zu nennen).

Es wurden jedoch bei Herzkranken, die unnötigerweise Monate oder Jahre hindurch wöchentlich Quecksilberinjektionen bekamen, deutliche Zeichen einer *spezifischen Quecksilbervergiftung* beobachtet.

Diese Erscheinungen sind folgende:

1. Schleimhäute. Stomatitis: Speichelfluß, Foetor ex ore, Lockerwerden der Zähne, blaue Verfärbung und Schwellung des Zahnfleisches, Geschwürbildung, Blutungen aus dem Zahnfleisch, Entzündung durch sekundäre Infektion und Gewebsnekrose. Dies kann sogar zur Verblutung aus der Arteria sublingualis führen (115). Andere Folgezustände der Stomatitis sind Parotitis, Schwellung der Halsdrüsen, Kiefernekrose. Weniger häufig kommt es zur Entzündung anderer als der Mundschleimhäute: Konjunktivitis, Rhinitis, Bronchitis, Laryngitis, Urethritis, Endometritis, Entzündung der Vagina, sogar Gangrän der Vagina kann vorkommen (123).

Quecksilber kann sich in der Augenlinse abscheiden (244).

2. Magen-Darmkanal. Kolikartige Schmerzen, Meteorismus, Brechreiz, Erbrechen, Gastritis (116); Diarrhöe, oft mit Blut und Schleim;

Kolitis, bei der es zu Geschwürsbildung kommen kann. Leberschädigung.

3. Nieren (120). Der Harn eines jeden mit Quecksilber behandelten Patienten muß regelmäßig untersucht werden. Albuminurie und der Befund von Zylindern, Epithelien und roten Blutkörperchen im Sediment sind Warnungszeichen. Die Therapie darf nicht fortgesetzt werden, da sonst eine Nekrose der Nierentubuli droht (121).

Die Quecksilber-Albuminurie zeigt manchmal Ähnlichkeit mit der Albuminurie bei Lordose (120 a).

Bei Patienten, die Quecksilberdiuretika bekamen, sieht man wiederholt in den Tubuluszellen Kalkniederschläge. Man hat eine Quecksilbernephrose mit Anurie und Anämie beobachtet, nachdem in elf Tagen elf Injektionen eines Quecksilber-Diuretikums gegeben worden waren (122).

Nephrose nach quecksilberhaltigem Zahnpulver (215). Zwei Kinder starben an einer schweren Quecksilbernephrose nach Gebrauch eines Kalomel enthaltenden Zahnpulvers (215 a). Auch Quecksilber enthaltende Salben können Nephrose zur Folge haben.

14 typische und drei atypische Fälle von *Lipoidnephrose* entstanden bei alten Leuten nach intensiver Behandlung mit Quecksilberdiuretika. Bei vier Patienten wurde eine Steigerung des Quecksilbergehaltes der Nieren festgestellt. Man nimmt eine Schädigung der Glomerulusmembran an. Auch bei Arbeitern in einer Fabrik von Quecksilberpräparaten beobachtete man Lipoidnephrosen (285).

Quecksilberhaltige Verbindungen werden auch bei der Behandlung von Cholezystopathien angewendet.

Bei zwei Patienten entstanden Nierenerkrankungen mit nephrotischem Syndrom, nachdem sie durch Monate hindurch Chologen eingenommen hatten (293).

4. Nervensystem. Unruhe, Kopfschmerzen, Schwindel, Schlaflosigkeit, Delirien, Halluzinationen, Psychose, Tremor (124), Ataxie, Polyneuritis (125), Polyradikulitis (126), Meningoenzephalopathie (126). Erscheinungen von Chorea sind möglich (129). Rheumatische Schmerzen (127).

Wiederholt sah man Erscheinungen von lymphozytärer *Meningitis*. Ein solcher Patient hatte gleichzeitig doppelseitige Neuritis optica.

Alle diese Störungen gingen bei Behandlung mit BAL in vier Wochen zurück.

Eine Zahnarztassistentin erkrankte durch Kontakt mit Quecksilber an einer Meningitis serosa (128).

5. Herz. Veränderungen im EKG: Vorhof- und Kammersystolen, Verbreiterung des QRS-Komplexes, Veränderungen an P- und T-Zacken und am ST-Intervall (172).

6. Allergische Erscheinungen. a) Haut. Wenn auch nicht alle Hautveränderungen, die man bei Quecksilbertherapie findet, auf Allergie beruhen, ist dies doch anscheinend bei der Mehrzahl der Fall.

Urtikaria (130), skarlatini- oder morbilliforme flüchtige Erytheme (137), Erythema exsudativum multiforme, Ödeme, Dermatitis exfoliativa (132), Kontaktdermatitis (133, 134), Ekzem durch eine Zahnfüllung (136), Herpes zoster, Hautnekrose (217), Haarausfall (173), dystrophische Nägel (123), Pigmentationen (123).

Anaphylaktoide Purpura. Papulöse und vesikulöse Hautveränderungen (135).

Quecksilbersalben können die Ursache von Konjunktivitis und Dermatitis der Augenlider sein.

Wir beobachteten ein Mädchen mit hohem Fieber; es fühlte sich todkrank, hatte ein scharlachartiges Exanthem und Gesichtsödem, besonders stark geschwollene Augenlider, eine gerötete Zunge und geschwollene Papillen. Außerdem sahen wir einige kleine Hautblutungen und starke Schwellung der Lymphdrüsen. Im Blut fanden wir pro mm^3 25000 Leukozyten, hievon 34 % Eosinophile.

Das Bild veränderte sich in eine Dermatitis exfoliativa. Es kam zu Nasen- und Zahnfleischblutungen; der Stuhl war teerfarbig. Die Thrombozyten nahmen nur wenig ab. Es entwickelte sich eine Anämie; am Körper fielen alle Haare aus. Wir suchten eifrig nach einem Heilmittel, das diesen Zustand verursacht haben konnte. Weder der Hausarzt noch der Apotheker wußte etwas davon. Die Patientin hatte wegen *Gelenkschmerzen (!)* ausschließlich eine Salizyllösung eingenommen. Endlich kam man darauf, daß das Mädchen von einem Hautarzt Pillen mit Jodetum hydrargyrosum gegen Warzen bekommen hatte! Mit der Läppchenprobe konnte festgestellt werden, daß sie auf Quecksilber allergisch reagierte. Schließlich ist sie nach einem sehr ernsten Krankheitsbild mit Hilfe von BAL-Injektionen genesen.

Ein Patient bekam eine Quecksilberdermatitis nach einer Salbe. Nach Jahren entstand nach einer Novuritinjektion eine exfoliative Dermatitis (284).

b) Anaphylaxie. Unter Einfluß von Quecksilberpräparaten kann derselbe Symptomenkomplex entstehen wie bei *Serumkrankheit* (138). Diese Erscheinungen wurden zum ersten Mal nach Gebrauch von Kalomel beschrieben. Man nennt sie zwar Kalomelkrankheit, aber dieselben Erscheinungen können auch nach anderen Quecksilberpräparaten und auch nach organischen Quecksilberdiuretika (139) vorkommen.

Fieber (140), Exantheme, Urtikaria, Gelenkschmerzen, Drüsenschwellungen, Milzvergrößerung, Bauchschmerzen, Diarrhöe, Asthma (141), Eosinophilie, Leukopenie, Neutropenie (255).

Es kann auch zu anaphylaktischem Schock kommen (142). Perivaskuläre Infiltrate wurden in solchen Fällen gefunden.

Verschiedene Patienten sind im Anschluß an eine intravenöse Injektion mit einem Quecksilberdiuretikum plötzlich gestorben.

Die Patienten werden unruhig, blaß, ängstlich, unwohl, fühlen Beklemmungen und schwitzen. Sie klagen über Druck auf der Brust (143). Manchmal ist der Puls langsam, manchmal sehr schnell (144). In einigen Fällen konstatierte man Kammerflimmern (145, 146). Es kann auch vorkommen, daß der Tod unmittelbar nach einer intravenösen Injektion, ohne irgendwelche Vorzeichen, eintritt.

Ein Fall ist beschrieben (142), in dem der Patient nach einer Injektion mit Mercuhydrin stark ermüdet war und Fieber bekam. Man stellte die Injektionen ein; nach 14 Tagen gab man noch einmal 2 ml intramuskulär. Die Folgen waren Kopfschmerzen, Unruhe, Verwirrtheit, Desorientierung, Fieber, Tachykardie, Koma. Der Patient genas. Später gab man ihm 0,05 ml Mercuhydrin, worauf es zu denselben Erscheinungen kam. Mercupurin hat dieser Patient ohne Nebenerscheinungen vertragen.

Eine Publikation berichtet über zwölf Patienten, die auf Mercuhydrin allergisch reagierten. Zwei konnten andere Quecksilberdiuretika dagegen gut vertragen.

Mitgeteilt wird, daß Antihistamine dem Entstehen dieser Reaktionen entgegenwirken (147 a).

Die Allergie kann verschwinden, kann aber auch jahrelang bestehen bleiben (229).

Andere Publikationen beschreiben anaphylaktische Erscheinungen durch Mercuhydrin (147), Neptal (148), Mercurophyllin und Mercaptomerin (Thiomerin) (148).

Bei Fieber und subjektiven Beschwerden durch eine Quecksilberinjektion empfiehlt es sich, das nächste Mal ein anderes Präparat zu verwenden (151). Es besteht aber die Möglichkeit, daß der Patient für alle organischen Quecksilberpräparate überempfindlich ist (230).

Ein Todesfall nach intraperitonealer Injektion von Novurit wurde gesehen (152). Nach rektaler Einverleibung können ebenfalls ernste Reaktionen vorkommen (153).

In der Literatur findet man eine Zusammenstellung von 31 Fällen von plötzlichem Tod bei einer intravenösen Quecksilberinjektion (154), und in einer anderen Publikation von 18 Patienten mit ernsten Erscheinungen, die am Leben blieben (155). Alle Fälle betrafen Herzkranke.

Fünf Patienten mit nephrotischen Erscheinungen, aber mit einem normalen Herzen, reagierten mit anaphylaktischem Schock (156). Ein Patient mit einer Amyloidnephrose starb plötzlich nach einer intravenösen Injektion von 1 ml Quecksilber (157).

Sterbefälle durch anaphylaktischen Schock kommen hauptsächlich bei intravenöser Darreichung vor. Dies ist aber nicht notwendig, da der Effekt einer intramuskulären Injektion hervorragend ist.

c) Es wurden *flüchtige Lungeninfiltrate* festgestellt (137, 233).

d) Blutveränderungen kommen selten vor, mit Ausnahme der Eosinophilie. Ein Fall von Agranulozytose ist beschrieben (173 a). Langdauernder Gebrauch führt zur Anämie.

Thrombopenie nach Mercaptomerin (Thiomerin) (291).

7. *Starke Diurese.* Bei Gebrauch von Quecksilber als Diuretikum kann es zu Erscheinungen kommen, welche die direkte Folge einer *starken Diurese* sind.

a) Häufige Quecksilberinjektionen verursachen schwere Dehydration mit schnellem Puls, niedrigem Blutdruck, Urämie, Schock. Diese Symptome können eintreten, obwohl noch Ödeme vorhanden sind (216).

Der starke Salzmangel ist Ursache einer verringerten Zirkulation des Blutvolumens; man schießt übers Ziel hinaus (158). Eine Warnung sind: *Unruhe, Müdigkeit, Schwäche, Übelkeit, Durst, schneller Puls,* und *keine Zunahme der Diurese nach der letzten Quecksilberinjektion.* Der Ureumgehalt ist stark erhöht, die Clearance niedriger. Therapie: So schnell als möglich den Salzmangel mit hypertonischer Salzlösung ersetzen (sonst geht es nicht schnell genug). Tut man es nicht, so ist der Patient verloren. Es ist einleuchtend, daß die Diagnose durch Ureum- und Salzbestimmung festgestellt werden muß. Wenn man die Vorboten beachtet und bei langdauernder Behandlung nicht mehr als einmal in 14 Tagen, in Ausnahmefällen einmal in der Woche, 2 ml intramuskulär injiziert, braucht es nicht zu einer schweren Dehydration zu kommen.

Wir sahen einen Patienten, der mit einem zu niedrigen Natrium- und Chlorgehalt im Blutplasma, einem Ureumgehalt von mehr als 1 g pro Liter und mit Ödemen ins Krankenhaus eingeliefert wurde. Er urinierte sehr wenig. Als Herzpatient war er mit Quecksilber behandelt worden. Bei der Obduktion fand man starke Degeneration der Nierentubuli.

Eine ähnliche Krankengeschichte wurde mitgeteilt. Man fand starke Albuminurie und starke Ödeme nebst Verminderung der Salzmenge. Auch bei diesem Patienten schrieb man die ernsten Veränderungen der Tubuli dem Quecksilber zu (259).

b) Bei älteren Männern sieht man manchmal nach einer Quecksilberinjektion akute Blasenretention, weil zuviel Urin gebildet wird, so daß die Blase ausgedehnt wird (159).

c) Bei älteren Menschen kann 8 bis 14 Stunden nach der Injektion Thrombose einer Hirn- oder Koronararterie entstehen. Die Dehydration und die Senkung des Blutdruckes, die die Folge von starker Diurese sein können, beschleunigen die Thrombose (160). Außerdem entsteht während der Diurese eine raschere Blutgerinnung (161). Die Gefahr der Thrombose oder Embolie ist dann besonders groß (162).

d) Eine Vergrößerung des Plasmavolumens kann die Zirkulation überbelasten, so daß es zu Lungenödem kommt (163).

e) Manchmal zeigt der Patient Symptome von Tetanie, verbunden mit einem niedrigen Kalziumgehalt im Blutserum durch erhöhte Kalziumausscheidung (164, 165). Bei einem normalen Kalziumgehalt kann Tetanie durch Alkalose entstehen (165 a).

f) Starke Diurese führt einmal zur Alkalose (166), ein andermal zur Azidose (165), je nachdem, ob mehr Chlor oder mehr Natrium aus dem Körper ausgeschieden wird.

g) Quecksilber kann bei Gichtkranken einen akuten Gichtanfall provozieren (167).

h) Es können als Folge einer Quecksilberinjektion, durch Mobilisierung von Digitalis aus der Ödemflüssigkeit, Erscheinungen von Digitalisintoxikation entstehen (Leitungsstörungen, Magen-Darm- und Sehstörungen) (168, 169).

8. Akrodynie. In den letzten Jahren erkannte man, daß das Syndrom, das bei Kindern unter dem Namen *Akrodynie* (FEER) bekannt ist, Folge einer chronischen Quecksilbervergiftung ist. Besonders Kalomel ist oft die Ursache.

Kalomel kann in Form von Salben, in Zahnpulvern oder innerlich aufgenommen werden (129, 174). Die Akrodynie kann sechs Wochen, nachdem das Kind Kalomel genommen hat, manifest werden. Auch durch Windeln, die mit Sublimat behandelt wurden, kann es zu Akrodynie kommen (129).

Verbesserung und Genesung sah man nach BAL (176, 177, 220).

Man sei mit Quecksilbersalbe vorsichtig und gebrauche bei Kindern Kalomel nicht als Abführmittel.

Patienten können gegen Quecksilberinjektionen *resistent* werden. Man nimmt an, daß nach Einspritzung von zugleich 100 mg Pyridoxin wieder eine befriedigende Diurese folgt (235).

Gibt man Quecksilberdiuretika *per os*, können folgende Erscheinungen entstehen: Stomatitis (170), Gingivitis, Brechreiz, Magen- und Bauchschmerzen. In einem hohen Prozentsatz (25 bis 50 %) kommt Diarrhöe vor (242). Albuminurie. Schwellung der Halsdrüsen (292).

Auch Fieber hat man beobachtet (171).

I. Blei

Obzwar Erscheinungen von Bleivergiftung hauptsächlich beobachtet werden, wenn das Trinkwasser bleihaltig ist, können diese auch durch Resorption von Blei aus Salben oder Umschlägen (Goulardwasser) (178) entstehen. Dies ist auch bei Kindern möglich, die an einem bleiernen Brustwarzenschützer saugen (179).

Folgende Erscheinungen muß man beachten: Graue Gesichtsfarbe, Anämie mit basophilen Körnchen in den Erythrozyten, Bleisaum, Anorexie, Bauchkoliken, starke Stuhlverstopfung, rheumatische Schmerzen, Neuritis mit Lähmung der Streckmuskel (n. radialis), Ataxie, Parästhesien, Tremor, Kopfschmerzen. Man findet auch Porphyrin im Harn (181).

Seltener vorkommende Erscheinungen sind: Blindheit, epileptiforme Anfälle, Paraplegie, Hemiplegie, Menstruationsstörungen, Abortus, Arteriosklerose, Hypertension (180), infolge von Blutgefäßveränderungen hat man sogar Schrumpfnieren gesehen, Leberschädigung mit Ikterus.

Agranulozytose; aplastische Anämie.

Zur Behandlung werden viermal täglich 4 g Natrium citricum empfohlen. Diese Methode soll angeblich besser sein als BAL (182).

Einige Patienten mit Blei-Enzephalitis wurden aber mit BAL erfolgreich behandelt (269).

K. Thallium

Thallium (183) kann ein typhusähnliches Krankheitsbild mit Fieber, Benommenheit und Haarausfall verursachen.

Weiter fand man: Speichelfluß, Stomatitis, Erbrechen, Stuhlverstopfung oder Diarrhöe, Bauchschmerzen, hämorrhagische Gastroenteritis, Pyodermie, Schlaflosigkeit, schmerzhafte Polyneuritis (besonders an den Beinen), Hyperästhesie und Lähmungen, Demenz; enzephalitisartiges Bild: Aphasie, chorea-artige Bewegungen, Konvulsionen, Delirium (184); retrobulbäre Neuritis (185), Katarakt, Iritis, Hypertension (186), Nephritis, Gelenkschmerzen, Amenorrhöe, Eosinophilie, Lymphozytose.

L. Kalzium

Bei großen Gaben von Kalzium (187) können die Patienten Beschwerden, wie Parästhesien, Ohrensausen, Taubheit, Bauchschmerz, Durst, Obstipation, bekommen.

Nach intravenöser Kalkinjektion wurden *allergische Erscheinungen* konstatiert: Asthma, Urtikaria.

Nimmt man Kalzium gleichzeitig mit viel Milch ein, können sich *Kalkdepots* in verschiedenen Organen bilden.

Es wird über einen Patienten berichtet, der 5 g pro Tag genommen hat und dabei viel Milch trank. Nach Einschränkung der Kalkzufuhr gingen die Kalkdepots in den Augen und im Unterhautzellgewebe zurück, aber der Patient starb an einer Nierenerkrankung (243).

Nach intravenösen Kalkinjektionen hat man Kammerflimmern beobachtet. Digitalisierte Patienten sind hiefür empfindlicher (188).

Kalziumchlorid
verursacht ebenso wie Ammoniumchlorid, in genügender Dosis gereicht, Azidose und infolgedessen Albuminurie und Zylindrurie. Ist die Nierenfunktion schlecht, kann die Azidose tödlich sein (218).

M. Magnesium

Intravenös gegeben hat Magnesium eine narkotische Wirkung; spritzt man schnell ein, kann es zu Atemstillstand kommen. Ferner klagen die Patienten über Wärmegefühl und Trockenheit im Mund; sie können schläfrig werden.

Nach rektaler Einverleibung können die Patienten stark benommen werden. Man beobachtete einen Fall, bei dem die Atmung sehr oberflächlich wurde und der Patient starb (189).

Man hat auch einen Todesfall bei einem vierjährigen Kind gesehen, das ein Megacolon congenitum hatte. Auf 30 g Magnesiumsulfat im Klysma kein Stuhl. Nach einer Stunde kam es zu Lähmungen, Koma, Atemstillstand. Der Magnesiumspiegel im Blut betrug 30 mg per 100 ml (190).

Vereinzelt kann es nach Magnesium zu Hauteruptionen kommen (191).

N. Barium

Bei der Röntgenuntersuchung mit Bariumbrei kann es zur Perforation eines peptischen Geschwürs kommen. Man fand auch Bariumbrei in der Bauchhöhle, der durch einen perforierten Blinddarm dorthin gelangt war.

Auf diese Weise können auch Granulome im Peritonaeum entstehen (262).

Man sah auch ein haselnußgroßes Granulom in der Rektumschleimhaut, in dem Kristalle von Bariumsulfat gefunden wurden (263).

Zwecks Urethrographie wurde eine Suspension von Bariumsulfat retrograd in die Blase eingebracht. Der Patient wurde stark dyspnoisch und es folgte Atemstillstand, der nicht behandelt werden konnte. Es muß auf eine oder andere Weise Bariumsulfat in die Blutbahn gekommen sein, da Bariumsulfatkristalle nahezu in allen Organen gefunden wurden (264).

O. Natrium

Natriumbikarbonat

und andere resorbierbare alkalische Pulver können bei langdauerndem Gebrauch, speziell in Verbindung mit Milchdiät, bei Ulkuskranken Erscheinungen von *Hyperkalzämie* und *Alkalose* verursachen.

Durch Hyperkalzämie kann es zu Niederschlägen von Kalzium in den Nieren kommen, wodurch eine *Nephrose* mit Albuminurie, Oligurie, Urämie entsteht (192). Man hat auch Kalziumniederschläge in der Hornhaut (191 a) und in anderen Weichteilen, z. B. Gelenken, Lungen, Herzen, Magen, gesehen.

Es kann auch zu Nierensteinen kommen (193).

Eine Publikation berichtet über vier Patienten. Sie hielten mindestens acht Jahre eine Milchdiät ein und nahmen eine große Menge lösliches Alkali; ein Patient hat diese Menge Natrium bicarbonicum bis auf 100 g pro Tag gesteigert. Die Folgeerscheinungen von Hyperkalzämie und Niereninsuffizienz waren: Müdigkeit, Muskelschwäche, Anorexie, Brechreiz, Erbrechen, Abmagerung, Stuhlverstopfung, Polydipsie, Polyurie, Jucken. Die Patienten waren bleich, in schlechtem Ernährungszustand und hatten eine geringe Blutdrucksteigerung. Als besonders charakteristische Erscheinung wurden Kalkniederschläge in der *Kornea* und den *Konjunktiven* angegeben.

Die Kalkdepots in der Kornea können einem Arcus senilis gleichen; aber bei näherer Untersuchung sieht man unzusammenhängende Kalkplättchen, während der Umfang auch breiter ist als beim Arcus senilis.

Urämie, Anämie, Hyperkalzämie, normaler oder erhöhter Phosphorgehalt, niedrige Chlorwerte sind das Ergebnis der Laboratoriumsuntersuchung. Die Alkalireserve ist erhöht. Die Nierenfunktion ist gestört: Ungenügendes Konzentrationsvermögen der Nieren, Eiweiß, granulierte Zylinder, einzelne Erythrozyten und Leukozyten im Harn.

Die Aussicht auf Genesung hängt vom Grad der Schädigung der Nieren ab. Bei verschiedenen Patienten kam es zu vollständiger Erholung der Nierenfunktion.

Bei der Behandlung muß man das lösliche Alkali aussetzen und eine kalziumarme Diät vorschreiben. Bei Alkalose wird Ammoniumchlorid und dergleichen empfohlen.

Wichtiger ist es, dem Auftreten einer Schädigung der Nieren vorzubeugen, indem man nur unlösliches Alkali verschreibt und sich besonders vor Kalziumverbindungen hütet (75).

Bei 94 Obduktionen von Menschen mit Ulcus duodeni, von denen 68 % mit löslichem Alkali behandelt worden waren, fand man mikroskopisch in 36 % Zeichen einer Kalzinosis der Nieren (286).

Nach langdauerndem Gebrauch von Alkali kann es auch zu dem Syndrom von „saltloosing" Nieren kommen. Durch Salzverlust kann Urämie entstehen; diese kann durch Salzzufuhr behandelt werden.

Man beobachtete auch Pigmentationen wie bei der ADDISONschen Krankheit, wobei jedoch die Funktion der Nebennieren in Ordnung war (260).

Durch *Alkalose* entstehen erhöhte Reizbarkeit, Delirium, Koma, Tetanie, Wasserretention, Ödeme.

Veränderungen im EKG bei Alkalose: die Systole dauert länger als die Diastole (QT länger). Senkung des ST-Intervalls, in den Brustableitungen Steigerung des ST-Intervalls mit negativen T-Zacken (194); Extrasystolen.

Ein Patient, der wegen Magenbeschwerden viel Natrium bicarbonicum eingenommen hatte, bekam deutliche Vergiftungserscheinungen: Nackensteifheit, Tetanie, Veränderungen im EKG.

Der Bikarbonatgehalt im Blut war höher als 50 m. aeq, der Kaliumgehalt betrug nur 9,2 mg%. Der Ureumgehalt stieg auf 126 mg%.

Durch Ammoniumchlorid und ein Glukoseinfus genas der Patient (194 a).

Natriumchlorid

befördert die Wasserretention und kann sogar bei gesunden Nieren Ödem verursachen.

Durch physiologische Kochsalzlösung kann die Zirkulation überbelastet werden.

Zu viel Salzlösung kann bei operierten Patienten Ödem in der Wundgegend hervorrufen und dadurch die Heilung behindern; es ist nachteilig für eine gute Darmperistaltik und fördert die Azidose. Infolge der Azidose, die durch Salzlösung zustande kommt, können Eiweiß und Zylinder im Harn auftreten.

Die Lösung, die man zu subkutanen Infusionen verwendet, muß isoton sein und womöglich alle Elektrolyten enthalten, so wie sie im Blut vorkommen (RINGERsche Lösung). Sonst läuft man Gefahr, Wasser und Elektrolyten dem Blute zu entziehen, wodurch Schockerscheinungen entstehen (195) und überdies der Kaliumgehalt sinkt.

Zu viel Kochsalz kann Fieber verursachen.

Hypertonische Kochsalzlösung kann bei intravenöser Injektion Erscheinungen von Koronarinsuffizienz und selbst einen Myokardinfarkt verursachen (196).

P. Kalium

Bei schlechter Nierenfunktion kann der Gebrauch von kaliumhaltigen Diätsalzen zu Herzinsuffizienz durch hohen Kaliumgehalt des Blutserums führen.

Im EKG sieht man breite QRS-Komplexe und hohe T-Zacken. Plötzlicher Herztod nach Gebrauch von kaliumhaltigen Diätsalzen ist vorgekommen.

Kaliumchlorat

kann durch Hämolyse Anämie verursachen und durch Hämoglobinurie Anurie. Dies kann entweder bei langdauerndem Gebrauch oder durch Verschlucken von zu viel Gurgelwasser vorkommen. Auch Speichelfluß und Gastroenteritis wurden dabei beobachtet.

Zwei Todesfälle nach Gebrauch von Karlsbader Salz, das mit Kaliumchlorat verunreinigt war, wurden beschrieben (197).

Kaliumthiozyanat (Rhodankalium)

1. Allgemeine Erscheinungen. Fieber, Müdigkeit, Schwächegefühl, Kopfschmerzen, Schwindel, Sehstörungen, Konjunktivitis, Laryngitis, Struma mit Myxödem (204).

2. Blut. Anämie (198), Verminderung des Plasma-Eiweiß (199), Purpura mit Thrombopenie.

3. Zirkulation. Thrombophlebitis (202), Koronarthrombose, zerebrale Thrombose.

4. Skelett. Osteoporose und dadurch Knochenschmerzen (201), Gelenkschmerzen, Gelenkschwellungen (203).

5. Haut. Jucken, Ausschlag, exfoliative Dermatitis (198), Haarausfall, Ulcera corneae (205).

6. Magen-Darmkanal. Anorexie, Brechreiz, Bauchschmerzen, Diarrhöe (200), manchmal Blutdiarrhöe, Magenblutung, Hepatitis, zentrale Lebernekrose.

7. Nervensystem. Delirante Zustände können entstehen (238). Es gehen ihnen oft Schläfrigkeit und Stupor voraus. Hierauf folgt: Unruhe, Reizbarkeit, Geistesabwesenheit; Personen, Schatten, Dinge und bestimmte Gerüche werden falsch gedeutet.

Man kann schweres Delirium erwarten, wenn der Kaliumthiozyanatspiegel 14 mg% übersteigt. Diese Zustände haben hohe Mortalität zu Folge (beinahe 40 %).

Bei Patienten, die an Alkohol und Schlafmittel gewöhnt waren, sah man insbesondere Halluzinationen, Desorientierung und manische oder depressive Zustände (238).

Neurologische Störungen: Koma, Konvulsionen, Aphasie, Lähmung der Beine. Lähmender Einfluß auf die Muskeln, der mit der Wirkung von Curare verglichen werden kann, kann sich einstellen. Man sah auch Lähmung glatten Muskelgewebes.

Die Therapie besteht aus: Aussetzen des Medikamentes, Flüssigkeitszufuhr, Methylenblau und Natriumthiosulfat (238).

Kaliumpermanganat,

als Tablette oder in Kristallform in die Vagina eingeführt, kann tiefe Geschwüre und schwere Blutungen verursachen (70).

Eine tödlich verlaufende Dermatitis wurde bei einem Säugling, der in einer 1⁰/₀₀-Lösung gebadet wurde, beobachtet (270).

Q. Lithium

Man sah Vergiftungserscheinungen nach Gebrauch von Diätsalzen, die Lithium enthalten (206, WESTSAL 207), besonders bei schlechter Nierenfunktion.

Lithiumsalze wirken stärker toxisch bei salzloser Diät. Zu folgenden Erscheinungen kann es kommen: Müdigkeit, Schwäche, Anorexie, Sehstörungen, geringere Spermatogenese (219), Schlaflosigkeit, zerebrale Symptome, Tremor, erhöhte Reflexe, Ataxie, choreatische Bewegungen, Depression, Apathie, Gedächtnisschwäche, Verwirrtheit, Koma, Exitus (der Kaliumgehalt des Blutes sinkt stark).

R. Silizium

Talk (Magnesiumsilikat), das durch Handschuhe in den Bauch kommt, kann Fisteln, Adhäsionen und Granulome (Talksarkoid) (208) erzeugen. Diese Granulome können faustgroß werden. Granulome durch Talk können außerdem in der Umgebung des Anus (237) und in Lymphdrüsen entstehen. Bei Abschließung der Tuben durch Granulome kam es zu Sterilität (209). Granulone in Narben machen den Eindruck von Metastasen (210). Man hat eine Endometritis durch talkhaltige Stäbchen beobachtet (223).

Daß die Talkgranulome keine Seltenheit sind, ist aus einer Publikation über 25 Fälle ersichtlich, die man in einer Klinik in der Zeit von sieben Jahren vorgefunden hat (268).

Drei Babys starben an Tetanus, weil der Talk, der als Streupulver auf den Nabel verwendet wurde, infiziert war (176).

Literatur

1. FUEHNER, S. 62.
2. Wien. klin. Wschr. 39 (1947) 655.
3. Ned. Tijdschr. v. Geneesk. 83 (1949) 45.
4. Ned. Tijdschr. v. Geneesk. 86 (1942) 1313, 1408; Zbl. Haut- u. Geschl.-krkh. 62 (1939) 5; Pr. méd. 59 (1951) 178.
5. Klin. Wschr. (1940 I) 523.
6. DAVISON, S. 534.
7. J. MAYR, S. 21.
8. Ned. Tijdschr. v. Geneesk. 77 (1933) 800.
9. Ned. Tijdschr. v. Geneesk. 86 (1942) 1313.
10. Fol. haemat. 70 (1951) 340.
11. J.A.M.A. 126 (1944) 544; Arch. int. Med. 77 (1946) 356; 78 (1946) 616; 80 (1947) 800; Ned. Tijdschr. v. Geneesk. 76 (1932) 2463.

12. GHOSH, S. 509.
13. Lancet 224 (1933) 417.
14. Brit. J. vener. Dis. 22 (1946) 93; Acta Psych. Neurol. (K'hvn) 21 (1946) 473.
15. Arch. Neurol. Psych. (Chicago) 63 (1950) 471.
16. Brit. med. J. (1945 I) 659; (1947 I) 296.
17. Urol. cutan. Rev. 49 (1945) 557.
18. Arch. Derm. Syph. (Chicago) 56 (1947) 634.
19. STOKES et al., Modern Clinical Syphilology, S. 242. Philadelphia: Saunders. 1945.
20. J. A. M. A. 134 (1947) 1537.
20a. Rev. chilena Pediatr. 23 (1952) 179.
21. New Engl. J. Med. 234 (1946) 17.
22. Sang 19 (1948) 237.
23. Pr. méd. 56 (1948) 633.
24. Ann. int. Med. 24 (1946) 104.
25. Med. Klinik 44 (1946) 329.
26. Schweiz. med. Wschr. 80 (1950) 1177; Derm. Wschr. 125 (1952) 121; Ann. Med. 50 (1949) 293.
27. Amer. J. Syph. 28 (1944) 89.
28. Ned. Tijdschr. v. Geneesk. 92 (1948) 1346.
29. Arch. Derm. Syph. (Chicago) 188 (1949) 567.
30. Ned. Tijdschr. v. Geneesk. 92 (1948) 1145.
31. Amer. J. med. Sci. 210 (1945) 458.
32. Acta Allerg. (K'hvn) I (1948) 191.
33. Amer. J. Syph. 30 (1946) 420; Medizinische 2 (1952) 59.
34. New Engl. J. Med. 243 (1950) 558.
35. Ned. Tijdschr. v. Geneesk. 92 (1948) 3625.
36. Acta derm.-vener. (Stockholm) 24 (1944) 480.
37. Ned. Tijdschr. v. Geneesk. 86 (1942) 1637.
38. Brit. med. J. (1950 I) 634.
39. Ned. Tijdschr. v. Geneesk. 91 (1947) 2717, 2751.
40. RICH, International Association of Allergists, Zürich, Sept. 1951.
41. Dtsch. Arch. klin. Med. 194 (1949) 1.
42. STOKES et al., Modern Clinical Syphilology, S. 243, 245. 1945; J. lab. clin Med. 13 (1928) 958; Arch. Derm. Syph. (Chicago) 5 (1922) 486.
43. Acta derm.-vener. (Stockholm) 30 (1950) 463.
44. Ned. Tijdschr. v. Geneesk. 92 (1948) 2917; Dtsch. med. Wschr. 34 (1918) 939.
45. U. S. Nav. med. Bull. (Wash.) 46 (1946) 139.
46. Réunions méd. chir. pharm. A. O. F. 16. Febr. 1950.
47. J. A. M. A. 103 (1934) 258.
48. J. A. M. A. 106 (1936) 769.
49. Brit. med. J. (1951 II) 1440.
50. J. A. M. A. 98 (1932) 189; 106 (936) 769.
51. Amer. J. med. Sci. 213 (1947) 611.
52. Ann. N. Y. Acad. Sci. 50 (1948) 51.
53. Clin. Proc. 6 (1947) 125.
54. GHOSH, S. 522.
54a. Algérie méd. 55 (1951) 674.
55. STOKES et al., Modern Clinical Syphilology, S. 199. 1945.
56. J. A. M. A. 134 (1947) 1538; Mil. Surgeon 99 (1946) 196.
57. J. A. M. A. 142 (1950) 1066.
58. Pr. méd. 59 (1951) 69.
59. J. A. M. A. 101 (1933) 352.
60. Pr. méd. 40 (1932) 1189.
61. Brit. med. J. (1944 II) 852.
62. Arch. int. Med. 1 (1932) 142.
63. Amer. J. Syph. 28 (1944) 721.
64. Bull. Mém. Hôp. Paris (1929 I) 678; (1931 II) 1795.
65. GHOSH, S. 496.
66. Amer. J. Dis. Child. 53 (1937) 56; Pr. méd. 58 (1950) 378.
67. J. A. M. A. 134 (1947) 1538.
68. J. A. M. A. 101 (1933) 352.
69. Phare méd. Paris 10 (1950) 12.
70. J. A. M. A. 147 (1951) 377; Amer. J. Obstet. Gynec. 65 (1953) 127; 68 (1954) 854.
71. DAVISON, S. 499.

72. Guy's Hosp. Rep. 81 (1931) 243; Indian med. Gaz. 71 (1936) 143.
73. Brit. med. J. (1947 I) 367.
74. Brit. med. J. (1950 I) 645.
75. Brit. med. J. (1950 I) 312.
76. Ned. Tijdschr. v. Geneesk. 93 (1949) 4020.
76a. Brit. med. J. (1953 I) 21.
77. J.A.M.A. 144 (1950) 1084.
78. Brit. med. J. (1950 I) 1267.
79. J. lab. clin. Med. 36 (1950) 422.
79a. Ned. Tijdschr. v. Geneesk. 96 (1952) 3240.
80. Brit. med. J. (1951 I) 62.
81. New Engl. J. Med. 239 (1948) 769; N. Y. J. Med. 49 (1949) 2319.
82. Canad. Med. Ass. J. 64 (1951) 29.
83. Med. Klinik 44 (1949) 1339.
84. Ghosh, S. 121; Fuehner, S. 82.
85. J. Mayr, S. 109.
86. J. Mayr, S. 110.
86a. Ann. Derm. Syph. 78 (1951) 36.
87. New Engl. J. Med. 229 (1943) 773.
88. New Engl. J. Med. 240 (1949) 881.
89. J. Mayr, S. 52.
90. New Engl. J. Med. 223 (1945) 199.
91. Ned. Tijdschr. v. Geneesk. 94 (1950) 1198.
92. Acta med. Scand. 117 (1941) 1.
93. Ghosh, S. 551.
94. Edinb. med. J. 58 (1951) 41.
95. Med. Clin. N. Amer. 30 (1946) 545.
96. J.A.M.A. 128 (1945) 848.
97. J.A.M.A. 143 (1950) 119.
98. Ned. Tijdschr. v. Geneesk. 80 (1936) 4492.
99. New Engl. J. Med. 229 (1943) 773.
100. Ned. Tijdschr. v. Geneesk. 96 (1953) 2923; Rev. Tbc. (Paris) 6 (1939) 681.
100a. Arch. int. Med. 90 (1952) 580.
101. Ned. Tijdschr. v. Geneesk. 94 (1950) 1198.
102. J.A.M.A. 131 (1946) 1250.
103. Ann. med. int. Fenniae 37 (1948) 263.
104. Med. Clin. N. Amer. 28 (1944) 309.
105. J. franç. Méd. Chir. thorac. 4 (1950) 213.
106. Amer. J. med. Sci. 207 (1944) 528.
107. Ned. Tijdschr. v. Geneesk. 84 (1940) 1514.
108. Brit. med. J. (1950 I) 312.
109. Brit. med. J. (1946 II) 119.
110. J.A.M.A. 143 (1950) 1336.
111. Brit. med. J. (1946 II) 119.
112. J.A.M.A. 115 (1940) 1627.
112a. Ugeskr. Laeg. (Dän.) 114 (1952) 778.
113. Schweiz. med. Wschr. 79 (1949) 725.
114. Ann. int. Med. 31 (1949) 343.
115. Schweiz. med. Wschr. 64 (1934) 496.
116. Medicina (Madrid) 15 (1947) 355; Excerpta med. Sec. VI, Intern. Med., Vol. II (1948), Referat Nr. 7023, S. 1807.
117. Stokes et al., Modern Clinical Syphilology S. 217. 1945.
118. Prensa méd. argent. 37 (1950) 380.
119. Ann. internat. Méd. 33 (1950) 1285.
120. Arch. internat. Méd. 78 (1946) 42; Texas J. Med. 29 (1933) 240.
120a. Arch. Mal. profess. (Paris) 13 (1952) 283.
121. New Engl. J. Med. 239 (1948) 769; N. Y. J. Med. 49 (1949) 2319.
122. New Engl. J. Med. 239 (1948) 769.
123. J. Mayr, S. 87.
124. Bull. Mém. Hôp. Paris (1948 I) 478.
125. Ghosh, S. 486; Stokes et al., Modern Clinical Syphilology, S. 218. 1945.
126. Schweiz. med. Wschr. 79 (1949) 725; Pr. méd. 58 (1950) 159.
127. Stokes et al., Modern Clinical Syphilology, S. 217. 1945.
128. Ned. Tijdschr. v. Geneesk. 94 (1950) 324; Bull. Mém. Hôp. Paris (1935 II) 1493, 1497.

129. Amer. J. Dis. Child. 81 (1951) 335.

130. Ann. Allergy 6 (1948) 519 (Mercupurine).

131. Brit. Heart J. 7 (145) 161.

132. J.A.M.A. 140 (1949) 860 (Organic mercurials).

133. Arch. Derm. Syph. (Chicago) 59 (1949) 116.

134. J.A.M.A. 140 (1949) 861.

135. Stokes et al., Modern Clinical Syphilology, S. 217. 1945.

136. Pr. méd. 59 (1951) 69.

137. Acta radiol. (Stockholm) 29 (1948) 493.

138. Schweiz. med. Wschr. 79 (1949) 725.

139. Acta paediatr. Belg. 4 (1950) 233; Pediatrics 4 (1949) 820; Lancet 254 (1948) 829.

140. J. Pharmacol. 84 (1945) 284.

141. Amer. Heart J. 27 (1944) 86.

142. Ann. int. Med. 32 (1950) 1190.

143. J. Michigan med. Soc. 45 (1946) 1618.

144. Brit. med. J. (1947 II) 477, 530, 629.

145. J.A.M.A. 128 (1945) 12.

146. Arch. Mal. Coeur 42 (1949) 447.

147. J. Allergy 20 (1949) 404; N. Y. J. Med. 52 (1952) 751.

147 a. Circulation 6 (1952) 245.

148. Brit. Heart J. 7 (1945) 161.

149. Texas J. Med. 45 (1949) 79.

150. Circulation 1 (1950) 508; Amer. J. med. Sci. 219 (1950) 139.

151. J.A.M.A. 119 (1942) 1497.

152. Klin. Wschr. 1 (1935) 239.

153. Amer. J. med. Sci. 203 (1942) 874.

154. Ann. int. Med. 28 (1948) 1040.

155. Ann. int. Med. 25 (1946) 711.

156. J.A.M.A. 177 (1941) 12.

157. Dtsch. med. Wschr. 75 (1950) 241.

158. J.A.M.A. 139 (1949) 1136; Ann. int. Med. 25 (1946) 711; Amer. J. med. Sci. 220 (1950) 60; Quart. J. Med. 20 (1951) 149.

159. J.A.M.A. 141 (1949) 382.

160. Algérie méd. 54 (1950) 479; Canad. Med. Ass. J. 66 (1952) 545.

161. Ann. med. int. Fenniae 36 (1947) 124.

162. Amer. Heart J. 42 (1951) 194.

163. Amer. Heart J. 27 (1944) 86; Brit. Heart J. 7 (1945) 161.

164. J.A.M.A. 133 (1947) 1006.

165. N. Y. J. Med. 49 (1949) 2351.

165 a. Amer. Practitioner 3 (1952) 235.

166. J. med. Soc. N. Jersey 42 (1945) 174.

167. Lancet 236 (1939) 22.

168. Amer. Heart J. 31 (1946) 431.

169. Proc. Soc. exp. Biol. (N. Y.) 76 (1951) 797.

170. Pennsylv. med. J. 53 (1950) 953; J. Philadelphia Gen. Hosp. 2 (1951) 79.

171. Lancet 260 (1951) 619.

172. Arch. int. Med. 81 (1948) 137.

173. Schweiz. med. Wschr. 79 (1949) 725.

173 a. J.A.M.A. 148 (1952) 200.

174. Acta paediatr. Belg. 4 (1950) 233; Pediatrics 4 (1949) 820; Lancet 254 (1948) 829; Brit. med. J. (1954 I) 247.

175. Klin. Wschr. (1949 I) 649.

176. Praxis 38 (1949) 903; J. Pediat. (1948 I) 643.

177. Amer. J. Dis. Child. 81 (1951) 335.

178. Lancet 257 (1949) 650.

179. Lancet 257 (1949) 647.

180. Ghosh, S. 118.

181. Fuehner, S. 101.

182. Arch. industr. Hyg. 3 (1951) 335.

183. Fuehner, S. 93.

184. Mschr. Psych. Neurol. 86 (1933) 235.

185. J.A.M.A. 98 (1932) 618.

186. Dtsch. med. Wschr. 76 (1951) 558.

187. Fuehner, S. 51.

188. Yearbook of Drug Therapy (Chicago) 1951, S. 354.

189. Arch. Neurol. Psych. (Chicago) 63 (1950) 749.

190. Cleveld. Clin. Quart. 16 (1949) 162.

191. Edinb. med. J. 38 (1951) 41.
191a. J.A.M.A. 148 (1952) 198.
192. New Engl. J. Med. 240 (1949) 787; Gastroenterology 27 (1954) 50; J. clin. Endocrin. Metabolism 14 (1954) 1074.
193. Lancet 237 (1939) 1118.
194. Ann. int. Med. 32 (1950) 562.
194a. Ugeskr. Laeg. (Dän.) 114 (1952) 575.
195. J. clin. Invest. 26 (1950) 887.
196. Ned. Tijdschr. v. Geneesk. 91 (1947) 2905; Acta med. Scand. 130 (1948) 26.
197. Wien. klin. Wschr. 60 (1948) 719.
198. J.A.M.A. 138 (1948) 549.
199. Amer. J. med. Sci. 215 (1948) 548.
200. Med. romana 3 (1948) 610.
201. J.A.M.A. 147 (1951) 1554.
202. Amer. J. med. Sci. 207 (1944) 374.
203. Proc. Meet. Mayo Clin. 22 (1947) 275; Ann. int. Med. 30 (1949) 1054.
204. J. clin. Endocrin. Metabolism 9 (1949) 446; J.A.M.A. 122 (1943) 1072.
205. J.A.M.A. 135 (1947) 530.
206. Davison, S. 527.
207. J.A.M.A. 139 (1949) 685.
208. J.A.M.A. 139 (1949) 685; Univ. Hosp. Bull. (Ann Arbor) 15 (1949) 9; Brit. med. J. (1953 I) 1146.
209. Arch. Surg. (Chicago) 59 (1949) 807.
210. Dtsch. med. Wschr. 76 (1951) 394.
211. Brit. J. Surg. 34 (1947) 333.
212. J.A.M.A. 148 (1952) 265.
213. Brit. J. vener. Dis. 27 (1951) 150.
214. Surgery 30 (1951) 977.
215. Brit. med. J. (1952 I) 358.
215a. Lancet (1953 II) 1186.
216. Ann. int. Med. 36 (1952) 563.
217. S. Moeschlin, Klinik und Therapie der Vergiftungen. Stuttgart: G. Thieme. 1952.
218. Circulation 3 (1951) 837.
218a. New Engl. J. Med. 247 (1952) 239.
219. J.A.M.A. 139 (1949) 687.
220. Acta paediatr. 14 (1952) 158.
221. Pr. méd. 60 (1952) 1227; Strasbourg méd. 3 (1952) 767; Bull. Soc. franç. Derm. Syph. 59 (1952) 137.
222. Arch. Derm. Syph. 65 (1952) 731.
223. Geburtsh. u. Frauenhk. 11 (1951) 1109.
224. Ned. Tijdschr. v. Geneesk. 96 (1952) 2810.
225. J.A.M.A. 115 (1940) 263.
226. Arch. Derm. Syph. 193 (1951) 99.
227. Arch. Derm. Syph. 42 (1940) 261.
228. Lancet (1953 I) 269.
229. J. Allergy 24 (1953) 73.
230. N.Y. J. Med. 52 (1952) 593.
231. J.A.M.A. 151 (1953) 788.
232. Méd. et Hyg. 10 (1952) 264.
233. Acta derm.-vener. (Stockholm) 32 (1952) 67.
234. Schweiz. med. Wschr. 83 (1953) 481.
235. Amer. J. med. Sci. 225 (1953) 39.
236. Brit. med. J. (1952 II) 921.
237. New Orleans med. surg. J. 104 (1952) 674.
238. Proc. Meet. Mayo Clin. 28 (1953) 272, 279.
239. Ned. Tijdschr. v. Geneesk. 97 (1953) 1583.
240. Tennessee St. med. J. 46 (1953) 11.
241. J. Indian med. Ass. 21 (1952) 521.
242. J.A.M.A. 152 (1953) 1130.
243. Amer. J. Med. 14 (1953) 108.
244. Brit. J. Ophthalm. 37 (1953) 234.
245. Pr. méd. 61 (1953) 1095.
246. J.A.M.A. 152 (1953) 1711.
247. Brit. med. J. (1953 II) 379.
248. Z. inn. Med. 8 (1953) 233.
249. Albahary, S. 24.
250. Z. inn. Med. 10. Febr. 1934.
251. Bull. Soc. Ophthalm. (Paris) 12 (1937) 751.
252. Albahary, S. 49.
253. Bull. Soc. med. Hôp. Paris (1935) 1468.
254. Antiseptic 49 (1952) 922.

255. Stanford Med. Bull. 11 (1953) 137.
256. Louisiana med. Soc. J. 105 (1953) 301.
257. Acta path. microbiol. Scand. 25 (1948) 107.
258. Pr. méd. 62 (1954) 34.
259. Lancet (1953 II) 1181.
260. Lancet (1954 I) 550.
261. Arch. int. Med. 93 (1954) 387.
262. Arch. clin. Chir. 94 (1938) 165.
263. J.A.M.A. 154 (1954) 747.
264. Z. Urol. 46 (1953) 539.
265. Brit. med. J. (1954 I) 352.
266. J. Pediat. 43 (1953) 644.
267. Brit. med. J. (1954 I) 899.
268. Wien. klin. Wschr. 66 (1954) 313.
269. N. Y. J. Med. 53 (1953) 3017.
270. Kinderärztl. Praxis 2 (1954) 17.
271. J. Mayr, S. 110.
272. Pr. méd. 63 (1955) 144.
273. Lindemayr, S. 8.
274. Lindemayr, S. 41.
275. Lindemayr, S. 59.
276. Lindemayr, S. 26.
277. Lindemayr, S. 17.
278. Lindemayr, S. 19.
279. Brit. med. J. (1954 II) 850.
280. Harefuah (Tel-Aviv) 42 (1952) 91.
281. J.A.M.A. 157 (1955) 117.
282. Lancet (1954, II) 1285; Amer. J. Dis. Child. 88 (1954) 503.
283. Bull. Mém. Hôp. Paris 70 (1954) 234.
284. Lindemayr, S. 47.
285. Schweiz. med. Wschr. 85 (1955) 19.
286. Amer. J. clin. Path. 22 (1952) 843.
287. Arch. Derm. Syph. 71 (1955) 108.
288. Ann. Allergy 13 (1955) 1.
289. J.A.M.A. 158 (1955) 1347, 1349, 1353, 1355.
290. Ärztl. Wschr. 10 (1955) 538.
291. Ann. int. Med. 43 (1955) 435.
292. New Engl. J. Med. 253 (1955) 55.
293. Med. Klinik 50 (1955) 1018.

XI. Metalloide

A. Phosphor

Phosphor wird selten als Medikament gebraucht, daher kommen auch wenig nachteilige Folgen vor. Man muß jedoch in Betracht ziehen, daß auch eine kleine Menge, die mit Phosphorlebertran eingenommen wird, bisweilen schädlich sein kann.

Ein Kind von elf Jahren starb nach 24tägigem Gebrauch von $^1/_2$ mg Phosphor dreimal pro die (1).

Bei langdauerndem Gebrauch herrscht die periostale Knochenbildung vor (2). Die Ernährung des Knochens leidet; er wird sklerotisch und für Infektionen empfindlich. Von kariösen Zähnen aus werden die Kiefer leicht infiziert, dadurch kommt es zu Nekrose mit Abstoßung großer Sequester.

Hyperostosis cranialis; Entkalkung (3) der Knochen, wodurch Fischgrätenwirbel entstehen können; Kalkabsetzung in Blutgefäßen. Manchmal wird der Kalziumgehalt des Blutes niedrig und es kann zu Erscheinungen von Tetanie (3) kommen.

B. Jod

Äußerliche Anwendung. Jodtinktur kann schwere Entzündungserscheinungen verursachen, wenn sie mit Schleimhäuten in Berührung kommt. Bei hiefür besonders empfindlichen Menschen kann auch die Haut heftig reagieren.

Eine besonders starke und langdauernde Reaktion folgte nach Jodieren der Leistengegend vor einer Bruchoperation: Muskeln, Sehnen und selbst die Hoden wurden bloßgelegt und verursachten eine Invalidität von etwa einem halben Jahr (3 a).

1. Jodismus. Innerlicher Gebrauch von Jod und besonders von Jodkali führt zu einem Syndrom, das unter dem Namen *Jodismus* (4) bekannt ist, wobei insbesondere die Schleimhäute ergriffen werden: Die Patienten bekommen Schnupfen, lästigen Speichelfluß und Tränen der Augen. Sie können eine deutliche Konjunktivitis bekommen. Man hört auch Klagen über Halsschmerzen und Metallgeschmack. Es kommt zu Laryngitis; Bronchitis, manchmal mit asthmatischen Erscheinungen, während auch flüchtige Lungeninfiltrate beschrieben wurden.

Nur 1 g Jodkali, vier Tage genommen, kann zur Schwellung der Parotitis führen.

Von 1100 Patienten, die Jodkali einnahmen, hatten 5 % so schwere Nebenwirkungen, daß sie sogar die geringste Menge Jod nicht mehr vertragen konnten: bei 32 stellten sich Magenbeschwerden ein, bei 19 Akne und bei 12 Schwellung der Speicheldrüsen mit Speichelfluß. Starke Schmerzen in der Frontal- und Temporalgegend zeigten sich bei sieben und eine kopiöse Sekretion der Nase und der Bronchien ebenfalls bei sieben. Einem Mädchen schwollen die Brüste an und sie bekam ein schweres ulzerierendes Jododerma. Ein anderer Patient hatte schmerzhafte Gelenkschwellungen jedesmal, wenn er nach längerer Pause Jodkali gebrauchte (76).

Langdauernder Gebrauch verursacht manchmal Kachexie, Anämie, depressive Erscheinungen. Oft klagen die Patienten über Anorexie, Brechreiz, Erbrechen, Diarrhöe. Es kann zu Blutungen aus Nase. Mund und Magen-Darmkanal kommen. Der Auswurf kann hämorrhagisch werden.

Purpura ohne oder mit Thrombopenie (11) kann sich sowohl nach Jodtinktur als nach Jodkali (49) zeigen.

2. Allgemeine Erscheinungen. Fieber, schneller Puls, Kopfschmerzen, Nervosität, manchmal Delirien, Schlaflosigkeit (6), Schwindelanfälle, Parästhesien, neuralgische Schmerzen.

3. Haut. Es können angioneurotische Ödeme entstehen: Glottisödem (5), Ödeme der Augenlider und anderswo.

Oft vorkommende Hauterscheinungen: Erytheme, scharlachähnliche Exantheme (8), hämorrhagische Exantheme, Urtikaria, exfoliative Dermatitis.

Besonders charakteristisch sind Akne und Jododerma (9).

Sie können große Pusteln, die Frambösie ähnlich sehen (7), verursachen; diese sehen noch drohender aus, wenn sie nekrotisch und sekundär infiziert werden. Es können Blasen wie bei Pemphigus entstehen, in deren Flüssigkeit Jod nachgewiesen werden kann.

Jododerma mit ausgebreiteten flüchtigen Lungeninfiltraten (10) wurde beobachtet.

Ein im Gesicht sehr ausgebreitetes Jododerma, so daß die Augen kaum erkennbar waren, kam bei einem Asthmapatienten vor. Er hatte eine Leukozytose von 32 000, darunter 70 % eosinophile Zellen, Tachykardie und starke *Albuminurie*. Nach Aussetzen des Jodkalis und Behandlung mit ACTH folgte Genesung (72).

4. Blutgefäßveränderungen, wie sie bei Periarteriitis nodosa vorkommen (12, 13), wurden beschrieben. Die Periarteriitis kann gleichzeitig mit Jododerma auftreten und kam auch zugleich mit Lungeninfiltraten, *Polyneuritis* und Eosinophilie vor (14). Die Eosinophilie kann Werte von 40 % und höher erreichen.

Bei zwei Patienten wurde eine Periarteriitis beobachtet, als man die Behandlung mit Jodkali trotz Urtikaria fortsetzte. Cortison brachte Restitution (77).

Gefäßveränderungen können Symptome wie bei Angina pectoris mit sich bringen (16), während auch Veränderungen im EKG beschrieben wurden (18).

5. Nervensystem. In einzelnen Fällen wurden auch *neurologische Veränderungen* in Form von Neuritis (14 a) beobachtet; es kann auch zu Hirnödem kommen.

6. Leber und Nieren. Über Hepatitis mit Ikterus und auch über ein hepatorenales Syndrom mit Anurie wurde berichtet (17). Eiweiß und Blut können im Urin auftreten.

7. Stoffwechsel. Bei Menschen mit Hyperfunktion der Schilddrüse und Neigung hiezu kann *Jodbasedow* entstehen. Auch nach Essen von jodiertem Brot kann Schilddrüsenüberfunktion entstehen.

Merkwürdig ist eine Mitteilung über zwei Patienten, die längere Zeit hindurch mit Injektionen von in Öl aufgelöstem Jod behandelt wurden, ausgesprochene Symptome von *Myxödem* bekamen und einen Grundumsatz von minus 30 % und minus 40 % hatten (10 a).

Drei andere Patienten wurden beobachtet, die einige Jahre hindurch Jodkali und Jodnatrium gebrauchten und deutliche Erscheinungen von Myxödem mit einem Grundumsatz von minus 15 %, minus 21 % und minus 20 % bekamen. Nach Aussetzen der Therapie folgte Genesung. Das Myxödem wird der antithyreoidalen Wirkung von Jod zugeschrieben (69).

8. Herxheimersche Reaktion. Jod kann diese Reaktion bei Lues hervorrufen (18).

Man ist allgemein der Ansicht, daß bei Lungentuberkulose kein Jod angewendet werden soll, weil man Reaktivierung befürchtet. Es ist eine Frage, ob diese Ansicht dokumentiert ist.

Radioaktives Jod (J 131)

1. Allgemeine Erscheinungen. Fieber, allgemeines Schwächegefühl, Brechreiz, Erbrechen.

2. Schilddrüse. Leichte Hypothyreoidie und bei 1 bis 2 % der behandelten Patienten ausgesprochenes Myxödem durch Fibrose der Schilddrüse. Hypothyreoidie mit Muskeldystrophie.

Die Schilddrüse kann während der Behandlung empfindlich und
größer werden. Die Erscheinungen der Hyperfunktion können vorübergehend schlimmer werden und müssen dann mit S. Lugol oder
Thiouracil behandelt werden.

Es kann jedoch eine echte thyreotoxische Krise entstehen; ein Patient ist daran gestorben (50).

Bei neun von 23 Patienten mit Hyperthyreoidismus, die zwischen
471 und 23 439 Millicurie (J 131) bekamen, zeigten sich Veränderungen in der Schilddrüse, die das Aussehen einer Thyreoiditis nach
HASHIMOTO hatten (74).

Der Exophthalmus kann zunehmen (34, 34 a).

3. Innere Sekretion. Es kann zu Amenorrhöe, Gynäkomastie und
Akne kommen.

Ein Junge, der mit 4 Millicurie (J 131) behandelt wurde, bekam
Erscheinungen von Tetanie (55); bei einem Mädchen entstand Tetanie
gleichzeitig mit Amenorrhöe (65).

Bei Schwangerschaft und während des Stillens soll man kein radioaktives Jod geben, weil es die Schilddrüse des Kindes schädigen
kann (62).

4. Andere Erscheinungen. Eine Tracheitis, die Stridorerscheinungen verursachte, hat man radioaktivem Jod zugeschrieben (51).

Jodoform

Durch Resorption von der Haut aus können entstehen:

Allgemeine Erscheinungen. Allgemeines Krankheitsgefühl, Fieber,
Kollaps, Magen-Darmerscheinungen, blutiger Stuhl (19), Apathie, Halluzinationen, Delirium, epileptiforme Anfälle, Lähmungen. Im Herzmuskel, in der Leber und den Nieren wurden Degenerations-Erscheinungen gefunden (21). Auch Albuminurie und Hämaturie können
vorkommen.

Haut. Erytheme, Urtikaria, Dermatitis, Pemphigus, Ekzem, Gingivitis, Stomatitis (20).

Jodhaltige Verbindungen, die zur Röntgendiagnostik gebraucht werden

Nierendiagnostik (Uroselektan, Perabrodil, Umbrenal, Diodrast,
Pyelombrin, Skiodan, Priodax, Hippuran, Neo-iopax).

Schnelles Einspritzen erhöht, langsames vermindert die Anzahl
der Nebenerscheinungen; diese Tatsache beruht auf der Wirkung des
Präparates und den Spasmen der Venen.

Schmerz, Angst, Brechreiz, Blässe, Schweiß, Kältegefühl, Schulter-
und Armschmerzen, Brennen in der Kehle soll man bei langsamem
Einspritzen selten bemerken (57, 58).

Intravenöse Pyelographie kann Erscheinungen von Jodismus verursachen.

Ein Patient bekam Balanitis mit starkem Ödem (78).

Die Literatur kennt einige Sterbefälle nach diesen Mitteln durch
Schock und Lungenödem (22).

Eine in USA gehaltene Enquete betraf 662 000 urologische Untersuchungen, bei denen 26 Todesfälle vorkamen. Zehn Menschen starben innerhalb einer Dreiviertelstunde; sieben von ihnen hatten folgende Erscheinungen: Jucken, Dyspnoe, Zyanose, Verwirrtheit, Koma.

Die anderen Todesfälle traten erst später ein und hatten Nierenvergiftung zur Ursache. Man kann dann das Bild der Nephrose finden (23).

Andere Nebenerscheinungen sind: Spasmus der benützten Vene mit Schmerzen in Arm und Schulter, Kongestionen, Erblassen, Schwitzen, Dyspnoe, Müdigkeit, Durst, Brechreiz, Jucken, Exantheme, QUINCKESCHES Ödem, Urtikaria, Augentränen, Rhinitis, Speichelfluß, Harnveränderungen.

Wir beobachteten eine Frau, die unmittelbar nach der Einspritzung heftige Schmerzen im Kopf, in den Ohren und hinter den Augen bekam. Sie hatte Jucken am ganzen Körper, mußte niesen und klagte über Brustbeklemmung. Der Puls war klein und schnell, sie war zyanotisch und gleichzeitig am ganzen Körper rot. Später gesellte sich hiezu Urtikaria; die Lippen schwollen an.

Nach fünf Tagen war sie noch immer kurzatmig und nach Anstrengung hatte sie Brustbeklemmung. Das EKG zeigte eine Senkung des ST-Intervalls. Nach 14 Tagen waren alle Klagen verschwunden und das EKG normal.

Unsere Patientin hatte keine allergische Konstitution und die Hautreaktion auf Jod war negativ.

Man soll bei Allergikern mit der Indikation für diese Einspritzungen sehr vorsichtig sein.

Man empfiehlt, vor einer Injektion einen Hauttest zu machen, aber an dessen Brauchbarkeit wird gezweifelt. Bei negativem Test sah man ernste und im Gegensatz dazu bei positivem Test überhaupt keine Reaktionen (59).

Es empfiehlt sich, Antihistamine zu geben oder eine Stunde vor oder während der Injektion 5 bis 10 mg Chlortrimeton der Kontrastflüssigkeit zuzufügen (79).

Ohne Antihistamin sah man nach der Einspritzung in 17,3 % Reaktionen (Brechreiz, Erbrechen, Niesen, Urtikaria, Asthma, Bewußtlosigkeit); mit 5 bis 10 mg Chlortrimeton in 7,1 % der Injektionen (80).

Schock behandelt man mit Infusen von Noradrenalin (2 bis 4 mg pro Liter Salzlösung), Sauerstoff, Antihistaminen oder, wenn nötig, ACTH oder Cortison.

Bei *Angiokardiographie* ist der Prozentsatz ernster Reaktionen größer.

Bei 6824 Untersuchungen kamen 26 tödliche Zwischenfälle vor. 17 davon betrafen Kinder unter acht Jahren. Die Todesursache war zumeist *Atemstillstand* (26).

Eine andere Publikation gibt die Mortalität dieses Eingriffes mit 0,4 bis 1 % an (25).

Einige Todesfälle traten einen bis zehn Tage nach der Injektion auf und wurden durch Infarkte im Gehirn verursacht (63).

Oft sieht man Tachykardie und oft kann man eine negative T-Zacke im EKG feststellen.

Schädigung der Nieren sah man bei sechs Männern und einer Frau nach einer Aortographie. Bei drei Patienten war diese einseitig. Eine Niere wurde atrophisch. Bei einem anderen funktionierte die Niere drei Monate nicht, wodurch Hypertension entstand, die später wieder zurückging. Vier Patienten hatten eine doppelseitige Nierenschädigung. Eine Anurie hörte nach zehn Tagen auf.

Man meint, daß die große Menge des Kontrastmittels und der hohe Druck, unter dem eingespritzt wurde, nicht ohne Einfluß waren (81).

Bei einem Patienten entstand nach Aortographie vollkommene motorische und sensorische Paraplegie vom achten Brustwirbel nach abwärts (82).

Man hat positive Eiweißreaktionen im Urin gefunden, obgleich die Reaktion nicht durch Eiweiß verursacht worden war. Auch nach dem Einnehmen von Priodax kann man diese Scheinreaktion im Urin antreffen (26 a).

Auch für *Gallenblasendiagnostik* gebrauchte Tetra-Jod-Phenolphthaleine (Cholagnost, Bilombrin) können unangenehme Erscheinungen verursachen: Brechreiz, Erbrechen, Schwindel, Kollaps.

Man sah Symptome von akuter Gallenblasenentzündung zweimal nacheinander je eine Viertelstunde nach dem Einnehmen (27).

Man nimmt an, daß bei einem Patienten mit latenter Nephritis dadurch eine tödliche Niereninsuffizienz entstanden ist (30 a).

Bei vier Patienten traten nach Einspritzen von *Biligraphin* allergische Erscheinungen auf. Bei einem Patienten entstand Urtikaria, bei einem anderen Larynxödem, während es in zwei Fällen zu einem ernsten anaphylaktischen Schock kam. Keiner dieser Patienten hatte eine allergische Anamnese (85).

Jodhaltiges Öl (Lipiodol, Jodipin), benützt bei Bronchographie

Erscheinungen von *Jodismus* können schon einige Stunden nach der Bronchographie entstehen: Coryza, Speichelfluß, Konjunktivitis, Schwellung der Parotis und anderer Speicheldrüsen, Urtikaria; angioneurotische Ödeme, speziell periorbital; Dermatitis, Asthma, Brechreiz, Erbrechen, Diarrhöe (30). Man sah auch Glottisödem und Jododerma (30 a); Purpura und blutgefüllte Blasen können entstehen.

Im Harn kann man Eiweiß und Erythrozyten finden.

In der Literatur wurden 30 Fälle von Jodismus nach Bronchographie aufgefunden; neun davon verliefen tödlich (68).

Wie sahen einen Patienten fünf Minuten nach der Bronchographie in einem heftigen Asthmaanfall sterben. In den Wänden der Bronchialäste und in dem zähen Schleim fand man sehr viele eosinophile Zellen.

Man kennt mehrere solche Fälle (28).

Manche Patienten bekommen etwa neun Tage nach der Bronchographie folgende Erscheinungen: Fieber, allgemeines Krankheitsgefühl, Brustschmerzen, Husten, manchmal findet man ein kleines Pleura-Exsudat (29).

Bald nach der Bronchographie mit *Jodochloral,* einem Öl, das neben Jod auch Chlor enthält, bekam ein Patient Seitenstechen. Es entstand QUINCKE-sches Ödem, wodurch ein Auge vollkommen unsichtbar wurde. Weiter kam es zu Ödem in der Glutealgegend, den Armen und Fingern und zu hohem Fieber bei schwerem Krankheitsgefühl; später entwickelten sich Akne-Pusteln, teilweise mit einem nekrotischen Zentrum.

Die Konjunktiven waren rot, auf einer Tonsille entwickelte sich ein Belag, die Halsdrüsen waren geschwollen und in einer Lunge wurde ein großes Infiltrat gefunden. Der Patient ist genesen (68).

Ausgebreitete Jodakne auf Gesicht, Rumpf und Armen nach Lipiodol-Injektion (20).

Der Fall eines Patienten ist beschrieben, der vier Stunden nach der Bronchographie einen Ausschlag bekam und zwei Wochen später starb. Im Bronchialbaum und in der Magenschleimhaut fand man Erscheinungen von *Polyarteriitis* (53).

Man sah Verdickungen der Wand der Alveolen und der Septen infolge der Bronchographie (31). Es kann auch *Atelektase* entstehen, manchmal massiver Lungenkollaps.

Noch nach Jahren kann man in der Lunge Reste von Lipiodol finden.

Es ist üblich, den Patienten einen Tag vor der Bronchographie auf Allergie zu untersuchen, indem man ihm 1 g Jodkali gibt. Doch ist wiederholt vorgekommen, daß der Patient auf Jodkali nicht reagierte, später aber doch auf Lipiodol.

Man gebraucht derzeit zur Bronchographie häufig *in Wasser lösliche Jodverbindungen (Joduron).* Auch hiedurch kann Fieber entstehen; man kann sogar nach 90 Tagen Reste in den Lungen finden. Es kann sich in den Lungen Bindegewebe mit Riesenzellen entwikkeln (33).

Nach *Salpingographie* sah man Lungenembolie.

Lipiodol kann bei *Myelographie* zu Entzündungserscheinungen führen: Meningitis (32), Arachnoiditis, die Verwachsungen verursachen kann (64).

Bei einem Patienten kam es als Folge von Lipiodol zu Herpes zoster, Parästhesien, Schmerzen in den Beinen, Harnverhaltung (32 a).

C. Brom

Chronische Bromvergiftung (24, 35) kommt oft bei psychotischen Patienten vor. Die Tatsache, daß ein Patient durch Bromgebrauch unruhiger werden kann, wird oft unberücksichtigt gelassen und dem Patienten dann noch mehr Brom verschrieben.

Die Gefahr einer Bromvergiftung ist bei Alkoholikern und bei Menschen, die salzlose Diät einhalten, größer. Man sah toxische Psychosen entstehen, wenn mehr als 30 % des Körperchlors durch Brom ersetzt waren.

1. Allgemeine Erscheinungen. Kopfschmerz, Schwindel, Müdigkeit, Rhinitis, Bronchitis, Konjunktivitis, Asthma, Lungenödem (37 a), Abmagerung, Herzklopfen, leichte Temperatursteigerung. Man sah auch Zirkulationsstörungen, Dehydration, niedrigen Druck der Lumbalflüssigkeit, Schulterschmerzen.

Magen-Darmbeschwerden, Magenschmerzen, Bauchschmerzen, Anorexie, Diarrhöe.

2. Nervensystem. Gedächtnisschwäche, Unruhe, Benommenheit, Ohnmachtsanfälle, Verwirrtheit, Halluzinationen, schizoide Zustände (15, 36). Bei alten Menschen muß man besonders vorsichtig mit Brom sein (60).

Neurologische Störungen: Tremor, Ataxie, erschwertes Sprechen, Sehstörungen, Papillenödem, niedrige Reflexe, Paresen, Hemiparese, Nystagmus, Ptosis der Augenlider, Konvulsionen, Harnverhaltung.

3. Haut (37). Erytheme, Roseola, Urtikaria, Erythema exsudativum multiforme, Erythema nodosum, bullöse Exantheme (56), Purpura.

Das typischeste Symptom ist allerdings die Bromakne, die sehr groß werden, wuchern und konfluieren kann. Manchmal wird sie auch sekundär infiziert. Auch die Schleimhäute können ergriffen werden: Bromoderma vegetans der Zunge.

Akne kommt bei empfindlichen Menschen bald nach Beginn der Bromeinnahme vor.

Die Behandlung chronischer Bromvergiftungen besteht aus Darreichung von Kochsalz und reichlich Flüssigkeit. 6 g Ammoniumchlorid pro Tag beschleunigen die Bromausscheidung (38). Auch Nikotinsäureamid, 750 mg pro Tag, soll günstig wirken (39).

Durch den Gebrauch von Brom Seltzer (40) sieht man außer den oben genannten Symptomen Zyanose infolge von Sulfmethämoglobinämie, da dieses Präparat auch Azetanilid enthält.

Bromsulphalein

kann anaphylaktischen Schock erzeugen (41, 42), allergische Haut- und gastro-intestinale Erscheinungen (43), Asthma (42), Eosinophilie, Schwindelanfälle (42), Synkope, Brechreiz, Erbrechen; Fieber, das sich sechs bis zwölf Stunden nach der Injektion einstellt.

Ein 33jähriger Mann mit Hepatitis wurde sofort nach der Einspritzung bewußtlos. Es entstanden heftige Konvulsionen, worauf sich der Patient wieder erholte. Noch zwei Monate nachher litt er unter einer Fazialis-Parese (67).

D. Fluor

Das Email der Zähne kann fleckig werden, Rückenschmerzen, Schmerzen in den Gelenken der Arme und Beine, Bildung von Osteophyten, Osteosklerose, Verkalkung von Sehnen, Steifwerden der Wirbelsäule und des Brustkorbes (66).

E. Bor

Man hat tödliche Vergiftungen beobachtet, durch Resorption von Borpulver aus Wundflächen, durch Resorption von Borsäure aus der Blase, einer Empyemhöhle und dem Darmkanal. Sie kamen auch durch Resorption durch eine geschädigte Hautoberfläche vor, wenn Hautveränderungen (Ekzeme) mit Borsalbe behandelt wurden (44). Die ungeschädigte Haut läßt keine Borsäure durch.

109 Fälle von Borsäurevergiftung wurden aus der Literatur gesammelt.

Oft wird Borsäure als *Streupulver* gebraucht. Die Mortalität betrug 55 %, bei Kindern unter einem Jahr sogar 70 %.

Die Symptome waren gewöhnlich Erytheme, die sich schälten; Erbrechen, Diarrhöe, meningeale Reizerscheinungen. Es kann auch zu Schock kommen (46 a).

Ein Baby starb an einer exfoliativen Dermatitis mit Dehydration. Man fand Borsäure in der Leber (83).

Ein sechs Wochen altes Kind starb an Borsäurevergiftung nach Pinselung der Mundhöhle mit Boraxglyzerin (84).

In einer Publikation werden drei tödliche Vergiftungen durch *Blasenspülungen* mit 3%iger Borsäure beschrieben. Die Erscheinungen waren: Scharlachartiges Erythem, Schock und Anurie. Eine bedeutende Menge Borsäure wurde im Gehirn und der Leber gefunden (44 a).

Bei Blasenspülungen beobachtete man auch Blutungen und Ödem der Blasenschleimhaut und auch Erscheinungen von Gastroenteritis, Ileitis, degenerative Veränderungen in den Nieren und im Zentralnervensystem (46).

Borsäure hat sehr geringe antiseptische Eigenschaften und man tut besser, sie bei Kindern überhaupt nicht mehr zu gebrauchen.

Wird Borsäure *per os* genommen (Abmagerungsmittel wie „Facil" enthalten oft Borsäure) sieht man papulöse Erytheme an der Streckseite der Extremitäten (Psoriasis borica), Alopecia areata, exfoliative Dermatitis, Anorexie, Erbrechen, Diarrhöe, Blutungen, Albuminurie, Schock, Fieber, Delirium, Abmagerung durch erhöhte Fettverbrennung und verringerte Resorption vom Darmkanal (45).

Wir sahen ein junges Mädchen, das wegen Epilepsie Borsäure in Pulvern nahm und dadurch hohes Fieber, masernartiges Exanthem und Eosinophilie bekam.

F. Schwefel

Bei Säuglingen, die mit schwefelhaltigen Salben behandelt wurden, beobachtete man eine tödlich verlaufende Schwefelwasserstoffvergiftung mit Erscheinungen von Erbrechen, Apathie, Kollaps (47).

Natriumsulfat und Magnesiumsulfat
als Laxativa, längere Zeit hindurch gebraucht, können Erscheinungen von Hypokalämie (Herz) und Hypokalzämie (Tetanie und Osteomalazie) verursachen (48, 61).

Literatur

1. Fuehner, S. 56.
2. Bijlsma, S. 42.
3. Dtsch. Arch. klin. Med. 194 (1949) 456.
3a. Ann. Méd. lég. 20 (1940) 247.
4. J.A.M.A. 100 (1933) 110.
5. Ugeskr. Laeg. (Dän.) 112 (1950) 657.
6. Sollmann, S. 819.
7. Stokes et al., Modern Syphilology, S. 226, 948. 1945.
8. Klin. Wschr. (1934 II) 1344.
9. Ned. Tijdschr. v. Geneesk. 93 (1949) 3210.
10. Canad. Med. Ass. J. 64 (1951) 67.
10a. Bull. Mém. Hôp. Paris 68 (1952) 423.
11. Arch. Path. (Chicago) 47 (1949) 446.
12. Rev. Asoc. méd. argent. 60 (1946) 816; Excerpta med. Sec. VI, Intern. Med., Vol. II (1948), Referat Nr. 916, S. 340; Bull. Johns Hopk. Hosp. 77 (1945) 43.
13. J.A.M.A. 114 (1940) 138.
14. Acta med. Scand. 136 (1950) 378.
14a. Nord. Med. 46 (1951) 1371.
15. Amer. J. Med. 10 (1951) 459.
16. Les Maladies des Coronaires, 2. Aufl. Paris: Masson. 1950.
17. Fuehner, S. 41.
18. Sollmann, S. 819; J. Allergy 26 (1955) 394.
19. Lancet 224 (1933) 250.
20. J. Mayr, S. 69.
21. Ghosh, S. 588.
22. Münch. med. Wschr. 87 (1940) 393.
23. Amer. J. Roentgenol. 48 (1942) 741; Brit. J. Radiol. 25 (1952) 625.
24. Brit. med. J. (1946 II) 226.
25. Brit. med. J. (1950 I) 1267.
26. J.A.M.A. 147 (1951) 378.
26a. Radiology 55 (1950) 740; J.A.M.A. 152 (1953) 1332.
27. Connecticut St. med. J. 11 (1947) 739; Excerpta med. Sec. VI, Intern. Med., Vol. II (1948), Referat Nr. 4680, S. 1286.
28. Radiology 45 (1945) 603.
29. Lancet 260 (1951) 387.
30. J.A.M.A. 130 (1946) 194.
30a. Ann. Otol. Rhinol. Laryngol. 61 (1952) 408; Pr. méd. 62 (1954) 198.
31. Schweiz. med. Wschr. 80 (1950) 273.
32. Pr. méd. 59 (1951) 807.
32a. Zbl. Chir. 77 (1952) 1508.
33. Schweiz. med. Wschr. 81 (1951) 54.
34. J. clin. Endocrin. Metabolism 9 (1949) 171.
34a. J.A.M.A. 148 (1952) 1269.
35. J.A.M.A. 125 (1944) 769.
36. Amer. J. Psychiatr. 105 (1948) 161.
37. J. Mayr, S. 37.
37a. Amer. J. Psychiatr. 109 (1952) 196.
38. J.A.M.A. 146 (1951) 1116.
39. Alabama med. J. 42 (1950) 973.
40. Arch. int. Med. 85 (1950) 783.
41. J. Allergy 20 (1949) 76.
42. J.A.M.A. 143 (1950) 802; Ann. int. Med. 34 (1951) 1219; J.A.M.A. 152 (1953) 1622.
43. Gastroenterology 13 (1949) 246.
44. J.A.M.A. 129 (1945) 332; Lancet (1954 I) 505.
44a. Ned. Tijdschr. v. Geneesk. 96 (1952) 395.
45. Ned. Tijdschr. v. Geneesk. 83 (1939) 1226.
46. J.A.M.A. 140 (1940) 498.
46a. Amer. J. Dis. Child. 82 (1951) 465.
47. J.A.M.A. 133 (1947) 1031.
48. Schweiz. med. Wschr. 75 (1945) 243; Helvet. med. Acta 16 (1949) 262.
49. New Engl. J. Med. 245 (1951) 892.
50. Illinois med. J. 101 (1952) 265.
51. J. lab. clin. Med. 39 (1952) 256.
52. J.A.M.A. 150 (1952) 1398.
53. Thorax 6 (1951) 193.
54. J.A.M.A. 151 (1953) 964.
55. J. clin. Endocrin. Metabolism 12 (1952) 1223.
56. Pr. méd. 61 (1953) 781.

57. Arch. int. Med. 91 (1953) 618.
58. Münch. med. Wschr. 87 (1940) 1203.
59. Rev. méd. Suisse rom. 72 (1952) 632.
60. J.A.M.A. 152 (1953) 801.
61. J. clin. Invest. 32 (1953) 258.
62. Rev. clin. esp. 46 (1952) 383.
63. J. nerv. ment. Dis. 116 (1952) 739.
64. J.A.M.A. 153 (1953) 636.
65. Ann. Endocrin. 13 (1952) 801.
66. Lancet 262 (1952) 961; Pr. méd. 62 (1954) 1709.
67. U. S. Armed Forces med. J. 4 (1953) 935.
68. Arch. Otolaryng. 58 (1953) 536.
69. Lancet (1953 II) 1335; (1954 I) 572.
70. Lancet (1953 II) 1278.
71. New Engl. J. Med. 247 (1952) 992.
72. Brit. med. J. (1954 I) 255.
73. J. Allergy 16 (1945) 17.
74. J. clin. Endocrin. Metabolism 13 (1953) 1445.
75. Amer. J. Med. 16 (1954) 231.
76. South. med. J. 47 (1954) 609.
77. J. Allergy 26 (1955) 81.
78. Pr. méd. 63 (1955) 167.
79. Ohio St. med. J. 50 (1954) 247.
80. J. Allergy 25 (1954) 247.
81. Surgery 35 (1954) 395.
82. J.A.M.A. 156 (1954) 1599.
83. Lancet (1954 II) 710.
84. J. Kentucky St. Med. Ass. 52 (1954) 423.
85. Ann. med. int. Fenniae 44 (1955) 137.

XII. Sulfonamide

Es gibt kein Medikament, über dessen Nebenerscheinungen die Literatur mehr berichtet, als die Sulfa-Präparate. Die Anzahl der Todesfälle durch Sulfonamide ist nicht unbedeutend. Die praktischen Ärzte, also die Mehrzahl derjenigen, die Sulfonamide verordnen, geben aber nur zu, hie und da Anurie oder Hautexantheme gesehen zu haben. Andere nachteilige Folgen glauben sie nicht beobachtet zu haben. Dieser Widerspruch ist durch die Tatsache begründet, daß es oft schwierig ist, bei einem Schwerkranken neue Symptome, die außerhalb der ursprünglichen Krankheit auftreten, zu entdecken.

Schreibt der Arzt einem Schwerkranken Sulfonamide vor, kann es dazu kommen, daß der Patient immer schwerer krank wird und endlich stirbt. Man sagt dann, daß in diesem Falle die Sulfonamide bei dieser Krankheit wirkungslos waren. Diese Annahme kann tatsächlich richtig sein; man muß aber auch daran denken, daß Sulfa-Präparate dem Kranken geschadet haben und daß die Verschlechterung der Krankheit und der Tod eigentlich diesen zuzuschreiben ist. Manchmal kann eine gründliche Blut- oder eine neurologische Untersuchung hierüber Aufschluß geben.

Eine gründliche Beobachtung des Patienten kann jedoch bereits den richtigen Weg zeigen, nämlich mit der Darreichung der Sulfonamide aufzuhören.

Bei dieser Beobachtung kann durch unzweifelhafte Zeichen einer Sensibilisation, die von der Serumkrankheit her bekannt ist, der Weg gewiesen werden: Urtikaria, Ausschläge, Gelenkschmerzen, perikorneale Injektion, Fieber, Eosinophilie.

Achtet man nicht auf diese Zeichen oder erkennt man sie nicht, kann durch Fortsetzung der Sulfatherapie für den Patienten ein lebensgefährlicher Zustand entstehen. Und wie kann man diese Zeichen sehen, wenn man den Patienten nicht Tag für Tag genauestens beobachtet?

Wenn ein Patient mit einer Lungenentzündung unter Einfluß von Sulfonamiden fieberfrei wird und die Temperatur wieder steigt, muß man in erster Linie an *„Arzneifieber"* denken und mit der Darreichung des Medikamentes aufhören. Die Erfahrung lehrt jedoch, daß man eher geneigt ist, die Dosis der Sulfonamide zu erhöhen. Schwieriger wird es, wenn das Fieber der ursprünglichen Krankheit ohne Unterbrechung in ein durch das Medikament hervorgerufenes Fieber übergeht. Andere Erscheinungen können uns nun auf die Spur des „Arzneifiebers" führen, wie Erytheme, Konjunktivitis usw., während es außerdem auffallen muß, daß, um ein Beispiel anzuführen, die Pneumonie beinahe oder gänzlich geheilt ist. Gewöhnlich rechnet man mit „Arzneifieber", wenn das Medikament etwa eine Woche gebraucht wurde.

Wenn das Fieber nicht verschwindet, ist entweder der Erreger gegen Sulfonamide resistent, oder ist das Medikament die Ursache des Fiebers.

Wenn ein Kranker nach zwei- bis dreitägiger Behandlung noch immer fiebert, stelle man die Behandlung mit Sulfa-Präparaten ein.

Wenn ein Patient früher bereits Sulfonamide gebraucht hat, kann er sensibilisiert sein und die *allergischen Erscheinungen* (Fieber, Erytheme) können schon einige Stunden nach der erneuten Darreichung entstehen.

75 % der Überempfindlichkeitsreaktionen bei Patienten, die schon früher mit Sulfonamiden behandelt wurden, entstehen in den ersten zwei Tagen (1).

Man muß damit rechnen, daß 30 % der Kranken, die früher Sulfonamide gebrauchten, bei erneuter Darreichung Überempfindlichkeitsreaktionen bekommen (2).

Von 21 Kindern, die vorher mit Fieber und Ausschlag auf Sulfonamide reagiert hatten, bekamen 14 innerhalb acht Stunden nach einer Probedosis von 250 mg dieselben Symptome (3).

Sensibilisation ist eine große Gefahr bei allen Medikamenten, aber besonders bei Sulfa-Präparaten. Nachdrücklich wird geraten, bei unbedeutenden Infektionen keine Sulfatherapie einzuleiten. Erkältung und Grippe reagieren hierauf ja doch nicht, und eine leichte Angina heilt auch ohne „Kraft-Therapie". Man erreicht nichts anderes damit, als eine Sensibilisierung des Patienten.

Bei einer späteren Infektion, bei der Sulfonamide indiziert wären, kann man sie dann nicht verwenden, ohne den Patienten zu schädigen.

Ein besonders kennzeichnendes und dramatisches Beispiel:

Ein 19jähriger Mann, der zwei Jahre vorher wegen Scharlach und Polyarthritis mit Sulfathiazol behandelt worden war, erkrankte an einer leichten Angina. Der Arzt schrieb Sulfathiazol vor. Am dritten Tag, als er 11 g Sulfathiazol gebraucht hatte, wurde der Kranke unruhig. Wir konstatierten eine Polyneuritis; alle Reflexe, außer den Bauchreflexen, waren verschwunden. Im Liquor fand man nichts Besonderes. Ein scharlachartiges Erythem trat auf und die Skleren waren stark injiziert. Es kam zu Anurie und der Patient verfiel in Schock.

Die Behandlung mit Sulfathiazol wurde eingestellt und der Patient bekam Bluttransfusionen zur Behandlung des Schocks. Die Urinbildung blieb jedoch sehr gering. Die kleine Menge Harn, die durch Katheterisieren gewonnen wurde, enthielt Eiweiß und Erythrozyten. Im Blut war 1,2 g Ureum pro Liter. Am vierten Tag starb der Patient.

Bakteriologisch bot das Blut keinen Befund, auch aus der Milz konnten keine Mikroorganismen gezüchtet werden.

Bei der Obduktion wurde eine serofibrinöse Polyserositis gefunden. Das Herz war leicht hypertrophisch, schlaff und dilatiert; die Mitralisklappe geschrumpft. Eine deutliche interstitielle Myokarditis war vorhanden, besonders dicht unter dem Endokard, mit leukozytärer Infiltration und starker Verfettung des Herzmuskels. Die kaudalen Partien der Lungen waren stark hyperämisch. An einigen Stellen waren feste, blasse Herde in dunklem Lungengewebe. Diese erwiesen sich als Entzündungsherde und Nekrose mit stellenweisen Blutungen. Leber und Milz waren gestaut, das periportale Bindegewebe in der Leber enthielt sehr viel Leukozyten, speziell um die Zweige der Arteria hepatica herum. Die Nieren waren gestaut und geschwollen. Es bestand Glomerulitis und Periglomerulitis; im Mark lagen einkernige Infiltrate in der Umgebung mancher Arterien. In der Wand des Ösophagus fanden sich große Blutungen; im mikroskopischen Bild sah man Entzündung, besonders um die kleinen Blutgefäße herum. Auch in der Wand des Herzbeutels wurden Blutungen festgestellt.

Bei diesem Mann fand man Erscheinungen von allergischer Entzündung in Lungen, Herz, Leber, Nieren, Ösophagus und den serösen Häuten. Die Entzündung war hauptsächlich deutlich in der Umgebung kleiner Blutgefäße; sie war von Blutungen begleitet.

Bei einem für Sulfonamide sensibilisierten Patienten kann man dieselben Erscheinungen wie bei Serumkrankheit erwarten, wenn man die Serumeinspritzungen fortsetzt (4).

Die Sensibilisierung ist nicht an Tabletten oder Injektionen gebunden, sie kann besonders auch entstehen, wenn man äußerlich Sulfa-Präparate in Salben-, Pasten- (5) oder Puderform anwendet (6).

Eine Hautkrankheit wurde mit 5%iger Sulfathiazolsalbe behandelt; zwei Monate später entstand einige Stunden nach Einnehmen von Sulfathiazol eine generalisierte Dermatitis (7, 8).

Man hat sogar zwei Patienten beschrieben, die, nachdem sie allergisch geworden waren, eine allgemeine Dermatitis nach 30 mg Sulfathiazol bekamen (9).

Man höre doch auf, jeden Hautausschlag mit sulfonamidhaltigen Salben zu behandeln!

Die Reklame der Industrie, um sulfonamidhaltige Zahnpasta, Rasierseife und dergleichen in den Handel zu bringen, kann nicht genug verurteilt werden.

Manche Hühnerfarmer glauben, daß die Zutat von Sulfonamiden im Futter für ihre Tiere vorteilhaft ist. Es ist nicht ausgeschlossen, daß die kleine

Menge, die mit dem Fleisch oder den Eiern solcher Tiere genossen wird, Menschen sensibilisieren kann.

Die Nebenerscheinungen der Sulfonamide sind meist allergischer Natur. Dafür spricht bereits, daß sie durch eine kleine Menge entstehen können, und ebenso, daß sie mit gewissen allergischen Symptomen, wie „Serumkrankheit"-Syndrom, zusammenhängen.

Es ist nicht sicher, daß alle Nebenerscheinungen der Sulfonamide auf Allergie beruhen (10). Haut- und Schleimhautblutungen können eine allergische, aber auch andere Ursachen haben. Bei langdauerndem Gebrauch von Darmsulfonamiden muß man auch mit einem Vitamin-K-Mangel rechnen. Der Prothrombingehalt des Blutes kann so stark sinken, daß es zu Blutungen kommt (11).

Die Azidose, die bei Gebrauch von Sulfanilamiden entsteht, hat nichts mit Allergie zu tun (12), denn sie wird durch einen Verlust von Basen im Urin verursacht.

Ebensowenig sind die Verwachsungen, die entstehen, wenn man nach einer Operation Sulfonamidpulver in den Bauch streut (13), oder die Nekrosen, die ich einmal bei einem Patienten sah, der intramuskuläre Injektionen mit Sulfathiazol bekommen hatte, allergische Symptome.

Anurie kann sowohl durch Verstopfung der abführenden Harnwege mit Kristallen als auch durch Degeneration der Nierenkanälchen oder durch eine Nierenerkrankung entstehen, die Folge einer allergischen Entzündung der Blutgefäße ist.

Es ist wahrscheinlich, daß der größte Teil der Nebenerscheinungen der Sulfonamide doch als eine Äußerung der Überempfindlichkeit für diese Heilmittel angesehen werden muß.

Es ist unmöglich, alle Sulfa-Präparate einzeln zu besprechen. Es gibt ihrer zu viele. Außerdem ist nichts daran gelegen, wenn eine bestimmte Nebenerscheinung bei einem oder dem anderen Sulfonamid nicht beschrieben ist.

Es empfiehlt sich, anzunehmen, daß alle Nebenerscheinungen durch alle Sulfonamide hervorgerufen werden können (14, 15). Man kann wohl sagen, daß ältere Sulfonamide, wie: Sulfapyridin (Eubasin, Dagenan), Sulfathiazol (Eleudron, Cibazol), schädlicher sind als die modernen Präparate, wie: Sulfapyrimidin (Sulfadiazin) und Sulfamethylpyrimidin (Sulfamerazin = Sumedin), Sulfadimethylpyrimidin (Sulfamethazin = Aristamid = Elkosin). Aber auch bei diesen Mitteln sind ernste Nebenerscheinungen, wie akute Nephrose und Agranulozytose, bekannt. Auch bei neuen Präparaten wie Gantrosin (16) (Sulfisoxasol) sah man bereits starke Hämaturie, Kristallbildung, Ausschlag, Dermatitis, Fieber, Agranulozytose (17), Anorexie, Brechreiz, Erbrechen und Kopfschmerzen (16).

Gewöhnlich ist es so, daß jedes neue Sulfonamid als vollkommen unschädlich gemacht wird. Wird das Präparat aber öfters gebraucht, werden Mitteilungen über unangenehme Nebenerscheinungen veröffentlicht. Auch bei Lucosil und Irgafen sahen wir Nebenerscheinungen.

Die Darmsulfonamide (Sulfaguanidin, Sulfaphthalidin, Sulfasuxidin) können dieselben Nebenerscheinungen verursachen, wenn auch weniger häufig: Fieber, Hauteruptionen (18), Konjunktivitis, Kristallbildung, Hämaturie (19), Agranulozytose, Verwirrtheit (20), Delirium.

Ein Patient bekam Fieber, Kopfschmerz, Brechreiz, Erbrechen und Erythema nodosum nach Sulfasuxidin (172). Zu tödlicher Reaktion nach Sulfaphthalidin kam es bei einem Patienten, der vorher durch Sulfathiazol sensibilisiert war: Fieber, Ödeme, Gelenkschwellung. Bei der Obduktion fand man eine Myokarditis (173).

Es wurden sechs Fälle von Überempfindlichkeit gegen Sulfasuxidin beobachtet. Bei drei Patienten kam es unmittelbar nach dem Einsetzen der Therapie zur Reaktion; sie hatten schon früher Sulfonamide gebraucht.

Bei drei anderen Patienten, bei denen dies nicht der Fall war, stellte sich die Reaktion erst nach sechs bis sieben Tagen mit Fieber, Kopfschmerzen, Ödemen, Urtikaria und Hustenreiz ein (174).

Ist jemand überempfindlich gegen Sulfonamide, dann ist die Gefahr, daß er allergisch reagiert, größer, wenn er dasselbe Sulfonamid einnimmt; die Gefahr ist kleiner, wenn man das Präparat wechselt.

48 Patienten bekamen dasselbe Sulfa-Präparat und 33 von ihnen reagierten wiederum mit Überempfindlichkeit. Von 30 Patienten, die ein anderes Sulfa-Präparat bekamen, reagierten nur fünf allergisch (21). Es ist daher ratsam, ein anderes Sulfonamid zu verschreiben als dasjenige, auf das der Patient früher schlecht reagierte. Aber auch dann ist besondere Vorsicht geboten.

Dies wird bei den folgenden Patienten demonstriert.

Bei einem Mann kam es nach der Entfernung eines gangränösen Appendix zu Sepsis. Aus dem Blute wurde B. coli gezüchtet. Er bekam Sulfadiazin. Nach zehn Tagen entstand ein scharlachartiges Erythem. Die Medikation wurde eingestellt. Die Temperatur stieg wieder; wieder wurde B. coli gezüchtet.

Wir hatten noch kein coli-empfindliches Antibiotikum und es blieb nichts anderes übrig, als die Behandlung mit einem anderen Sulfonamid, Sulfamerazin, zu versuchen.

Die Hauterscheinungen rezidivierten nicht, aber trotz regelmäßiger Leukozytenzählung wurden wir am neunten Tag durch eine Agranulozytose überrascht. Schließlich trat Genesung ein.

Bei intravenöser Anwendung (aber wozu ist dies nötig?) von Sulfa-Präparaten kann es zu ernsten anaphylaktischen Erscheinungen kommen.

Eine 57jährige Frau bekam in zwei Tagen 13 g Aristamid (Sulfadimethylpyrimidin) per os. Am Abend des zweiten Tages wurden 200 mg intravenös eingespritzt. Unmittelbar hierauf kam es zu ernstem Schock und Lungenödem und eine Viertelstunde später war die Frau tot (160).

Auch durch intravenöse Sulfanilamid-Injektion starb ein Patient plötzlich (161).

Jemand kann überempfindlich für eine bestimmte Gruppe in einem Molekül sein. Er kann deshalb eine Überempfindlichkeit gegen Medikamente mit sehr verschiedenartigen pharmakologischen Eigenschaften haben.

Bei einem Patienten fand man Überempfindlichkeit für Sulfadiazin, aber gleichzeitig für Sulfanilamid, Sulfaguanidin, Para-amino-benzoesäure, Para-phenylendiamin, Anilin (22). Der sensibilisierende Bestandteil dieser Mittel ist die NH_2-C_6H_4-Gruppe.

Deshalb kann ein Patient mit einer Dermatitis, die durch ein Sulfa-Präparat verursacht wurde, einen positiven Hauttest für Arsphenamin, Para-aminosalizylsäure und Procain haben; alle diese Stoffe haben einen Aminobenzenring (23).

Empfohlen wird daher, Sulfa-überempfindliche Patienten nicht mit Procain-Penicillin zu behandeln (24).

Ein Patient wurde wegen Pneumonie mit Sulfathiazol behandelt. Nach zwei Tagen entwickelte sich ein Ausschlag, der als eine tödliche exfoliative Dermatitis endete. Im ganzen hatte er 15 g Sulfathiazol eingenommen. Zwölf Jahre vorher hatte er eine Hautkrankheit bekommen, während er eine Arsphenaminkur durchmachte. Möglicherweise war er damals für den gemeinschaftlichen Aminobenzenkern sensibilisiert worden (25).

Ein Friseur, der mit Para-phenylendiamin (Haarfärbemittel) umzugehen gewöhnt war, bekam nach einer Behandlung eines Ulcus cruris mit Sulfa Ekzem und Dermatitis. Er mußte seinen Beruf ändern. In derselben Publikation wird ein Fall von Schock mit Erythem nach einer Novocaininjektion (166) bei einem mit Sulfasalbe behandelten Patienten beschrieben.

Hier folgen die wichtigsten Nebenerscheinungen der Sulfonamide nach den verschiedenen Organen geordnet:

1. Hauterscheinungen hat man bei allen Sulfonamiden beobachtet. Sie können leicht sein: *Jucken* und *flüchtige Erytheme*, und sie können schwer sein: *Dermatitis exfoliativa* und *Erythrodermie*. Die erste Gruppe kann in die zweite übergehen. Wenn die Sulfatherapie nicht sofort eingestellt wird, ist die Gefahr größer.

Auch die Schleimhäute können angegriffen werden. Man findet dann Enantheme und manchmal Bläschen in der Mundhöhle und der Vagina.

Die allergische Art ist bei Hauterscheinungen leichter nachzuweisen als bei der Reaktion innerer Organe. Die Läppchenprobe und andere Proben können bei der Beurteilung behilflich sein. Die Hautteste sind aber nicht immer beweisend: Fallen sie negativ aus, spricht dies nicht gegen die allergische Ursache einer Abweichung.

In der Amsterdamer Universitätsklinik für Haut- und Geschlechtskrankheiten wurden 43 Patienten mit Hautkrankheiten, deren Ursache ein Sulfa-Präparat war, behandelt (23). Gefunden wurde 28mal eine allgemeine, 6mal eine lokale Dermatitis, 2mal Erythema nodosum, 5mal photosensible Reaktionen, 1mal ein fixes Exanthem, 1mal Purpura. Auffallend ist die geringe Anzahl fixer Exantheme, worunter man die flüchtigen, an bestimmten Stellen rezidivierenden Erytheme versteht; aber diese kommen zumeist nicht in Behandlung des Hautarztes.

Von den 28 Patienten, die eine allgemeine Dermatitis hatten, wurde das Sulfonamid äußerlich bei elf, innerlich bei drei angewendet. In 14 Fällen wurde es sowohl innerlich als äußerlich gebraucht. Die

Dosierung und Art des gebrauchten Sulfa-Präparates war sehr verschieden. Bei einem Patienten kam es schon nach Gebrauch von nur vier Sulfathiazoltabletten zu allgemeiner Dermatitis mit Fieber (26). Es ist nicht bekannt, ob dieser Patient bereits früher Sulfonamide gebraucht hatte.

Eine Frau wurde wegen Pyelitis mit 60 Sulfathiazoltabletten behandelt. Ein Jahr später sollte sie wegen eines Rezidivs wieder Sulfathiazol bekommen, aber eine Stunde nach dem Einnehmen der ersten Tablette bekam sie eine papulo-vesikulöse Eruption an beiden Händen. Ein Jahr später entwickelte sich eine halbe Stunde nach dem Einnehmen von zwei Sulfadiazintabletten eine gleichartige Eruption (26).

Nach Einnahme von 28 Tabletten Albucid mit starkem Ödem einhergehende Dermatitis, zum Teil hämorrhagisch (171).

Von 49 Menschen, die mit einer 5%igen Sulfadiazinsalbe behandelt wurden, bekamen 57 % Dermatitis. Ungefähr die Hälfte hatte positiven Hauttest. Wird jemand von der Haut aus sensibilisiert, läuft er große Gefahr, bei innerlicher Darreichung mit allergischen Erscheinungen zu reagieren.

Flüchtige Erytheme sind, ebenso wie alle Arzneiexantheme, oft symmetrisch lokalisiert und können wie Masern, Scharlach und Rubeola aussehen.

Fixe Exantheme kommen besonders bei Männern vor und sind hauptsächlich an den Geschlechtsorganen lokalisiert (176).

Es gibt auch *angioneurotische Ödeme* der Haut (Gesicht), und auch *Jucken* kann vorkommen. *Urtikaria* kommt auch vor, aber sie wird nach unserer Erfahrung viel öfter bei Penicillin-Überempfindlichkeit gesehen.

Ein Patient bekam zehn Minuten nach dem Einnehmen einer Tablette Sulfadiazin von 1/2 g Urtikaria am ganzen Körper, kombiniert mit Asthma und niedrigem Blutdruck. Er hatte schon früher einmal Sulfadiazin genommen (27).

Ein Patient, der auf Sulfa-Salbe allergisch reagierte, bekam später eine 5%ige Sulfa-Augensalbe. Es entwickelten sich ein Ödem der Augenlider und allgemeine Urtikaria (178).

Wenn auch die Hautveränderungen bei innerlicher Sulfa-Medikation meistens allgemein sind, kommen doch auch lokale Erytheme vor (28), ebenso eine lokale Dermatitis.

Nach dem Abblassen des Erythems können *Pigmentationen* der Haut zurückbleiben.

Es können Eruptionen entstehen, die Schafblattern oder echten Blattern ähnlich sehen.

Eine merkwürdige Erscheinung von Hautallergie ist das *Erythema nodosum*. Man kann das Erythema nodosum bei verschiedenen Infektionskrankheiten sehen, aber der größte Prozentsatz ist Folge einer tuberkulösen Infektion; dann folgt der akute Rheumatismus. Man sieht es jedoch auch nach verschiedenen Medikamenten: Sulfathiazol,

Supronal (170), Jod, Salicyl, Antipyrin, Arsphenamin, Phenacetin, Antimon und Penicillin.

Solange man Sulfathiazol noch viel gebrauchte, sah man das Erythema nodosum oft. Nach dem Gebrauch anderer Sulfonamide sieht man es seltener. Das Erythema nodosum ist nach Gebrauch von Sulfathiazol jedoch anders lokalisiert als bei Tuberkulose. Nach Gebrauch von Sulfathiazol ist die Zahl der Eruptionen meist viel größer und außer der so typischen Lokalisation an den Schienbeinen sieht man auch oft eine große Zahl Eruptionen in der Gegend der Ellbogen und sogar im Gesicht.

Augenblicklich herrscht die Ansicht vor, daß Sulfathiazol nur als Aktivator bei einer tuberkulösen Infektion wirkt (29). Von einer Anzahl tuberkulöser Patienten bekamen 30 % ein bis vier Tage nach Gebrauch einer kleinen Menge Sulfathiazol Erythema nodosum mit Gelenkschmerzen und Fieber (30). Man hat beobachtet, daß, je frischer die Tuberkulose ist, desto häufiger Erythema nodosum durch Gebrauch von Sulfathiazol entsteht (31).

Andere sind der Ansicht, daß die Aktivierung durch Sulfathiazol auch bei nicht-tuberkulösen Infektionen zu Erythema nodosum führen kann (32).

Beinahe 10 % der Patienten, die wegen Lymphogranuloma inguinale mit Sulfathiazol behandelt wurden, bekamen ein Erythema nodosum (177).

Erythema nodosum, Gelenkschmerzen und Ödem der Hände und Füße entsteht manchmal auch nach Gebrauch von Sulfonamiden per vaginam (159).

Bei einem Patienten verursachte Sulfamidothiazol Anfälle von Erythema nodosum, gleichzeitig mit Arthritis (175).

Auch *Lupus erythematosus* (168) und *Erythema exsudativum multiforme* (33) sah man nach Gebrauch von Sulfonamiden.

Ein Patient, der Sulfadiazin eingenommen hatte, starb unter Erscheinungen des STEVENS-JOHNSON-Syndroms (163). Bei einem anderen wurde viermal ein Rezidiv dieses Syndroms beobachtet, immer wieder nach einer kleinen Menge Sulfa (164).

Sulfonamide können Haarausfall verursachen.

Einen besonderen Platz nimmt die erhöhte *Lichtempfindlichkeit* (34) bei sulfonamidbehandelten Patienten ein: oft lokalisieren sich Exantheme ausschließlich an lichtexponierten Körperstellen, oft sind sie an diesen Stellen intensiver. Die Photosensibilität verursacht eine große Verschiedenheit der Exantheme: Erytheme, makulo-papulöse Eruptionen, exfoliative Dermatitis (35), Ekzeme (36). Oft sieht man dabei auch Cheilitis und Konjunktivitis (37), und an Stellen, die dem Sonnenlicht ausgesetzt waren, kann es zu angioneurotischen Ödemen kommen (39). Auch bei prophylaktischer Darreichung von Sulfonamiden sah man Ausschläge an Stellen, die den Sonnenstrahlen zugänglich waren (38).

Ein Filmschauspieler wurde wegen einer Fußwunde mit Sulfapulver behandelt. Als das Bein genesen war und er sich wieder dem Licht der Schein-
werfer aussetzte, entstand an den Stellen, die beschienen wurden, Dermatitis (166).

Man empfiehlt Patienten, die mit Sulfonamiden behandelt werden,
Sonnen- und Höhensonnenbestrahlung zu vermeiden.

Nimmt eine stillende Mutter Sulfonamide ein, kann das Kind ein
Exanthem bekommen (40). Man nahm auch an, daß diese Kinder
schlechter wachsen.

Eine besondere Hauterkrankung, die mit dem *Phänomen von Arthus*
verglichen werden kann, ist in dem folgenden Falle beschrieben.

Nachdem man aus einem Auge einen Granatsplitter entfernt hatte, wurden 30 mg Sulfathiazolsalbe in die Wunde gegeben.

Wunden, die zwei Jahre vorher mit Sulfanilamidpuder bestreut worden
waren, öffneten sich hierauf, nachdem die Haut nekrotisch geworden war (41).

Möglicherweise spielen sich derartige allergische Reaktionen im
Inneren des Körpers öfters ab (Arteriitis necroticans).

Auch Darmsulfonamide, wenn auch weniger toxisch als die besser
löslichen Präparate, sind in 2 bis 3 % der Fälle Ursache von Hauterscheinungen (42).

2. Nieren. Die Nieren sind die Organe, die anscheinend am meisten
durch die Sulfatherapie zu leiden haben. Das kommt daher, daß in
keinem Organ die Konzentration von Sulfonamiden so hoch ist wie in
den Nieren (43).

a) Anurie durch Auskristallisierung. Schlecht lösbare azetylierte
Sulfonamide kristallisieren aus, wenn die Faktoren hiefür günstig
sind. Diese Faktoren sind stark konzentrierter und saurer Harn.
Man muß ihnen dadurch entgegenwirken, daß man viel trinken läßt
und bei jeder Dosis Sulfonamid Alkali zugibt. Der Patient muß so
viel trinken, daß er in *24 Stunden mindestens 1¹/₂ l Harn ausscheidet.*

Die Erfahrung hat gelehrt, daß die Vorschrift „viel trinken" allein
nicht genügt. Man muß die Harnmenge kontrollieren, und nichts ist
einfacher, als dem Patienten anzuordnen, den Harn in einem Gefäß
zu sammeln und stehen zu lassen.

Ein Patient, der weniger als 1½ l uriniert, kann in Lebensgefahr
kommen. Bei fiebernden, stark schwitzenden Patienten ist es oft notwendig, 5 l trinken zu lassen, um die gewünschte Menge von 1¹/₂ l Harn
zu erreichen.

Wenn ein Patient nicht trinken kann oder erbricht, bleibt nichts
anderes übrig, als die Flüssigkeit durch subkutane Infusion einzu-
führen. Andernfalls ist die Fortsetzung der Sulfatherapie nicht zu
verantworten. Wenn man überdies dem Patienten bei jedem Gramm
Sulfa das doppelte Gewicht an Speisesoda zugibt, kann man annehmen, daß ein so verdünnter und so schwach saurer Harn ausgeschieden wird, daß keine Gefahr von Auskristallisierung besteht.

Eine Mischung von verschiedenen Sulfonamiden scheint uns darum
nicht notwendig zu sein und ist aus anderen Gründen sogar abzulehnen.

Werden diese Vorschriften nicht eingehalten, dann ist die Wahrscheinlichkeit, daß Kristalle die Harnwege verstopfen, nicht gering. Die Harnmenge, die nicht groß war, wird kleiner und jeden Augenblick kann die Oligurie in Anurie übergehen. Die Verstopfung kann in der Urethra (43 a), den Ureteren, dem Nierenbecken und den Harnkanälchen stattfinden. Man versuche zuerst, durch reichliches Trinken, durch subkutane Infusion und Alkali die Passage herzustellen.

Bei jeder Anurie, die 24 Stunden gedauert hat, soll man mit Hilfe von Zystoskopie die Ureteren katheterisieren und auf diese Weise die Verstopfung aufzuheben versuchen. Dies gelingt nicht, wenn die Nierenkanälchen selbst verstopft sind oder wenn die Ursache der Anurie keine mechanische war.

Es gelingt auch dann nicht, wenn beide Ureteren vollkommen mit einer Kristallmasse angefüllt sind, und ebenso gelingt es nicht, wenn der Pfropf zu fest eingemauert ist.

Eine Frau mit nur einer Niere bekam eine Pyelozystitis und nahm zwei Tage Sulfathiazol ein. Da sie nicht urinierte, kam sie ins Krankenhaus. Versuche, die Diurese durch Flüssigkeit in Gang zu bringen, blieben erfolglos. Bei der Zystoskopie gelang es nicht, den Pfropfen, der zum Teil aus der Uretermündung hing, loszumachen, und es konnte auch kein dünner Katheter daneben eingeführt werden.

Die Frau wurde stark urämisch, daher blieb nichts anderes als ein operativer Eingriff übrig. Hier zeigte sich, daß der Ureter so ausgedehnt war, daß er für zwei Finger durchgängig war. Mit einer dicken Sonde gelang es, den Pfropfen aus dem Ureter in die Blase zu drücken. Hierauf genas die Frau.

Hat ein Patient nur eine Niere, muß man sehr wohl überlegen und sich genau an die Vorschriften halten, bevor man sich entschließt, ein Sulfa-Präparat zu verordnen, und dann Sulfanilamid geben, das keine Kristalle bildet.

Sulfonamide, die langsam ausgeschieden werden, bilden eher Kristalle (44).

Folgt Harnbildung auf Anurie, tut man doch gut daran, die Ureteren zu katheterisieren und ein Pyelogramm zu machen, um sich davon zu überzeugen, daß sich in beiden Nieren Harn bildet. Selbst, wenn sich $1^1/_2$ l Urin in 24 Stunden bilden, können die Harnwege einer Niere verstopft sein.

b) Es gibt noch eine andere mechanische Ursache der Anurie, nämlich das *angioneurotische Ödem.*

Bei einem Patienten saß das Ödem hauptsächlich an der Mündung der Ureteren (45). Die Ursache war Sulfamerazin. Nach Sulfadiazin bekam ein asthmatischer Patient Anurie. Die Blasenschleimhaut war stark angeschwollen (46).

c) Nephrose. Es kann auch ohne ein mechanisches Hindernis Oligurie und Anurie entstehen, wenn das spezifische Nierengewebe selbst durch Sulfonamide geschädigt wird. Diese Anurie ist viel gefährlicher als die Anurie durch Kristallbildung, die in der Mehrzahl der Fälle doch vorübergehend ist. Es handelt sich um eine *akute Ne-*

phrose des distalen Teiles des Nephrons durch toxische Wirkung von Sulfonamid. Degeneration und Nekrose der Tubuli, speziell vom letzten Teil des Nephrons, können hiebei vorkommen, ebenso wie man es bei anderen Nierenvergiftungen sieht: „lower nephron nephrose".

Die Glomeruli können ebenfalls verändert sein, doch meistens tritt die Schädigung des Tubulusgewebes in den Vordergrund.

Ist der Harn spärlich, ist auch das spezifische Gewicht niedrig; man findet Eiweiß, Zylinder und Erythrozyten im Harn. Es sind nur wenige oder keine Kristalle im Sediment. Jedenfalls soll man sicherheitshalber die Ureteren sondieren und dadurch feststellen, ob diese gut durchgängig sind.

Selbstverständlich kann es auch durch eine kombinierte Ursache zu Anurie kommen: Nephrose und Verstopfung durch Kristalle.

Gelingt es, den Patienten so lange am Leben zu erhalten, bis die Regeneration der Nierenzellen einsetzt, kann die „lower nephron nephrose" schließlich ausheilen. Die Harnsekretion bessert sich allmählich ebenso wie bei einer akuten Nephritis. Ebenso wie bei dieser, kann es auch hier monatelang dauern, bevor die Nierenfunktion wieder ganz normal wird. Die „lower nephron nephrose" kann nach Gebrauch einer großen Menge Sulfa entstehen, wurde aber auch nach einer Dosis von 650 mg beobachtet (47). In einem solchen Falle erwehrt man sich schwer des Gedankens, daß die Ursache allergisch war. Hier muß auch über einen Patienten berichtet werden, der nach Bestreuen einer Operationswunde mit Sulfathiazol Anurie bekam (48).

Eine besondere Form von „lower nephron nephrose" kommt gleichzeitig mit Hyperchlorämie vor (49). Wahrscheinlich kann durch Sulfonamide auch eine Nephrokalzinosis verursacht werden, ein chronisches Krankheitsbild, bei dem man Verkalkung der distalen Nierentubuli findet, gleichzeitig mit Azidose und Hyperchlorämie (50).

Als allergisch ist auch die Nierenerkrankung mit Albuminurie und Hämaturie anzusehen, wenn der Patient gleichzeitig Ausschlag und Fieber bekommt (51).

d) Auch gibt es eine Nierenerkrankung mit Anurie oder starker Oligurie, deren Ursache primär in den *Nierengefäßen* zu suchen ist. *Nekrotisierende Arteriitis der Nieren* als Teilsymptom einer allgemeinen allergischen Arteriitis ist bekannt.

Bei dieser allergischen Nierenkrankheit findet man überdies degenerative Zeichen der Tubuli; es gibt Teile, die nekrotisch sind. Im Interstitium liegen Infiltrate (52), besonders in der Umgebung der Blutgefäße, und es besteht eine Glomerulitis und Periglomerulitis. Die Nieren sind an der Oberfläche fleckig (s. weiter: Arteriitis generalisata necroticans). Manchmal sieht man dabei eine Thrombophlebitis der Venae arcuatae der Niere (und der v. v. centralis der Leber), sogar mit Sulfonamidkristallen im Thrombus (53).

Es wurde auch eine Kombination von Periarteriitis nodosa mit doppelseitiger Rindennekrose nach Gebrauch von 6 g Sulfathiazol und 6 g Sulfadiazin beschrieben (54).

Eine besondere Nephrose, kombiniert mit Gehirnerscheinungen, hat im Jahre 1943 LUETSCHER beschrieben (55).

Bei einigen Patienten entstanden Anurie, Urämie und gleichzeitig starke Erhöhung des Chlorgehaltes im Blut. Nach dem Tode einiger dieser wurde eine „lower nephron nephrose" mit Thrombose der Nieren-Arterien und Nieren-Venen gefunden.

Bei anderen stellte sich die Urinsekretion ein und dann verbesserte sich die Urämie, aber es zeigte sich, daß der Patient ernste Gehirnerscheinungen mit psychischen und neurologischen Veränderungen bekam.

Es wurden Gliosis und Gehirnödem gefunden; diese Veränderungen kamen sowohl nach Gebrauch von Sulfathiazol als nach Sulfadiazin vor (56). Einem Patienten, dessen Nieren wieder gut arbeiteten, gab man $1/_2$ g Sulfathiazol, worauf sich unmittelbar Schüttelfrost und hohes Fieber einstellten. Es ist wahrscheinlich, daß die Ursache hier Allergie war.

Es macht den Eindruck, daß bei Nieren, die nicht vollkommen gesund sind, z. B. bei Arteriosklerose, es eher zu einer Schädigung durch Sulfa kommen kann.

Auch nach äußerlicher Anwendung von Sulfonamiden sah man Nierenkomplikationen. Bei intravenöser Darreichung ist die Gefahr der Nierenkomplikationen doppelt so groß wie bei Einnehmen von Sulfadiazin (57).

Der Befund von Erythrozyten und Kristallen im Harnsediment ist eine häufige Erscheinung. Dabei braucht die Sulfatherapie nicht unterbrochen zu werden. Meist genügt es, wenn man mehr zu trinken und mehr Alkali gibt.

Wird der Harn durch Blut rot gefärbt, muß man die Darreichung einstellen. Die Therapie ist jedoch bleibend auszusetzen, wenn die Reizung nicht durch Kristalle verursacht ist.

Bei Behandlung von Meningokokkeninfektionen mit Sulfadiazin sah man in 14% der Fälle eine starke Hämaturie (58). Hämaturie kann auch infolge von Darmsulfonamiden entstehen (59). *Es gibt kein Sulfa-Präparat, das niemals Nierenschädigungen verursacht hätte* (60).

Die Sulfonamide erhöhen die *Diurese* der Nieren (61) und gleichzeitig die Ausscheidung von Natrium und Kalium (62). Dadurch kann insbesondere bei Gebrauch von Sulfanilamid (Prontosil album), in geringerem Maße bei Sulfathiazol, Azidose entstehen.

Man beobachtete auch eine verstärkte Ausscheidung von Vitamin C (63).

3. Leber. Verschiedenartigste Veränderungen in der Leber wurden nach Gebrauch von Sulfonamiden verzeichnet. Wiederholt wurden Störungen in der Leberfunktion, u. a. Urobilinurie, beschrieben. Hepatitis mit Ikterus als Folge von Sulfa-Gebrauch sieht man gewöhnlich erst nach zehn Tagen entstehen; Ausschlag und Fieber begleiten die Hepatitis manchmal. Es besteht aber kein Zweifel darüber, daß schon in den ersten Tagen einer Sulfonamidtherapie Ikterus entstehen kann, wenn schon früher Sulfonamide gebraucht wurden (64, 65).

Wir sahen das Entstehen einer schweren Hepatitis schon am zweiten Tage nach einer Magenresektion, bei der der Chirurg prophylaktisch

Sulfathiazolinjektionen gegeben hatte. Der Patient starb unter Erscheinungen von zunehmendem Ikterus. Bei der Obduktion wurden Hepatitis und Polyserositis gefunden. Aus Blut, Milz, Perikard, Pleura und Peritonaeum wurden keine Bakterien gezüchtet. Die Leberzellen waren degeneriert. Stellenweise wurden *Nekrosen* gefunden. Zellinfiltrate in den Dreiecken von KIRNAN und um die Vena centralis herum.

Diese herdförmigen Nekrosen und Infiltrate kann man bei Patienten, die Sulfonamide gebraucht haben, wiederholt finden, wenn man sie systematisch sucht. Arteriitis und Thrombophlebitis der zentralen Venen wurden beobachtet (66).

Noch sechs Wochen nach Einstellen der Sulfatherapie hat man das Entstehen einer Hepatitis gesehen (64).

Auch diffuse Nekrose der Leber, die wie eine akute gelbe Leberatrophie verläuft, wurde beschrieben (67).

Ausgebreitete Nekrose entstand in der Leber von drei Patienten mit Leukämie, die mit Sulfonamiden behandelt worden waren (179).

Man sah auch ein neugeborenes Kind mit akuter gelber Leberatrophie und Nekrosen in anderen Organen. Die Mutter hatte Sulfanilamid gebraucht.

4. Magen-Darmkanal. Appetitlosigkeit, Brechreiz, Erbrechen beobachtete man besonders bei den älteren Sulfonamiden, wie Sulfapyridin, aber diese Erscheinungen wurden sicher auch bei anderen Sulfonamiden gefunden, auch bei Gebrauch von Sulfaguanidin usw. Singultus kommt hie und da vor. Schwarze Haarzunge (167), Glossitis (69) nach Sulfanilamid und Sulfathiazol (infolge Fehlens des Vitamin-B-Komplexes?). Stomatitis durch Sulfadiazin (68), Stomatitis mit Blasenbildung und Geschwüren, Kolitis (70). Aspergillose des Dickdarmes nach Gebrauch von Sulfasuxidin (151).

5. Blut. Veränderungen im Blut sind sehr verschiedenartig (71). Das Knochenmark kann mehr oder weniger schwer geschädigt werden. Die Leukopoese kann angeregt werden, wodurch starke *Leukozytose* entsteht (30 bis 40 000). Die Reizung kann so stark sein, daß von einer *leukämoiden Reaktion* gesprochen werden muß: 100 000 weiße Blutkörperchen mit vielen jungen Zellen (72, 73). Man hat sogar angenommen, daß Sulfonamide Leukämie erzeugen können, aber es ist fraglich, ob diese Anschauung richtig ist (74, 75).

Eosinophilie sieht man oft; sie muß als Warnungszeichen angesehen werden. Bei einem sensibilisierten Patienten sahen wir einmal 62 % Eosinophile im Blut.

Bei einem Patienten kam es nach zweimonatigem Gebrauch von Gantrisin zu Hauterscheinungen und einer starken plasmazellulären Reaktion des Knochenmarkes (182).

Öfters sieht man *Leukopenie* verschiedener Grade entstehen.

Gibt man einem sulfaempfindlichen Patienten eine Probedosis, kann die Zahl der Leukozyten im Laufe der nächsten Stunden stark sinken. Später steigt ihre Anzahl wieder. Die Eosinophilen sinken mit und können später bedeutend über ihren Ausgangswert steigen (73).

Von Kindern, die mit Sulfamerazin behandelt wurden und die ein Sulfaniveau im Blut hatten, das höher war als 15 mg%, hatten 17,4% Leukopenie (76).

Nach Gebrauch von Sulfapyridin sah man sogar bei 40% Leukopenie (77).

Man meint, daß Exantheme und Leukopenie oft gleichzeitig erscheinen (78).

Auf dem Höhepunkt der Sulfatherapie hatten 20% der Kinder in einer Kinderklinik Leukopenie. Seitdem praktische Ärzte Penicillin gebrauchen, sank der Prozentsatz auf 7%. Leukopenie tritt oft gleichzeitig mit Neutropenie und einer relativen Lymphozytose auf (157).

Bei 49 Patienten, die prophylaktisch täglich 500 mg Sulfadiazin bekamen, war der durchschnittliche Prozentsatz der Neutrophilen 37%, der Lymphozyten 59% (158).

Agranulozytose und *Panzytopenie* wurden bei allen Sulfonamiden wahrgenommen (79). Nach Gebrauch von Gantrisin (Sulfisoxasol) (80) und Sulfasuxidin (81) sah man ebenfalls Agranulozytose und Thrombopenie.

Wir beobachteten selbst einen Patienten, der an Panzytopenie mit ernster hämorrhagischer Diathese litt. Er starb an Gehirnblutung. Aus unbegreiflichen Gründen wurde er wegen Prostatabeschwerden mit Sulfasuxidin behandelt.

Ein Patient bekam eine tödliche Agranulozytose nach einer intraperitonealen Einspritzung von Sulfathiazol. Wahrscheinlich war er schon vorher durch Sulfonamide sensibilisiert (180).

Zwei bis drei Wochen nach dem Aussetzen der Sulfatherapie ist immer noch die Entwicklung einer Agranulozytose möglich (82). Auch wenn man regelmäßig Leukozytenzählungen vornimmt, kann man doch durch perakutes Entstehen von Agranulozytose überrascht werden.

Bei prophylaktischer Darreichung von Sulfonamiden hat man außer Leukopenie auch Agranulozytose gesehen (83).

Die Aussicht auf Heilung wurde besser, nachdem Antibiotika, ACTH und Cortison verfügbar waren (162).

Es kann vorkommen, daß Leukopoese und Erythropoese ungestört sind und daß nur die Thrombozyten gelitten haben: Thrombopenie (84).

Ein Patient bekam nach 19 g Sulfathiazol, das er in drei Tagen genommen hatte, Nasenbluten und Blut im Harn infolge von Thrombopenie (85).

Melaena und Purpura durch Thrombopenie bei einem dreijährigen Kind nach Gebrauch von 2 g (!) Sulfadimidin pro die im Laufe einer Woche. Gleichzeitig entstanden Fieber, Erythem, Drüsenschwellungen und Lebervergrößerung. Das Kind ist genesen (181).

Zyanose wurde, solange man ausschließlich Sulfanilamide (Prontosil album, Gombardol) gebrauchte, öfter gesehen als nach den neuen Sulfa-Präparaten. Früher nahm man an, daß die Bildung von Methämoglobin und Sulfhämoglobin die Ursache der Zyanose wäre. Gegenwärtig glaubt man, daß das Verdohämochromogen öfters die Ursache ist (86), da Sulf- und Methämoglobin zuweilen bei ausgesprochener Zyanose fehlen.

Auch nach Gebrauch von Irgafen kann man deutlich Zyanose sehen (87).

Unter dem Einfluß von Sulfa-Präparaten werden auch Porphyrine gebildet und mit dem Harn ausgeschieden (88).

Bei langdauerndem Gebrauch von Sulfonamiden kann man eine leichte Anämie mit basophiler Körnelung der Erythrozyten finden, auch Megalozyten wurden dabei festgestellt (96 a). Aplastische Anämie kommt ebenfalls vor, insbesondere bei Kindern (154).

Zu *niedriger Prothrombingehalt* kann zu Blutungen führen sowohl durch Gebrauch von Sulfasuxidin als auch von anderen Darmsulfonamiden (153).

Die Gerinnungszeit des Blutes kann durch Sulfonamide verlängert werden (95).

Eine häufige schwere Komplikation durch Sulfonamide ist die *akute hämolytische Anämie*, die schon zwei bis sechs Tage nach Beginn der Therapie entstehen kann (Irgafen) (89). Nach einer kurzen Periode von Brechreiz und Kopfschmerzen kann nach einigen Stunden ein Drittel bis zwei Drittel des Hämoglobins aus den Erythrozyten frei werden mit einer starken Anämie als Folge, Ikterus, und der Gefahr einer Verstopfung der Nierenkanälchen durch Hämatin. Manchmal sind Leber und Milz vergrößert. Die akute hämolytische Anämie kann von starker Leukozytose und Myelozyten im peripheren Blut begleitet sein. Die notwendigen Gegenmaßnahmen sind: Bluttransfusion, Alkali und viel Flüssigkeit (90).

ACTH und Cortison müssen gereicht werden, auch wenn man nicht immer davon Erfolg erwarten kann (152).

Nicht immer verläuft die Hämolyse so stürmisch. Sie kann so gering sein, daß das Hämochromogen nur spektroskopisch im Serum nachgewiesen werden kann (91). Schon nach 6 g Sulfathiazol hat man das Entstehen von Hämoglobinurie gesehen (92).

Bei der hämolytischen Anämie hat man in den Erythrozyten HEINZsche Körperchen gefunden (93).

Man hat auch Auto- und Kälteagglutination (93 a) der Erythrozyten und einen positiven COOMBS-Test bei Sulfonamiden gesehen (94).

Die Blutsenkung kann durch Sulfa-Präparate etwas erhöht werden. Plasmaeiweiß kann zunehmen (96).

6. *Nervensystem.* Wiederholt sah man Erscheinungen seitens des *zentralen Nervensystems:* schwere Kopfschmerzen, Schwindelgefühl, Depression (100).

Psychosen (101, 102), Melancholie (101), Verwirrtheit (103), Desorientierung, Halluzinationen.

Enzephalomyelitis, Aphasie (101, 104), Krämpfe (101, 155), epileptiforme Krämpfe bei Kindern (105), intrakranielle Hypotension (106). Erweichungsherde im Rückenmark (107), Paraplegie.

Nach langdauerndem Gebrauch von Supronal (Sulfamerazin + Marbadal) kam es zu Erscheinungen von *Enzephalitis,* die vollkommen der Purpura cerebri durch Salvarsan glich (108). Auch *Meningitis* mit vielen Zellen und Eiweiß in der Lumbalflüssigkeit wurde beschrieben (155).

Vielleicht ist auch bei Gehirn- und Rückenmarksveränderungen die Schädigung der Blutgefäße primär.

Bei der *intralumbalen Injektion von Sulfonamiden* kann es manchmal zu Radikulitis und Arachnoiditis kommen, mit Lähmungen als Folgeerscheinung (109).

Die *Polyneuritis* nach Gebrauch von Sulfonamiden beruht wahrscheinlich auf einer allergischen Entzündung der ernährenden Arterien.

Das früher gebrauchte Methylsulfathiazol (Ultraseptyl) war besonders verrufen als Urheber der Polyneuritis (97). Nach anderen Sulfonamiden ist die Polyneuritis seltener (98). Manchmal sieht man Polyneuritis ein bis drei Wochen, nachdem man mit der Sulfatherapie aufgehört hat; in anderen Fällen treten die Erscheinungen während der Behandlung auf (99).

7. *Herz.* Veränderungen am Herzen sind häufig (110). Hat man das Herz von Patienten, die vor dem Tode Sulfonamide eingenommen hatten, untersucht, dann wurde in 44% eine deutliche interstitielle *Myokarditis* mit lokalen Nekrosen gefunden. Es wurden keine Veränderungen am Herzen gefunden, wenn die Patienten mindestens 30 Tage vor dem Tod keine Sulfa-Präparate mehr bekommen hatten (111).

Im EKG kann man eine Senkung des ST-Intervalls und starke Veränderungen an den T-Zacken finden (112), manchmal Bündelblock (113); Nodalarrhythmie (169).

Ein Patient bekam nach Behandlung einer eiternden Wunde an den Händen mit Sulfa Fieber und Schmerzen in der Herzgegend. Das EKG glich dem eines Herzinfarktes. Die Veränderungen gingen rasch und völlig zurück. Ein Jahr vorher hatte der Patient allergisch auf eine Sulfatherapie reagiert.

Bei einem für Sulfa empfindlichen Patienten wurde nach einer unter Novocainanästhesie vorgenommenen Zahnextraktion Sulfapulver in die Wunde gestreut: es kam zu Fieber, Ödem der Zunge, und es entwickelten sich Symptome wie bei einem Herzinfarkt (183).

Ein Todesfall als Folge von Myokarditis nach Gebrauch von 32 g Sulfaphthalidin (114) in drei Tagen wurde beschrieben.

Auch eine eosinophile Myokarditis (115) und eine mit Rindennekrose der Nieren kombinierte Myokarditis sind bekannt (115).

Wir haben wiederholt *Perikarditis* als Teilerscheinung einer Polyserositis beobachtet.

8. *Gefäßsystem.* Die *generalisierte nekrotisierende Arteriitis* (116, 117), die nach Gebrauch von Sulfonamiden entstehen kann, steht der Periarteriitis nodosa nahe. Die Arterie ist jedoch im ganzen erkrankt und nicht lokal; deshalb zieht man einen anderen Namen vor (118). Das Krankheitsbild sieht wie eine akute Periarteriitis nodosa

aus. Die Erscheinungen, die am Patienten beobachtet werden, hängen von dem Organ ab, dessen Arterien ergriffen sind. Meistens sahen wir Nierenerscheinungen (Oligurie, Anurie, Urämie) und Polyneuritis. Weiter sahen wir Symptome am Herzen, Diaphragma (Singultus), an Leber, Lungen, Haut, Muskeln, Darm, Pankreas und den serösen Häuten (118).

Fibrinbelag fand man öfters im Perikard, an der Pleura und in der Bauchhöhle. Man sah auch hämorrhagische Diathese (119).

Mikroskopisch wurde eine Entzündung der Arterienwand, öfters mit Nekrose und perivaskulären Infiltraten, gefunden.

Manchmal konnte man die Arterien in der Milz, den Lungen und Nieren als grauweiße Streifen mit bloßem Auge sehen. Auch im Fundus oculi sah man zuweilen diese grauen Arterien. Es konnte sicher festgestellt werden, daß die Neuritis durch Entzündung der ernährenden Arterien verursacht worden war (118).

Bei einem Patienten kam es nach Gebrauch von Sulfamethazin und Penicillin zu einer Endarteriitis obliterans der vier Extremitäten mit Nekrose der Finger- und Zehenspitzen (165).

Meistens sind es kleine und mittelgroße Arterien, die ergriffen werden, doch können sogar die Aorta und die Arteria pulmonalis betroffen sein.

Der Krankheitsprozeß betrifft wiederholt auch Venen. Hier folgen einige unserer Beobachtungen:

Eine 38jährige Frau, die seinerzeit wegen kongenitaler Lues behandelt worden war und gegenwärtig negative Reaktionen hatte, klagte über Bauchschmerzen und Diarrhöe. Die Temperatur war leicht erhöht. Zu Hause wurde sie mit Cibazol behandelt (34 g in zehn Tagen). Das Auftreten von Blut im Stuhl ließ an Gastro-Enterokolitis denken. Da sie erbrochen hatte, gab man ihr keine Darmsulfonamide, sondern spritzte Sulfathiazol ein. Die Temperatur stieg und sie bekam nun auch Penicillin. Die Krankheit wurde schwerer. Die Patientin klagte über heftige Schmerzen im Oberbauch und bekam dagegen einen Eisbeutel. Rechts entwickelte sich ein pleuritisches Exsudat. Nach einer Woche entstand eine ernste Polyneuritis. Der rechte N. radialis war am stärksten ergriffen. Die Patientin konnte den rechten Arm nicht heben, die Reflexe waren erloschen, Sensibilität und Tiefengefühl waren gestört. Die Behandlung mit Sulfathiazol wurde sofort eingestellt, die Kranke bekam jetzt Penicillin und Vitamin B_1. Am Augenhintergrund und im Liquor fand man nicht Besonderes. Es entstanden Polyarthritis und eine flüchtige, schmerzhafte, rote Schwellung des rechten Oberarmes. Vier Tage später fiel die Urinbildung auf 200 ml pro Tag. Es entstanden Ödeme und der Blutdruck stieg von 120/80 auf 160/120. Der Harn enthielt viele Erythrozyten und das höchste spezifische Gewicht war 1015. Der Ureumgehalt des Blutes stieg auf 3,9 pro Liter. Nun kam es zu einer Darmparese und hierauf starb die Patientin nach etwa dreiwöchiger Krankheit. Die bakteriologische und serologische Untersuchung des Blutes, Stuhls und Pleuraexsudates brachte kein Resultat.

Bei der Obduktion (S 8552) zeigte sich, daß die Nieren eine gefleckte Oberfläche hatten. Es bestanden Veränderungen der lobulären Arterien. Die Wand vieler Blutgefäße war streckenweise mit Leukozyten infiltriert und teilweise nekrotisch. Im Lumen dieser Blutgefäße lagen viele Leukozyten; in der Umgebung sah man ein leukozytäres Infiltrat. Die Elastica interna war an nekrotischen Stellen verschwunden. Diese nekrotisierende Arteriitis beschränkte sich nicht nur auf die Nieren. In der Leber, dem Myokard, der Darmschleimhaut, dem Pankreas und in Muskeln und Nerven waren dieselben Veränderungen an den Arterien vorhanden. In einigen der erkrankten Gefäße kam es zu Thrombose, die Herde von anämischer Nekrose verursachte (Herz, Pankreas, Diaphragma). Hie und da hatte die Gefäßerkrankung auch Blutungen verursacht (Darmschleimhaut).

Es ist sehr leicht möglich, daß in der Schlagaderwand keine Nekrose entsteht, wenn die allergische Entzündung leichter oder von kürzerer Dauer ist.

Bei solchen Patienten ist es schwierig, die Diagnose durch den pathologischen Anatomen bestätigen zu lassen, weil man sich während dieses schweren Krankheitsbildes nicht leicht zu einer Biopsie entschließt.

Eine 21jährige indonesische Frau wurde wegen Pyelozystitis mit Sulfamerazin behandelt. In drei Tagen nahm sie 34 Tabletten. Sie fühlte sich immer elender, bekam Schmerzen in der linken Seite und im Hinterkopf. Am 8. Mai 1952 wurde sie ins Krankenhaus aufgenommen. Sie machte einen schwerkranken Eindruck, war apathisch und unruhig. Es war schwierig, mit ihr Kontakt zu bekommen. Sie war leicht ikterisch. Der Puls ging sehr schnell, 152 Schläge pro Minute, Blutdruck 125/90 mm, Temperatur 39,2 rektal. Die Milz war drei Finger unter dem Rippenbogen tastbar, hart und schmerzhaft. Im Harn konnten Eiweiß, Bilirubin und Urobilin deutlich nachgewiesen werden. Im Sediment waren einzelne Leukozyten und Erythrozyten zu finden.

Hämoglobin 81 %; Erythrozyten 4300000; Leukozyten 4900; Differentialzählung: Stabkernige 6, Segm. 63, Lymph. 23 Mono 8 %. Keine Malariaplasmodien. Sternumpunktat ohne Veränderungen.

Die Röntgenaufnahme der Brust zeigte nichts Besonderes. Wir dachten anfangs an Sepsis oder Typhus. Blutkulturen blieben steril; serologische Untersuchung auf Typhus, Paratyphus und BANGsche Krankheit war negativ; Untersuchung auf Lues und Diphtherie ebenso. Die Patientin bekam 2 000 000 E Penicillin, später 2 g Chloramphenicol. Aber am nächsten Tage war der Zustand noch ernster. Es zeigte sich Nackensteifheit, das Syndrom von KERNIG war positiv. Es fiel auf, daß die Arme und Beine beinahe unbeweglich waren: eine schwere Parese aller Gliedmaßen bestand, wobei alle Sehnenreflexe verschwunden waren. Sensibilitätsstörungen waren nicht vorhanden. Die Lumbalpunktion lieferte hellen Liquor, Eiweißreaktion war negativ; Zellen 1/3, Zuckergehalt 70 mg%, Goldsolkurve normal, Wassermann negativ.

Nachdem die Resultate der Untersuchung der Rückenmarkflüssigkeit Erkrankungen des Zentralnervensystems ausgeschlossen hatten, dachten wir nun an die Möglichkeit, den ernsten Symptomenkomplex durch Überempfindlichkeit gegen das gebrauchte Sulfamerazin zu erklären.

Nach Behandlung der schwerkranken Frau mit 100 mg Corthrophin in 24 Stunden trat eine überraschende Besserung des Zustandes ein. Die Temperatur sank beinahe kritisch, der Puls wurde ruhig; die Milz verkleinerte sich schnell und war nicht mehr schmerzhaft, Arme und Beine waren wieder beweglich.

Einige Tage nach der Behandlung mit Corthrophin erschienen die Reflexe wieder, verschwand die Ataxie und nahm die Kraft in den Armen und Beinen wieder zu. Die Corthrophinmenge wurde langsam verkleinert und die Darreichung konnte nach acht Tagen ausgesetzt werden. Die Frau wurde nach dreiwöchigem Aufenthalt im Krankenhaus entlassen. Nur die Reflexe blieben anfangs noch sehr niedrig.

Wir hatten hier daher mit einem Krankheitsbild zu tun, das in verschiedenen Organen lokalisiert war: periphere Nerven, Milz, Leber (leichter Ikterus mit direkter Reaktion nach HIJMANS VAN DEN BERGH, schmerzhafte Leber, Ausflockungsreaktion nach HANGER nach 24 Stunden 3 +; die Probe nach HANGER war nach fünf Wochen negativ), Nieren (anfänglich starke Albuminurie, Ureumgehalt im Blut normal, spezifisches Gewicht des Urins 1030, nach einer Woche war die Eiweißreaktion im Harn negativ), Herz (das EKG zeigte anfangs eine deutliche Steigung des ST-Intervalls in den V-Ableitungen [Perikarditis?]), diese Veränderungen verschwanden allmählich.

Es ist deutlich, daß wir an eine Gefäßerkrankung denken mußten, da bei der weiteren Untersuchung kein Anhaltspunkt für eine Krankheit gefunden wurde, die sich längs der Blutbahn ausgebreitet hatte.

Die große Übereinstimmung mit dem Krankheitsbild der generalisierten Arteriitis und der auffallende Erfolg von ACTH machten die allergische Art dieser Erkrankung, die durch Sulfamerazin verursacht war, immerhin sehr wahrscheinlich.

Wir hätten, so wie es im Ausland öfters geschieht, noch einmal Sulfamerazin geben können. Unserer Meinung nach ist das nicht erlaubt. Bei der folgenden Patientin wurde diese Probe jedoch, wenn auch unfreiwillig, bis zu zweimal wiederholt und dies brachte uns den absoluten Beweis von Allergie gegen Sulfathiazol (Cibazol).

Die Patientin, eine 48jährige Frau, bekam wegen rheumatischer Beschwerden Sulfarthrol verschrieben, aber durch einen Zufall wurde irrtümlich Sulfathiazol (Cibazol) geliefert.

Am 26. März wurde mit Cibazol (!) begonnen, dreimal täglich zwei Tabletten. Die Patientin bekam unmittelbar darauf Kopfschmerzen. Nach einer Woche wurden diese Kopfschmerzen unerträglich, es entstand Konjunktivitis und Jucken. Sie bekam auch bis 39⁰ Fieber, Rücken- und Nackenschmerzen.

Die Reflexe an Armen und Beinen waren sehr niedrig. Die Sensibilität war ungestört, die Haut jedoch so überempfindlich, daß sich die Patientin im Bett kaum bewegen konnte.

Wegen deutlicher meningealer Erscheinungen wurde der Liquor untersucht. Der Druck war nicht erhöht, die Eiweißreaktionen fielen negativ aus, Zellen 0/3, Goldsolkurve normal, Luesreaktionen negativ.

Die Sulfathiazoltherapie wurde eingestellt, da die Patientin erbrach. Sie erholte sich wieder, mußte aber erst wieder gehen lernen.

Am 21. April bekam sie wiederum Cibazol-Tabletten (!). Nach vier bis fünf Tabletten begann sie zu erbrechen; sie bekam Kopfschmerzen, hohes Fieber und ein Exanthem am ganzen Körper; die Augen wurden rot und sie konnte sich wegen Schmerzen und Steifheit in den Gelenken kaum bewegen.

Der Geschmack war vollkommen verschwunden. Am 3. Mai stand sie wieder auf; sie hatte diesmal keine Beschwerden mehr.

Da sie wieder Rheumatismus bekam, begann sie am 21. Mai wieder mit der Quasi-Sulfarthroltherapie. Nachdem sie mittags, um 14 Uhr, zwei Tabletten Cibazol genommen hatte, mußte sie um 18 Uhr zu Bett gehen, da sie heftige Kopfschmerzen, Schmerzen in den Beinen, Erbrechen, Diarrhöe und Fieber bekam. Es stellten sich Parästhesien und Gefühllosigkeit in den Fingern ein. In den Zehen blieb das Gefühl ungestört. Die Haut wurde wieder fleckig, noch schlimmer als das vorige Mal. Die letzte Krankheitsperiode dauerte bis zum 1. Juni. Erst im Juli wurde die Verwechslung des Sulfarthrols mit Sulfathiazol entdeckt.

Am 14. Juli wurde sie noch einmal untersucht. Es wurden nur noch folgende Veränderungen gefunden: Die Sensibilität der Fingerspitzen war noch deutlich herabgesetzt. Die Nervenstämme der Gliedmaßen waren druckschmerzhaft. Die Probe von HANGER ergab nach 24 Stunden 2 +, nach 48 Stunden 3 +. Leider hatten wir nicht Gelegenheit, während der akuten Phasen Herz, Nieren, Leber und Blut zu untersuchen.

Wahrscheinlich muß man als anatomisches Substrat dieser Fälle eine allergische Entzündung von vielen kleinen und mittelgroßen Arterien annehmen. Diese Entzündung war (vielleicht, weil noch keine Nekrosen bestanden) noch einer raschen Genesung zugänglich. Die Möglichkeit ist groß, daß bedeutende graduelle Unterschiede in der Art der Arteriitis vorkommen, je nach dem Ernst und der Dauer der allergischen Entzündung.

9. Lungen. Bei Patienten mit tödlich verlaufender Pneumonie wurden nekrotische Herde gefunden, die im pneumonischen Infiltrat verstreut lagen. Das Fieber dieser Patienten war zuerst niedrig, stieg aber später wieder (123). In kleineren Blutgefäßen der Lungen wurde eine Entzündung der Wand mit Fibrinthromben gefunden (124).

Die Lungenveränderungen bei Arteriitis kann man röntgenologisch als ein feinfleckiges Bild sehen (125).

Lungenödem (126) auf allergischer Basis, flüchtige Lungeninfiltrate (128 a) und Asthma (127) durch Sulfonamide wurden beschrieben; sogar Asthma bei Krankenschwestern durch äußerlichen Kontakt mit Sulfonamiden (128).

Eine Patientin bekam ein LOEFFLER-Infiltrat nach Gebrauch von sulfahaltiger Creme per vaginam (169).

10. Augen. An den Augen können verschiedene unangenehme Erscheinungen auftreten: Arzneifieber ist oft mit Konjunktivitis kombiniert (129), Konjunktivitis mit Ulzerationen (133), Neuritis optica mit Blindheit (130, 131), Retinablutungen, akutes Glaukom (132), vorübergehende Myopie (131, 134), Ödem und Chemosis durch 5%ige Sulfathiazolsalbe (136), bleibende Narben an der Kornea, Linsentrübungen (135), Dermatitis der Augenlider durch sulfahaltige Salbe (137).

11. Schilddrüse. Durch langdauernden Gebrauch, speziell von Sulfathiazol, kann Schilddrüsenschwellung mit Erscheinungen von Myxödem entstehen.

12. Geschlechtsorgane. Hemmung der Spermatogenese, Hodenatrophie.

Manche Mitteilungen geben an, daß der Fötus bei intensivem Gebrauch von Sulfa-Präparaten durch die Mutter leiden kann (104). Schwangere Frauen sollen besonders empfindlich für Sulfonamide sein (138). Nimmt eine stillende Frau Sulfa ein, kann das Kind Exanthem bekommen (140). Vulvitis (139), Vaginitis und Bläschen auf dem Penis wurden gesehen (68). Fixe Exantheme an den Geschlechtsteilen bei Männern.

Man muß zu dem Schluß kommen, daß die Sulfonamide keine harmlosen Heilmittel sind. Ebenso, wie man sich nicht leichtfertig zu einer Operation entschließt, muß man reiflich überlegen, ob man in einem bestimmten Falle von Sulfa-Präparaten Erfolg erwarten kann und ob man dem Patienten das unvermeidliche Risiko, das mit dieser Therapie verbunden ist, auferlegen kann. Es wird geraten, in kurzer Zeit eine große Dosis zu geben. Sieht man nach 48 oder höchstens 72 Stunden keine deutliche Besserung der Krankheit, kann man die Behandlung beruhigt einstellen.

Eine kleine Dosis hilft sicher nicht, sie sensibilisiert nur. Die Gefahr allergischer Erscheinungen ist bei einer entsprechend großen Dosis nicht viel größer als bei einer kleinen (141).

Man muß doppelt vorsichtig sein, wenn ein Patient schon früher Sulfonamide eingenommen hat. Wechseln des Präparates wird empfohlen. Unbedingt ist dies nötig, wenn ein Patient früher allergische Erscheinungen gezeigt hat. Man kann auch eine Probedosis geben und abwarten, wie diesmal darauf reagiert wird; zu diesem Zweck kann man eine Sulfatablette zehn Minuten zwischen Wangenschleimhaut und Zahnfleisch legen und nach 24 Stunden nachsehen, ob eine Rötung entstanden ist. Aber auch diese Methode ist nicht harmlos und verursachte bei einem Patienten auf dieser Stelle eine ulzeröse Stomatitis (142).

Man kann vorsichtshalber auch Antihistamine geben.

Es muß auf genügende Flüssigkeitszufuhr geachtet werden. Es ist sehr unwahrscheinlich, daß bei einer Mischung von Sulfonamiden die Anzahl der Nebenerscheinungen abnimmt.

Behandlung mit Sulfonamiden ist sofort einzustellen:

1. wenn die Temperatur, nach Sinken im Beginn, wieder deutlich steigt,

2. wenn während der Behandlung allergische Erscheinungen entstehen, wie: Konjunktivitis, Exantheme, Eosinophilie, Polyneuritis, Polyarthritis, Asthma, Nephritis, psychische Veränderungen.

Bei Behandlung starker Sulfa-Allergie muß man reichlich ACTH und Cortison gebrauchen.

Die **Sulfone** (15, 144) (Sulphetron, Diason, Promin, Promizol) sind auch Sulfonamide, die bei Behandlung von **Lepra** und manchmal von Tuberkulose verwendet werden.

1. Haut. Exfoliative Dermatitis ist bei 1 bis 2 % der Patienten zu erwarten. Ferner: Angioneurotisches Ödem, Erythema nodosum, Akne, lichenartige Eruptionen.

2. Allgemeine Erscheinungen. Kopfschmerzen, Fieber, Müdigkeit, Schwitzen, Drüsenschwellungen, Leber- und Milzschwellung, Änderungen im EKG (149), Tachykardie.

3. Nieren. Man hat Hämaturie gesehen (146, 147), aber keine Kristallbildung. Die Nieren können geschädigt werden (138), besonders, wenn sie vorher nicht vollkommen gesund waren. Blasenbeschwerden.

4. Nervensystem. Kopfschmerz, Schwindel, Tremor, Schlaflosigkeit, Doppeltsehen und andere Augenstörungen. Depression, Delirium, Psychosen, Polyneuritis (148).

5. Magen-Darmkanal. Brechreiz, Appetitlosigkeit, Erbrechen, Diarrhöe, Hepatitis mit Ikterus, Nekrose der Leber (150).

6. Innere Sekretion. Schwellung der Brüste, Struma, Zunahme der Behaarung.

7. Blut. Starke Leukozytose, Leukopenie, Agranulozytose, Mononukleose (150). Oft entsteht eine normochrome oder hypochrome Anämie, die nach drei Wochen den niedrigsten Punkt erreicht (2,5 Millionen Erythrozyten pro mm^3). Danach erholt sich das Blut spontan, um nach ungefähr vier Wochen wieder 4 Millionen Erythrozyten zu erreichen.

Es wird empfohlen, die Sulfontherapie einzustellen, wenn ein Wert unter 2,5 Millionen gefunden wird und wenn die Erneuerung nicht innerhalb sechs Wochen eintritt (150 a).

Auch hämolytische Erscheinungen wurden beobachtet (145), sogar eine hämolytische Anämie mit vielen Erythroblasten im Blut. Auch Zyanose entsteht öfters durch Bildung von Methämoglobin.

Literatur

1. Amer. J. med. Sci. 209 (1950) 640.
2. Univ. Hosp. Bull. (Ann Arbor) 7 (1941) 19.
3. J. Pediat. 28 (1946) 40.
4. Ned. Tijdschr. v. Geneesk. 91 (1947) 2649.
5. J.A.M.A. 124 (1944) 403.
6. Arch. Otolaryng. (Chicago) 46 (1947) 52.
7. Arch. Derm. Syph. (Chicago) 46 (1942) 379.
8. J.A.M.A. 121 (1943) 406.
9. J.A.M.A. 121 (1943) 408.
10. J.A.M.A. 135 (1947) 133.
11. Surg. Gynec. Obstet. 88 (1949) 201.
12. Univ. Hosp. Bull. (Ann Arbor) 7 (1941) 19.
13. Schweiz. med. Wschr. 73 (1943) 601.
14. Münch. med. Wschr. 89 (1942) 888.
15. Abaza, Acquisitions médicales, S. 193 — 282. Paris: Doin & Cie. 1946.
16. Amer. J. med. Sci. 218 (1949) 133; Mississippi Valley med. J. 71 (1949) 87.
17. J.A.M.A. 144 (1950) 1179.
18. J.A.M.A. 125 (1943) 773.
19. Brit. med. J. (1944 I) 373.
20. Lancet 246 (1944) 367.
21. Ann. int. Med. 24 (1946) 629.
22. Bull. Derm. Syph. 58 (1948) 134.
23. Th. J. van Vloten, Dissertation, Amsterdam 1950.

24. J. Allergy 18 (1947) 92.
25. J.A.M.A. 117 (1941) 607.
26. Ref. 23, Patienten Nr. 9 und 10.
27. J. Allergy 18 (1947) 382.
28. Dermatologica (Basel) 24 (1944) 239; J. invest. Derm. 13 (1949) 213.
29. Ned. Tijdschr. v. Geneesk. 93 (1949) 2506.
30. Schweiz. med. Wschr. 77 (1947) 1139.
31. Acta tbc. Scand., Suppl. 24 (1950) 1.
32. Arch. Dis. Childhood 23 (1948) 273.
33. New Engl. J. Med. 239 (1948) 956.
34. Med. Klinik 35 (1939) 1078; J.A.M.A. 109 (1937) 1009, 1011; J. MAYR, S. 121.
35. J.A.M.A. 109 (1937) 1036.
36. Belg. Tijdschr. v. Geneesk. 5 (1949) 113.
37. Edinb. med. J. 58 (1951) 48.
38. Brit. med. J. (1947 II) 599; Lancet 249 (1945) 751.
39. J.A.M.A. 126 (1944) 630.
40. J.A.M.A. 111 (1938) 1456; Schweiz. med. Wschr. 75 (1945) 199.
41. Amer. J. Ophthalm. 31 (1948) 1603.
42. J.A.M.A. 125 (1944) 773.
43. Z. inn. Med. 2 (1947) 722; Acta med. Scand. 130 (1948) 259.
43a. Calif. Med. 77 (1952) 196.
44. Ugeskr. Laeg. (Dän.) 112 (1950) 295.
45. J. Army med. Corps 89 (1947) 135.
46. J. Urol. 56 (1946) 652.
47. Arch. int. Med. 73 (1944) 33.
48. Ugeskr. Laeg. (Dän.) 113 (1950) 303.
49. Ann. int. Med. 18 (1943) 741.
50. Arch. int. Med. 83 (1949) 271; Ugeskr. Laeg. (Dän.) 113 (1951) 1315.
51. N. Y. J. Med. 44 (1944) 394.
52. Ned. Tijdschr. v. Geneesk. 91 (1947) 2649.
53. Ned. Tijdschr. v. Geneesk. 92 (1948) 1222; Ann. int. Med. 20 (1944) 311.
54. New Engl. J. Med. 236 (1947) 236.
55. Ann. int. Med. 18 (1943) 741.
56. Ann. int. Med. 31 (1949) 1118.
57. Amer. J. med. Sci. 207 (1944) 175.
58. Ann. int. Med. 20 (1944) 619.
59. J.A.M.A. 125 (1944) 773.
60. J.A.M.A. 143 (1950) 130.
61. Lancet 236 (1939) 207.
62. New Engl. J. Med. 240 (1949) 173.
63. Ohio St. med. J. 41 (1945) 923.
64. Blood 3 (1948) 1411; J.A.M.A. 111 (1938) 2283.
65. Schweiz. med. Wschr. 73 (1943) 698 (Irgafen).
66. Ned. Tijdschr. v. Geneesk. 92 (1948) 1222.
67. Ann. int. Med. 14 (1940) 168; Ann. med. int. Fenniae 36 (1947) 83; J.A.M.A. 111 (1938) 2384.
68. Arch. Derm. Syph. (Chicago) 54 (1946) 675.
69. Glasgow med. J. 30 (1949) 140; Pr. méd. 59 (1951) 7.
70. Amer. J. Obstet. Gynec. 44 (1942) 88.
71. Schweiz. med. Wschr. 73 (1943) 656.
72. Amer. J. clin. Path. 14 (1944) 191.
73. J. Allergy 16 (1945) 17.
74. Bull. méd. (Paris) 60 (1946) 421.
75. Wien. med. Wschr. 101 (1951) 151.
76. J. Pediat. 28 (1946) 24.
77. N. Y. J. Med. 50 (1950) 2807.
78. Z. Kinderheilk. 64 (1943) 135.
79. Ned. Tijdschr. v. Geneesk. 85 (1941) 4716; Z. inn. Med. 6 (1951) 68 (Supronal).
80. J.A.M.A. 144 (1950) 1179; J.A.M.A. 147 (1951) 1657.

81. J.A.M.A. 122 (1943) 668.
82. Brit. med. J. (1938 I) 975; (1937 II) 105.
83. Lancet 249 (1945) 751.
84. Sang 20 (1949) 302 (Sulphadiazin); Amer. J. med. Sci. 290 (1940) 495 (Sulphapyridin); Nord. Med. 29 (1946) 673 (Sulphathiazol); Calif. West. Med. 60 (1944) 99.
85. Ann. int. Med. 23 (1945) 237.
86. Schweiz. med. Wschr. 77 (1947) 292; Klin. Wschr. (1940 I) 265; (1941 I) 137; Ned. Tijdschr. v. Geneesk. 86 (1942) 825.
87. Schweiz. med. Wschr. 73 (1943) 698.
88. Lancet 234 (1938) 770 (Sulphanilamid).
89. The Medical Use of Sulphonamides, Med. Research Council War Mem. No. 10, London 1945; Ned. Tijdschr. v. Geneesk. 94 (1950) 1918 (Irgafen); J.A.M.A. 109 (1937) 12, 1005; 117 (1941) 1704; Acta med. Scand. 108 (1941) 117.
90. Schweiz. med. Wschr. 78 (1948) 681; J.A.M.A. 109 (1937) 12, 1005.
91. Med. Klinik 35 (1939) 1078.
92. Ned. Tijdschr. v. Geneesk. 87 (1943) 1754.
93. Schweiz. med. Wschr. 73 (1943) 564.
93a. J.A.M.A. 113 (1939) 488; 123 (1943) 77; Ann. int. Med. 16 (1942) 152; 21 (1944) 709; 27 (1947) 1034.
94. Ann. int. Med. 27 (1947) 1034; Lancet 237 (1939) 244; J.A.M.A. 113 (1939) 488.
95. Sang 20 (1949) 427; Klin. Wschr. 28 (1950) 470.
96. Lancet 258 (1950) 298.
96a. J.A.M.A. 109 (1937) 1005; Lancet (1937 II) 898; Brit. med. J. (1945 II) 884; Ann. int. Med. 16 (1942) 333.
97. Ned. Tijdschr. v. Geneesk. 84 (1940) 1413; 85 (1941) 2174; 87 (1943) 742.
98. Amer. J. med. Sci. 207 (1944) 492 (Sulphadiazin); Ned. Tijdschr. v. Geneesk. 86 (1942) 1415 (Sulphapyridin); Schweiz. med. Wschr. 73 (1943) 698 (Irgaphen); War Med. (Chicago) 5 (1944) 150; Acta med. Scand. 121 (1945) 95.
99. Acta med. Scand. 111 (1942) 261.
100. G. A. LINDEBOOM, De nieuwe chemotherapie in de practijk. Amsterdam 1944.
101. Univ. Hosp. Bull. (Ann Arbor) 7 (1941) 19.
102. Amer. J. med. Sci. 200 (1940) 362.
103. Schweiz. med. Wschr. 73 (1943) 598.
104. Ann. int. Med. 21 (1944) 194.
105. Ugeskr. Laeg. (Dän.) 109 (1947) 201.
106. Rev. neurol. 80 (1948) 458.
107. Derm. Wschr. 107 (1938) 807, 833, 1361.
108. Dtsch. med. Wschr. 76 (1951) 558.
109. J.A.M.A. 140 (1949) 1076; Amer. Heart J. 34 (1947) 827.
110. Arch. Mal. Coeur 43 (1950) 525; Policlinico sez. med. 60 (1953) 48.
111. Amer. J. Path. 18 (1942) 109.
112. Ned. Tijdschr. v. Geneesk. 93 (1949) 4314; Amer. Heart J. 32 (1946) 250.
113. Circulation 1 (1950) 1060.
114. Ann. West. Med. Surg. (1947 I) 249.
115. Lancet (1951 I) 446.
116. Beitr. path. Anat. 88 (1931) 17; Erg. allg. Path. 27 (1934) 1; Virchows Arch. path. Anat. 299 (1937) 629; Bull. Johns Hopk. Hosp. 71 (1943) 123, 375; 72 (1943) 65; Arch. Path. (Chicago) 39 (1945) 301; Amer. J. Path. 22 (1946) 665, 679.
117. Brit. med. J. (1950 I) 704.
118. Ned. Tijdschr. v. Geneesk. 91 (1947) 2649.

119. Maandschr. Kindergeneesk. 17 (1949) 190.
120. Amer. J. Ophthalm. 29 (1946) 435.
121. Amer. J. Med. 9 (1950) 315.
122. N. Y. J. Med. 50 (1950) 2807.
123. Virchows Arch. path. Anat. 307 (1941) 541; J.A.M.A. 119 (1942) 770.
124. Ned. Tijdschr. v. Geneesk. 86 (1942) 2520.
125. Acta radiol. (Stockholm) 26 (1945) 307.
126. Schweiz. med. Wschr. 73 (1943) 598 (Sulphapyridin).
127. J.A.M.A. 126 (1944) 166.
128. Acta med. Scand. 126 (1946) 185.
128a. Treatment Services Bull. (Ottawa) 7 (1952) 271.
129. Amer. J. med. Sci. 207 (1944) 349.
130. J.A.M.A. 109 (1937) 1007.
131. Univ. Hosp. Bull. (Ann Arbor) 7 (1941) 19.
132. Amer. J. Ophthalm. 30 (1947) 127.
133. Arch. Ophthalm. (Chicago) 38 (1947) 735.
134. Klin. Mbl. Augenhk. 106 (1941) 597.
135. Ophthalmologica (Basel) 104 (1942) 55.
136. Amer. J. Ophthalm. 32 (1949) 675; 31 (1948) 1603.
136a. Rocky Mountain med. J. 49 (1952) 441.
137. Arch. Ophthalm. (Chicago) 39 (1948) 554.
138. Arch. Neurol. Psych. (Chicago) 63 (1950) 471.
139. Dtsch. med. Wschr. 76 (1951) 1399.
140. Med. Welt 20 (1951) 53.
141. Arch. int. Med. 76 (1945) 22.
142. J. Allergy 14 (1943) 158.
143. Bull. Johns Hopk. Hosp. 87 (1950) 354.
144. Lancet 255 (1948) 131; Ann. int. Med. 30 (1949) 692.
145. Med. Welt 20 (1951) 673; Lancet 244 (1943) 702; 260 (1951) 21; J.A.M.A. 117 (1941) 1066.
146. J.A.M.A. 136 (1948) 451.
147. Ned. Tijdschr. v. Geneesk. 94 (1950) 3279.
148. Pr. méd. 59 (1951) 1104; Thérapie 6 (1951) 332.
149. Amer. Rev. Tbc. 62 (1950) 160.
150. Yearbook of Drug Therapy 1951, S. 227, 228.
150a. Ned. Tijdschr. v. Geneesk. 97 (1953) 1064.
151. J.A.M.A. 149 (1952) 979.
152. J.A.M.A. 150 (1952) 95.
153. Cleveld. Clin. Quart. 10 (1953) 105.
154. Amer. J. med. Sci. (1946) 641.
155. Z. inn. Med. 7 (1952) 128.
156. J.A.M.A. 151 (1953) 366.
157. Lancet (1938 II) 718.
158. S. African med. J. 26 (1952) 317.
159. Amer. J. Obstet. Gynec. 63 (1952) 175.
160. Münch. med. Wschr. 95 (1953) 101.
161. Med. Klinik 32 (1936) 1076.
162. J.A.M.A. 152 (1953) 232.
163. Lancet (1947 I) 326.
164. Brit. med. J. (1950 I) 1393.
165. Beitr. klin. Chir. 186 (1953) 463.
166. Arch. Mal. profess. (Paris) 11 (1950) 357.
167. Brit. med. J. (1946 II) 611.
168. Arch. Derm. 51 (1945) 190; Lancet (1955 I) 203.
169. Ann. int. Med. 40 (1954) 343.
170. J. MAYR, S. 129.
171. J. MAYR, S. 121.
172. Arch. Surg. 44 (1942) 187, 208; J.A.M.A. 120 (1942) 265.
173. Ann. West. Med. Surg. 1 (1947) 249.
174. N. Y. J. Med. 54 (1954) 1903.
175. Minerva med. (Turin) 45 (1954) 1566.
176. LINDEMAYR, S. 35.
177. LINDEMAYR, S. 29.
178. LINDEMAYR, S. 44.
179. Amer. J. Path. 30 (1954) 361.
180. Nord. Med. 51 (1954) 305.
181. Brit. med. J. (1954 II) 1269.
182. Amer. J. Med. 16 (1954) 746.
183. Pr. méd. 63 (1955) 652.

XIII. Andere Chemotherapeutika

A. Para-Aminosalizylsäure (PAS)

1. Magen-Darmkanal. Erscheinungen seitens des Magen-Darmkanals kommen nach Gebrauch von ungereinigtem PAS oft vor, seltener ist dies der Fall nach gereinigten Präparaten und nach dem Kalziumsalz von PAS.

Manche Mitteilungen sprechen von gastro-intestinalen Erscheinungen bei 58 % der Patienten (1). Anorexie, Brechreiz, Erbrechen (manchmal ist das Erbrochene schwarz) (2), Sodbrennen, Luftschlucken, Meteorismus, Diarrhöe.

2. Allgemeine Erscheinungen. Fieber (3), Kopfschmerzen, Unruhe, neuralgische Schmerzen, Hyperästhesie der Haut, Parästhesien, Ohrensausen, Schleier vor den Augen (4).

Es kann vorkommen, daß verschiedene Organe bei PAS-Überempfindlichkeit gleichzeitig angegriffen werden. Eine Kombination von Dermatitis mit Hepatitis wurde wiederholt beschrieben. Manchmal kommen dabei auch Drüsenschwellungen, Nieren- oder Blutveränderungen vor.

Ein Patient hatte drei Wochen 10 g PAS pro Tag gut vertragen, hierauf bekam er Fieber, Kopfschmerzen, Rückenschmerzen. Er wurde unruhig. Die Erscheinungen verschwanden unmittelbar nach dem Aussetzen der PAS-Therapie. Zwei Wochen später stieg die Temperatur erneut bis 39,5 und die Erscheinungen wiederholten sich einige Stunden nach Gebrauch von 2 g PAS. Der Patient hatte eine allergische Konstitution.

Ein anderer Patient (5) bekam nach 30 Tagen PAS-Behandlung hohes Fieber, einen Ausschlag mit nachfolgender Schuppung, geschwollenen Lymphdrüsen, Albuminurie, vorübergehende Anurie und Ikterus. Einige Wochen später, als alle Erscheinungen verschwunden waren, traten sie nach einer Probedosis von 2 g wieder auf.

Vereinzelt wurden Erscheinungen von *anaphylaktischem Schock* beobachtet (6).

Eine Krankengeschichte von einem ernstlich verlaufenen Schock nach Einnehmen von PAS wird beschrieben. Es kam zu heftigen Kopfschmerzen, Brechreiz, Erbrechen, Diarrhöe, Bauch- und Beinschmerzen. Später kamen noch dazu: heftige Rückenschmerzen, Schüttelfrost, schlechtes Sehen, Konjunktivitis und ein scharlachartiges Exanthem. Im Harn fand man Eiweiß und Erythrozyten.

Nachdem sich der Patient langsam von dem Schock erholt hatte, traten eine doppelseitige Fazialisparalyse und eine Parese von Armen und Beinen auf. An beiden Füßen wurden Sensibilitätsstörungen konstatiert. Es wurde die Diagnose Syndrom nach GUILLAIN-BARRÉ gestellt. Alle Haare fielen aus. Schließlich trat allgemeine Genesung ein (133).

Ein anderer Patient starb an den Folgen von anaphylaktischem Schock nach einer Probedosis von 5,5 g PAS. Er hatte schon früher nach einer PAS-Behandlung allergische Erscheinungen gehabt (139).

3. Haut. Jucken; bei 2 bis 5 % der mit PAS behandelten Patienten findet man Ausschlag, scharlach- oder masernähnliche Exantheme (7),

Herpes (8), Pityriasis, Lichen planus (125), Dermatitis (9). Erythroderma (10), lichtempfindliche Dermatitis (9), Kontaktdermatitis.

Ein Patient mit Kontaktdermatitis zeigte nach der Genesung jedesmal, wenn er in die Nähe eines Laboratoriums kam, wo mit PAS gearbeitet wurde, Hauterscheinungen (11).

Weiter wurden wahrgenommen: Ekzem, Purpura (6), Erosionen an der Glans penis (12), vorübergehende vollständige Alopezie (13), QUINCKEsches Ödem (14), Urtikaria (15).

4. Schleimhäute. Glossitis (9), Stomatitis.

Bei einem Patienten kam es zu Ausschlag mit hierauf folgender stark verbreiteter Ulzeration im Mund und im Pharynx und mit Eosinophilie von 21% (16).

Lichen im Mund und auf der Zunge (147). Schwarze Verfärbung der Wangenschleimhaut (durch Paraaminophenol) (2). Konjunktivitis, Tränenfluß, Photophobie (2), Laryngitis, Tracheitis (17).

5. Leber. Eine schwere Komplikation bildet der Ikterus als Folge einer Hepatitis. Oft gehen andere Erscheinungen dem Ikterus voraus. Auch Todesfälle wurden beobachtet. Der Ikterus entwickelt sich frühestens nach zwei- bis dreiwöchiger PAS-Behandlung. Leber und Milz können vergrößert sein, manchmal auch ohne Ikterus. Man stelle die PAS-Behandlung ein, wenn Fieber, Erytheme oder andere Zeichen einer Intoleranz entstehen.

Die Hepatitis ist oft mit Ausschlag oder Dermatitis kombiniert und manchmal mit Drüsenschwellungen (2). Bei einem Patienten folgte nach zwei Perioden einer PAS-Therapie beide Male Ikterus (18).

Akute gelbe Leberatrophie (19).

Die Leberfunktion kann manchmal ohne ausgesprochenen Ikterus gestört sein (20).

6. Blut und blutbildende Organe. Eosinophilie (10), Monozytose, Lymphozytose wurden oft gefunden, Leukopenie (21). Einzelne Fälle von Agranulozytose (22) und aplastischer Anämie werden beschrieben (23).

Manchmal kommt eine starke Leukozytose vor.

Bei einem Patienten wurden 46 000 weiße Blutkörperchen gezählt, hievon 38% polymorphkernige, 31% Eosinophile und der Rest Lymphozyten (24). In diesem Falle waren die Lymphdrüsen stark geschwollen. In einem anderen Fall betrug die Leukozytenzahl 70 000. Man kann auch Jugendformen finden. Einige Male wurde eine Mononukleose mit Zellen, wie sie bei Mononucleosis infectiosa gefunden werden, beschrieben. Man sah Milz- und Lymphdrüsenschwellungen, die Reaktion von PAUL und BUNNEL war jedoch negativ (25).

Auch wir hatten Gelegenheit, einen Patienten zu beobachten, bei dem Hepatitis, Dermatitis und Veränderungen im EKG vorhanden waren.

Es war eine Frau, die nach 26 Tagen PAS-Therapie Fieber bekam und ein Exanthem, das dem Erythema multiforme glich. Später entstand eine Erythrodermie beinahe am ganzen Körper. Es kam zu Drüsenschwellungen, Leber- und Milzschwellung und zu einem Blutbild, das der Mononucleosis infectiosa glich (PAUL und BUNNEL negativ), mit 15 000 weißen Blutkörperchen, hievon 60 % mononukleare Zellen, darunter auch viele Plasmazellen. Später veränderte sich das Blutbild, wobei nun 24 % Eosinophile gefunden wurden. Im Knochenmark wurden hauptsächlich Eosinophile und Plasmazellen gefunden. Das EKG zeigte anfänglich eine Senkung im ST-Intervall und niedrige T-Zacken. Die Reaktion nach HANGER war stark positiv. Nach zwei Wochen waren alle Symptome verschwunden (auch Ikterus und EKG-Veränderungen). Hautproben mit PAS fielen stark positiv aus.

In den Erythrozyten wurde hie und da basophile Körnelung gefunden (2). Auch Methämoglobinämie hat man beobachtet (26). Purpura ohne besondere Verminderung der Zahl der Thrombozyten wurde beschrieben. PAS kann aber auch Thrombopenie verursachen. Bei einem Patienten kam es hiedurch zu Bluterbrechen (124). Das Symptom nach RUMPEL-LEEDE (7) wird als positiv angeführt.

Es gibt verschiedene Publikationen über das Entstehen einer *akuten hämolytischen Anämie* (26) nach Gebrauch von PAS und auch nach dem Einnehmen von ascorbinsaurem PAS. Bei zwei Kindern kam es zu einer ernsten hämolytischen Anämie schon nach 3 bzw. 2,35 g dieses PAS-Präparates (27). In zwei anderen Fällen entstand dieses Syndrom erst nach einer Behandlung von 15 bzw. 20 Tagen (28).

Die Erscheinungen waren dann: Erythem, Fieber, schnell zunehmende Blässe durch schwere Anämie, Vergrößerung der Milz und Hämoglobinurie.

Die Heilung erfolgte nach einigen Bluttransfusionen.

In einer Publikation werden vier Patienten mit erhöhtem Blutabbau durch ascorbinsaures PAS beschrieben. Ein Fall verlief tödlich, ein anderer erholte sich nach einer Bluttransfusion. Bei einem dritten kam es nur zur Steigerung des Bilirubingehaltes im Blute; der vierte bekam Hämoglobinurie (149).

Bei einem vierjährigen Kind kam es nach Einnehmen einer Ampulle des gleichen Mittels zu einer hämolytischen Anämie (150).

7. Nieren. Man hat hie und da eine vorübergehende Albuminurie gesehen. Wir kennen einen Patienten, der PAS innerlich gut vertragen hat, aber nach einer intravenösen Darreichung 12 ‰ Eiweiß im Harn bekam. Zwei Tage später war im Harn kein Eiweiß mehr zu finden.

Oft fand man auch Erythrozyten im Harn, manchmal kommt regelrechte Hämaturie vor (29). Ferner stellte man Leukozyten, Zylinder und PAS-Kristalle im Harn fest (30). Selten, aber schwerer ist eine zunehmende Oligurie, die zu Anurie und Urämie führen kann (10).

Zuweilen färbt PAS den Harn dunkel, während auch Sputum und Erbrochenes schwarz sein können. Diese Verfärbung wird durch Paraaminophenol hervorgerufen, das in nicht genügend gereinigten Präparaten vorkommt.

Indikanurie wurde beobachtet.

Man fand auch renale Glukosurie (31). Manchmal wird der Harn durch Abbauprodukte von PAS reduziert.

Einige Patienten klagten über Blut im Harn. Die rote Farbe, die sie für Blut hielten, entstand aber erst, wenn der Harn mit dem als Desinfektions-

mittel der Gefäße und des Klosetts gebrauchten Kalzium- oder Natrium-
hypochlorid in Berührung kam. Dieser Stoff erwies sich als einfaches Mittel
zum Nachweis von PAS (Sulfonamide und Para-aminobenzoesäure geben
dieselbe Reaktion) (126).

8. *Atmungsorgane.* Hustenreiz, Laryngitis, Stridor, Bronchitis,
Tracheitis wurden beschrieben, ebenso spastische Erscheinungen der
Luftwege und manchmal deutliches Asthma (32). Flüchtige Lungeninfiltrate in der Umgebung von tuberkulösen Veränderungen oder
anderwärts wurden beobachtet (33). Bei einem Patienten folgten auf
drei Perioden von PAS-Behandlung jedesmal flüchtige Lungeninfiltrate (35).

Bei einem anderen Patienten kam es zu Fieber bis zu 40,6°, Drüsenschwellungen, Hustenreiz und flüchtigen Infiltraten in beiden Lungen. Eosinophilie im Blut (152).

9. *Schilddrüse.* Bei einer langdauernden Behandlung mit PAS stellte
man wiederholt Vergrößerung der Schilddrüse fest. Man beobachtete
in verschiedenen Fällen Myxödem (34).

Bei einem achtjährigen Mädchen kam es gleichzeitig zu Myxödem
und Vergrößerung der Schilddrüse, nachdem diese Patientin ein halbes Jahr lang 12 g täglich gebraucht hatte. Nach Aussetzen der PAS-
Therapie folgte bald Restitution (36).

Ein anderer Patient bekam außer einer Vergrößerung der Schilddrüse auch Exophthalmus. Es traten auch andere toxische Symptome
auf, wie Anorexie, Erbrechen, Kopfschmerzen, Schwindelanfälle (37).

Bei 20 von 83 Patienten, die zumindest fünf Monate 20 g PAS täglich
einnahmen, sah man eine Struma entstehen. Es wurden noch neun weitere
Fälle aus einem anderen Krankenhaus publiziert.

Ein Großteil der Patienten hatte Myxödem, mit einem Grundumsatz
von — 20 bis — 33 %.

Gewöhnlich gehen die Symptome nach Aussetzen der Behandlung zurück.

Der Autor empfiehlt jedoch, jedem Patienten, der länger als sechs Monate mit PAS behandelt wird, 60 bis 120 mg Thyreoid täglich zu verordnen,
da bei einer langdauernden Behandlung eine irreversible Degeneration der
Schilddrüse vorkommt (153).

10. *Nervensystem.* Polyneuritis (38), neuralgische Schmerzen im
Kopf, in den Gliedmaßen, im Kiefer. Schwindelanfälle, Ohrensausen.
Nebelsehen (39) und Farbensehen (40).

Einige Male wurden Erscheinungen von Meningitis beobachtet, mit
Zunahme von Zellen und Eiweiß in der Lumbalflüssigkeit, so daß
zuerst an eine tuberkulöse Meningitis gedacht wurde (38).

Bei solchen Patienten kam es zu Lichtscheu gleichzeitig mit Kopfschmerz, Fieber, Genicksteifheit. Die Zahl der Zellen im Lumbalpunktat war erhöht. Leukopenie mit relativer Lymphozytose war vorhanden (41).

Ein Patient bekam eine solche Meningitis, während im Blut Eosinophilie vorhanden war.

Man sah auch einige Male paranoide und schizoide Reaktionen
nach Gebrauch von PAS (42).

11. Herz. Als Folge von Hypokalämie können Veränderungen im Herz auftreten, auch bei einem normalen Kaliumspiegel. Wir sahen eine Senkung des ST-Intervalls und Veränderungen an den T-Zacken. Verlängerte Überleitungszeit (146).

Ein Patient bekam nach 16tägiger PAS-Behandlung Bradykardie und ventrikuläre Extrasystolen. Im EKG Senkung des ST-Intervalls und Umkehrung der T-Zacken (Kalium = 22 mg%). Außerdem traten Fieber, Ausschlag, Ikterus, niedriger Prothrombingehalt mit Blutungen und eine 17 Stunden dauernde Anurie auf (52).

12. Biochemische Veränderungen, Hypokalämie mit starker Müdigkeit, kardiale Symptome (Veränderungen im EKG, Arrhythmien) und Lähmungen (43).

Ein Todesfall mit schnell zunehmenden Lähmungen wurde beschrieben (44).

Von 38 Patienten, die mit PAS behandelt wurden, zeigten 8 Erscheinungen als Folge niedrigen Kaliumgehaltes. Von diesen Patienten hatten 7 viel erbrochen mit oder ohne Diarrhöe. Diese Erscheinungen können darauf hinweisen, daß die gastrointestinalen Veränderungen für die Hypokalämie verantwortlich sind (45).

PAS wird überdies gleichzeitig mit Natrium bicarbonicum und Succus liquiritiae pulv. gereicht, Stoffen, die an und für sich schon Abnahme des Kaliumgehaltes im Blut verursachen.

Hypothrombinämie (46), die sogar zu spontanen Blutungen führen kann, wurde bei PAS-Therapie gesehen. Vor jeder Operation eines Patienten, der PAS einnimmt, sollte der Prothrombinspiegel untersucht werden.

Alkalose und *Tetanie* (47) werden beschrieben.

Ein Patient mit tuberkulöser Meningitis starb an einer hypokalämischen Alkalose und Tetanie.

Störungen im Zuckerstoffwechsel. Renale Glukosurie (48). Hypoglykämie (49). Bei Diabetes-Patienten ist eine verminderte Toleranz möglich, während über vier Patienten berichtet wird, die angeblich durch Einfluß der PAS-Therapie Diabetes bekamen (50). Auch Azetonurie soll vorkommen. Andere hingegen bemerkten keine Verschlechterungen bei ihren Diabetes-Patienten (51).

Die Ausscheidung der *Aminosäuren* kann während einer PAS-Kur auf das vier- oder fünffache steigen (151).

Nach Einführung von PAS in die Pleurahöhle und in Kavernen sah man auch allergische Erscheinungen.

PAS-Infusionen können ebenfalls allergische Erscheinungen verursachen (53).

Masern- und Scharlach-Exantheme, Urtikaria, Fieber, anaphylaktischer Schock, Hustenreiz.

Nach dem zehnten Infus von 20 g PAS bekam ein Patient Fieber, Urtikaria, Jucken, Konjunktivitis und QUINCKEsches Ödem des Gesichtes. Zehn Tage später traten die Erscheinungen nach 2 g PAS per os von neuem auf.

Ein anderer Patient bekam auch am zehnten Tag Fieber und heftige Kopfschmerzen. Acht Tage später folgten auf 3 g PAS per os heftige Kopfschmerzen und Schmerz im Oberkiefer.

Wird ein Infus zu schnell gegeben, können dyspeptische Beschwerden entstehen, wie Erbrechen und Diarrhöe; starkes Müdigkeitsgefühl.

Hier folgt eine Übersicht der Nebenerscheinungen, die bei 139 Patienten auftraten, die im ganzen 8000 PAS-Infuse erhielten:

1. Hauterscheinungen: nur einmal Erythem.

2. Achtmal heftiges Erbrechen, zweimal starke Diarrhöe, so daß die Behandlung eingestellt werden mußte.

3. Bei fünf Patienten entstanden Schock mit Schüttelfrost, Fieber, Muskel- und Gelenkschmerzen.

4. Bei fünf Patienten kam es zu Ikterus, aber nur einer hatte ausschließlich PAS bekommen.

Die meisten Nebenerscheinungen kamen zwischen dem 60. und 100. Infus vor.

Bei 22 Patienten mußte die Behandlung wegen der Nebenwirkungen unterbrochen werden (155).

Nach PAS-Infus kommt es beinahe immer zu Venenthrombose. Einige tödliche Embolien waren die Folge hievon (54).

Bei PAS-Allergie kann es auch zu Allergie gegen andere Stoffe, die eine Aminophenolgruppe in der Para-Position haben, kommen, wie gewisse Sulfonamide (Sulfadiazin, Sulfaguanidin), Pikrinsäure, Novocain, Haarfärbemittel (55).

Bei der *Behandlung* von PAS-Allergie achte man besonders auf geringfügige Erscheinungen, wie Fieber und Ausschlag. Dann setze man aus. Manchmal kann man nach einer Unterbrechung von einigen Wochen von neuem eine kleine Menge PAS probeweise geben und dann vorsichtig steigern.

Man versuche Antihistamine.

ACTH und Cortison reiche man bei schweren Allergiesymptomen.

Bei Magen-Darmerscheinungen genügt oft die Darreichung eines anderen Präparates.

Es empfiehlt sich, PAS nicht gleichzeitig mit anderen Salizylpräparaten zu verordnen (56).

So wie bei anderen antibakteriellen Mitteln muß man bei PAS-Behandlung auch mit dem Resistentwerden von Tuberkelbazillen rechnen (57).

B. Thiosemicarbazon (TB 1/698, Conteben)

Thiosemicarbazon wird nicht mehr viel gebraucht, weil die wirksame Dosis zu toxisch ist.

Bei der Behandlung von 84 Patienten sah man 35mal Leukopenie und 32mal Anämie (58). Eine andere Publikation spricht über 14 Patienten, von denen einer Agranulozytose und zwei hämolytische Anämie bekamen (59).

Eine Mitteilung über 45 Patienten erwähnt neun Fälle von Dermatitis, zwölf Patienten mit einer schweren Leberschädigung, bei der alle Patienten Anämie bekamen (60).

1. Allgemeine Erscheinungen. Fieber, Unruhe, Benommenheit, allgemeines Krankheitsgefühl.

2. Haut. Jucken; Exanthem, zumeist morbilliform, manchmal polymorph; Urtikaria, angioneurotische Ödeme, Purpura, Ekzem (auch durch lokalen Kontakt), Akne.

In vielen Fällen wird über Dermatitis berichtet (60).

3. Schleimhäute. Konjunktivitis, Phlyktänen, Nasenblutungen.

4. Magen-Darmkanal. Anorexie, Brechreiz, Erbrechen, Magenschmerzen (61).

5. Leber. Die Leberfunktion ist öfters gestört. Hepatitis, die sehr schwer verlaufen kann (60); Fettleber (62), manchmal mit tödlichem Ausgang (63).

6. Nieren. Eiweiß, Zylinder, Erythrozyten im Harn; manchmal wird eine Nierenerkrankung mit gestörter Nierenfunktion beobachtet (64).

7. Blut. Ernste Veränderungen im Blut wurden oft beobachtet. Häufig Leukopenie, aber auch Agranulozytose und Panzytopenie in vielen Fällen (59, 65, 66). Eosinophilie, Lymphozytose, Monozytose.

Es wurde auch über Patienten berichtet, deren Blutbild dem einer Mononucleosis infectiosa ähnelte.

Nach 25 mg Conteben entstand ein masernartiges Exanthem mit Jucken, Konjunktivitis, Brechreiz, Erbrechen und Fieber. Es waren 18 400 weiße Blutkörperchen, darunter 53% Lymphozyten, vorhanden.

Bei einem anderen Patienten entwickelte sich nach 4,4 g am 21. Tag eine Leukopenie von 1700, darunter 79% Lymphozyten. Der Patient erholte sich, aber es entstand nun eine Leukozytose von 17 200, darunter 85% Mononukleäre. Die Milz war vergrößert (67).

Es können auch Drüsenschwellungen vorkommen.

Purpura mit und ohne Thrombopenie (68).

Viele Publikationen berichten über eine mehr oder weniger ernste Anämie.

Es kann sich auch eine akute hämolytische Anämie mit oder ohne Ikterus entwickeln (59, 69).

Die Bildung von Methämoglobin wird beschrieben (70).

8. Lungen. Hämoptoe (71).

9. Nervensystem. Enzephalopathie, Gehirnödeme, Neuritis (72), Lähmungen durch Hypokalämie (73).

10. Störungen der inneren Sekretion. Man hat oft beobachtet, daß Thiosemicarbazon eine Wirkung entfalten kann, die der Wirkung des ACTH ähnelt. Veränderungen, wie sie beim Syndrom von CUSHING vorkommen, hat man gesehen (74).

Auch eine Struma mit Myxödem wurde beschrieben (75). Ein Patient, der Myxödem bekam, wurde psychotisch: es wurde Gehirnödem konstatiert (76).

Glukosurie mit oder ohne Erhöhung des Blutzuckergehaltes ist beobachtet worden (74). Ebenfalls Hypoglykämie (77). Diabetes-Patienten brauchen mehr Insulin.

Die Kombination von Thiosemicarbazon mit Pyramidon, Chinin oder Sulfonamiden wird schlecht vertragen (78).

Phenylsemicarbazid (Cryogenin)

In den letzten Jahren wurde in der französischen Literatur wiederholt mitgeteilt, daß akute hämolytische Anämie durch Gebrauch von Cryogenin entsteht, insbesondere bei Kindern (79), aber auch bei Erwachsenen.

Manchmal ist der COOMBS-Test positiv (80).

Man sah hämolytische Anämie gleichzeitig mit Agranulozytose, wenn Patienten mit Cryogenin und gleichzeitig mit einem Sulfonamid (Sulfadiazin, Sulfathiazol, Irgafen) behandelt wurden (81).

C. Isonicotinsäurehydrazid
(Abkürzung INH [Isoniazid, Nidaton, Rimifon, Hydrazid])

1. Allgemeine Erscheinungen. Euphorie, Schlaflosigkeit, Schläfrigkeit, Müdigkeit, Benommenheit, Schwindel, Kopfschmerz, Kongestionen, *Fieber,* Schwitzen (besonders in der oberen Körperhälfte). Anorexie, Brechreiz, Erbrechen, Trockenheit im Mund.

Oft Stuhlverstopfung, selten Diarrhöe, Ödeme, Gelenkschmerzen.

Während einer Behandlung mit INH ist der Patient oft für andere Heilmittel, wie für Adrenalin, Ephedrin, Atropin, Dolantin, empfindlich. So wurde ein Patient durch Ephedrin kurzatmig, zyanotisch und aufgeregt (82). Auch Alkohol wird schlecht vertragen (130).

Zwei Patienten mit schweren gastro-intestinalen Symptomen wurden beobachtet: Profuse wässerige Diarrhöe, Dehydration, Fieber, Erbrechen und Dyspnoe. Diese Patienten wurden mit intramuskulären Injektionen erfolgreich desensibilisiert (156).

Ein Patient bekam nach dreiwöchiger Behandlung Schüttelfrost, hohes Fieber, am ganzen Körper Schmerzen, Brechreiz und Erbrechen. Nach Einstellen der Therapie verschwanden alle Symptome innerhalb zwölf Stunden. Eine Woche und zwei Wochen nachher traten dieselben Erscheinungen nach 100 bzw. 50 mg INH neuerlich auf (157).

2. Leber. Nach einer sechsmonatigen INH-Behandlung können Leberfunktionsstörungen entstehen: positive Ausflockungsreaktionen, ungenügende Ausscheidung von Bromsulphalein und Umkehrung des Albumin-Globulin-Quotienten (83).

Es kann auch zu einer ausgesprochenen Hepatitis mit Ikterus kommen (84).

Bei einem Patienten entwickelten sich außer Fieber ein scharlachartiges Exanthem, Ikterus und Agranulozytose (85).

3. Nieren. Ab und zu findet man im Harn eine Spur Eiweiß und ebenso Zylinder und Erythrozyten (86). Bei schlechter Nierenfunktion wird INH schlecht ausgeschieden, wodurch ein zu hoher INH-Spiegel im Blut entsteht.

Es sind auch einige Selbstmordversuche durch Gebrauch von INH bekannt.

Ein Patient, der 4,4 g INH einnahm, bekam eine schwere Nierenerkrankung mit viel Eiweiß, Erythrozyten und Zylindern im Harn. Es bestand Oligurie.

Das klinische Bild wurde von Eklampsie mit Bewußtlosigkeit beherrscht. Nach einem Koma von fünf Tagen war der Patient vollkommen gesund (148).

4. Lungen. Hämoptoe (87). Flüchtige Infiltrate, manchmal in der Nachbarschaft von tuberkulösen Herden (87).

Man ist der Ansicht, daß eine Art Reaktion nach HERXHEIMER entstehen kann: Fieber, Zunahme des Sputums, Verschlechterung der Lungensymptome (88).

Asthma kann entstehen (89). Ebenso Dyspnoe durch Eindickung des Sputums (90).

5. Haut. Jucken, Exantheme, Urtikaria (91), QUINCKESches Ödem (92), Dermatitis, auch Kontaktdermatitis (93), Ekzem, Phlyktänen, Purpura, Akne.

Manchmal kommt Jucken und Rötung in der Umgebung von Nase und Mund mit Rhagadenbildung vor. Die Erytheme breiten sich manchmal auf Kinn und Wangen aus. Man denkt an Mangel des B-Vitamin-Komplexes (128).

Nach einer dreiwöchigen Behandlung entwickelten sich bei verschiedenen Patienten Erscheinungen von Pellagra (durch Blockierung der Wirkung der Nikotinsäure?) (98, 128, 129).

6. Herz und Blutgefäße. Dekompensation des Herzens (114, 130), Dyspnoe, Ödeme, Tachykardie, Herzklopfen, Angina pectoris (115), Zirkulationsstörungen in den Beinen (116), Hypotension bei aufrechter Haltung (117).

7. Innere Sekretion. Erhöhung des Blutzuckergehaltes bei Normalen und Diabetikern. Diabetiker brauchen mehr Insulin (94). Eine schwere Hypoglykämie entwickelte sich nach Gebrauch von 16 g INH in 54 Tagen (95). Bei Männern wurde *Gynäkomastie* beobachtet (96). Impotenz, Frigidität. Verstärkte Menstruation (97). Syndrom von CUSHING. Vergrößerung der Schilddrüse (180).

Bei 300 Patienten trat neunmal das Syndrom von CUSHING und einmal Diabetes auf (158).

Eine andere Publikation berichtet über das Entstehen des CUSHING-Syndroms nach einer Tagesdosis von 700 mg durch 57 Tage (159).

Ich will hier die Leser aufmerksam machen, daß sich bei langdauernden Ruhekuren ohne Medikation bei Tuberkulose ebenfalls dem Syndrom von CUSHING gleichende Symptome einstellen können.

8. Blut. Wiederholt wurde eine leichte Anämie beobachtet, die sich trotz Fortsetzung der INH-Darreichung wieder rückbildet (99). Eosinophilie (11). Purpura mit und ohne Thrombopenie (88, 99), manchmal kombiniert mit Gelenkschwellungen (94).

Es wurden zwei Patienten beschrieben, die außer Purpura Gelenkschwellungen und Ödeme bekamen, sowie meningeale Erscheinungen mit Erhöhung des Eiweißgehaltes und der Zellen im Lumbalpunktat (100).

Purpura cerebri (101).

Von 60 mit INH behandelten Patienten bekamen 12 Symptome einer hämorrhagischen Diathese, 9 hatten Erythrozyten im Harn, 4 hatten Hautblutungen, 3 bekamen Hämoptoe und 1 Retinablutungen (145).

Das Syndrom von HENOCH-SCHOENLEIN bei Isoniazid: Purpura, Gelenkschmerzen, leichte Hämaturie. Die Zusammensetzung des Blutes war normal. Nach Unterbrechung der Therapie wurde wieder INH gegeben, worauf die gleichen Erscheinungen auftraten (145).

Man wies wiederholt auf eine erhöhte Neigung zu Blutungen hin: Blutungen aus tuberkulösen Herden, Hämaturie, Blutungen im Bereich der Haut, der Schleimhäute und des Augenhintergrundes.

Bericht über eine bedeutende Magenblutung ohne Abweichungen von den physiologischen Blutreaktionen (160).

Einige Fälle von Agranulozytose sind bekannt (102).

9. Nervensystem. Ein bedeutender Prozentsatz der Patienten, die mit INH behandelt werden, bekommt *Polyneuritis.* Die Polyneuritis ist zumeist symmetrisch und öfter an den Unterschenkeln als an den Unterarmen lokalisiert (105, 106). Manchmal werden zuerst die Füße und später die Hände ergriffen.

Oft wird zuerst über *Parästhesien* geklagt. Die Menschen haben das Gefühl, als ob Zehen und Finger mit Nadeln gestochen würden, oder als ob sie Handschuhe und Strümpfe anhätten, oder sie spüren Ameisenlaufen. Manchmal klagt man über kalte und tote Finger und Zehen, ein andermal über Brennen (103).

„Burning feet" ist oft das Anfangssymptom (161).

Oft nimmt der Tastsinn in Fingern und Zehen ab. Einmal wird Analgesie, das andere Mal gerade umgekehrt Hyperalgesie beobachtet. Auch Temperatursinn und Tiefengefühl können gestört sein; die Vibrationen einer Stimmgabel werden oft nicht gut empfunden (129). Gefühlsstörungen werden hauptsächlich an distalen Teilen der Extremitäten konstatiert.

Nicht so häufig wie Gefühlsstörungen kommen *Parese* und *Paralyse* von Muskelgruppen vor. Oft sind Hand- und Fußmuskeln angegriffen, hie und da Muskeln der Unterarme und Unterschenkel. Selten tritt dies in Oberarmen und Oberschenkeln auf oder in den Muskeln der Schulter oder des Beckengürtels.

Die *Reflexe* sind anfangs oft höher, später niedriger oder verschwunden (107). Der Achillessehnenreflex fehlt oft, die Kniesehnenreflexe selten. Auch *trophische* Störungen zeigen sich besonders in der Umgebung des Nagelbettes. Die Haut wird glatt, rot, livid verfärbt (129).

Patienten klagen auch über lanzinierende Schmerzen in den Extremitäten und über Muskelkrampf. Je höher die Dosierung, desto eher die Möglichkeit hoher Reflexe, Muskelzuckungen und Krämpfe (83). Eine Mitteilung über 59 mit INH behandelte Patienten berichtet über Neuritis bei 20 %; die Dosierung war jedoch ziemlich hoch: 8 bis 10 mg pro Kilogramm (104).

Man kann einen positiven BABINSKI-Reflex finden, es kann zu unwillkürlichen Bewegungen und zu Tremor kommen.

Das Syndrom von GUILLAIN-BARRÉ wurde beobachtet (129).

Bei acht von 500 Patienten wurde bei einer Tagesdosis von 4 bis 8 mg/kg eine periphere Neuritis beobachtet; bis auf einen waren alle acht Alkoholiker (162).

15 Patienten mit peripherer Neuritis (163) bekamen eine Tagesdosis von mehr als 5 mg INH/kg. Die Erscheinungen traten meist nach zwei Monaten, vereinzelt schon nach zwei Wochen auf.

Nur ein Patient hatte Mononeuritis: des N. medianus. Gewöhnlich wurde über Prickeln, Brennen oder Schmerzen in den Extremitäten geklagt. Bei sechs Patienten waren nur die Hände betroffen. Oft endete die Hyperästhesie beim ersten Interphalangealgelenk.

Man fand:

Herabgesetzten Vibrationssinn bei 3, Hyperästhesie bei 4, Muskelschwäche bei 5, herabgesetzte Reflexe bei 5, erhöhte Reflexe bei 6, Schmerzen bei 11, Hypästhesie bei 14, Parästhesien bei 15 Patienten.

Eine Publikation berichtet über Neuritis bei Patienten, die 20 mg INH/kg eingenommen hatten (164):

Gruppe A. 50 Patienten, die vorher nicht behandelt waren. Bei neun von diesen Patienten entstand eine periphere Neuritis in der vierten bis achten Woche.

Gruppe B. 23 Patienten, die vorher behandelt wurden, u. a. mit 300 mg Niazid pro die. 23 bekamen eine Neuritis.

Bei sieben Patienten entstand die Neuritis im Laufe einer Woche nach Erhöhung der Dosis.

Man fand periphere Neuritis bei einer Dosis INH von

   2 bis 5 mg/kg . . . . 2 %
   6 bis 10 mg/kg . . . . 8 %
 11 bis 15 mg/kg . . . . 18 %
 16 bis 24 mg/kg . . . . 44 %

Bei hoher Dosierung entstand die Neuritis oft schon nach fünf Wochen.

Es wurde festgestellt, daß bei Patienten, die INH bekommen, eine erhöhte Ausscheidung von Pyridoxin (Vitamin B_6) entsteht.

Darreichung von Pyridoxin kann die Neuritis aufhalten.

Sogar bei einer Tagesdosis von 20 mg INH/kg kann man mit 50 bis 450 mg Pyridoxin der Neuritis vorbeugen (165). Bei Kindern sahen die Untersucher nie Neuritis (165).

Nach Aussetzung der INH-Behandlung können Symptome von Polyneuritis noch lange bestehen bleiben und sogar Monate später kann man noch Gefühlsstörungen antreffen.

Auch *Konvulsionen* kommen vor. Man ist der Ansicht, daß Konvulsionen entstehen, wenn INH eine reaktive Schwellung in der Umgebung von einem Tuberkulom im Gehirn verursacht (123).

In den folgenden Fällen nahm man das Entstehen eines Hirnödems an:

Ein dreijähriges Kind bekam nach 16 g in 180 Tagen tonische Krämpfe, wurde bewußtlos, wälzte sich unausgesetzt im Bett hin und her; große Leber und Milz.

Genesung nach Aussetzen der Therapie (166).

Am 81. Tage, nachdem ein achtjähriges Kind 8 g INH eingenommen hatte, klagte es über starke Kopfschmerzen und erbrach. Das Kind schlief viel, war apathisch, urinierte mit Mühe. Es hatte Tremor und Hyperreflexie. Die Symptome verschwanden bald nach dem Aussetzen des INH (167).

Bei einem anderen Patienten wurde Hirnödem beobachtet, es bestand auch Ödem der Papillen (168).

Eine Erhöhung des *Tonus* kann zu einer hartnäckigen Obstipation führen. Auch Beschwerden beim Urinieren treten oft auf.

Eine unserer Patientinnen mußte drei Monate lang täglich katheterisiert werden, da ein spontanes Harnlassen überhaupt unmöglich war. Fünf Tage nach dem Einstellen der INH-Behandlung konnte sie spontan urinieren.

Sehstörungen. Oft besteht Akkomodationsschwäche und hie und da Doppeltsehen (136), Myopie (179). Vestibuläre Störungen besonders bei Menschen über 50 Jahre.

Seit der zweiten Hälfte des Jahres 1952 hat die Zahl der Optikusschädigungen bei Kindern mit einer tuberkulösen Meningitis erheblich zugenommen.

Zeitlich fällt dieser Anstieg mit der Einführung des INH in die Kombinationsbehandlung zusammen (181).

Psychische Veränderungen wurden wiederholt beschrieben. Euphorie kommt oft vor und Zeichen einer hypomanen Stimmung wurden beobachtet. Die Patienten lachen leicht (144). Seltener sieht man depressive Stimmungen.

Verwirrtheit, Gedächtnisstörungen, herabgesetztes Konzentrationsvermögen. Paranoide Vorstellungen können sich entwickeln. Oft werden die Patienten reizbar und aggressiv; sie können nicht schlafen oder haben Angstträume.

Psychosen (105, 109, 179). Nach mehrmonatiger Behandlung und Überdosierung sieht man oft psychotische Reaktionen (110). Halluzinationen (Gesicht, Gehör, Geruch) (106).

Schizophrenie-artige Psychosen kamen bei fünf Patienten vor. Einen Monat vor dem Ausbrechen der Psychose wurden die Patienten unruhig, schlaflos, reizbar. Sie waren überempfindlich gegen Licht und Geräusch. Öfters sah man Muskelzuckungen der Hände, Arme und im Gesicht. Es kam zu Gedankenflucht, Desorientation, und alle Patienten hatten Gehörshalluzinationen (169).

Bei einem Patienten brach die Psychose an dem Tag aus, an dem die dreimonatige Behandlung beendet war. In der ersten Woche wurde der Patient immer aufgeregter, dann nahm die Unruhe allmählich ab, so daß der Patient nach 14 Tagen wieder geistig normal war (111).

Hier folgen die Krankengeschichten einiger Patienten (171):

1. Nach sechswöchiger Behandlung mit 200 mg INH pro die: Reizbarkeit, Negativismus, Streitsucht. Hierauf schwere Depression, Kopfschmerzen, Ablehnen der Nahrung.

Nach Aussetzen von INH Verwirrung, Selbstmordgedanken; nach einer Woche Restitution. Bei Neuaufnahme der INH-Therapie zusammen mit Sedativa kam es zu keinen Beschwerden.

2. 200 mg INH durch drei Monate: Nervosität, Selbstgespräche, unzusammenhängendes Sprechen. Die Persönlichkeit veränderte sich: Reizbarkeit, Ungerechtigkeit, Widerspenstigkeit, Depression, Schlaflosigkeit, Angst. Zehn Tage nach Aussetzen von INH war der Patient wieder normal.

3. 200 mg INH durch drei Monate: Weinkrämpfe, Ablehnen der Nahrung, Verfolgungswahn, Angst, Verwirrtheit, Halluzinationen, Selbstmordversuche. Sedativa hatten keinen Effekt. Dieser Patient erholte sich nicht nach dem Einstellen der INH-Therapie.

4. 200 mg INH; nach sechs Wochen: Unruhe, aufbrausendes Wesen, Verwirrtheit, Desorientation. Keine Änderung nach Aussetzen der Therapie.

5. Der Zustand eines Epileptikers verschlechterte sich. Erst einige Monate nach dem Aussetzen der Behandlung war der Grad der Epilepsie wieder so wie vor der INH-Therapie.

Bei vier von zehn Patienten mit tuberkulöser Meningitis kam es zu Gehörs- und Gesichtshalluzinationen (170).

Auch bei guter INH-Verträglichkeit können bei Alkoholgenuß vorübergehende psychische Störungen auftreten (Erregungszustände, fast unweckbarer Schlaf) (183).

10. Abstinenzerscheinungen sind oft beschrieben worden (112): Unruhe, Reizbarkeit, viele Träume, Schlaflosigkeit, Benommenheit, Schwindel, Muskelzuckungen, Harnbeschwerden, Übelkeit.

11. Reaktionen am Beginn der intrathekalen INH-Streptomycinbehandlung bei Kindern: Fieber, Verschlechterung des Allgemeinbefindens, Trübung des Bewußtseins. Die Reaktionen klangen nach vier Wochen bei gleichbleibender Behandlung ab. Es wird angenommen, daß dies eine Art Herxheimer-Reaktion sei (182).

Tuberkelbazillen werden sehr bald *resistent:* Nach dem ersten Monat 11 %, nach dem zweiten Monat 52 %, nach dem dritten Monat 71 % (112). Durch Kombination von PAS mit Streptomycin kann die Resistenz verringert werden.

Die folgende Statistik (112) über 331 Patienten gibt eine Übersicht über die Frequenz einiger Nebenerscheinungen: Steigerung der Reflexe bei 23, Tremor bei 21, Schläfrigkeit bei 13, Obstipation bei 9, Hämoptyse bei 7 Patienten; Muskelzuckungen, Hautveränderungen und nervöse Erscheinungen bei je 4, Kongestionen und Harnbeschwerden bei 3 Patienten.

Isonicotinyl-isopropyl-hydrazin (Iproniazid, Marsalid)
kann dieselben Nebenerscheinungen wie INH verursachen. Es wird jedoch weniger oft angewendet. Man hat den Eindruck, daß diese Verbindung toxischer ist als INH. Die Nebenerscheinungen sind zahlreicher und schwerer. Aus den Publikationen ist ersichtlich, daß man bei

den Isopropylverbindungen Reflexsteigerung, Tremor, Schwindel, Muskelzuckungen, Harnbeschwerden, Ödeme (136) und orthostatische Hypotension erwarten kann (113). Auch die psychischen Veränderungen sind zweifellos ernster (136), Psychosen in 20 % (172).

Pyrazinamid-isoniazid

verursacht in einem hohen Prozentsatz Hepatitis. Drei von 21 Patienten bekamen Ikterus (173).

Auch Gelenkschmerzen wurden beobachtet. An den Gelenken war nichts zu sehen. Schulter, Knie, Ellbogengelenke und einmal die Hüfte waren betroffen. Ferner kommen Klagen über Kopfschmerzen und Miktionsbeschwerden vor (132).

Elf von 43 Patienten hatten Gelenksymptome, überdies bekamen zwei Ikterus und drei Arzneifieber (174).

Chaulmogra-Öl

Albuminurie, Hämaturie, Nephritis, hämolytische Anämie, Fieber und andere anaphylaktische Reaktionen.

Aktivierung einer latenten Tuberkulose ist möglich.

Hexamin (Hexamethylentetramin, Urotropin)

Durch das Freiwerden von Formaldehyd im Körper entstehen: Schmerzhaftes Harnlassen und Hämaturie, Ausschlag, Urtikaria, anaphylaktische Reaktionen, Magen-Darmbeschwerden.

Mandelsäure

Bei ungenügender Nierenfunktion entsteht Azidose. Ist der Urin stark sauer, findet man hyaline und granulierte Zylinder.

Auch Erythrozyten im Harn und vereinzelt echte Hämaturie (120). Miktionsbeschwerden.

Magenbeschwerden. Anorexie, Brechreiz, Erbrechen, Diarrhöe, Müdigkeit, Depression, Schwindelgefühl, Kopfschmerzen, Sehstörungen, vorübergehende Taubheit, schneller Puls, Urtikaria, Ikterus (infolge verstärkter Hämolyse?).

Trypaflavin

Haut. Gelbe Verfärbung von Haut und Schleimhäuten, Erytheme, Urtikaria, QUINCKEsches Ödem, Dermatitis; erhöhte Lichtempfindlichkeit, weshalb sich die Dermatitis oft an nicht bedeckten Körperstellen lokalisiert; Ekzem, Pigmentationen, Hypertrichose, Veränderungen an den Nägeln (122).

Nekrotisierende Nephrose mit Anurie. *Hepatitis.* Hepatonephritis mit hämorrhagischer Diathese (121). *Schock. Larynxödem* (121). Herzklopfen, Angst, Übelkeit.

Karbol

Bei langdauerndem Gebrauch Kopfschmerzen, Brechreiz, Anorexie. Schlaflosigkeit, Parästhesien, periphere Lähmungen, Delirium, Kollaps, Lähmung des Atemzentrums.

Gesteigerte Speichel- und Schweißsekretion, Hustenreiz, Ekzeme, Hautgangrän, Pigmentationen.

Albuminurie, Hämaturie. Der Urin kann grün-schwarz werden.

Chemische Meningitis entstand nach einer Lumbalpunktion, bei der eine in Lysol aufbewahrte Spritze verwendet wurde (175).

Nitrofurantoin (Furacin, Furadantin)

ist ein Hydantoin-Derivat, das wegen seiner bakteriziden Wirkung gegen Harninfektionen empfohlen wird. Man hat Fieber, Gelenkschmerzen (178), Brechreiz und Erbrechen beobachtet und auch Urtikaria, QUINCKESches Ödem (178) und makulo-papulöse Hauteruptionen. Kontaktdermatitis (118). Psoriasisartige Eruptionen (119).

Ein Mann bekam eine Dermatitis des Penis, Skrotums, der Innenfläche der Leisten, nachdem seine Gattin intravaginal mit Furacinzäpfchen behandelt worden war (176).

Bei 100 mit Nitrofurantoin behandelten Personen (177) beobachtete man Brechreiz vierundzwanzigmal, Kopfschmerzen dreimal, Schwindelgefühl sechsmal, Urtikaria einmal, Gefühllosigkeit der Extremitäten zweimal (Neuritis), Leukopenie (2900) bei normaler Differentialzählung einmal.

Bei Tieren stellte man Atrophie der Samenkanälchen fest.

Da man hier mit Hydantoin zu tun hat, muß ernstlich gewarnt werden, dieses Mittel ohne Blutkontrolle zu verwenden (135).

Germanin (Suramin, Bayer 205) (137)

Haut. Jucken, Erytheme, Pigmentationen, Dermatitis, Naevi, Stomatitis, Konjunktivitis.

Allgemeine Erscheinungen. Fieber, Schüttelfrost, Kopfschmerz, Brechreiz, Erbrechen.

Nieren. Nephrose, Albuminurie, Hämaturie.

Es wurden Symptome einer verstärkten Hämolyse beobachtet. Neuritis, Sehstörungen.

Bei einem Patienten wurden Erscheinungen einer akuten *Nebennniereninsuffizienz* beobachtet, die mit Erfolg mit Cortison, DOCA und Salz behandelt wurden (138).

Undezylensäure

Bitterer Geschmack, Magen-Darmbeschwerden.

Haut. Exantheme, die scharlach- und masernähnlich sind (139). Exfoliative Dermatitis, Kontaktdermatitis (140), Alopezie (141), Follikulitis, Konjunktivitis.

Lymphdrüsenschwellung, häufiges Harnlassen (142).

Asterol-dihydrochlorid

Bei lokaler Behandlung mit Asterol kann eine toxische Enzephalitis entstehen (143).

Diese kann bereits am neunten Tag der Behandlung beobachtet werden und heilt wieder drei bis fünf Tage nach dem Aussetzen der Therapie.

Folgende Erscheinungen wurden wahrgenommen: Muskelkrämpfe, besonders in den Gliedmaßenmuskeln; Tremor, verstärkte Reflexe, Klonus, Konvulsionen, Depression, Desorientierung, Stupor, Halluzinationen (besonders visuelle).

Literatur

1. Brit. med. J. (1950 II) 1073.
2. Lancet (1951 II) 668; Glasgow med. J. 34 (1953) 52.
3. Pr. méd. 58 (1950) 1285.
4. Lancet (1951 I) 1018.
5. Lancet 258 (1950) 209.
6. Dtsch. med. Wschr. 77 (1952) 676.
7. Proc. Meet. Mayo Clin. 24 (1949) 539.
8. Proc. Meet. Mayo Clin. 24 (1949) 544.
9. Ann. Allergy 9 (1951) 97; Edinb. med. J. 58 (1951) 49; Brit. med. J. (1952 II) 647.
10. Rev. Tbc. (Paris) 14 (1950) 1057; Bull. Mém. Hôp. Paris 67 (1951) 137; Pr. méd. 59 (1951) 69.
11. Bull. Mém. Hôp. Paris 68 (1952) 421.
12. Proc. Meet. Mayo Clin. (1949) 539.
13. Ugeskr. Laeg. (Dän.) 113 (1951) 83.
14. J. A. M. A. 144 (1950) 255; Lancet 258 (1950) 239; Brit. J. Tbc. Dis. Chest. 67 (1953) 78.
15. Med. J. Austral. 2 (1951) 747.
16. Tubercle (London) 33 (1952) 329.
17. Nord. Med. 45 (1951) 475; Brit. med. J. (1953 I) 1261.
18. Lancet 260 (1951) 238; Lancet (1948 I) 209; Brit. med. J. (1950 II) 729; Lancet (1950 II) 308, 366; Brit. med. J. (1951 I) 884.
19. Nord. Med. 47 (1952) 155.
20. J. A. M. A. 141 (1949) 605; Dis. Chest. 18 (1950) 521.
21. Proc. Meet. Mayo Clin. 24 (1949) 213.
22. Brit. med. J. (1952 I) 360; Amer. Rev. Tbc. 65 (1952) 235; J. A. M. A. 149 (1952) 594; Nord. med. Tskr. 47 (1952) 155.
23. Algérie méd. 55 (1951) 857.
24. Brit. J. Tbc. Dis. Chest. 67 (1953) 78.
25. Ned. Tijdschr. v. Geneesk. 96 (1952) 2001; J. A. M. A. 152 (1953) 605.
26. Paris méd. 40 (1950) 569; Ned. Tijdschr. v. Geneesk. 95 (1951) 3788.
27. Scalpel (Belg.) 106 (1953) 287.
28. Arch. franç. Pédiatr. 9 (1952) 885.
29. Lancet 256 (1949) 913.
30. Schweiz. med. Wschr. 81 (1951) 1301.
31. Orv. hétil. (Ung.) 9 (1949) 266; Excerpta med. Sec. VI, Intern. Med., Vol. III (1949), Referat Nr. 6480, S. 1461.
32. Acta Allerg. (K'hvn) 2 (1949) 192; Acta tbc. Scand. 25 (1951) 442.
33. Schweiz. med. Wschr. 81 (1951) 1301; Brit. med. J. (1952 I) 360; Amer. Rev. Tbc. 65 (1952) 235; J. A. M. A. 149 (1952) 594; Ann. int. Med. 42 (1955) 190.
34. Pr. méd. 59 (1951) 532; Brit. med. J. (1953 I) 1261; Amer. Rev. Tbc. 69 (1954) 458.
35. Amer. Rev. Tbc. 65 (1952) 235.
36. Brit. med. J. (1951 II) 1193; Brit. J. Tbc. 47 (1953) 233.
37. Brit. med. J. (1953 I) 29.
38. Pr. méd. 59 (1951) 532.
39. Lancet (1951 I) 1018.
40. Schweiz. med. Wschr. 82 (1952) 458.
41. Amer. Rev. Tbc. 64 (1951) 682.
42. Tubercle (London) 33 (1952) 369.
43. Lancet 258 (1950) 447; Brit. med. J. (1952 I) 360.
44. Med. J. Austral. 7 (1950) 606.
45. Bull. Johns Hopk. Hosp. 91 (1952) 71; 92 (1953) 210.
46. Acta vitamin. (Milano) 3 (1949) 145; Lancet 257 (1949) 175; 258 (1950) 239; Riforma med. 63 (1949) 760; Dis. Chest. 21 (1952) 521; Tidsskr. Norske Laegeforening 71 (1951) 753, 756, 762; J. A. M. A. 144 (1950) 255.
47. Brit. med. J. (1952 I) 360; Amer. Rev. Tbc. 65 (1952) 235; J. A. M. A. 149 (1952) 594.
48. Siehe Nr. 31.
49. J. lab. clin. Med. 37 (1951) 425.

50. Schweiz. med. Wschr. 82 (1952)
    458.
51. Bull. Mém. Hôp. Paris 67 (1951)
    97.
52. Tubercle (London) 34 (1953)
    23.
53. Schweiz. med. Wschr. 81 (1951)
    1305.
54. J.A.M.A. 150 (1952) 506; Bull.
    Mém. Hôp. Paris 68 (1952) 309.
55. Brit. med. J. (1952 II) 647.
56. Lancet 254 (1948) 118; Amer.
    Rev. Tbc. 62 (1950) 226.
57. Pr. méd. 59 (1951) 21.
58. Dis. Chest. 20 (1951) 1.
59. Amer. Rev. Tbc. 64 (1951) 170.
60. Tubercle (London) 32 (1951) 8.
61. J.A.M.A. 142 (1950) 653.
62. Klin. Wschr. 28 (1950) 29, 548;
    Dtsch. med. Wschr. 76 (1951)
    1139.
63. Dtsch. med. Wschr. 76 (1951)
    1014.
64. Tbk.arzt 4 (1950) 433; Beitr.
    Klin. Tbk. 102 (1949) 293.
65. J.A.M.A. 142 (1950) 653;
    Münch. med. Wschr. 93 (1951)
    111; Z. Tbk. 98 (1951) 1; Mi-
    nerva Med. 1 (1951) 605;
    J.A.M.A. 150 (1952) 506.
66. Arch. int. med. 90 (1952) 580;
    Policlinico 57 (1950) 1520; Thé-
    rapie 6 (1951) 301.
67. Münch. med. Wschr. 93 (1951)
    111; J.A.M.A. 150 (1952) 509.
68. Tbk.arzt 3 (1949) 576; Dtsch.
    med. Wschr. 74 (1949) 795.
69. Tbk.arzt 3 (1949) 561; J.A.M.A.
    150 (1952) 981.
70. J. MAYR, S. 130.
71. Beitr. Klin. Tbk. 1951, Nr. 2.
72. Tbk.arzt 4 (1950) 433; Beitr.
    Klin. Tbk. 102 (1949) 293.
73. Z. Haut- u. Geschl.-krkh. 11
    (1950) 430; Z. inn. Med. 3/4
    (1950) 96; J.A.M.A. 150 (1952)
    973.
74. Klin. Wschr. 29 (1951) 487;
    Medizinische (1953) 281.
75. Nord. Med. 45 (1951) 474.
76. Schweiz. med. Wschr. 81 (1951)
    1093.
77. Dis. Chest. 20 (1951) 1; Kinder-
    ärztl. Praxis 18 (1950) 8.
78. Die Chemotherapie der Lungen-
    tuberkulose mit Thiosemikarba-
    zonen, Stuttgart, 1950; Klin.
    Wschr. (1949 I) 649.
79. J. Méd. Bordeaux 128 (1951)
    1019.
80. Arch. franç. Pédiatr. 7 (1950) 168.
81. Sang 22 (1951) 657; Arch. franç.
    Pediatr. 8 (1951) 158; Schweiz.
    med. Wschr. 83 (1953) 156.
82. Wien. klin. Wschr. 64 (1952) 598.
83. J.A.M.A. 150 (1952) 981; Ärztl.
    Wschr. 8 (1953) 765.
84. J.A. M. A. 152 (1953) 38.
85. Nord. Med. 47 (1952) 155.
86. J.A.M.A. 152 (1953) 888.
87. Medical Research Council, Brit.
    med. J. 4. Okt. 1952; Minerva
    Med. 43 (1952) 1127.
88. Pr. méd. 61 (1953) 183;
    Schweiz. Z. Tbk. 9 (1952) 4; Pr.
    méd. 63 (1955) 146.
89. Ann. int. Med. 37 (1952) 206.
90. J.A.M.A. 150 (1952) 509.
91. Pr. méd. 60 (1952) 1167.
92. J.A.M.A. 150 (1952) 973.
93. J A.M.A. 149 (1952) 1316.
94. Brit. med. J. (1952 II) 391;
    Pr. méd. 61 (1953) 158; Wien.
    med. Wschr. 66 (1954) 10; Tbk.
    Arzt (1955) 394.
95. Dtsch. med. Wschr. 78 (1953) 612.
96. Pr. méd. 61 (1953) 784.
97. Z. inn. Med. 8 (1953) 491.
98. Lancet (1952 II) 959.
99. Ned. Tijdschr. v. Geneesk. 97
    (1953) 545.
100. Algérie méd. 57 (1953) 790.
101. J. Méd. Bordeaux 129 (1952) 989.
102. Lancet (1952 II) 960; (1953 I)
    145.
103. Münch. med. Wschr. 94 (1952)
    1303; Lancet (1952 II) 536.
104. S. African med. J. 26 (1952) 889.
105. Lancet (1952 I) 1037; Münch.
    med. Wschr. 94 (1952) 1303;
    Dtsch. med. Wschr. 78 (1953)
    1459; Dis. Chest. 71 (1955) 108.
106. J.A.M.A. 152 (1953) 473; Acta
    med. Scand. 147 (1953) 167.

107. Arch. Neurol. Psych. (Chicago) 70 (1953) 64.
108. Ned. Tijdschr. v. Geneesk. 96 (1952) 2768; Medizinische 37 (1952) 1154.
109. Münch. med. Wschr. 94 (1952) 1303; Lancet (1952 II) 960.
110. W. Virg. med. J. 49 (1953) 125.
111. Dtsch. med. Wschr. 78 (1953) 604.
112. Siehe Nr. 87.
113. Schweiz. med. Wschr. 83 (1953) 533.
114. Minerva Med. 43 (1952) 1127.
115. Z. inn. Med. 8 (1953) 494.
116. N. Y. J. Med. 52 (1952) 1519.
117. Ann. int. Med. 37 (1952) 206.
118. N. Y. J. Med. 49 (1952) 2325.
119. J. MAYR, S. 130.
120. ETHEL BROWNING, S. 154.
121. ALBAHARY, S. 108.
122. J. MAYR, S. 131.
123. Lancet (1953 II) 419.
124. Dis. Chest. 23 (1953) 645; J. A. M. A. 153 (1954) 1094.
125. J. invest. Derm. 21 (1953) 131.
126. J. A. M. A. 154 (1954) 676.
127. Pr. méd. 61 (1953) 1687.
128. Wien. med. Wschr. 104 (1954) 45.
129. Dtsch. med. Wschr. 78 (1954) 1459.
130. Dtsch. med. Wschr. 78 (1954) 1767.
131. Amer. Rev. Tbc. 69 (1954) 319.
132. Amer. Rev. Tbc. 69 (1954) 334.
133. Amer. Rev. Tbc. 69 (1954) 455.
134. Amer. Rev. Tbc. 69 (1954) 451.
135. J. A. M. A. 154 (1954) 339.
136. Arch. int. Med. 93 (1954) 541.
137. Ann. int. Med. 28 (1948) 892; Arch. int. Med. 79 (1947) 228.
138. Pr. méd. 61 (1953) 1157.
139. Arch. Derm. Syph. 62 (1950) 705.
140. Arch. Derm. Syph. 66 (1952) 289.
141. Ann. ital. Derm. 6 (1951) 226.
142. J. A. M. A. 139 (1949) 444.
143. J. A. M. A. 150 (1952) 1332.
144. Pr. méd. 62 (1954) 624.
145. Tbk.arzt 8 (1954) 20.
146. Canad. Med. Ass. J. 69 (1953) 67.
147. Pr. méd. 62 (1954) 731.
148. Medizinische (1954) 683.
149. Maroc méd. 32 (1953) 1004.
150. Pr. méd. 62 (1954) 1238.
151. Ned. Tijdschr. v. Geneesk. 98 (1954) 2656.
152. Brit. med. J. (1954 II) 398.
153. Lancet (1954 II) 931.
154. Concours méd. 76 (1954) 4741.
155. Maroc méd. 32 (1953) 998.
156. J. A. M. A. 155 (1954) 754.
157. Tubercle (1954) 221.
158. Ärztl. Wschr. 8 (1953) 788.
159. Z. inn. Med. 9 (1954) 909.
160. Zbl. Chir. 79 (1954) 1813.
161. Medizinische (1955) 84.
162. Amer. Rev. Tbc. 70 (1954) 504.
163. Dis. Chest. 24 (1954) September.
164. Amer. Rev. Tbc. 70 (1954) 430.
165. J. A. M. A. 156 (1955) 1549.
166. Dtsch. med. Wschr. 79 (1954) 926.
167. Wien. klin. Wschr. 66 (1954) 921.
168. Wien. med. Wschr. 66 (1954) 171.
169. Arch. Neurol. Psych. (Chicago) 72 (1954) 321.
170. J. A. M. A. 156 (1954) 673.
171. Amer. Rev. Tbc. 69 (1954) 759.
172. Ann. int. Med. 40 (1954) 881.
173. Amer. Rev. Tbc. 69 (1954) 334.
174. Amer. Rev. Tbc. 65 (1952) 523.
175. Anaesthesia 9 (1954) 281.
176. J. A. M. A. 156 (1954) 247.
177. J. A. M. A. 155 (1954) 1470.
178. New Engl. J. Med. 252 (1955) 383.
179. Tbk.arzt 9 (1955) 270.
180. Tbk.arzt 6 (1952) 493
181. Klin. Wschr. 33 (1955) 477.
182. Kinderärztl. Praxis 23 (1955) 63.
183. Med. Klinik 50 (1955) 979.

XIV. Antibiotika

A. Penicillin

Anfänglich nahm man an, daß Penicillin ein vollkommen unschädliches Heilmittel sei, aber es wurden stets mehr und mehr Beobachtungen bekannt, aus denen ersichtlich ist, daß man mit vielen Komplikationen rechnen muß.

Ein Teil der Nebenerscheinungen ist sehr ernst; von dem größten Teil kann man annehmen, daß sie allergischer Art sind.

An der antigenen Natur von Penicillin kann nicht gezweifelt werden. Zum Teil wurden dieselben Erscheinungen beobachtet, die man auch nach der Serum-Therapie kennt und die auch nach Gebrauch vieler anderer Heilmittel entstehen können.

Der häufige Gebrauch von Penicillin begründet die Zunahme der Menge und der Schwere der Reaktionen (1 a).

Eine große Klinik in New York teilt mit, daß 10 % der Patienten gegen Penicillin allergisch waren (394).

Allergische Reaktionen kommen bei Erwachsenen häufiger vor als bei Kindern (409).

Seit 1953 wird in den USA zu jeder Packung Penicillin eine Mitteilung beigepackt, die auf die möglichen Gefahren aufmerksam macht.

Es ist nicht ausgeschlossen, daß der vielfache Gebrauch von Depot-Penicillin die Ursache der Zunahme allergischer Erscheinungen ist.

Auf die antigene Wirkung des Procains, das in den meisten Depot-Präparaten vorkommt, wird hingewiesen.

Es ist wichtig zu wissen, daß jemand auch dann, und sogar eher dann, sensibilisiert werden kann, wenn bereits lokal auf Haut oder Schleimhäuten Penicillin gebraucht wurde (1). Dieselben Erscheinungen haben wir bei den Sulfa-Salben kennengelernt. Es kann vorkommen, daß jemand, der durch eine Penicillinsalbe (deren Anwendung selten einen Sinn hat) sensibilisiert wurde, später ernstlich krank wird und nun kein Penicillin mehr vertragen kann.

Eine Publikation (2) berichtet über drei Patienten, die bereits wegen bedeutungsloser Hauterkrankungen Penicillinsalbe bekommen hatten und nun bei der Behandlung eines Furunkels der Oberlippe bzw. einer Pneumonie und Lues sensibilisiert waren, so daß eine Penicillinbehandlung weiter ausgeschlossen war.

Vor lokalem Gebrauch von Penicillin, insbesondere auf der Haut, muß entschieden gewarnt werden!

Das Council of Pharmacy of the American Medical Association hat gewiß nicht ohne Grund alle Penicillin- (und Sulfa-) Salben von der offiziellen Liste der Heilmittel gestrichen.

Für diejenigen, die Wert auf Statistiken legen, zitieren wir einige Publikationen über den Prozentsatz allergischer Reaktionen von Penicillin, die jedoch über eine zu kleine Anzahl Beobachtungen sprechen, um verläßlich zu sein.

Allergische Erscheinungen

Gewöhnliches Penicillin	1,2 %
Penicillin bei allergischen Menschen	3,8 %
Penicillin in Öl oder Wachs	2,7 %
Procain-Penicillin	1,4 %

Wir glauben, daß die Zahlen dieser Statistik (11) zu niedrig sind.

Eine andere Beobachtung berichtet, daß von 130 Menschen, die bereits Penicillin gebraucht hatten, 25 % bei wiederholter Darreichung mit Hauterscheinungen reagierten. Es scheint uns, daß diese Statistik (12) einen zu hohen Durchschnittswert angibt.

Wie wenig Wert Prozentangaben haben, die ohne Beachtung der Regeln der Statistik zusammengestellt wurden, sieht man an den Prozentsätzen, die ausschließlich Hauterscheinungen betreffen. Der eine gibt 5 bis 10%, der andere 15,7% an. Die letztere Zahl stammt aus einer dermatologischen Klinik (14).

Es kann vorkommen, daß jemand auf Penicillin allergisch reagiert, obwohl er früher noch nie mit diesem Medikament in Berührung gekommen war. Dies kann geschehen, wenn ein Patient eine Pilzerkrankung mitgemacht hat oder noch Pilze in seinem Körper oder an seiner Haut beherbergt (91, 92).

Durch Penicillininjektionen kann eine Trychophytie aktiviert werden (49, 71), auch eine Epidermophytie.

1. Allgemeine Erscheinungen. a) Erscheinungen wie bei Serumkrankheit wurden genau so wie nach Seruminjektionen um den achten bis zehnten Tag nach dem Einsetzen der Penicillin-Therapie wiederholt beobachtet.

Manchmal können diese Erscheinungen früher kommen. Besonders wenn schon früher Penicillin gereicht worden war, können diese Erscheinungen schon einige Stunden, sogar im Laufe einer halben Stunde, nach der erneuerten Therapie konstatiert werden. Daneben kennt man die verzögerte Reaktion, bei der erst einige Tage bis zu 35 Tagen nach dem Aussetzen der Penicillintherapie die Erscheinungen auftraten (3, 4).

Zu den gewöhnlichen Erscheinungen, die an Serumkrankheit erinnern, rechnet man: Fieber, Erytheme, Urtikaria, QUINCKEsches Ödem, Schwellung und Schmerzhaftigkeit der Gelenke, Lymphdrüsenschwellungen, konjunktivale Injektion. Manchmal kann es zu einem Asthmaanfall kommen (7, 8); auch Harnveränderungen können entstehen. Das Syndrom kann leicht verlaufen, so daß man die Therapie nicht einmal aussetzen muß, wenn man gleichzeitig Antihistamine darreicht (9). Besonders, wenn man zugleich mit jeder Dosis Penicillin ein einspritzbares Antihistamin gibt, kann man bei stark allergischen Menschen die notwendige Therapie fortsetzen. So konnte ein Patient mit Endokarditis, der auf Penicillin mit Fieber, Jucken und Urtikaria reagierte, doch ohne eine Reaktion weiter behandelt werden, als man gleichzeitig mit jeder Injektion Penicillin 10 mg Chlor-trimeton einspritzte (360).

Ein anderer Patient mit Endokarditis bekam heftige lokale Reaktionen, konnte aber Penicillin ohne Beschwerden vertragen, wenn man ihm zugleich 5 mg Chlor-trimeton einspritzte (374).

Je mehr Antihistamin, desto weniger Aussicht auf allergische Reaktionen. Eine Untersuchung ergab, daß von 626 Patienten, die 0,1% Chlor-trimeton mit Penicillin bekamen, 1,9% allergische Erscheinungen hatten.

Nur 0,64% von 470 Fällen zeigten allergische Erscheinungen, wenn 0,2% Chlor-trimeton dem Penicillin zugefügt wurde (375).

Über günstige Resultate berichtete man auch, wenn dem Penicillin 1 % Pyribenzamin beigefügt wurde. Der Prozentsatz allergischer Reaktionen betrug 0,24 % (386).

In Deutschland hat man Depot-Penicilline mit dem Antihistaminicum Allercur zusammengestellt, eingeführt unter dem Markenzeichen Neopenyl (435).

Man erreicht auch sehr gute Resultate, wenn man den Patienten alle sechs Stunden 250 mg *Procainamid* (Pronestyl) per os gibt. Man läßt das Procainamid noch eine Woche nach Aussetzen der Penicillinkur gebrauchen.

Eigenartig ist es, daß verschiedene Patienten Eosinophilie bekamen, hingegen keine klinischen Erscheinungen einer Allergie.

Diese Behandlung ergab auch gute Resultate, wenn bereits allergische Erscheinungen durch Penicillin aufgetreten waren, und hatte auch einen günstigen Einfluß als Prophylaxe bei Patienten, die früher allergisch auf Penicillin reagiert hatten (393).

Die Erscheinungen können jedoch so heftig sein, daß man das Fortsetzen der Behandlung nicht verantworten kann.

Wir behandelten eine asthmatische Frau wegen einer Staphylokokkenpneumonie mit Penicillin. Am achten Tage bekam sie wieder Fieber und starke allgemeine Urtikaria. Sie hatte Schockerscheinungen: Unruhe, niedrigen Blutdruck, Eindickung des Blutes durch starke Exsudation von Plasma in die Urtikariaquaddeln. Einige Stunden lang wurden große Mengen Antihistamin versucht, aber ohne Erfolg. Es blieb nichts anderes übrig, als die Penicillintherapie einzustellen. ACTH gab es damals noch nicht.

Eine andere Beobachtung: Ausgebreitete Urtikaria, Ödeme des Mundes, der Zunge und des Pharynx, mit Fieber und Gelenkschmerzen. Vorübergehende Veränderungen im EKG (nodge QRS und negative T-Zacke) und Störungen der Leberfunktion (10). Dieser Fall erinnerte an Arteriitis, wie wir sie bei den Sulfonamiden beschrieben haben.

Eine Publikation (303) berichtet über 22 Patienten mit dem „Serumkrankheitssyndrom" durch Penicillin. Nicht weniger als 18 von ihnen waren vorher lokal mit Penicillin in Form von Salben, Dragées oder Augentropfen behandelt worden. Die anderen vier hatten bereits Penicillininjektionen bekommen.

Außer Urtikaria und QUINCKESchem Ödem hatten sechs Patienten Erythema multiforme mit hämorrhagischen Bläschen. Ein Patient bekam eine starke Konjunktivitis, und zwar derselbe, dem früher Penicillin in die Augen eingeträufelt worden war. Die sieben Patienten, die früher Dragées bekommen hatten, zeigten jetzt Rötung und Schwellung im Hals. Es wird noch angeführt, daß alle Patienten starke Ermüdung zeigten und mehr oder weniger ängstlich waren; eine Unruhe, die man wiederholt bei Heilmittelallergie antrifft.

Alle Patienten hatten Leukozytose über 10 500 und neun eine Hämoglobinsenkung von mindestens 1 g.

Diese Beobachtungen zeigen sehr deutlich die Gefahr der zumeist nutzlosen lokalen Behandlung mit Penicillin in der Mehrzahl der Fälle.

Die Polyarthritis, die man beim Serumkrankheitssyndrom beobachten kann, ist zumeist sehr flüchtig, aber sie kann auch einige Monate bestehen bleiben (346).

Außer Klagen über Gelenkschmerzen hört man auch Klagen über Kopf- und Muskelschmerzen (38). Geschwollene Lymphdrüsen können sehr schmerzhaft sein.

Bei langsam wirkenden Präparaten, z. B. Benzathin-Penicillin, kann man sehr langdauernde allergische Reaktionen erwarten (408).

b) Erscheinungen von anaphylaktischem Schock. Immer öfter berichten Zeitschriften über diesen Zustand. Diese können nach intravenösen und nach intramuskulären (6) Injektionen entstehen, selbst nach Einführung von Penicillin in die Kiefer- (7) und Pleurahöhle, nach Lutschtabletten (395, 397), nach Penicillinsalbe (396).

In letzter Zeit wird von verschiedenen Seiten auf die Procain-Komponente der Depot-Penicilline als Sensibilisierungsfaktor hingewiesen.

Von 59 Fällen mit anaphylaktischem Schock entstanden 55 nach Gaben von Procain-Penicillin (435).

Eine Beobachtung beschreibt einen Patienten, der eine halbe Stunde nach jeder Injektion blaß und zyanotisch wurde, schwitzte und schnellen Puls bekam (36).

Oft zeigt es sich, daß ein Patient auch früher schon allergisch auf Penicillin reagiert hatte (400).

Ein Asthmapatient bekam während einer Penicillinkur leichtes Fieber, Urtikaria und Gelenkschmerzen. Das Asthma wurde schlechter. Eine Woche später starb er unmittelbar im Anschluß an eine intravenöse Penicillininjektion (5).

Ein anderer Patient starb im anaphylaktischen Schock 20 Sekunden nach Einspritzung von 100 000 E. Bei drei früheren Anlässen hatte man bei ihm leichte anaphylaktische Erscheinungen nach Penicillineinspritzungen beobachtet. Auch dies war ein Asthmatiker (5 a).

Ein Patient bekam 24 Stunden nach einer Penicillininjektion in Öl und Wachs einen Ausschlag. Nach weiterer Penicillindarreichung entwickelte sich eine exfoliative Dermatitis. Als die Haut beinahe in Ordnung war, verursachte eine neuerliche Injektion ein Aufflackern der Dermatitis; es kam zu Purpura, worauf der Patient starb. Bei der Obduktion wurde eine hämorrhagische Nekrose der Darmschleimhaut gefunden (6 a).

Anaphylaktischer Schock wurde auch bei Patienten beobachtet, die bei früheren Anlässen Penicillin gut vertragen hatten. Solche Fälle bilden aber die Minorität. Hier folgen noch einige Mitteilungen über Anaphylaxie aus der Literatur:

Eine Mitteilung betrifft nicht weniger als sechs Fälle von anaphylaktischem Schock aus einer Klinik (312).

Alle Patienten wurden schon früher mit Penicillin behandelt, und bei vier von diesen zeigten sich dabei allergische Erscheinungen. Eine intrakutane Hautprobe war bei allen positiv; bei einem entstand beinahe ein tödlicher Schock nach nur 0,01 ml einer Penicillinlösung von 1000 E pro ml.

Drei Patienten, die bei einem früheren Anlaß auf Penicillin leicht reagierten, bekamen bei einer neuerlichen Verabreichung anaphylaktischen Schock (394).

Es ist bemerkenswert, daß in einzelnen Fällen, und in der Literatur liest man davon immer wieder, der Schock von *einem eigenartigen Geschmack im Mund* eingeleitet wird.

Auch wir kennen einen Patienten, der dies sehr deutlich schilderte. Es war ein Arzt, der ein Ekzem am Finger bekam, als er seinen Patienten Penicillin einspritzte. Er benützte später Gummihandschuhe. Als jedoch ihm selbst Penicillin eingespritzt wurde, reagierte er mit deutlichen, zum Glück aber nur leichten Schockerscheinungen.

Ein anderer Patient hatte eine Striktur der Urethra, die einmal im Monat ausgedehnt wurde. Er bekam dann jedesmal 300 000 E Penicillin G. Zuerst zeigten sich keine Nebenwirkungen, aber nach sechs Einspritzungen von Procain-Penicillin bekam er einen Schock. Er erholte sich. Einen Monat später bekam er wieder Penicillin G. Sofort traten Brechreiz, Zyanose, Ödem der Lippen und Zunge auf und einige Minuten später starb der Patient im Schock (6 b).

Anaphylaktischer Schock kann auch durch Penicillindragées, Spray oder Augensalbe entstehen.

Ein Patient wurde wiederholt ohne jedwede Reaktion mit Penicillininjektionen behandelt. Nach Gebrauch einiger Penicillintabletten bekam er einen heftigen, kurzdauernden Schock. Einen Monat später kam er in ein Zimmer, in dem ein anderer Patient mit Penicillinaerosol behandelt wurde. Er reagierte prompt darauf mit Schockerscheinungen (155).

Man sah anaphylaktischen Schock kombiniert mit heftigen Asthmaerscheinungen auch nach Gebrauch von Neo-Penil (eine jodhaltige Verbindung des Penicillin G). Man beobachtete auch Konvulsionen (321, 347, 348).

Bei der Obduktion von Patienten, die an Penicillin-Anaphylaxie starben, wurden stark aufgeblasene Lungen mit bedeutender Schleimsekretion in den Luftwegen gefunden mit einem Bild, das man aus Versuchen kennt, in denen bei Meerschweinchen anaphylaktischer Schock hervorgerufen wird (346).

Zur *Behandlung* des anaphylaktischen Schocks muß man so schnell als möglich Adrenalin einspritzen. Ist noch genug Zeit, muß ein Infus gebraucht werden und nachher Noradrenalin zugefügt werden. ACTH und Cortison müssen so schnell als möglich in reichlicher Menge gegeben werden (20). Auch Sauerstoff kann notwendig werden. Bei schwereren Erscheinungen vom „Syndrom der Serumkrankheit" ist die Behandlung gleichartig, vielleicht etwas weniger kräftig. Besonders bewährt haben sich intravenöse Procain-Infusionen (17), aber nur, wenn die Erscheinungen nicht von Procain-Penicillin hervorgerufen sind. Zur Bekämpfung des Juckens ist Procain besonders wichtig. Weniger bedrohliche Formen dieses Syndroms reagieren oft gut auf Antihistamine.

Ein Luetiker zeigte allergische Symptome, die Kur konnte jedoch fortgesetzt werden, da er gleichzeitig Cortison bekam (404).

Nachfolgende *Vorsichtsmaßregeln* werden zur möglichsten Einschränkung der Fälle von anaphylaktischem Schock empfohlen.

1. Man verordne Penicillin nicht überflüssigerweise.

2. Man gebe Penicillin nicht intravenös.

3. Man erkundige sich, ob der Patient bereits früher Penicillin bekommen und wie er darauf reagiert hat.

4. In zweifelhaften Fällen mache man einen Hauttest oder gebe zuerst kleine Dosen und nach einer Viertelstunde den Rest. Man gebe in zweifelhaften Fällen die erste Injektion in den Arm, denn dieser kann, wenn doch Schockerscheinungen entstehen, abgebunden werden (315). Man bereite eine Spritze mit Adrenalin vor.

5. Man gebrauche Antihistamine, falls der Patient vorher leichte Reaktionserscheinungen gehabt hatte, oder verwende lieber ein anderes Antibiotikum.

6. Man muß noch vorsichtiger sein, wenn es sich um einen Patienten mit allergischer Konstitution (Asthma!) handelt.

Der intrakutane Hauttest wird gewöhnlich mit einer Lösung von 0,1 ml, die 1000 E oder 10 000 E per ml enthält, ausgeführt. Man muß daran denken, daß sogar diese Probe schon Schock verursachen kann. Der kutane Test ist weniger gefährlich.

Auf intrakutane Injektion reagierten positiv 5,9 % der Patienten, die nie Penicillin bekommen hatten, und 11,5 % derjenigen, die schon früher Penicillin bekommen hatten (432).

Hatte der Patient Hauterscheinungen, dann fällt die Läppchenprobe mit Penicillinsalbe oft positiv aus.

Patienten, die gegen Penicillin (und Streptomycin) allergisch sind, reagieren oft positiv auf den Hauttest, im Gegensatz zu denen, die gegen die meisten anderen Heilmittel allergisch sind.

Man kann versuchen, aber hiefür dürfte selten Zeit sein, den Patienten mit intrakutanen Injektionen zu desensibilisieren, ebenso wie man dies bei Allergie gegen Insulin und Leberextrakt zu tun pflegt. Man beginnt dann mit 1000 E oder noch weniger und steigert allmählich. Man kann auch in Fällen, bei denen das gewöhnliche Penicillin G allergische Erscheinungen verursacht hatte, Penicillin O (Allylmercaptomethyl-penicillin) versuchen (18).

Aber der Patient kann für beide Sorten Penicillin allergisch sein (19).

Ein Student bekam nach Penicillininjektionen lokale Infiltrate. Zwei Jahre später kam es nach Penicillin-Procain zu Urtikaria mit leichten Schocksymptomen. 14 Tage später wurden 600 000 E Penicillin O eingespritzt. Nach drei Minuten bekam er Parästhesien im ganzen Körper, substernalen Schmerz, Dyspnoe, Stuhldrang, Speichelfluß. Der Blutdruck war nicht meßbar. Restitution durch Plasma-Infus, Adrenalin, Diphenhydramin.

Einige Tage nachher hatte der Patient eine Eosinophilie von 34 % (401).

2. *Haut und Schleimhäute.* Urtikaria (21), QUINCKEsches Ödem und Dermatitis kommen am häufigsten vor.

Urtikaria kann allein vorkommen oder als Teilerscheinung des „Serumkrankheit"-Syndroms. Oft beginnt die Urtikaria an den Stellen, an denen injiziert wurde.

Meistens dauert die urtikarielle Eruption nicht lange, aber es sind auch Fälle bekannt, die monatelang dauerten. Eine isolierte Urtikaria erfordert noch nicht das Aussetzen der Penicillintherapie, mahnt aber zu großer Vorsicht. Man spritzt gleichzeitig mit jeder Dosis Penicillin Antihistamin ein.

In seltenen Fällen entwickelt sich eine hämorrhagische bullöse Form der Urtikaria (52).

Manchmal ist Urtikaria mit *Quinckeschem Ödem* kombiniert, das jedoch oft isoliert vorkommt oder zusammen mit Gelenkschmerzen oder Drüsenschwellungen. Das Ödem kann sich überall zeigen, oft aber im Gesicht, um die Augen, Lippen und Wangen. Oft werden auch Schleimhäute ödematös: Zunge, Uvula, Pharynx, Nase, Epiglottis, Larynx. Glottisödem kann zu Tracheotomie zwingen (112).

Glottisödem kann auch nach Gebrauch von Aerosol und Penicillin-tabletten vorkommen.

Stomatitis, deren Erreger Monilia ist, kann bei verschiedenen Arten von Penicillingebrauch entstehen (364).

Erytheme nach Penicillin können wie Masern, Scharlach oder Röteln aussehen; es kann zu Papeln und Bläschen kommen. Ferner kommen vor: Erythema nodosum, Erythema exsudativum multiforme.

Wiederholt hat man *exfoliative Dermatitis* (23) beschrieben. Man hat jedoch den Eindruck, daß die Dermatitis durch Penicillin nicht so schwer ist wie z. B. nach Gold und Salvarsan. Vielleicht kommt das dadurch, daß Penicillin schneller ausgeschieden wird.

Die Dermatitis kann allgemein oder lokal sein und die Prädilektions-stellen sind: Handflächen, Fußsohlen; Räume zwischen Fingern, Zehen und Leisten.

Die Dermatitis kann auf Stellen entstehen, die dem Licht ausgesetzt sind, so wie übrigens auch andere Hautausschläge lichtempfind-lich sein können (17).

Purpura wurde nach Penicillin wiederholt beobachtet. Sogar ausgebreitete Blutergüsse unter der Haut kommen vor (29). Verschiedene Exantheme können hämorrhagisch werden, und so können mit Blut gefüllte Bläschen entstehen, die ulzerieren können (31).

Man sah Nasenblutungen, subkonjunktivale (38, 44), Nieren- und Darmblutungen (45).

Auch Purpura nach Henoch-Schoenlein mit Darmblutungen, geschwollenen Gelenken und Nephritis wurde beobachtet (30).

Ein Patient mit allergischer Konstitution hatte zwei Tage nach einer Penicillininjektion Erythrozyten im Harn. Zwei Tage später entstand einige Stunden nach einer Injektion von 400 000 E Glottisödem. Es wurde Blut ausgehustet. Am nächsten Tag bekam er wieder 400 000 E Penicillin, worauf eine Nierenkolik mit Blut im Harn folgte. Ferner hatte er Blutungen der Mundschleimhaut, Bluthusten und schwarzen Stuhl.

Thrombozyten normal, Symptom von Rumpel-Leede stark positiv, Eosinophilie. Im peripheren Blut wurden 18 % *Plasmazellen* gefunden.

Der Patient wurde gesund (390).

Es können auch vorkommen: Jucken ohne sichtbares Exanthem, Kontaktdermatitis (24), trockene und nässende Ekzeme an verschiedenen Stellen, Herpes (282), Lichen planus.

Bei einem Patienten entstand hintereinander ein lichenoides, später morbilliformes, dann skarlatiniformes Exanthem. Nachher hämorrhagische Urtikaria und schließlich Erythema nodosum (318).

Ferner wurden schmerzhafte Verdickungen im Unterhautzellgewebe beobachtet (33), Pseudozellulitis (25) und Erscheinungen, die an SHWARTZMAN-Phänomen erinnerten (26).

Es wird über einen Patienten berichtet, der früher einmal nach Penicillin Hauterscheinungen gehabt hatte. Nach einem positiven Hauttest reagierte die Haut, die früher ergriffen war, mit Jucken und Ödem (13).

Es kann Trockenheit der Haut durch zu wenig, Miliaria durch zu viel Schweißsekretion entstehen.

Die Sensibilisierung der Haut kann durch Injektionen und andere Art der Darreichung verursacht werden. Penicillinhaltige Salben werden bei verschiedenen mehr oder weniger schweren Hautausschlägen besonders oft ohne Notwendigkeit angewendet.

Die behandelten Stellen können mit Dermatitis reagieren.

Ferner können auf dem übrigen Körper alle eben beschriebenen Hautausschläge als Komplikationen entstehen, abgesehen von der Tatsache, daß der so sensibilisierte Patient bei einer späteren Penicillininjektion mit anaphylaktischem Schock reagieren kann.

Penicillin ist nicht immer die Ursache einer allergischen Reaktion. Der Patient kann gegen die Salbe, die Penicillin enthält, allergisch sein. Er kann überempfindlich sein gegen Öl, Wachs, Procain, bei langsam wirkendem Penicillin.

Es können auch Reaktionen auftreten als Folge von Unterbrechung des symbiotischen Gleichgewichtes, wodurch seborrhoische Dermatitis, Intertrigo, Pruritus ani durch Monilia entstehen (34 a). 22 Patienten wurden beschrieben mit einer angeblichen *pellagra-artigen Dermatitis* in der Umgebung des Anus und der Genitalien, die prompt auf Nikotinsäure reagierten (35 a, 414).

Man sah gelbe Verfärbung der Schleimhäute nach „gelbem Penicillin" (Chrysogenin) (27).

3. Magen-Darmkanal. Magen-Darmerscheinungen sind selten. In einzelnen Fällen wird über Brechreiz, Erbrechen, Bauchschmerzen oder Diarrhöe geklagt. Bei Diarrhöe hat man oft Monilia im Stuhl gefunden (46 a, 372).

Blutungen im Darmkanal (45) wurden beobachtet, manchmal als Teil des HENOCH-SCHOENLEIN-Syndroms (30).

Eine wiederholt beobachtete Erkrankung durch Antibiotika mit breitem Spektrum wurde auch einige Male nach Penicillin und Streptomycin gesehen: Diarrhöe mit Fieber und zuweilen mit Schockerscheinungen als Äußerung einer Enterokolitis und durch resistente Staphylokokken verursacht (345).

Man kennt auch einige Fälle von Hepatitis mit Ikterus; es ist jedoch nicht sicher, ob Penicillin die Ursache war. Besteht aber ein Zusammenhang, dann ist die Wahrscheinlichkeit groß, daß man es mit Serumhepatitis zu tun hat.

4. Herz und Blutgefäße. Symptome seitens des Herzens wurden als Teilerscheinung allgemeiner Symptome beobachtet.

So sah man Schmerzen wie bei einem Herzinfarkt gleichzeitig mit Urtikaria (52). Im EKG kommen andere vorübergehende Veränderungen vor (53, 192).

Symptome wie bei Perikarditis.

Bei einem Kind wird eine Perikarditis als Teilerscheinung einer Polyserositis beschrieben. Das Kind hatte auch ein Erythem und ein angioneurotisches Ödem (54).

Während einer Penicillinkur entstanden Erythem, QUINCKESches Ödem der Augenlider, eine Veränderung im EKG wie bei Perikarditis: umgekehrte T-Zacken in allen Ableitungen. Nach zehn Tagen war das EKG wieder normal (402).

Bei Endocarditis lenta sah man wiederholt (und wir selbst auch), daß das Fieber sank, die Blutkulturen steril wurden, aber der Patient an schlechter Herztätigkeit starb. Manche sehen darin einen ungünstigen Einfluß von Penicillin auf den Herzmuskel, es ist aber auch möglich, daß ein kranker Herzmuskel dekompensiert wird und die Patienten, wenn sie nicht mit Penicillin behandelt worden wären, schon früher an Sepsis gestorben wären.

Vereinzelt hat man Erscheinungen von Arteriitis beobachtet, wie sie nach Serum und Sulfa-Präparaten vorkommen, manchmal waren auch die Venen entzündet. Als Folge dieser Venenentzündung fand man Nekrose und Geschwüre der Haut und Darmschleimhaut (65).

Symmetrische Gangrän an Händen und Füßen (437). Manchmal wurden diese Gefäßstörungen als Periarteriitis nodosa (66) angesehen oder als Angiitis und Thrombangiitis (66, 67).

Ein Kind reagierte zweimal mit einem Ausschlag nach Gebrauch von Penicillintabletten und starb nach 17 Tagen. Es wurde Periarteriitis gefunden (309).

Eine andere Mitteilung (306) spricht von einem Patienten, der mit Erythem und starker Eosinophilie reagierte. Später wurden Infiltrate um die Blutgefäße herum im Herz, in der Leber, den Nieren und der Milz gefunden, ebenso wie wir diese nach dem Gebrauch von Sulfa gesehen haben.

Bei einem anderen Patienten mit Polyarteriitis verschwanden durch ACTH ein eosinophiles Infiltrat in der Lunge, Purpura, Gelenkschmerzen und Fieber. Aber es waren Veränderungen in Herz und Nieren vorhanden, die nicht zurückgingen (283).

Glücklicherweise gehören diese Wahrnehmungen noch zu den Seltenheiten, aber sie mahnen zu Aufmerksamkeit und Vorsicht.

Man hat oft angenommen, daß Menschen, die mit Penicillin behandelt werden, eher Thrombose bekommen (63, 64), und es hat nicht an Mitteilungen über Verkürzung der Gerinnungszeit und Prothrombinzeit nach Penicillin gefehlt (60, 61). Es ist fraglich, ob diese Wahrnehmungen richtig sind. Bei gesunden Menschen kann man nicht den geringsten Einfluß auf den Gerinnungsmechanismus beweisen (62, 64 a).

5. Lungen. Einige Beobachtungen berichten über flüchtige Lungeninfiltrate vom Typus LOEFFLER, gleichzeitig mit Eosinophilie des Blutes (47).

Auch nach Penicillin in Öl und Wachs hat man Infiltrate gesehen, aber die Ursache hievon kann ebenso in den Pollen von Bienenwachs gelegen sein (48).

Nach Darreichung von Penicillin als Aerosol wurde wiederholt Asthma beschrieben (49). Nach Einstauben in die Bronchien beobachtete man Ödem der Bronchusschleimhaut und Lungenödem (34, 50). Moniliasis der Luftwege, des Mundes, Kehlkopfes und Ösophagus (372).

6. Nieren. Nephritis als Teil des HENOCH-SCHOENLEIN-Syndroms (30). Bei dem „Serumkrankheit"-Syndrom kann man vorübergehend etwas Eiweiß, Zylinder und Erythrozyten finden. Die Nieren können unter dem Schock durch Penicillin leiden und so kann Oligurie (55) und sogar Anurie (55 a) entstehen. Es kann ferner zu Nierenerscheinungen durch Entzündung der Nierenarterien kommen. Nephrose durch Hämolyse (381).

Eine merkwürdige Beobachtung spricht über anscheinend positive Reaktion von Zucker und Eiweiß im Harn bei einem Patienten, der 84 Millionen E Penicillin täglich eingespritzt bekam. Es steht fest, daß diese Reaktionen nicht durch Eiweiß oder Zucker verursacht werden (56).

7. Blut. Eosinophilie ist als Begleiterscheinung von allergischen Reaktionen auf Penicillin oft beobachtet worden. Leukopenie (58) kann auch vorkommen, und einmal wurde Agranulozytose festgestellt, ohne daß eine andere Ursache als Penicillin gefunden werden konnte (59). Der Zusammenhang scheint uns nicht bewiesen zu sein.

In der Literatur findet man einige Fälle von Purpura mit Thrombopenie (57) und überdies einen Fall von sogenannter thrombotischer Thrombopenie, wobei es zu Verstopfung durch zusammengeballte Blutplättchen in den kleinen Blutgefäßen kommt (304). Auch bei diesem letzten Fall sollte ein Fragezeichen stehen.

Man war der Ansicht, daß bei einigen Patienten mit heftigen allergischen Erscheinungen L. E.-Zellen zu finden sind (327). Wahrscheinlich hat man es aber hier mit einem anderen Phänomen von Phagozytose zu tun, wodurch Zellen entstehen, die wie L. E.-Zellen aussehen.

8. Nervensystem. Die Injektionstherapie verursacht selten Erscheinungen (s. Nr. 12). Man glaubt aber doch, einzelne Reaktionen wahrgenommen zu haben. Manche Patienten sollen einen gewissen Grad von Euphorie bekommen, andere sollen schläfrig werden (35). Man beobachtete Zwangslachen, Halluzinationen, Aufgeregtheit, Depression, Angst, Verwirrtheit (39).

Eine Patientin reagierte mit hysterischen Symptomen und glaubte, daß sie sterben würde, immer wenn sie eine Procain-Penicillin-Injektion bekam (40).

Man sah ferner Schwindelanfälle, Muskelzuckungen und Konvulsionen, die man als eine Manifestation einer latenten Epilepsie oder Tetanie ansah (39).

Es wurde periphere Neuritis beschrieben (41); ferner Parästhesien in Armen und Beinen (43) und in den Hoden (42).

Ein Patient bekam gleichzeitig mit einem Ödem der Augenlider ein Erythema-nodosum-artiges Infiltrat, Purpura, Fieber, wurde benommen und halluzinierte. Es entstanden Paresen der Extremitäten sowie Hyperästhesie der Arme und Beine (403).

Schwindelanfälle durch Labyrinthstörungen hat man bei vier Patienten mit allergischer Hautreaktion nach Penicillin beobachtet (376).

9. Augen. Ein Auge, das früher äußerlich mit Penicillin behandelt wurde, reagierte mit einer starken allergischen Entzündung, als zwei Monate später intramuskuläre Penicillininjektionen gegeben wurden (68).

Ein anderer Patient reagierte auf Penicillinsalbe in einem Auge mit einer allergischen Entzündung der Konjunktiva und des Augenlides. Einige Monate später wurde wegen einer Infektion der Luftwege Penicillin in Öl 300 000 E eingespritzt, worauf das Auge auf dieselbe Art reagierte (69).

Ferner sah man: Blepharokonjunktivitis (70), Phlyktänen (71), Dermatitis der Augenlider, Ptosis der Augenlider (26), Photophobie (46), Blutungen in den Bindehäuten (38, 44).

10. Genitalien. Ödem des Penis, Parästhesien in den Hoden, Epididymitis (75), Kontraktionen des Uterus, Blutungen bei Schwangeren, Abortus (76), Menorrhagie, Veränderungen im Zyklus, Aussetzen der Milchproduktion.

11. Reaktionen nach Herxheimer. Diese kommt in 30 bis 60 % der Fälle von Lues und noch im Laufe von 24 Stunden nach der ersten Penicillininjektion vor (77).

Von 93 Kindern mit angeborener Lues zeigten 48 die Herxheimer-Reaktion. Es empfiehlt sich daher, vor einer Penicillin-Kur zuerst schwächerwirkende Mittel anzuwenden: Jodkali, Quecksilber, Wismut.

Die Reaktion besteht aus:

1. Allgemeiner Reaktion mit Fieber und Krankheitsgefühl.

2. Lokaler Reaktion, abhängig vom Sitz des syphilitischen Prozesses (28). Bei einer luetischen Meningitis können Konvulsionen auftreten. Tödliche Reaktion nach Pachymeningitis (78). Ein Patient mit Gumma im Gehirn starb im Laufe von 24 Stunden nach einer Injektion von 120 000 E Penicillin (14).

Eine Querläsion entstand bei einer Myelitis.

Es können Verwirrtheitszustände, Halluzinationen und Wahnvorstellungen entstehen (83). Neuritis bei Neurolues. Eine interstitielle Keratitis führte zu Erblindung (79).

Leberlues kann in eine Zirrhose übergehen (80).

Zwei Brüder mit kongenitaler Lues bekamen beide eine Herxheimersche Reaktion, bei der sie ikterisch wurden; tödlicher Verlauf (405).

Bei Gefäßlues sah man eine Verengung der Koronararterien (80). Ein Patient mit einer luetischen Aortitis wurde wegen einer Infektion der oberen Luftwege mit Penicillin behandelt. Eine lokale Reaktion in der Umgebung einer Koronararterie verursachte einen Myokardinfarkt (280).

In einem anderen Falle kam es zu Ruptur eines Aneurysma aortae (82). Auch eine luetische Nephrose kam während der Behandlung eines Patienten mit sekundärer Syphilis vor (81).

Fühlt sich ein Patient mit Gonorrhöe während der Behandlung mit Penicillin krank und bekommt Fieber, kann man an Arzneifieber denken; es ist aber auch möglich, daß er sich überdies noch eine luetische Infektion zugezogen hat (37).

Es ist möglich, daß es bei einer nicht diagnostizierten Lues zu unerwarteten Reaktionen nach Penicillin kommt.

1. Ein Patient mit Ulcus cruris wurde mit Penicillin behandelt. Er bekam schwere Erscheinungen einer Aortitis und Nephritis. Dann erst zeigte sich, daß die serologischen Reaktionen positiv waren.

2. Ein Patient mit ADDISONscher Krankheit bekam eine Pneumonie, wurde mit Penicillin behandelt und bekam eine spastische Paraplegie. In beiden Fällen trat nach Aussetzen der Penicillintherapie Genesung ein (406).

Bei zwei Luetikern, die nach Koma mit Krämpfen starben, wurden im Gehirn Ödem und Blutungen gefunden. Diese Patienten werden als Beispiel allergischer Reaktion angeführt. Es kann jedoch ebensogut eine HERXHEIMERsche Reaktion gewesen sein (407).

12. Nebenwirkungen von Penicillin durch lokalen Kontakt. Allergische Erscheinungen können auch durch direkten Kontakt mit Penicillin entstehen, wenn dieses in Tablettenform, als Aerosol, bei Einbringen in die Bronchien, in die Nebenhöhlen der Nase, in die Pleurahöhle, den Lumbalkanal gebraucht wurde, sowie bei direktem Kontakt mit Haut und Schleimhäuten.

Penicillin per os. Nach Gebrauch von Penicillin in Tabletten reagierten drei Mitglieder einer Familie mit Fieber, Urtikaria, Unruhe und Hydrops der Gelenke (58).

Schwerer anaphylaktischer Schock kann vorkommen.

Anaphylaktischer Schock zehn Minuten nach Einnehmen einer Tablette mit 300 000 E Penicillin: Brechreiz, Bauchschmerzen, Jucken und Schmerzen in den Händen, Harninkontinenz, Stuhldrang; hierauf folgte Bewußtlosigkeit. Blutdruck 70 max., 40 min. Der Patient erholte sich allmählich nach Adrenalin.

Fünf Monate vorher wurde der Patient mit Penicillintabletten durch sechs Tage hindurch behandelt und hatte nach dieser Behandlung keine Beschwerden (395).

Es kann zu Brechreiz, Erbrechen und Diarrhöe kommen.

Stomatitis und Magen-Darmbeschwerden sieht man öfter nach Penicillin in Tabletten als nach Injektionen. Der Geschmackssinn kann verlorengehen (74). Es kann zu Trockenheit im Mund kommen, und man verträgt warme und gewürzte Speisen schlecht. Die Zunge verfärbt sich oft und wird samtartig: Schwarze Haarzunge (72); auch eine gelbe, braune oder grünliche Färbung ist möglich. Man hat aphthöse, ulzeröse (72 a) und exfoliative Stomatitis (73) beobachtet. Es können Faulecken entstehen.

Durch Gebrauch von Tabletten mit Procain-Penicillin enstanden in 38 % Nebenerscheinungen (320): Brechreiz, Geschmacksstörungen, Glossitis, Stomatitis, Flatulenz, Diarrhöe, Müdigkeit, Benommenheit, Schwindelanfälle, Gelenkschmerzen, Pruritus ani.

Durch Einwirkung von Penicillintabletten auf den Darmkanal kann es zu pellagraartigen Symptomen kommen.

Den Patienten fällt es schwer, zu denken, sie werden depressiv. Es entstanden Parästhesien, Gefühlsstörungen und Abschwächung der Reflexe. Der Nikotinsäure-Gehalt des Harns war herabgesetzt. Bei einem Patienten entwickelten sich Dermatophytiden um den After herum und in den Leisten (86).

Durch *Penicillin-Aerosol* können Stomatitis und Cheilitis entstehen. Zunge und Pharynx können rot und ödematös werden. Nach Aerosolbehandlung müssen die Patienten Mund und Kehle gründlich ausspülen.

Die Gefahr asthmatischer Erscheinungen ist größer als bei anderen Arten der Darreichung (89 a).

Man sah auch Lungenödem (340) und tödlich verlaufenden Schock (331) nach Verstäuben von Penicillin.

Auch das direkte Einbringen von Penicillin in den Bronchus kann ernste allergische Erscheinungen hervorrufen und zu lokalem Ödem führen (43).

Ernste anaphylaktische Erscheinungen veranlaßte auch das Einbringen von Penicillin in die *Kieferhöhle* (299). Bei einem Patienten, bei dem auf diese Weise 100 000 E Penicillin angewendet wurden, entstanden anaphylaktischer Schock mit einem ausgebreiteten Erythem, Ödeme und stark injizierte Konjunktivae (350).

Wird Penicillin in die *Pleurahöhle* eingebracht, kann es zu Fieber, Urtikaria, Bauchschmerzen und anderen allergischen Reaktionen kommen (88).

In der *Bauchhöhle* kann Penicillin Ödem, Blutungen und Adhäsionen verursachen.

Nach penicillinhaltigen *Nasentropfen* (346) bekam ein Kind schweres Glottisödem, weshalb eine Tracheotomie vorgenommen werden mußte.

Nach *Augentropfen* sah man oft lokale Reaktionen wie Konjunktivitis und Dermatitis um die Augen.

Penicillin im Lumbalkanal kann bedeutende allgemeine und lokale Erscheinungen erzeugen.

Folgende allgemeine Reaktionen wurden dabei beobachtet: Fieber, Unruhe, Kopfschmerzen, Brechreiz, Erbrechen, schneller und kleiner Puls und andere Schocksymptome.

Penicillin verursacht eine Reizung der Hirnhäute mit Zunahme von Eiweiß und Zellen im Lumbalpunktat. Es kann auch zu Blutungen kommen. Manchmal entstehen Nackensteifheit und andere Erscheinungen einer sterilen Meningitis (97). Man beobachtete: Koma, Konvulsionen, Aphasie, Apraxie, Radikulitis (99), Myelitis (102), Querläsion (100), Paraplegie, Harnbeschwerden, Inkontinenz (101), Hydrozephalus.

Bei einem Patienten, der 20 000 E täglich bekam und dabei auch Penicillin intramuskulär, entstanden ein Erythem und Koma. Er starb an Atemstillstand: Gehirnödem, Blutungen und Nekrosen im Gehirn wurden gefunden (6 c).

Epileptische Anfälle mit tödlichem Ende beobachtete man nach Einbringen von 250 000 E (103) und in einem anderen Fall von 300 000 E Penicillin. Man fand Blutungen im Kleinhirn und in den Basalganglien, sowie perivaskuläre Infiltrate (103 a).

Ein Patient zeigte Symptome, wie sie bei einer Serumkrankheit vorkommen, und außerdem zerebrale Erscheinungen. Tod durch Atemlähmung. Im Gehirn fand man Ödem, Blutungen und Nekrosen. Das Bild glich dem der Hirnveränderungen nach Salvarsan (399).

Diese Unfälle sind meist durch bedeutende Überdosierung verschuldet.

Man gebe nicht mehr als 10 000 E intralumbal, diese Menge muß in mindestens 20 ccm physiologischer Kochsalzlösung aufgelöst sein, dann muß man sehr langsam einspritzen.

Bei intralumbaler Verwendung muß man Präparate vermeiden, die zur Konservierung Phenol enthalten. Bei anderer als intralumbaler Anwendung stört der Phenolzusatz nicht (103 b).

Die Gefahren der *Penicillinsalben* haben wir genügend besprochen. Aber auch anderweitiger Kontakt der Haut mit Penicillin, als Puder in Wunden oder in das Ohr, kann allergische Erscheinungen verursachen.

Brustbeklemmung und gleichzeitig ein Erythem entstanden bei einem mit Penicillin behandelten Patienten. Drei Monate später wurde wegen Konjunktivitis eine Penicillinsalbe verwendet. Nach einigen Sekunden stellte sich ein *schlechter Geschmack* im Mund ein, der Patient wurde kurzatmig mit pfeifenden Geräuschen, bekam Kongestionen, Bauchschmerzen und Diarrhöe. Blutdruck 70 max., 50 min. Genesung nach Adrenalininjektion (396).

Nach Gebrauch einer Penicillin enthaltenden Zahnpasta (!) kam es (90) zu Urtikaria.

Derzeit ist es Mode, daß manche Zahnärzte die Wurzelkanäle mit antibiotischen Pasten behandeln. Die Vorteile dieser Methoden gegenüber den altbewährten sind mir nicht deutlich. Daß sie aber mit bedeutenden Nachteilen verbunden sind, unterliegt keinem Zweifel.

Drei Tage nach Behandlung mit einer derartigen Pasta bekam ein Patient am ganzen Körper Urtikaria, wobei gleichzeitig ein Larynxödem die Atmung erschwerte (398).

Wir wollen hier noch auf das Sensibilisieren von Pflegerinnen und Ärzten, die mit Penicillin in *Kontakt* kommen, hinweisen. Sie können Jucken, Dermatitis und Ekzem bekommen, besonders an den Fingern und in der Umgebung der Augenlider. Ferner wurden bei ihnen beobachtet: Cheilitis, Glossitis, Rhinitis, Blepharitis, Skleritis, Konjunktivitis, Ödem des Penis und Skrotums.

An den Stellen, wo Penicillin eingespritzt wurde, können unangenehme Reaktionen vorkommen: Schmerzhafte Infiltrate, Ödem, Dermatitis (346); auch Nekrose der Haut sowie sterile Abszesse (105) wurden beobachtet. Man sah sogar tuberkulöse Abszesse und Empyeme (106, 107).

Es kommen auch Nekrosen und Blutungen an der Injektionsstelle vor, die an das Phänomen von ARTHUS erinnern (49, 298).

13. Andere Infektionen. Diese können durch Penicillinbehandlung entstehen. Serumhepatitis als Folge von Penicillininjektionen kann vorkommen, wenn nicht jeder Patient sein eigenes Penicillinfläschchen und seine eigene Spritze besitzt (110). Auf diese Weise kann auch Tuberkulose übertragen werden (311).

Bei mit Penicillin behandelten Patienten können für dieses Mittel resistente Bakterien die Oberhand bekommen und so Infektionen verursachen: Koli (111), Proteus, Pseudomonas (287), resistente Staphylokokken und Monilia (372).

Das Resistentwerden der Bakterien kommt immer häufiger vor. Man sieht es insbesondere bei Staphylokokken. Selten wird man in einem Krankenhaus noch Staphylokokken antreffen, die nicht penicillinresistent sind.

14. Der maskierende Effekt von Penicillin bei verschiedenen Krankheiten möge hier auch als unangenehme Folge von Penicillin angeführt werden; dadurch können Gallenblasenentzündungen oder Appendizitis und andere Krankheiten ganz fremdartig verlaufen (291). Blutbilder muß man ganz anders beurteilen.

15. Durch Antibiotika kommt es zum *Absinken des Gehaltes aller untersuchten Vitamine*, besonders des Lactoflavins und der Nikotinsäure (438).

B. Streptomycin und Dihydrostreptomycin

1. Zentralnervensystem. Die wichtigsten und ernstesten Komplikationen bei der Behandlung mit Streptomycin und Dihydrostreptomycin sind in dem Gebiete des Zentralnervensystems zu finden. Die größte Gefahr laufen der vestibuläre Apparat und das Gehör.

Je höher die Tagesdosis und je länger die Behandlungsdauer und infolgedessen die Gesamtmenge des verabreichten Medikamentes sind, desto eher kommt es zu Schädigungen.

Das National Research Council (114) berechnete für Amerika, daß von 1000 Patienten, die mit Streptomycin bei verschiedenen bakteriellen Infektionen behandelt wurden, ohne Rücksicht auf die Dosis 20 % Nebenwirkungen zeigten. Für die, die 3 g pro Tag bekamen, war dieser Prozentsatz 46, während bei der Dosierung von 4 g der Prozentsatz sogar auf 60 stieg.

Später, als man eine niedrigere Dosis Streptomycin in Gebrauch nahm, lauteten andere Berichte, daß 4 % schwere und 30 % leichte Reaktionen nach einer Behandlung mit 1 g durch 60 Tage beobachtet wurden, im Vergleich zu den 90 % bei einer Tagesdosis von 2 bis 3 g (130).

Der Einfluß der Dauer der Behandlung erhellt deutlich aus der Mitteilung, daß 2 g Streptomycin in 120 Tagen zu 96 % subjektiven oder objektiven Erscheinungen von Schädigung des achten Hirnnerven geführt haben (61, 62, 122, 123).

Wenn auch die gegenwärtig gebräuchliche Dosis von 1 g pro Tag oder dreimal pro Woche bedeutend weniger toxisch ist, muß man doch mit leichten und manchmal schweren Störungen des Gleichgewichtes und des Gehörs rechnen.

a) Gleichgewichtsstörungen. Schwindelanfälle, denen einen Tag vorher Ohrensausen und Kopfschmerzen vorangehen, können plötzlich, aber auch sukzessiv beginnen. Wenn die Schwindelanfälle schwerer sind, können sie oft von Brechreiz und Erbrechen begleitet sein, und der Patient ist auch dann schwindlig, wenn er auf dem Rücken liegt. Meist dauert diese Periode ernster Schwindelanfälle nach Aussetzen der Therapie sieben bis zehn Tage, aber häufig ist die nun folgende Rekonvaleszenz nicht vollständig, die Patienten leiden bei plötzlichen Bewegungen noch lange Zeit hindurch an Schwindel (128). Das Schwindelgefühl geht nicht vorüber, weil der vestibuläre Apparat sich wieder herstellt, sondern dadurch, daß der Körper lernt, sein Gleichgewicht auf andere Art und Weise zu erreichen. Die leichten Schwindelanfälle entstehen von Anfang an nur bei Bewegungen, besonders bei plötzlichen Bewegungen des Kopfes und beim Gehen im Dunkeln. So entsteht ein Gefühl von Unsicherheit. Außerdem klagt man darüber, daß man beim Gehen Personen und Gegenstände nicht gut erkennt; auch kann eine gewisse Ataxie entstehen, indem man vorbeigreift, wenn man etwas in die Hand nehmen will. Man neigt auch dazu, in der Richtung einer ausgestreckten Hand umzufallen.

Die Beschwerden des Patienten stimmen mit den objektiven Symptomen bei der Untersuchung des vestibulären Apparates nicht immer überein (133).

Die Ursache hievon ist die Fähigkeit des Körpers, die vestibuläre Funktion zu übernehmen. Man findet bei fast allen Patienten, die lange Zeit mit Streptomycin behandelt wurden, eine stark herabgesetzte oder gänzlich erloschene Reaktion der Cristae in den Bogengängen bei der Rotations- und kalorischen Untersuchung. Diese Ausfälle bleiben gewöhnlich bestehen.

Hört man, wenn sich der Patient über Schwindelanfälle zu beklagen beginnt, sofort mit Streptomycin auf, kann die Reizbarkeit des vestibulären Apparates wieder teilweise verschwinden (126).

Es ist aber auch möglich, daß trotz Einstellens der Therapie die Erscheinungen schlechter werden (132).

Es ist für den Arzt sehr schwer, zu entscheiden, ob die Fortsetzung der Behandlung wegen Tuberkulose notwendig ist. Wenn man die Behandlung fortsetzt, kann man sicher sein, daß der Patient einige geschädigte vestibuläre Organe behält. Es ist klar, daß man bei miliarer Tuberkulose oder mit dieser vergleichbaren anderen schweren Formen der Tuberkulose das Risiko doch auf sich nehmen muß.

Regelmäßige Untersuchung durch einen Laryngo-Otologen ist bei langdauernder Behandlung unerläßlich.

Die individuelle Empfindlichkeit des vestibulären Apparates ist sehr ungleichmäßig. Man nimmt an, daß es immer gefährlich wird, wenn der Streptomycinspiegel im Blut einige Wochen hindurch 60 µg/ml erreicht (125).

Wenn es auch sehr wahrscheinlich ist, daß die Schädigung des vestibulären Apparates rein toxischer Natur ist, kann man eine allergische Ursache doch nicht gänzlich von der Hand weisen.

Ein Patient wurde nämlich nach 100 µ Streptomycin stark schwindlig und bekam Dermatitis, Urtikaria, Asthma, Gelenkschwellungen und Eosinophilie (134).

Vielleicht können Antihistamine das Entstehen von Gleichgewichtsstörungen aufhalten (135, 136 a).

Bei schlechter Nierenfunktion wird schnell ein hoher Streptomycingehalt des Blutes erreicht, so daß äußerste Vorsicht bei Nierenpatienten am Platze ist.

Einer unserer Patienten machte in einem Sanatorium eine Streptomycinkur von insgesamt 25 g durch. Vorerst wurde 1 g täglich gegeben, später, als er Kribbeln im Gesicht bekam, nur 0,5 g. Als er auch schwindlig wurde und erbrach, setzte man die Behandlung aus.

Der Patient hatte einen erhöhten Ureumgehalt im Blut. Zwei Jahre später hatte er noch Schwindelgefühl, wenn er im Dunkeln ging. Bei plötzlichen Bewegungen mußte er sich an einem Stuhl festhalten. Das vestibuläre Organ war nicht mehr erregbar.

Das Gehör war gut, das Sehen jedoch infolge von Atrophie des N. opticus schlecht.

Obwohl es begründet gewesen wäre, noch einmal Streptomycin zu geben, wagten wir es nicht zu tun, weil nach 1 g der Patient wieder das Gefühl bekam, als ob man sein Gesicht mit Nadeln steche.

Einige Publikationen weisen darauf hin, daß der vestibuläre Apparat auf die Dauer doch wieder in Ordnung kommen kann. Von 215 Patienten, die durchschnittlich 1 g durch 110 Tage bekamen, war das vestibuläre Organ bei 18 nicht mehr erregbar. Ein Jahr später stellte sich die Empfindlichkeit wieder her, und es wurde auch festgestellt, daß sich jüngere Menschen schneller erholen als ältere (136). Auch die Gefahr der Schädigung dieses Organs ist bei über 45jährigen Patienten größer als bei jüngeren. Beschädigungen des vestibulären Organes sind immer doppelseitig.

Außer Schwindelgefühl kann auch *Nystagmus* vorkommen, doch relativ selten.

In den oben beschriebenen Ausführungen haben wir immer von Streptomycin gesprochen, und zwar deshalb, weil die Schädigungen des vestibulären Apparates öfter nach Streptomycin vorkommen als nach Dihydrostreptomycin und sich überdies früher einstellen und schwerer sind.

Man gewinnt den Eindruck, daß das Dihydrostreptomycin anfänglich weniger toxisch ist, aber bei langdauernden Kuren stärker toxisch wirkt als Streptomycin.

b) Gehörstörungen. Hier ist es genau umgekehrt. Wenn man sie auch bei Streptomycin erwarten kann, kommt die Taubheit häufiger nach Gebrauch von Dihydrostreptomycin vor. Manchmal ist die Taubheit nur durch Hörproben feststellbar. Oft genügt die Kontrolle mit der Taschenuhr. Die Taubheit kann sich nur auf hohe Töne beziehen. Sie kann jedoch total sein, betrifft dann beide Ohren und ist außerdem zumeist nicht heilbar (354). Es kann jedoch, aber nur bei geringgradiger Taubheit, möglich sein, durch Einstellen der Therapie diese zu beheben.

Die Taubheit ist die meist gefürchtete Komplikation, aber glücklicherweise kommt sie viel seltener vor als Gleichgewichtsstörungen. In manchen Fällen geht der Taubheit ein Flötenton voraus. Die Taubheit kann auch erst nach dem Aussetzen der Therapie entstehen (355).

In einer Publikation wird die Krankengeschichte von drei Patienten mitgeteilt, die nach 45 bzw. 28 und 42 g Dihydrostreptomycin taub wurden. Das ereignete sich drei Monate bzw. drei Monate und 50 Tage nach Einstellen der Therapie.

Lästiges Ohrensausen wurde beobachtet, aber Labyrinthstörungen kamen nicht vor. Die Taubheit entstand plötzlich, war doppelseitig und bleibend (143).

Aus diesen Tatsachen ersieht man, daß die Menge des Dihydrostreptomycins nicht besonders groß sein muß.

Bei 16 von 21 Patienten, die ein halbes Jahr hindurch mit Dihydrostreptomycin behandelt wurden, konnte eine Gehörschwäche festgestellt werden, während das Gehör bei einer Gruppe von Patienten, die mit Streptomycin behandelt wurden, im Vergleich mit ersteren unbeschädigt geblieben ist (143 a).

Man hat behauptet, daß das Sulfat von Dihydrostreptomycin nicht so toxisch sein soll wie die salzsaure Verbindung (278).

Wenn auch vollständige Taubheit glücklicherweise nach Injektionstherapie nicht oft vorkommt, ist dies bei Einführung in den Lumbalkanal und die Zysterne anders.

Man gewinnt den Eindruck, daß Gleichgewichtsstörungen und Taubheit um so häufiger sind, je höher die Gesamtdosis Streptomycin oder Dihydrostreptomycin ist. Darum wird empfohlen, bei langdauernden Kuren 0,5 g jedes dieser Mittel zu geben, um damit trotz langdauernder Therapie die Gesamtdosis beider Medikamente verhältnismäßig niedrig halten zu können (411).

Diese Kombination setzt die toxische Wirkung von Streptomycin auf das Gleichgewichtsorgan bis zu $^1/_4$, und die toxische Wirkung von Dihydrostreptomycin auf das Gehörorgan bis zu $^1/_8$ herab (410).

c) Andere zerebrale Erscheinungen außer der Schädigung des achten Hirnnerven wurden beobachtet.

Ein Patient mit einer Pyelitis bekam täglich 3,2 g Streptomycin auf acht intramuskuläre Injektionen verteilt. Am vierten Tag entwickelten sich Parästhesien in der Zunge, der Haut und in der Umgebung des Mundes. Am fünften Tag war der Patient desorientiert. Nun wurde die Behandlung ausgesetzt, nachdem bereits 15,6 g Streptomycin eingespritzt worden waren. Es kam zu choreatischen und athetotischen Bewegungen. Die Atmung nahm den Typus CHEYNE-STOKES an. Nach abnormal hohem Fieber, Konvulsionen und

Koma kam das Ende. Bei der Obduktion wurden Gefäßveränderungen und Zelldegenerationen im Gebiet der Medulla und der Stammganglien gefunden (137).

Eine 38jährige Frau bekam 1 g Streptomycin täglich. Nach zehn Tagen stellte sich eine Enzephalitis ein. Drei Tage später starb sie (138).

Eine 42jährige Frau kam mit gestörtem Bewußtsein, CHEYNE-STOKESscher Atmung und Tachykardie ins Krankenhaus. Sie starb im Koma. Sie hatte wegen einer nichttuberkulösen Erkrankung in zwei Tagen 3 g Streptomycin bekommen (16).

Weiter wurden noch folgende Erscheinungen beschrieben: Anfälle von Tetanie, Diabetes insipidus und dienzephale Fettsucht, Hemiplegie, Parese der Muskeln der Zunge und der Umgebung des Mundes (15). Stimmbandlähmung (384), Harnverhaltung (209).

Parästhesien in der Umgebung des Mundes und in den Fingerspitzen können schon bei einer Dosis von 1 g täglich entstehen.

Ataxie, Tremor, Sehstörungen: schwieriges Fernsehen, Akkomodationsstörungen, Doppeltsehen, Skotome. Neuritis nervi optici.

Psychische Erscheinungen: Depression, Euphorie, Gedächtnis- und Konzentrationsstörungen, Unruhe, Verwirrtheit, Benommenheit, Halluzinationen, Delirium (279), Zornanfälle (141). Auch Dezerebrationserscheinungen wurden beobachtet.

d) Unerwünschte Nebenwirkungen bei der intralumbalen Therapie.

Es besteht wohl kein Zweifel darüber, daß Dihydrostreptomycin unter keiner Bedingung im Lumbalkanal angewendet werden darf. Aber auch nach derartigem Gebrauch von Streptomycin ist der Prozentsatz vollständiger und bleibender Taubheit noch zu hoch (an manchen Kliniken 90 %; wahrscheinlich deshalb, weil die Dosierung nach derzeitigen Begriffen zu hoch war und das Mittel intrazysternal eingebracht wurde), so daß man sich ernstlich fragen muß, ob eine Behandlung mit einem solchen Resultat mit dem Sinn der Heilkunde übereinstimmt.

Außer Taubheit hat man ernste Komplikationen bei dieser Art gesehen, wie Lähmungen beider Beine und der Blase.

Auch bei *intralumbalen Gebrauch* hat man gelernt, kleinere Dosen zu geben, nicht mehr als einmal pro Tag 50 mg, und nach zwei Monaten Unterbrechungen von 5, 7 und allmählich 14 Tagen einzufügen (15).

Reizerscheinungen können bei intralumbaler Therapie immer vorkommen. Zunahme von Zellen, Eiweiß und Nackensteifheit müssen keine Ursachen einer Beunruhigung sein.

Die Patienten können blaß werden, reizbar und benommen. Der Appetit kann schlechter werden.

Ernster aber sind die Konvulsionen. Eine Publikation berichtet über 14 Fälle einer ernsten Reaktion nach intralumbaler Anwendung, wobei wahrscheinlich als deren Folge fünf Personen von 90 derart behandelten Patienten starben. Meistens waren es Erscheinungen von Schock und Störungen in der Atmung. Manchmal kam es zu Apnoe, Konvulsionen, zerebellären Erscheinungen und Fieber. Sie entstanden meistens fünf bis sechs Stunden nach der Punktion (152).

Ein Patient starb während des Atmungsstillstandes (148); weitere Fälle unter Erscheinungen von Meningoenzephalitis mit tödlichem Verlauf (139) wurden publiziert.

Es kommen auch Erscheinungen von Neuritis und Radikulitis mit ausstrahlenden Schmerzen vor. Hydrozephalus kann sich entwickeln. Psychische Störungen wurden beobachtet. Sie können zeitlich begrenzt oder auch bleibend sein (149). Ein Patient wurde komatös und zeigte, als er wieder zu sich kam, vorübergehende psychische Störungen (148).

Ferner fand man Atrophie des N. opticus mit Blindheit (144, 145), Doppeltsehen und schlechtes Sehen auf Entfernung, Skotome (146), Störungen bei Unterscheidung von Farben.

In zwei Fällen bemerkten die Patienten, daß bei Bewegungen des Kopfes sich Gegenstände in entgegengesetzter Richtung bewegen. Bei beiden Patienten kam es einige Zeit später zu Gleichgewichtsstörungen (375).

Die im folgenden angeführten Erscheinungen können sowohl bei Strepto- als bei Dihydrostreptomycin vorkommen, im allgemeinen jedoch öfter bei Strepto- als bei Dihydrostreptomycin.

2. Allgemeine Erscheinungen. Kopfschmerzen (165), schlechten Appetit und Abmagerung trifft man oft an.

Von 150 Patienten, die Streptomycin bekamen, zeigten 55 einige Stunden nach der Einspritzung Nebenerscheinungen (412):

<pre>
        Parästhesien in und um den Mund 41
        Müdigkeit   11
        Schwindelanfälle und Ataxie 10
        Kopfschmerzen   10
        Sehstörungen durch herabgesetzte Akkomo-
            dation 7
</pre>

Der Höhepunkt des Streptomycinspiegels im Blut fiel zeitlich mit dem deutlichen Einsetzen der Beschwerden zusammen.

Bei 19 Patienten waren die Symptome ziemlich schwer, acht hatten größere Beschwerden bei Bewegung als in Ruhe.

Bei einem Teil der Patienten verschwanden die Beschwerden nach Einstellen der Streptomycinkur.

3. Allergische Erscheinungen kommen öfter bei Strepto- als bei Dihydrostreptomycin vor.

Fieber; schmerzhafte, geschwollene Gelenke (207, 208); Muskelschmerzen; Urtikaria und angioneurotische Ödeme kommen vor, aber bei weitem nicht so oft wie nach Penicillin; Eosinophilie.

Nach Einspritzungen wurde wiederholt Asthma gesehen, öfters nach Aerosol (154, 166).

Eine Patientin bekam Asthma, wenn sie in ein Zimmer kam, wo mit Streptomycin gearbeitet wurde.

Es scheint, daß Überempfindlichkeitsreaktionen bei Streptomycin öfter bei denen, die das Mittel einspritzen, als bei denjenigen, denen es eingespritzt wird, zur Entwicklung kommen.

Anaphylaktischer Schock kommt vor, aber weniger oft als nach Penicillin. Wahrscheinlich liegt das daran, daß Streptomycin durch längere Zeitperioden angewendet wird und nicht aus allen möglichen und unmöglichen Gründen immer nur eine kurze Zeit, wie dies bei Penicillin der Fall ist.

Wir hatten Gelegenheit, einen Patienten mit anaphylaktischem Schock in einem Tbc.-Sanatorium zu untersuchen. Es war eine 30jährige Frau, die zweimal ohne Beschwerden eine Dihydrostreptomycinkur durchgemacht hatte. Vom September bis Mitte Oktober 1953 hatte sie wieder 12 g Dihydrostreptomycin bekommen, und nachher zeigte sich, daß sie nach jeder Injektion benommen war und Herzklopfen bekam. Sie verschwieg es, weil sie fürchtete, man könnte die Therapie, von der sie so viel erwartete, unterbrechen. Am 29. Dezember begann man wieder mit Dihydrostreptomycin. Zehn Minuten nach 0,4 g wurde sie stark benommen und bekam Klopfen im Kopf und in den Ohren. Sie hatte das Gefühl, daß die Kehle sehr angeschwollen sei, konnte nicht sprechen und war ängstlich. Sie hatte Rasseln in den Lungen. Der Puls war klein und schnell, der Blutdruck unter 60 mm. Sie bekam starke Bauchschmerzen und Diarrhöe. Langsam verschwanden diese Erscheinungen. Nach 1½ Stunden war der Blutdruck wieder 120/80. Die Hände waren bis abends ödematös. Am nächsten Tag waren keine Symptome mehr zu finden.

In der Literatur wird ein Fall von anaphylaktischem Schock nach einem intrakutanen Test beschrieben:

Eine Krankenschwester, die regelmäßig Streptomycin gab, litt seit einem Jahr an lästiger Dermatitis der Finger. Es wurde ein intrakutaner Test vorgenommen. Zwei Minuten darauf begann sie zu niesen und bekam Jucken am ganzen Körper. Bauchschmerzen traten auf, sie wurde asthmatisch, hatte Ödem der Augenlider und fieberte. In zwei Tagen verschwanden alle Erscheinungen nach Behandlung mit Adrenalin und Pyribenzamin (168).

Es wurde noch ein Fall von Schock mit Urtikaria nach einem intrakutanen Test beobachtet. Der Patient wurde mit Cortison behandelt.

Schock kann sich auch nach *intrapleuraler* Anwendung von Streptomycin entwickeln (211).

Patienten, die auf Streptomycin allergisch reagieren, vertragen manchmal Dihydrostreptomycin gut. Im Falle von Allergie kann man eine Behandlung mit Antihistaminen versuchen (212). In ernsteren Fällen dürfte ACTH oder Cortison nötig sein (213, 214).

4. Haut. Außer Jucken, Urtikaria (156), QUINCKEschem Ödem (157) kann man verschiedene Formen von Erythemen finden: skarlatiniformes, morbilliformes, bullöses, follikuläres und manchmal polymorphes. Es kann Purpura entstehen (170). Herpes (413), Pellagra (414).

Gefährlich ist immer die exfoliative Dermatitis, die absolut zum Unterbrechen der Streptomycinkur zwingt (158, 159, 162).

Auch für Dermatitis gilt, daß man diese öfter bei höheren Dosen sieht als bei den derzeitigen niedrigen (160). Oft reagieren Jucken und Urtikaria gut auf Antihistamine. Ferner wird über Dermophytie (161) und atrophische Striae (169) berichtet.

Bei einer Tagesdosis von 2 g sah man in 15 % Exanthem
von 1 g sah man in 6,3 % Exanthem
von ¹/₂ g sah man in 3 % Exanthem (433).

Ein eigenartiger Zustand ist die Hypertrichose (171, 172, 173). Sie beginnt an Oberarmen und Oberschenkeln und kommt besonders bei Kindern zwischen 3 und 14 Jahren vor. Nach Einstellen der Streptomycinkur kann die Behaarung noch monatelang bestehen bleiben. Die ersten Beobachtungen meldeten, daß Gesicht und Hals frei bleiben. Eine spätere Publikation spricht gerade von Behaarung im Gesicht (361).

Ebenso unbegreiflich ist die Beobachtung, daß an Stellen, wo Streptomycin eingespritzt wurde, Verkalkung entsteht, was auf einem Röntgenphoto entdeckt wurde (357).

Kontaktdermatitis bildet ein wichtiges Problem, denn sie wird besonders häufig bei Pflegerinnen angetroffen. Bei keinem Heilmittel kommt sie so oft vor. Die Dermatitis ist besonders an den Fingerspitzen lokalisiert, aber auch an den Augenlidern. Oft besteht auch eine Konjunktivitis und manchmal Ödem der Augenlider.

Eine Statistik berichtet über 70 Pflegerinnen in einem Sanatorium, von denen 57 Hauterscheinungen bekamen (164).

Eine von diesen Pflegerinnen mußte zwei Jahre später selbst mit Streptomycin behandelt werden. Nach zwei Injektionen entstanden Rötung und Ödem an denselben Stellen wie zwei Jahre vorher, und gleichzeitig kam es zu Schockerscheinungen mit Kopfschmerzen, Brechreiz und Diarrhöe. Hierauf bekam sie eine Dermatitis.

Nicht immer entsteht durch Kontakt das Krankheitsbild der Dermatitis. Manchmal ist es nur Jucken und einige Stunden hindurch Rötung. Es können auch Ekzeme erscheinen (163), besonders an unbedeckten Stellen und an Druckstellen.

Aus folgenden Beobachtungen ist ersichtlich, welche kleine Menge zur Sensibilisierung genügt (433):

a) Eine Laborantin reagierte auf die Spuren Streptomycin, die im Liquor vorkommen können;

b) ein Patient bekam ein Streptomycinekzem nur durch den Kontakt mit einer Pflegerin, die in einem Tbc.-Sanatorium beschäftigt war.

Allgemeine Beschwerden können ebenso bei diesen Pflegerinnen vorkommen: Müdigkeit, Kopfschmerzen, Schwindelanfälle (165), Parästhesien in den Fingern, Brechreiz, Magenschmerzen, Erbrechen. Man sah sogar Labyrinthstörungen und vielleicht eine Hepatitis (15).

Handschuhe und eine Brille können gegen Kontaktdermatitis von Nutzen sein.

Ein Hauttest wird mit 1%iger Streptomycinlösung vorgenommen, ein intrakutaner mit 0,1 % (154, 166). Jucken, Rötung, Ödem und Bläschen können nach acht oder mehr Stunden auftreten.

Der intrakutane Test ist nicht ungefährlich, man sah Fälle von anaphylaktischem Schock. Oft ist Desensibilisation möglich. Manchmal kann man mit 20 mg, manchmal muß man mit 0,01 mg anfangen (167).

5. Schleimhäute. Oft entsteht Konjunktivitis (177), manchmal Phlyktänen. Man sah auch Stomatitis (175, 176), manchmal aphthöse (178, 179), manchmal exfoliative Stomatitis (164). Es können sich Geschwüre auf den Schleimhäuten entwickeln und Leukoplakie auf Zunge, Wangen und Lippen (174). Glossitis und Stomatitis entstanden nach intrapleuraler Anwendung von Streptomycin (164). Es kann auch zu Stenose mit Erstickungserscheinungen bei Behandlung einer spezifischen Laryngitis kommen (180).

6. Magen-Darmtrakt. Brechreiz, Anorexie, Bauchschmerzen, Obstipation.

Da Streptomycin Granulationen zum Verschwinden bringen kann, kann sich bei Darmtuberkulose eine akute Peritonitis entwickeln (198).

Durch Staphylococcus aureus (345) hervorgerufene Enterokolitis ist selten.

7. Leber. Urobilinurie (201, 204), große Leber und Milz (200), Fettleber (202), Ikterus (199). Zumeist sind die Leberfunktionsproben normal.

Eine Mitteilung berichtet über 80 Fälle leichter Hepatitis mit Ikterus. Diese Patienten hatten mehr als 200 g Streptomycin bekommen.

Der Autor teilt mit, daß nach Dihydrostreptomycin keine Hepatitis gesehen wurde (203).

Bei jedem Ikterus, der nach einer Kur entsteht, muß man an Serumhepatitis denken.

Man fand einmal auch Erhöhung des Blutzuckers. Auch Lipämie wurde beobachtet (286).

8. Nieren. Hie und da findet man Albuminurie, einzelne Zylinder und einzelne Erythrozyten im Harn; besonders wenn der Harn sauer reagiert, soll dies vorkommen (191, 192).

Vorübergehende Abnahme der Harnstoffclearance und Zunahme des Ureumgehaltes wurden gefunden (193, 195).

Schwere Nierenerkrankungen sind selten, und die wenigen Publikationen, die hierüber berichten, sprechen von hoher Dosierung und über schon früher geschädigte Nieren. Ein Patient bekam nach 5 g Streptomycin pro Tag durch 45 Tage eine akute Nephrose und starb urämisch (194)!

Über nephrotische Veränderungen mit Urämie wurde noch mehrmals berichtet (196, 197, 199).

Bei ungenügender Nierenfunktion muß man mit Streptomycin sehr vorsichtig sein, weil der Blutspiegel dann zu hoch werden kann und infolgedessen früher Veränderungen im Zentralnervensystem entstehen.

9. Herz und Blutgefäße. Es können Extrasystolen entstehen (205). Hie und da können auch anginöse Beschwerden und periphere Zirkulationsstörungen vorkommen (206). Gangrän der Finger (383).

10. Lunge. Entstehen von Asthma und eosinophilen Lungeninfiltraten (284) hat man beobachtet. Asthma zusammen mit Herpes (413).

Man sah auch ein LOEFFLER-Infiltrat nach endobronchialer Behandlung von Kavernen mit Streptomycin (154 a).

11. Blut. Oft findet man Eosinophilie. Manchmal 20 bis 40 %, in einem Falle fand man sogar 71 % (181).

Leukozytose und öfters Leukopenie kommen vor. Eine Leukopenie von 1500 bis 3000 mit relativer Lymphozytose entstand wiederholt bei Patienten mit einer hämatogenen Form von Tuberkulose. Die Zahl der Leukozyten stieg wieder spontan, ohne Aussetzen der Therapie. Leukopenie bei anderen Formen von Tuberkulose ist eher ein beunruhigendes Zeichen. Es wird in solchen Fällen die Unterbrechung der Streptomycinkur empfohlen (185).

Agranulozytose (182), Panzytopenie und aplastische Anämie sind in vereinzelten Fällen beobachtet worden (183, 184, 186).

Bei einigen Patienten entwickelte sich in den ersten Wochen der Behandlung eine leichte Anämie, die ohne Unterbrechung der Streptomycinkur wieder spontan verschwand (187).

Purpura mit Thrombopenie (188). In einem Falle wird gemeldet, daß die Umschaltung von Streptomycin auf Dihydrostreptomycin die Thrombopenie zum Verschwinden brachte (188 a).

Purpura mit einer normalen Zahl von Thrombozyten; HENOCH-SCHOENLEIN-Syndrom (373).

Durch Streptomycin soll die Blutgerinnung beschleunigt werden (189). Wird die Darmflora durch Streptomycin abgetötet, kann die Prothrombinzeit zunehmen (189, 190).

Soweit bis jetzt bekannt ist, entwickeln sich Kinder von Frauen, die in der Schwangerschaft mit Streptomycin behandelt wurden, normal (210).

Nach einigen Angaben muß man mit der Möglichkeit von Abortus nach Streptomycin rechnen (333).

C. Chlortetracyclin (Aureomycin), Chloramphenicol (Chloromycetin, Globenicol, Kemecitin) und Oxytetracyclin (Terramycin)

Die Gruppe der Antibiotika mit breitem Spektrum ruft fast dieselben Nebenerscheinungen im Magen-Darmtrakt und an der Haut hervor, mit dem Unterschied, daß man sie im allgemeinen häufiger bei Aureomycin als bei den anderen antreffen soll. Sie werden gemeinsam besprochen.

Später werden die *Blutveränderungen*, die nur bei Chloramphenicol vorkommen, gesondert besprochen.

1. Magen-Darmkanal. Oft klagen die Patienten, besonders bei hoher Dosierung und manchmal schon nach 24 Stunden, über Brechreiz, Erbrechen, Diarrhöe, Geschmacksstörungen (u. a. bitteren Geschmack), Flatulenz, Meteorismus, Sodbrennen, Bauchschmerzen, Pruritus ani, Faulecken, aphthöse Stomatitis, Glossitis.

Nach einer Mitteilung kamen diese Erscheinungen bei 51 % (320) und nach einer anderen bei 60,7 % der Frauen und 39 % der Männer vor, wenn die Dosis 25 g Aureomycin in zehn Tagen betragen hatte. Bei einem Drittel der Patienten waren die Erscheinungen so stürmisch, daß die Behandlung eingestellt werden mußte (223).

Magenbeschwerden sollen in den ersten Monaten der Therapie viermal so oft vorkommen wie später (415).

Der Stuhl kann weich und wässerig sein und einige Male, bis zu 20mal täglich, erfolgen. Manchmal kommt der Stuhlabgang unbemerkt.

Diarrhöe sah man doppelt so oft bei einer Dosis von 500 mg in vier bis sechs Stunden als bei 250 mg auf einmal.

Wieviel seltener diese Erscheinungen bei Terramycin sind, kann man aus einer Mitteilung ersehen, die von 70 Patienten spricht, die wegen Tuberkulose vier Monate hindurch mit 5 g Terramycin täglich behandelt wurden. Nur bei vier Patienten mußte diese Dosis herabgesetzt werden (349).

Im Gegensatz hiezu sahen andere gerade wässerigen Stuhl viel öfter nach Terramycin als nach der gleichen Dosis Aureomycin. Von 284 Patienten, die mit Aureomycin behandelt wurden, bekamen 22 Diarrhöe; es wurde dabei aus den Faeces viermal Staphylococcus aureus gezüchtet.

Bei 326 mit Terramycin behandelten Patienten wurde 38mal Diarrhöe festgestellt und bei 27 bildete der Staphylokokkus im Stuhl die Mehrheit der Bakterien (367).

Die meisten anderen Publikationen melden jedoch weniger Nebenerscheinungen durch Terramycin als durch Aureomycin.

Da die gewöhnlichen Fäulnisbakterien getötet werden, kann der Stuhl vollkommen geruchlos sein.

Durch Aluminiumhydroxyd kann eine Besserung der Magenbeschwerden erzielt werden, aber dadurch wird der Aureomycingehalt des Blutes geringer. Natrium carboxymethylcellulose wird auch empfohlen, wobei ein Absinken des Aureomycinspiegels angeblich nicht vorkommt (224).

Die einfachste Maßnahme, die oft hilft, ist das Trinken von viel Milch oder Yoghurt (260).

Eine Kalzium-Kasein-Verbindung von Aureomycin hatte weniger Klagen über Brechreiz und Erbrechen zur Folge (293).

Meistens verschwindet die Diarrhöe, sobald man mit der Medikation aufhört. Bei häufiger, wässeriger Stuhlbildung kann es zu Dehydration, Salzverlust, Urämie und Schock kommen (288, 325).

In der letzten Zeit — die Publikationen darüber werden immer zahlreicher — hat man nach Gebrauch von Aureomycin, Terramycin und Chloramphenicol Fälle von *schwerer Enterokolitis* beobachtet (417).

Anscheinend die erste Beobachtung (307) berichtet über 49 Patienten, die mit Aureomycin und Chloramphenicol behandelt wurden. Bei sieben hievon entstand eine Kolitis. Nur fünf von diesen Patienten hatten Diarrhöe. Die Kolitis sah man nach innerlicher und intravenöser Zuführung. Auch Kolitis kam bei den Frauen öfter vor.

Die Kolitis überdauerte in einzelnen Fällen noch 11 bis 30 Tage das Aussetzen der Therapie. Einige Patienten hatten nur 4 bis 5 g eingenommen. Manchmal wurde okkultes Blut im Stuhl gefunden, manchmal

Schleim. Bei der Obduktion fand man einen Fibrinbelag und manchmal eine eitrige Entzündung der Darmschleimhaut. In diesen Fällen wurden keine pathogenen Mikroorganismen aus dem Darminhalt gezüchtet. Bei gleichartigen Fällen wurden Staphylokokken gezüchtet, die außer gegen Erythromycin gegen alle anderen Antibiotika resistent waren. Auch da wurde mitgeteilt, daß nicht stets dünne Stuhlentleerungen eintraten und daß die Diarrhöe entweder leicht oder sehr schwer sein kann.

Es wird über große Müdigkeit, sogar Erschöpfung, geklagt. Es bestanden Anorexie, Brechreiz, Erbrechen und Meteorismus. Verschiedene Grade von Schock kamen vor. Hie und da waren die Patienten unruhig und verwirrt.

Die Staphylokokken blieben solange vorhanden, bis sie durch Erythromycin vertrieben wurden oder die normale Darmflora wieder die Oberhand bekam (322). In diesen Publikationen wird über Aureomycin und Terramycin gesprochen, während eine andere Mitteilung über drei Fälle berichtet, bei denen tödlicher Schock eintrat, nachdem Terramycin angewendet worden war (323).

Die Diarrhöe kann mit Dehydration und Anurie so heftig verlaufen, daß man an das Bild der Cholera erinnert wird; einzelne Untersucher berichteten, daß dieses ernste Krankheitsbild schon in den ersten drei Behandlungstagen auftreten kann. Sie beschrieben neun Fälle, die in den ersten drei Tagen entstanden. Sie sahen dieses Krankheitsbild nie, wenn im Laufe der ersten drei Tage keine Diarrhöe auftrat (316).

Für die pseudomembranöse Kolitis soll die grüne Farbe der Faeces typisch sein (416).

In einem Fall wurde eine Entleerung von pseudomembranösem Stuhl, der 30 cm lang war und einen zylindrischen Abguß des Darmes darstellte, beobachtet.

Diese Pseudomembran stammte von einem neunjährigen Knaben, der 16 Tage wegen einer Bronchitis mit Terramycin behandelt wurde. Der Knabe bekam einen Schock. Staphylokokken wurden durch Kultur nachgewiesen. Genesung nach Erythromycin, Hydrocortison und Flüssigkeit (418).

Es kann auch ausschließlich eine Proktitis entstehen (308). Außer schweren Erscheinungen seitens des Darmkanals wurden auch ernste Magenkomplikationen beobachtet.

Man sah auch Magenperforation (225) und Magenblutungen bei einem Ulcus pepticum (226). In einigen Fällen hat man bei Gastroskopie eine Erosion gesehen oder bei Röntgenuntersuchung Veränderungen gefunden, die man dem Gebrauch von Aureomycin zuschrieb (286).

Man sah auch Symptome einer Entzündung des Ösophagus (221) und einer Gastritis (237).

Weil durch diese Antibiotika die normale Darmflora gänzlich oder größtenteils verschwindet, können auch folgende Symptome auftreten:

a) Vitamin-K-Mangel, der einen zu niedrigen Prothrombingehalt mit daraus folgenden Blutungen verursacht (216, 226 a);

b) weil die Reduktion von Bilirubin in Urobilin durch die Darmbakterien ausfällt, enthält der Stuhl nur Bilirubin, kein Urobilin. Bei Patienten mit Ikterus muß man damit rechnen: das Fehlen von Urobilin im Harn beweist hier also keinen Verschlußikterus (230, 262);

c) *Monilia albicans* kann überwuchern, in das Gewebe eindringen und dort Entzündung erzeugen. Möglicherweise wirkt hiebei ein Mangel an Vitamin-B-Komplex mit. Vitamin-B-Komplex wird angeblich von mit Aureomycin u. a. behandeltem Darm nicht gut resorbiert.

Monilia kann Infektionen auf Haut, Schleimhäuten (235) (Vulvovaginitis, Glossitis) und in der Lunge (294, 287) verursachen und wurde auch im Endokard, Myokard, in den Nieren und der Schilddrüse gefunden (286).

Man fand auch durch Monilia albicans verschuldete Abszesse im Gehirn, in den Lungen, Nieren und im Myokard. Auch aus dem Blut wurde diese Hefe gezüchtet (330).

Gegen diese Pilzinfektion kann man äußerst wenig tun. Eine Publikation berichtet, daß Ester von Para-hydroxybenzoesäure (Paraben) mit Erfolg verwendet wurden (216 a).

Auch Undecylensäure soll angeblich Monilia-Infektionen heilen oder ihnen vorbeugen (362). Auch Trichomycin wird gegen Monilia empfohlen (419).

Wir sahen einmal eine unangenehme Balanitis; das Entzündungssekret sah wie eine Reinkultur von Monilia aus.

d) Einige Male wurde bei diesen drei Antibiotika *Fettstuhl* beobachtet (228). Dies könnte man auch als Resorptionsstörung infolge von Fehlen der normalen Darmflora auffassen.

2. Schleimhäute. Auch hier ist es auffallend, daß Aureomycin Haut und Schleimhäute früher und stärker angreift als Terramycin und Chloramphenicol. Es gibt auch Ausnahmen. So bekam ein Mädchen durch Chloramphenicol eine so schwere Entzündung der Schleimhäute, daß sie drei Wochen kaum essen und schlafen konnte (238).

Man beobachtet folgende Veränderungen an den Schleimhäuten (222): Trockenheit im Mund, gestörter Geschmack, Metallgeschmack, Gingivitis, Glossitis, Stomatitis, Pharyngitis. Die Schleimhäute können rot werden, z. B. Gaumen, Uvula, Zunge. Später werden die Schleimhäute ödematös, und die Schwellung der Nasenhöhle kann sogar erschwerte Atmung verursachen (259 a). Es können Bläschen, Geschwüre, Fissuren entstehen.

Bei einer Reihe von Patienten wurde nach vier- bis fünftägiger Behandlung mit Terramycin über Halsschmerzen geklagt. Der Hals war gerötet und bei manchen wurde ein Belag gesehen. Aus dem Hals wurde ein resistenter Staphylococcus aureus gezüchtet. Bei einzelnen Patienten kam es gleichzeitig mit der Angina zu einem scharlachartigen Exanthem (392).

Ein merkwürdiges Symptom ist die *schwarze Haarzunge.*

Die Verfärbung und das samtartige Aussehen kommen nach einer Statistik in 10% der Fälle vor (332). Das scheint uns zu hoch! Man sah dieses Symptom oft nach einer einwöchigen Behandlung, aber es kann bereits nach 2½ g Aureomycin beobachtet werden (220).

Durch lokale Applikation auf die Zunge soll sogar bei 40 % und schon nach drei bis fünf Tagen eine Verfärbung der Zunge entstehen (332). Es wurde gefunden, daß die normale Flora verschwindet und Monilia ihre Stelle einnimmt.

Die roten Schleimhäute erinnern stark an einen Mangel an Vitamin-B-Komplex. Tatsächlich sieht man manchmal sowohl einen therapeutischen als auch einen prophylaktischen Erfolg von Vitamin-B-Komplex (235).

Bei 60 Gesunden und Kranken wurde durch Bestimmung der Harnausscheidung und des Blutspiegels bei einer Reihe von Vitaminen der Einfluß der Antibiotika auf diese Vitamine untersucht.

Es entstand eine signifikante Entvitaminisierung bei fast allen untersuchten Vitaminen, die besonders deutlich beim Lactoflavin und Nikotinsäureamid war und nicht selten zu manifesten avitaminotischen Erscheinungen führte (nach Penicillin, Streptomycin, Aureomycin, Terramycin).

Die Beeinflussung vollzieht sich auf drei Wegen: direkte Antivitaminwirkung, Beeinflussung der bakteriellen Vitaminsynthese im Darmkanal, und Darmresorption (436).

Sehr lästig ist das Jucken am After, wobei schmerzhafte Fissuren und Ekzeme in der Umgebung entstehen können (227, 261).

Lästig und schmerzhaft ist auch die Vulvitis und Vaginitis, die Monilia zur Ursache hat. Manchmal sieht man eine Besserung durch östrogene Mittel, was eine andere Entstehungsart vermuten läßt (216).

Eine Entzündung der Cervix wurde mit vaginaler Applikation von Aureomycin-Ovula zehn Tage hindurch behandelt. 15 Tage später klagte die Patientin über starkes Jucken der Vulva. Die Vagina war vollkommen mit einer dicken bröckligen Masse ausgefüllt. Ein aus dieser Masse angefertigtes Präparat war voll von Moniliafäden. Nach einer zweitägigen Behandlung mit 1 % Gentianaviolett verschwand der Monilia-Pilz (359).

3. Haut. Exantheme auf allergischer Basis kommen vor, aber weitaus nicht so oft wie nach Penicillin und Streptomycin. Es können sich jedoch zeigen: Jucken; Erytheme, die u. a. scharlachartig sind; Urtikaria, QUINCKEsches Ödem (215), fixe Exantheme, Erytheme nach Sonnenbestrahlung (216), Erythema exsudativum multiforme (217), Bläschenbildung (218), Akne (319), Acne rosacea (378) und eine Dermatitis wie bei Pellagra (219, 414).

Eine Heilung der Dermatitis durch dreimal 100 mg Nikotinsäure wird beschrieben.

Es wurden einige Fälle von Dermatitis beobachtet. Ein Mädchen, das durch aureomycinhaltige Augentropfen sensibilisiert war, reagierte danach mit Dermatitis und Ekzem, wenn sie dieses Mittel innerlich gebrauchte (358).

Ein Patient reagierte mit Fieber, allgemeiner Urtikaria, Purpura und Dermatitis (434).

4. Allergische Erscheinungen. Außer Hauterscheinungen wurden vereinzelt auch allgemeine Reaktionen beschrieben.

Es kann Arzneifieber entstehen. In anderen Fällen hat Aureomycin gerade eine antipyretische Wirkung (342).

Eine Frau bekam nach Aureomycin ein Erythem mit Fieber. Als die Temperatur wieder normal war, gab man ihr noch einmal 50 mg. Sechs Stunden später bekam sie hohes Fieber (232 a).

Fieber mit Urtikaria, angioneurotischen Ödemen im Gesicht und Drüsenschwellungen sah man bei einem Patienten (343). Manchmal kommt Asthma vor (234). Glottisödem und anaphylaktischer Schock wurden beschrieben (241).

Schockerscheinungen entstanden gleichzeitig mit angioneurotischen Ödemen und Urtikaria (231). Man sah auch das Syndrom von HENOCH-SCHOENLEIN: Magen-Darmstörungen, Melaena, Gelenkschmerzen und Purpura (378). Auch selbständige Gelenkerscheinungen und Symptome seitens des Herzens wurden beobachtet (337).

Bei den allergischen Erscheinungen kann Eosinophilie vorkommen. Ein Patient hatte Eosinophilie, generalisierte Ödeme, eine vergrößerte Leber und Eiweiß, Zylinder, weiße und rote Blutkörperchen im Harn (290).

208 Kindern, von denen 163 eine allergische Konstitution hatten, wurde Aureomycin gegeben. Von den allergischen Kindern reagierten 3,7 % mit Urtikaria und Erythemen. Von der anderen Gruppe bekam keines allergische Erscheinungen. Terramycin wurde 112 Kindern gegeben. Von 88, die allergische Konstitution hatten, zeigten 3,4 % Hauterscheinungen; von der nicht allergischen Gruppe hatte niemand Hauterscheinungen (385).

5. Leber. Schädigungen der Leber kommen insbesondere nach intravenöser Anwendung vor. Leber und Milz können größer werden.

Es wird über 89 Patienten berichtet, die nach Operationen prophylaktisch intravenös Aureomycin bekamen. Bei 30 Patienten erwies sich drei bis sieben Tage später eine Erhöhung des Bilirubingehaltes im Blut. 15 von ihnen hatten deutlichen Ikterus. Es bestand Retention von Bromsulphalein. Durch Leberbiopsie wurde eine Schädigung der Leberzellen konstatiert (314).

Ein siebenjähriges Mädchen starb an einem hepatorenalen Syndrom durch fettige Degeneration der Leber, nachdem es 4,8 g Aureomycin intravenös bekommen hatte (339).

Laut Angabe wird die Leber geschädigt, wenn pro Tag mehr als 2 g intravenös eingespritzt werden (233 a).

Es kann auch eine Fettleber entstehen, wenn Patienten mit chronischen Lebererkrankungen diese Mittel innerlich bekommen (233, 314).

6. Nieren. Deutliche Schädigungen der Nieren sind nicht bekannt; es kann jedoch bei bestehender schlechter Nierenfunktion eine schnell fortschreitende Urämie entstehen, wenn parenteral Terramycin verordnet wird (334).

Man hat Harnbeschwerden beobachtet (216), und in einem Falle wird von Hämaturie gesprochen (247).

Drei Patienten standen in Beobachtung, die während einer Terramycinkur eine Harninfektion bekamen. Diese wurde durch einen terramycinresistenten Staphylococcus aureus verursacht (329). Es kam auch eine Balanitis durch Staphylococcus aureus vor.

7. *Blut.* Nach Aureomycin und Terramycin wurden keine ernsten Blutveränderungen beobachtet. Es können Symptome einer erhöhten Hämolyse entstehen, und sogar eine Hämoglobinurie wurde beschrieben (258).

Nach einigen Berichten kann die Blutgerinnung beschleunigt sein (229, 235, 248).

Kommt es zu Vitamin-K-Mangel (siehe S. 191, 1 a), kann man das Gegenteil beobachten.

Eosinophilie kommt wiederholt vor.

Über Leukopenie ist außer einer nichts beweisenden Beobachtung (216) nichts bekannt.

8. *Nervensystem.* Hie und da wird über Reizbarkeit und Schwindelgefühl geklagt. Man behauptet, daß bei Anwendung von Chloramphenicol Ermüdung der Muskeln rascher entstehen kann, wodurch man u. a. Beschwerden durch geschwächte Akkomodation beim Lesen bekommen kann (253), auch Nebelsehen (254) und Doppeltsehen (255). Man hat auch Ödem (255 a) und Atrophie des N. opticus beobachtet (248, 252).

Ein 14jähriger Patient wurde sechs Wochen lang mit 6 g Chloramphenicol pro Tag (!) behandelt. Es entstanden schwere Anämie und Akne. Am Tage nach Aussetzen der Therapie klagte er über Nebelsehen, und am folgenden Tag war er blind; doppelseitige Neuritis des N. opticus wurde konstatiert. Er sah nie wieder gut (324).

Bisweilen wurde auch periphere Neuritis festgestellt (252).

Ein Patient mit Enterokolitis wurde vier Tage mit Chloramphenicol behandelt, bis er psychotisch wurde. Nach Aussetzen der Therapie kam es rasch zur Heilung (351).

Ein anderer Patient bekam jedesmal nach Gebrauch von Chloramphenicol Gelenkschmerzen und wurde psychotisch. Nach einem dritten Versuch bekam er überdies Herzbeschwerden (352).

Bleibende Herabsetzung der Hörschärfe durch Oxytetracyclin (420).

9. Man hat Erscheinungen beschrieben, die am besten als eine Art *Herxheimersche Reaktion* aufzufassen sind. Man hat dies bei einem Patienten mit Bangscher Krankheit beobachtet, der Schockerscheinungen bekam. Bei Behandlung von Typhus mit Chloramphenicol sah man *Schock* und *zerebrale Erscheinungen* öfter. Diese beginnen 8 bis 72 Stunden nach Einsetzen der Behandlung. Während das Fieber sinkt, kommt es zu Schockerscheinungen; dazu können überdies zerebrale Symptome in Form von psychischen Zuständen und Krampfanfällen kommen (255 a). Man ist der Ansicht, daß dies entsteht, wenn die Anfangsdosis zu groß war. Dadurch soll der Körper plötzlich vergiftet und durch Endotoxine überschwemmt worden sein (256). Demselben Mechanismus wird eine sogenannte „Pseudoperforation" zugeschrieben, die durch starke Dilatation des Darmes entsteht. Hiebei können sich Darmblutungen, Schock und psychische Störungen anschließen (317).

Eine nicht geringe Zahl von Typhuspatienten ist auf diese Art nach Behandlung mit einer zu großen Dosis Chloramphenicol gestorben. Man hat auch nach einer scheinbaren Heilung von Typhus einen derartigen tödlichen Schock beobachtet (257).

Man empfiehlt daher, die Dosis von Chloramphenicol in den ersten zwei Tagen nicht höher als 1½ bis 2 g zu wählen.

Bei der Behandlung von Typhus sah man auch Hämoglobinurie (258).

Nach Ansicht einiger Untersucher können während der Behandlung mit Chloramphenicol Rezidive und Thrombose öfter auftreten als ohne dieses Mittel.

10. Infektionen, die die Folge einer Behandlung mit Aureomycin, Terramycin und Chloramphenicol sind, wurden bereits im Abschnitt Magen-Darmkanal (S. 191) beschrieben.

A. Infektionen mit Monilia albicans hat man an der Haut, an Schleimhäuten (besonders Vulvovaginitis, Stomatitis, Glossitis), Lungen, Endokard, Myokard, Nieren, Schilddrüse und Gehirn beobachtet. Der Pilz wurde auch aus dem Blut gezüchtet. Das bedeutet, daß man ihn in allen Organen erwarten kann (235, 285, 287, 294, 330, 421).

B. Infektionen mit resistentem Staphylococcus aureus wurden zunächst nur im Darmkanal gesehen, wo er eine ernste Enterokolitis erzeugen kann.

Neuere Publikationen melden jedoch auch Infektionen durch diese Kokken anderswo im Körper.

Man sah Angina mit scharlachartigem Exanthem, wobei der Staphylokokkus aus den Tonsillen gezüchtet wurde, und es kamen auch durch diese Kokken verursachte Harninfektionen vor.

Bei 603 Patienten, die mit Terramycin behandelt wurden, sah man in 8% Nebenerscheinungen, die folgendermaßen eingeteilt wurden (392):

Tabelle 2

Gruppen	Zahl der Fälle	Staph. aureus	
		gewachsen	nicht gewachsen
I. Schwere Gastroenterokolitis ...	2	1	1
II. Angina mit scharlachartigem Exanthem und Fieber	7	6	1
Angina ohne Exanthem	8	3	5
III. Keine Angina, scharlachartiges Exanthem mit Fieber	1	1	0
Keine Angina, kein Exanthem, Fieber und Harnbeschwerden, Balanitis	3	3	0
IV. Nur Fieber	24	0	24
V. Urtikaria	3	0	3
VI. Flüchtiges Erythem	4	0	4

Sepsis durch Staphylococcus aureus wurde ebenfalls beobachtet (387).

11. Blutveränderungen durch Chloramphenicol. Hier ist es besonders die Panzytopenie, die in verschiedenen Ländern dramatische Formen angenommen hat. Zwischen 1950 und 1953 sind etwa 300 solcher Fälle beobachtet worden, und man muß sich die Frage stellen, ob diese Frequenz denselben oder höheren Grad erreicht wie bei der Agranulozytose nach Pyramidon. Die Panzytopenie ist jedenfalls eine noch schwerere Komplikation als die Agranulozytose bei Pyramidon, da die meisten Fälle tödlich verlaufen.

Unter Panzytopenie wird die vollständige Erschöpfung aller Knochenmarkelemente verstanden. Früher nannte man diese Panmyelophthise. Beim Lesen dieser Berichte wird man davon überrascht, wie viele Kinder von Ärzten die Opfer waren. Sie wurden oft bei unbedeutenden Beschwerden mit Chloramphenicol behandelt.

Der einzige Fall, der bis jetzt in Holland publiziert wurde, betraf einen Mann, der 250 bis 500 mg Chloramphenicol pro Tag ein Jahr hindurch wegen Raucherhusten genommen hatte! (328).

Der Verlauf ist oft viel schleichender als bei Agranulozytose. Es gibt oft anämische Symptome, die Ursache von Ermüdung sind, oder Haut- und Zahnfleischblutungen, die Aufmerksamkeit verdienen (243, 244, 245, 285). Manchmal war Ikterus das erste Symptom (305). Beim Lesen der Publikationen fällt es auf, wie lange es dauerte, bevor durch Blutuntersuchung die Diagnose gestellt wurde. Dies ist auch ein Beweis für die anfänglich geringen Beschwerden.

Oft haben die Patienten einige Kuren durchgemacht, aber auch nach einer Kur mit einer nicht zu hohen Dosierung wurde Panzytopenie konstatiert. Die Verminderung der Leukozyten und Thrombozyten ist meistens bedeutend, die Anämie schreitet langsam vorwärts und hat einen aplastischen Charakter mit Hemmung des Knochenmarks. Es gibt nur wenige Megakaryozyten.

Der schleichende Verlauf ist die Ursache, daß die Diagnose oft erst dann gestellt wird, wenn die Darreichung des Chloramphenicols schon lange aufgehört hat.

Die Behandlung hat meistens wenig Erfolg: Man verordnete Penicillin, ACTH und Bluttransfusionen. Nur bei wenigen Fällen kam es zur Heilung.

Im Jahre 1950 wurden drei Fälle beschrieben, die gesund wurden, aber bei diesen war die Granulozytopenie nicht so bedeutend: 3000 weiße Blutzellen mit 8 bis 22 % Granulozyten. Nur einer dieser Patienten hatte Anämie (242).

Ausschließlich Agranulozytose fand man nur bei wenigen Patienten (246).

Vielleicht kann eine regelmäßige Blutkontrolle die Panzytopenie schon im ersten Anfang aufdecken. Jedenfalls ist Blutkontrolle nötig.

In England wurden bis 1. Januar 1954 48 Fälle von Panzytopenie und drei Fälle von Agranulozytose beobachtet (371).

Bei 26 Patienten mit Panzytopenie war eine hämorrhagische Diathese vorhanden.

Acht Patienten bekamen vor den Blutungen Ikterus.

Man nimmt an, daß bei 24 dieser 31 Patienten die gebrauchte Menge Chloramphenicol zwei- bis viermal überdosiert war.

Das Medical Research Council empfiehlt:

1. Erwachsenen gebe man nicht mehr als 26 g im ganzen.

2. Kindern gebe man nicht mehr als 100 mg pro Kilo Körpergewicht täglich.

3. Die Behandlung soll nicht länger als zehn Tage dauern.

Seit die United States Food and Drug Administration ernstlich vor den Gefahren des Chloramphenicols gewarnt hat, ist der Gebrauch dieses Antibiotikums in Amerika stark zurückgegangen. In den letzten zwei Jahren hört man als Folge davon nur noch sporadisch über Blutveränderungen durch Chloramphenicol.

Durch diese dramatischen Blutveränderungen ist das Indikationsgebiet von Chloramphenicol sichtlich kleiner geworden. Eigentlich ist *Typhus die einzige absolute Indikation.* Bei der Mehrzahl anderer Krankheiten kann man mit Terramycin und Aureomycin dasselbe Resultat erreichen, und bei diesen Mitteln sind keine Blutveränderungen bekannt. Sie besitzen auch nicht den Nitrobenzenkern, der Chloramphenicol charakterisiert.

Hat man es mit Typhus oder einer schweren Infektion zu tun, sei es nun Sepsis oder Meningitis und dergleichen, und sieht man aus den Resistenzuntersuchungen, daß Chloramphenicol das richtige Mittel ist, dann soll man es ohne Zweifel verwenden, aber nur bei sorgfältiger Blutkontrolle.

Das neueste Antibiotikum **Tetracyclin** (Achromycin) hat nach vorläufigen Mitteilungen angeblich sehr wenig Nebenerscheinungen.

Diarrhöe kam einige Male vor, aber nicht zu stark, mit Ausnahme eines Falles. Bei einigen Patienten wurden Staphylokokken aus dem Stuhl gezüchtet. Brechreiz und Erbrechen kamen hie und da vor, auch Flatulenz und Glossitis (365).

In einem Falle mußte die Darreichung von Tetracyclin schon nach 48 Stunden wegen heftigen Brechreizes und Erbrechens nach jeder Dosis eingestellt werden (422).

Nach einer Behandlung mit Achromycin kam es in fünf Fällen zu einer letalen hämorrhagischen pseudomembranösen Enterokolitis. Die Todesursache bildete dreimal eine Staphylokokken-Enteritis, einmal eine Proteus-Cholangitis und einmal eine Pilzsepsis, verbunden mit einer Staphylokokken-Pneumonie (440).

Moniliasis kann auch vorkommen; man beobachtete auch das Entstehen eines Infiltrates in der Lunge und eine Zystitis durch Proteus (423).

Allergische Hauterscheinungen (368). Scharlachartige Exantheme (439).

D. Andere Antibiotika

Polymyxin (Aerosporin) (263, 264)

1. Nieren. Albuminurie, Zylinder, sogar Epithelzylinder, Isosthenurie, Urämie.

2. Allgemeine Erscheinungen. Anorexie, Brechreiz, Erbrechen, Magenschmerzen, Fieber, Schüttelfrost, Schwitzen, Krankheitsgefühl, Schmerzen an den Injektionsstellen.

3. Allergische Erscheinungen. Jucken, Urtikaria, Exantheme. Antihistamine können mit Erfolg benützt werden (266). Eosinophilie (263), Leukozytose (265).

4. Nervensystem. Schwindelgefühl, Parästhesien, Ataxie, Nebelsehen, Doppeltsehen, Nystagmus.

Polymyxin B und D

1. Nieren. Albuminurie, Epithelzylinder, Hämaturie, Urämie (268). Bei Menschen mit gesunden Nieren wurden keine Nierenfunktionsstörungen gefunden, dagegen eine Herabsetzung der Nierenfunktion bei Nierenkranken (341).

2. Allergische Erscheinungen. Jucken, besonders im Gesicht; Erytheme, Urtikaria (267), Arzneifieber, Eosinophilie.

3. Nervensystem. Schläfrigkeit, Reizbarkeit, unempfindliche Finger und Zehen, Sehstörungen, Doppeltsehen. Ein bis zwei Tage nach Aussetzen der Therapie verschwinden die Erscheinungen.

Beschädigung der Cauda equina bei intralumbaler Anwendung von Polymyxin B (370).

Kinder haben weniger Nebenerscheinungen als Erwachsene.

Polymyxin E

Bis jetzt sind wenig Zeichen von Nierenschädigung bekannt (269). Bei intralumbaler Anwendung kann Nackensteifheit entstehen, mit Erhöhung des Eiweißgehaltes und der Zahl der Zellen im Lumbalpunktat. Es kommt zu Klagen über Parästhesien (313).

Erythromycin (Carbomycin, Magnamycin)

Bauchschmerzen, Erbrechen, Diarrhöe, Pruritus ani. Erytheme können entstehen.

Im Verlauf einer Erythromycinbehandlung (insgesamt 2,4 g) entstanden: heftiger Kopfschmerz, Magenbeschwerden, ödematöse und zum Teil ulzerierende Stomatitis und universeller Pruritus (441).

Bei zwei Patienten verursachte Magnamycin möglicherweise Desorientierung und Benommenheit (391).

Infektion mit Pseudomonas (369). Bei zwei Kindern fand man eine vorübergehende Leukopenie (344). Hautausschäge durch Erythromycin enthaltende Salben (363).

Erythromycin macht Bakterien schnell resistent. Nachdem dieses Mittel durch ein Jahr in Gebrauch war, sah man schon in 20% resistente Staphylokokken (424).

Thyrotricin (lokale Anwendung)

Wird es als Nasentropfen gebraucht, kann dieses Mittel Geruchverlust verursachen. Andere klagen über schlechte Luft. Aphthen im Mund (366). Dermatitis (380). Kontaktdermatitis (271).

Intralumbale Anwendung kann eine sterile Meningitis und adhäsive Arachnoiditis mit Hydrozephalus als Folge verursachen (270). Delirium (377), Kopfschmerzen (377), Fieber (379), Jucken (380), Erytheme (380). Man sah auch Hämolyse (382).

Bacitracin (272)

Erytheme, Brechreiz, Erbrechen.

Albuminurie, herabgesetzte Nierenfunktion (272), Nephrose. Im Urin konnte man Reduktion nachweisen, aber diese wurde nicht durch Zucker verursacht (273). Schmerz an den Injektionsstellen.

Eine Frau bekam wegen Endokarditis 50 000 E pro Tag. Am dritten Tag entstanden Albuminurie, Oligurie, Urämie. Exitus. Man fand normale Glomeruli, aber Nekrose der Tubuli (425).

Neomycin

Ist sehr toxisch. Nierenschädigung und Taubheit sind keine seltenen Komplikationen (274, 275).

Von sechs behandelten Patienten wurden vier vollständig taub; bei allen waren die Nieren angegriffen. Die Taubheit blieb, die Nieren genasen (276).

Durch lokale Anwendung können Jucken, Rötung und Schwellung der Haut entstehen (335). An den Stellen, wo die Haut mit Neomycinsalbe behandelt wurde, entstanden Infektionen mit Monilia candida (296).

Viomycin (277)

1. Nieren. Vorübergehende, manchmal bedeutende Albuminurie. Diese verschwindet meist während der Behandlung. Bei einem Patienten blieb sie aber ein Jahr bestehen und verschwand einen Monat nach dem Aussetzen des Viomycins (389).

Zylinder und Erythrozyten sind im Harn zu finden. Erhöhung des Ureumgehaltes im Blut wurde beobachtet. Es können Veränderungen in der Zusammensetzung der Elektrolyten im Blut entstehen: Abnahme von Kalium, Phosphor, Chlor und Kalzium. Hiedurch können Tetanie-Symptome verursacht werden. Steigerung der Alkalireserve kann entstehen.

2. Nervensystem. Man beobachtete Gleichgewichtsstörungen durch Ergriffensein des vestibulären Apparates und Taubheit.

Manchmal geht der Taubheit Ohrensausen voraus (388). Meist ist die Taubheit dauernd, manchmal bessert sich das Gehör nach einigen Monaten (389). Parästhesien.

3. Allergische Erscheinungen. Arzneifieber (338), Eosinophilie, Jucken, Erytheme, angioneurotische Ödeme, Urtikaria, makulo-papulöse Hautausschläge, exfoliative Dermatitis (389).

Es kann zu schmerzhaften Infiltraten mit starker Ödembildung an den Injektionsstellen kommen.

Ein Sammelreferat aus verschiedenen Statistiken:

Hieraus ist ersichtlich, daß bei 18 Patienten (14,4 %) die Behandlung unterbrochen werden mußte. Man fand folgende toxische Erscheinungen: gestörte Nierenfunktion 3, starke Albuminurie 1; Verschiebung der Elektrolyten 2, Fieber 2, angioneurotische Ödeme 2, Erythem 3, Verschlechterung des Gehörs 2, Gleichgewichtsstörungen 2, Brechreiz und Erbrechen 5, starke Senkung des Hämoglobingehaltes, starke Schmerzen an der Injektionsstelle 1 (426).

Actinomycin

Unter 15 Patienten sah man Anorexie bei 14, Brechreiz bei 9, Bauchschmerzen bei 3, Stomatitis, Cheilitis, Glossitis, Pharyngitis bei 5 (427).

Eine andere Publikation berichtet über acht Patienten. Es kam bei allen, die 400 γ pro Tag bekamen, zu Brechreiz und Erbrechen. Bei drei Patienten zu Stomatitis, Gingivitis, Glossitis (428).

In anderen Fällen wird über eine schwere Gastritis (429) und Enteritis mit Cholera-artigen Stühlen (430) berichtet. Andere Publikationen teilen mit, daß Alopezie, weiters Melanodermie entstehen.

Folgende Entzündungen der Schleimhäute wurden beobachtet: Gingivitis (432), Laryngitis, Vaginitis (430).

Allgemeine Klagen: Schwindelanfälle, Abmagerung, Krankheitsgefühl, Schweregefühl in den Beinen, Jucken, Ikterus? (431), Moniliasis (429).

Literatur

1. Med. Clin. N. Amer. 34 (1950) 307.
1a. J. Allergy 22 (1951) 73.
2. Pr. méd. 59 (1951) 713.
3. Calif. West. Med. 65 (1946) 112; J.A.M.A. 131 (1946) 729.
4. Brit. med. J. (1947 I) 110.
5. J.A.M.A. 139 (1949) 526.
5a. Pr. méd. 59 (1951) 1370.
6. J.A.M.A. 142 (1950) 562; Bull. U. S. Army med. Dept. 4 (1945) 694; Lancet 251 (1946) 444; New Engl. J. Med. 245 (1951) 246; Brit. med. J. (1953 II) 6053; Lancet (1954 I) 13; N. Y. J. Med. 53 (1953) 1107; U. S. Armed Forces med. J. 4 (1953) 249.
6a. New Engl. J. Med. 242 (1950) 814.
6b. Brit. med. J. (1952 II) 70.
6c. Klin. Wschr. 30 (1952) 37.
7. J.A.M.A. 146 (1951) 1314.
8. Amer. J. med. Sci. 212 (1946) 541; Brit. med. J. (1947 I) 110; U. S. Nav. med. Bull. (Wash.) 45 (1945) 752.
9. J.A.M.A. 132 (1946) 78.
10. J.A.M.A. 143 (1950) 361.
11. J. clin. Invest. 28 (1949) 826.
12. J.A.M.A. 138 (1948) 631.
13. Ann. Allergy 7 (1949) 49.
14. ALBAHARY, S. 344.
15. ALBAHARY, S. 363.
16. Pr. méd. 60 (1952) 572.
17. J.A.M.A. 132 (1946) 915.
18. J.A.M.A. 143 (1950) 794; Minn. Med. 36 (1953) 466.
19. New Engl. J. Med. 245 (1951) 17.
20. J. Allergy 22 (1951) 195, 291; Bull. Johns Hopk. Hosp. 87 (1950) 354.
20a. Post-Graduate med. J. 11 (1952) 49.
21. J. Allergy 18 (1947) 251.
22. Z. Haut- u. Geschl.-krkh. 7 (1949) 7.
23. J.A.M.A. 138 (1948) 496; Med. Ann. Columbia 17 (1948) 32; New Engl. J. Med. 238 (1948) 660.

24. Arch. Derm. Syph. (Chicago) 52 (1945) 387.
25. Surgery 24 (1948) 989.
26. Arch. Pediatr. 66 (1949) 335.
27. J. MAYR, S. 76.
28. Ann. Allergy 6 (1948) 734; Proc. R. Soc. Med. 44 (1951) 150.
29. Calif. West. Med. 65 (1946) 112.
30. Med. J. Austral. 34 (1947) 305.
31. Med. Ann. Columbia 17 (1948) 32; Amer. J. Med. 18 (1955) 66.
32. Ann. Allergy 8 (1950) 377; J. A.M.A. 147 (1951) 1658.
33. Calif. West. Med. 65 (1946) 112.
34. Pr. méd. 59 (1951) 1011.
34a. Ann. Allergy 10 (1952) 270.
35. J. ZINZIUS, Über Nebenerscheinungen bei der Penicillin- und Streptomycinbehandlung, S. 16. Wien: Hollinek. 1951.
35a. New Engl. J. Med. 244 (1951) 758.
36. Med. Press. Circ. 109 (1947) 133.
37. Lancet 260 (1951) 327.
38. N. Y. J. Med. 47 (1947) 2707; J. Indian med. Profession (Bombay) 7 (1954) 319.
39. Sven. Läk. tidn. 44 (1947) 1685; Ann. int. Med. 28 (1948) 1057.
40. Guy's Hosp. Rep. 99 (1950) 230; Lancet 261 (1951) 195.
41. J.A.M.A. 132 (1946) 323.
42. J.A.M.A. 122 (1943) 1217.
43. J.A.M.A. 132 (1946) 323.
44. N. Y. J. Med. 47 (1947) 2707.
45. Acta gastro-ent. Belg. 13 (1950) 173.
46. Ann. Allergy 5 (1947) 102.
46a. J.A.M.A. 145 (1951) 207.
47. Schweiz. med. Wschr. 79 (1949) 1249; Minerva Med. 2 (1950) 801; Ann. int. Med. 38 (1953) 113; J.A.M.A. 141 (1949) 21.
48. J.A.M.A. 132 (1946) 78.
49. Schweiz. med. Wschr. 81 (1951) 589.
50. Schweiz. med. Wschr. 78 (1948) 1242.
51. Ann. Allergy 8 (1950) 668, 689.
52. Concours méd. 73 (1951) 367; Amer. Heart J. 40 (1950) 945.
53. Amer. Heart J. 40 (1950) 940; Concours méd. (1951) 367.
54. Brit. med. J. (1951 I) 1269.
55. Rev. Laryng. etc. (Bordeaux) 48 (1947) 62.
55a. Riforma med. 4 (1949) 80; Clin. nuova 13 (1951) 383.
56. J. lab. clin. Med. 36 (1950) 635.
57. Ann. med. int. Fenniae 36 (1947) 531; Med. J. Austral. 1 (1947) 305.
58. Ärztl. Wschr. 4 (1949) 434.
59. Ann. int. Med. 25 (1946) 732.
60. Science 102 (1945) 38.
61. Arch. int. Med. 82 (1948) 625.
62. Arch. int. Med. 90 (1952) 653.
63. J.A.M.A. 132 (1946) 916.
64. Pr. méd. 59 (1951) 1013.
64a. N. Y. J. Med. 52 (1952) 1423.
65. New Engl. J. Med. 242 (1950) 814.
66. Ugeskr. Laeg. (Dän.) 112 (1950) 1688; J. Allergy 23 (1952) 104; N. Y. J. Med. 54 (1954) 388.
67. Bull. New Engl. med. Center 13 (1951) 39.
68. Amer. J. Ophthalm. 31 (1948) 1490.
69. Amer. J. Ophthalm. 34 (1951) 289.
70. U. S. Nav. med. Bull. (Wash.) 46 (1946) 279.
71. Pr. méd. 59 (1951) 69.
72. J.A.M.A. 140 (1949) 1206; Brit. med. J. (1947 I) 454; Pr. méd. 59 (1951) 730.
72a. Odont. Tskr. (Schwd.) 59 (1951) 321.
73. Ann. Allergy 6 (1948) 724.
74. Brit. med. J. (1949 I) 171.
75. J.A.M.A. 132 (1946) 915.
76. J. Vener. Dis. Inform. 26 (1945) 150; Pr. méd. 59 (1951) 70.
77. U. S. Nav. med. Bull. (Wash.) 48 (1948) 883; J.A.M.A. 126 (1944) 67; Arch. int. Med. 82 (1948) 611; 85 (1950) 846.
78. Amer. J. Syph. 34 (1950) 78.
79. J.A.M.A. 140 (1946) 1008.

80. J.A.M.A. 132 (1946) 915.

81. Amer. J. Syph. 30 (1946) 463.

82. J.A.M.A. 132 (1946) 915; New Engl. J. Med. 241 (1949) 95.

83. J.A.M.A. 132 (1946) 281.

84. Pr. méd. 59 (1951) 714.

85. Alabama med. J. 40 (1947) 697.

86. J.A.M.A. 144 (1950) 1543.

87. Helvet. med. Acta 17 (1950) 507.

88. Ann. int. Med. 33 (1950) 1459.

89. Schweiz. med. Wschr. 78 (1948) 1229.

89a. Arch. int. Med. 90 (1952) 824.

90. J.A.M.A. 145 (1951) 1004.

91. Med. Clin. N. Amer. 34 (1950) 311.

92. J. Allergy 21 (1950) 176.

93. J. Allergy 21 (1950) 176.

94. Schweiz. med. Wschr. 79 (1949) 7; Dtsch. med. Wschr. 74 (1949) 863.

95. Med. Welt 20 (1951) 118.

96. J.A.M.A. 132 (1946) 915.

97. Bull. Mém. Hôp. Paris 64 (1948) 915.

98. Ned. Tijdschr. v. Geneesk. 91 (1947) 740.

99. Arch. Surg. (Chicago) 50 (1945).

100. J.A.M.A. 132 (1946) 561; 129 (1945) 547.

101. J.A.M.A. 140 (1949) 1076; Lancet 255 (1948) 361; Excerpta med. Sec. VI, Intern. Med., Vol. III (1949), Referat Nr. 1481, S. 317.

102. Surg. Gynec. Obstet. 81 (1945) 692.

103. Concours méd. 72 (1950) 3641.

103a. J. Neuropath. exp. Neurol. 11 (1952) 215.

103b. Lancet (1952 II) 1226.

104. J.A.M.A. 140 (1949) 1008; J. Neuropath. exp. Neurol. 10 (1951) 158.

105. Bol. Inst. Patol. méd. (Madr.) 10 (1947) 209; Excerpta med. Sec. VI, Intern. Med., Vol. II (1948), Referat Nr. 5726, S. 1519; J.A.M.A. 134 (1947) 1475; Lancet 260 (1951) 556.

106. Lancet 256 (1949) 478; Prensa méd. argent. 22 (1951) 1390.

107. J.A.M.A. 146 (1951) 1170.

108. Klin. Wschr. 27 (1949) 173.

109. J.A.M.A. 142 (1950) 803.

110. Brit. med. J. (1946 II) 685.

111. J.A.M.A. 138 (1948) 119.

112. Arch. Otolaryng. 54 (1951) 34.

113. Ann. int. Med. 21 (1947) 989.

114. J.A.M.A. 132 (1946) 70.

115. J.A.M.A. 142 (1950) 652.

116. Ann. Otol. Rhinol. Laryngol. 57 (1948) 181.

117. Amer. Rev. Tbc. 58 (1948) 513.

118. Amer. Rev. Tbc. 58 (1948) 527.

119. Instantanés méd. 11 (1950) 256; Ned. Tijdschr. v. Geneesk. 95 (1951) 21; Schweiz. med. Wschr. 80 (1950) 1021.

120. Amer. Rev. Tbc. 58 (1948) 501.

121. Pr. méd. 59 (1951) 1011.

122. Mil. Surgeon 102 (1948) 202.

123. Rep. St. Louis Streptomycin Conf., May 1947.

124. Praxis 37 (1948) 21.

125. J.A.M.A. 143 (1950) 1223.

126. J.A.M.A. 135 (1947) 639.

127. Ned. Tijdschr. v. Geneesk. 94 (1950) 721; J. Laryng. Otol. 62 (1948) 735.

128. J.A.M.A. 134 (1947) 684.

129. J.A.M.A. 135 (1947) 148.

130. Laryngoscope (Am.) 59 (1949) 156.

131. Med. Clin. N. Amer. 34 (1950) 312.

132. New Engl. J. Med. 241 (1949) 52.

133. J.A.M.A. 132 (1946) 70.

134. Brit. med. J. (1949 II) 1271.

135. Acta oto-laryng. (Schwd.) Suppl. 78, S. 949.

136. Calif. West. Med. 74 (1951) 185.

136a. Dis. Chest. 18 (1950) 386.

137. J.A.M.A. 137 (1948) 599.

138. Minerva Med. 40 (1949) 751.

138a. Pr. méd. 60 (1952) 572.

139. Concours méd. 72 (1950) 3641.

140. Paris méd. 39 (1949) 84.

141. Wien. klin. Wschr. 60 (1948) 845.

142. New Engl. J. Med. 241 (1949) 52.

143. Ann. Oto-Laryng. (Paris) 68 (1951) 295.

143 a. Amer. Rev. Tbc. 63 (1951) 312.

144. Wien. klin. Wschr. 61 (1949) 407.

145. Médecine 29 (1948) 9.

146. J. A. M. A. 132 (1946) 70; Brit. med. J. (1952 I) 1008.

147. Arch. Ophthalm. (Chicago) 43 (1950) 729.

148. J. A. M. A. 142 (1950) 720.

149. J. A. M. A. 140 (1949) 471.

150. Science 103 (1946) 110.

151. J. A. M. A. 132 (1946) 16.

152. J. A. M. A. 147 (1951) 818.

153. Med. Rec. (Wash.) 161 (1948) 153.

154. Acta allerg. (K'hvn) 3 (1950) 331.

154 a. Münch. med. Wschr. 18. April 1952.

155. J. Allergy 24 (1953) 405.

156. J. A. M. A. 138 (1948) 591; Arch. Derm. Syph. (Chicago) 60 (1949) 373.

157. Lancet 258 (1950) 110.

158. Bull. Mém. Hôp. Paris 65 (1949) 1340.

159. Bull. Mém. Hôp. Paris 66 (1950) 137.

160. J. Allergy 22 (1951) 61.

161. Dis. Chest. 16 (1949) 214.

162. J. A. M. A. 135 (1947) 639; Lancet 258 (1950) 110, 112.

163. Praxis 37 (1948) 427.

164. Pr. méd. 59 (1951) 1011.

165. Sem. Hôp. Paris 25 (1949) 2389; Acta Anaesth. 3 (1955) 335.

166. Minerva Med. 40 (1949) 734; Z. Haut- u. Geschl.-krkh. 14 (1953) 237.

167. J. Allergy 21 (1951) 71.

168. J. A. M. A. 137 (1948) 1128; Pr. méd. 59 (1951) 678.

169. Bull. Mém. Hôp. Paris 64 (1948) 852.

170. Pr. méd. 56 (1948) 517.

171. Orv. lapja (Ung.) 2 (1949) 51; Excerpta med. Sec. VI, Intern. Med., Vol. III (1949), Referat Nr. 6182, S. 1395.

172. Ned. Tijdschr. v. Geneesk. 93 (1949) 986.

173. Ann. paediatr. (Basel) 174 (1950) 389.

174. Arch. franç. Pédiatr. 5 (1948) 546.

175. Schweiz. med. Wschr. 79 (1949) 1190.

176. Brit. med. J. (1949 II) 1271.

177. Brit. med. J. (1948 II) 387.

178. J. A. M. A. 138 (1948) 495; 138 (1948) 7; Schweiz. med. Wschr. 79 (1949) 1190.

179. Brit. med. J. (1949 I) 665.

180. Ann. Oto-Laryng. (Paris) 68 (1951) 320.

181. J. A. M. A. 135 (1947) 639.

182. Amer. Rev. Tbc. 59 (1949) 317; Mém. Acad. Chir., Paris 75 (1949) 719; Acta Allerg. 3 (1950) 329.

183. J. A. M. A. 136 (1948) 1098.

184. J. A. M. A. 147 (1951) 308.

185. Ann. int. Med. 33 (1950) 1099.

186. Policlinico 54 (1947) 1087.

187. New Engl. J. Med. 241 (1949) 52.

188. Amer. J. Med. 4 (1948) 130; Sang 20 (1949) 357; Pr. méd. 63 (1948) 743; Schweiz. Z. Tbk. 4 (1949) 250; Concours méd. 72 (1950) 3454; Schweiz. med. Wschr. 79 (1949) 1187.

188 a. Med. Mschr. 1 (1952) 43.

189. Science 105 (1947) 213.

190. Ann. Surg. 128 (1948) 987.

191. J. A. M. A. 135 (1947) 638.

192. J. A. M. A. 132 (1946) 70.

193. J. A. M. A. 134 (1947) 679.

194. Amer. Rev. Tbc. 58 (1948) 501.

195. Schweiz. med. Wschr. 78 (1948) 610.

196. J. A. M. A. 135 (1947) 839.

197. Pr. méd. 59 (1951) 1314.

198. Schweiz. med. Wschr. 81 (1951) 422.

199. J. A. M. A. 135 (1947) 639.

200. Schweiz. med. Wschr. 78 (1948) 610.

201. Helvet. med. Acta 17 (1950) 503.

202. J. Pharmacol. 86 (1946) 151.

203. Paris méd. 41 (1951) 163.

204. Helvet. med. Acta 17 (1950) 503.

205. Schweiz. med. Wschr. 77 (1947) 929.

206. Rass. giul. Med. 3 (1949) 87; Excerpta med. Sec. VI, Intern. Med., Vol. IV (1950), Referat Nr. 2873, S. 660.

207. J. A. M. A. 134 (1947) 679.
208. J. A. M. A. 132 (1946) 70.
209. Lancet 261 (1951) 596.
210. Amer. J. Dis. Child. 82 (1951) 14.
211. Paris méd. 39 (1949) 254.
212. Brit. med. J. (1949 I) 13.
213. J. Allergy 22 (1951) 195, 291; Bull. Johns Hopk. Hosp. 87 (1950) 354.
214. Brit. med. J. (1951 II) 297.
215. J. A. M. A. 143 (1950) 653; J. Allergy 22 (1951) 273.
216. J. A. M. A. 142 (1950) 161; 138 (1948) 1145; Lancet (1953 I) 95.
216a. Proc. Soc. exp. Biol. 78 (1951) 759.
217. J. A. M. A. 142 (1950) 1137.
218. J. med. Soc. N. Jersey 46 (1949) 467.
219. Brit. med. J. (1951 I) 388.
219a. Arch. Derm. Syph. 64 (1951) 356; 65 (1952) 485.
220. New Engl. J. Med. 242 (1950) 1013.
221. N. Y. J. Med. 51 (1951) 1195.
222. Brit. med. J. (1951 I) 388.
223. Ann. int. Med. 31 (1949) 39; Brit. med. J. (1950 I) 1184; (1951 I) 388.
224. Amer. J. digest. Dis. 18 (1951) 35.
225. Proc. Meet. Mayo Clin. 24 (1950) 87.
226. Amer. J. digest. Dis. 18 (1951) 166; Sem. Hôp. Paris 29 (1953) 2682.
226a. Lancet (1952 II) 1180; (1953 I) 601.
227. J. A. M. A. 142 (1950) 1137.
228. New Engl. J. Med. 245 (1951) 328.
229. Science 110 (1949) 305.
230. Amer. J. med. Sci. 220 (1950) 508.
231. J. A. M. A. 147 (1951) 1141.
232. J. clin. Invest. 28 (1949) 1006.
232a. Lahey Clin. Bull. 7 (1951) 130.
233. Gastroenterology 18 (1951) 598.
233a. J. A. M. A. 150 (1952) 1449.
234. Brit. med. J. (1951 I) 1428.
235. J. A. M. A. 142 (1950) 161; 149 (1952) 762, 1156.
236. Amer. Practitioner 1 (1950) 897.
237. Bull. Soc. méd. Hôp. Paris 66 (1950) 953.
238. Pr. méd. 59 (1951) 71.
239. J. A. M. A. 138 (1948) 411; Pr. méd. 59 (1951) 620.
240. Bull. Soc. méd. Paris 67 (1951) 990.
241. Northw. Med. (Am.) 49 (1950) 352.
242. J. A. M. A. 142 (1950) 133.
243. J. lab. clin. Med. 34 (1950) 1747; Med. J. Austral. 1 (1950) 768; Alabama med. J. 42 (1949) 983.
244. Amer. J. Dis. Child. 81 (1951) 636.
245. Ann. int. Med. 33 (1950) 1459. Med. J. Austral. 1 (1950) 768;
247. Ann. int. Med. 32 (1950) 661.
248. Lancet 261 (1951) 1143.
249. J. A. M. A. 142 (1950) 164; J. lab. clin. Med. 36 (1950) 1001.
250. Bull. Mém. Hôp. Paris 66 (1950) 668.
251. Lancet 258 (1950) 115.
252. Yale J. Biol. 23 (1951) 332; Antibiotics and Chemotherap. 2 (1952) 1; Ann. int. Med. 36 (1952) 326.
253. Lancet 258 (1950) 150.
254. J. A. M. A. 142 (1950) 161.
255. Dtsch. med. Wschr. 76 (1951) 466.
255a. Riforma med. 65 (1951) 1363.
255b. Ann. int. Med. 36 (1952) 1526.
256. Bull. Mém. Hôp. Paris 66 (1950) 50.
257. Settim. med. 39 (1951) 63.
258. Lancet 261 (1951) 1002.
259. J. A. M. A. 143 (1950) 3, 1307.
259a. Rev. Stomat. 53 (1952) 159.
260. Proc. Meet. Mayo Clin. 26 (1951) 260.
261. Lancet 261 (1951) 154.
262. Proc. Soc. exp. Biol. (N. Y.) 77 (1951) 158.
263. J. Pediat. 35 (1949) 49.
264. Ann. N. Y. Acad. Sci. 51 (1949) 987; Med. Ann. Columbia 18 (1949) 441.
265. Med. Ann. Columbia 18 (1949) 441.

266. J. lab. clin. Med. 37 (1951) 402.
267. Lancet 261 (1951) 183.
268. J. lab. clin. Med. 37 (1951) 402.
269. Lancet 261 (1951) 209.
270. J. A. M. A. 141 (1949) 782; Arch. Otolaryng. 47 (1948) 112, 465.
271. J. invest. Derm. 11 (1948) 243.
272. Amer. J. med. Sci. 218 (1949) 43.
273. J. A. M. A. 147 (1951) 47; J. clin. Invest. 29 (1950) 389.
274. J. A. M. A. 144 (1950) 65; Amer. Rev. Tbc. 63 (1951) 427.
275. Ann. int. Med. 33 (1950) 1099.
276. Amer. Rev. Tbc. 63 (1951) 427.
277. Amer. Rev. Tbc. 61 (1951) 49.
278. Lancet 262 (1952) 72.
279. Schweiz. med. Wschr. 82 (1952) 124; Pr. méd. 62 (1954) 624.
280. J. A. M. A. 148 (1952) 371.
281. J. A. M. A. 148 (1952) 370.
282. Bull. Soc. Path. exot. 44 (1951) 425.
283. J. Allergy 23 (1952) 104.
284. Münch. med. Wschr. 16 (1952).
285. Antibiotics and Chemotherap. 2 (1952) 1; Brit. med. J. (1952 II) 423 und 426; Pr. méd. 61 (1953) 675; Acta med. ital. Mal. Infett. 8 (1954) 309.
286. Lancet (1951 II) 81; J. A. M. A. 149 (1952) 762; J. A. M. A. 149 (1952) 1156.
287. Brit. med. J. (1952 I) 537; J. A. M. A. 149 (1952) 1184; Pr. méd. 62 (1954) 732.
288. J. A. M. A. 149 (1952) 571.
289. Arch. Otolaryng. 54 (1951) 34.
290. Ann. West. Med. Surg. 6 (1952) 24.
291. Amer. J. Surg. 83 (1952) 189.
292. J. A. M. A. 149 (1952) 840.
293. Proc. Meet. Mayo Clin. 27 (1952) 89.
294. Lancet (1952 II) 1236.
295. J. A. M. A. 149 (1952) 914.
296. J. A. M. A. 149 (1952) 979.
297. J. invest. Derm. 17 (1951) 205.
298. J. Pediat. 38 (1951) 630.
299. J. Allergy 23 (1952) 383.
300. Tunisie méd. 29 (1951) 748.
301. Amer. J. Syph. 33 (1949) 225.
302. Pr. méd. 60 (1952) 1225.
303. Arch. Derm. Syph. 65 (1952) 727.
304. Med. J. Austral. 2 (1951) 9.
305. Brit. med. J. (1952 II) 423.
306. Amer. J. Path. 28 (1952) 437.
307. Arch. Path. 54 (1952) 39; Virginia med. Monthly 79 (1952) 136.
308. Gastroenterology 25 (1953) 44; Medicamenta (Madrid) 17 (1952) 173.
309. J. Pediat. 39 (1951) 346.
310. Brit. med. J. (1953 I) 296.
311. J. A. M. A. 151 (1953) 316.
312. J. A. M. A. 151 (1953) 354.
313. Lancet (1953) 110.
314. New Engl. J. Med. 247 (1952) 797; Minerva Med. 13 (1953) 384.
315. J. Allergy 24 (1953) 1.
316. Montpellier méd. 36/37 (1952) 300.
317. Bull. Mém. Hôp. Paris 31/32 (1950) 1528.
318. Z. Haut- u. Geschl.-krkh. 12 (1952) 378.
319. Therapiewoche 2 (1952) 326.
320. J. Allergy 24 (1953) 164.
321. J. A. M. A. 151 (1953) 1105.
322. Proc. Meet. Mayo Clin. 28 (1953) 121; Schweiz. med. Wschr. 84 (1954) 311; Lancet (1953 II) 1236.
323. Schweiz. med. Wschr. 82 (1952) 1337.
324. J. A. M. A. 151 (1953) 1403.
325. Pr. méd. 61 (1953) 556.
326. Pr. med. 61 (1953) 534.
327. Blood 8 (1953) 65; Schweiz. med. Wschr. 83 (1953) 536.
328. Ned. Tijdschr. v. Geneesk. 97 (1953) 1590.
329. J. A. M. A. 152 (1953) 25.
330. J. A. M. A. 152 (1953) 206.
331. J. A. M. A. 152 (1953) 114.
332. Brit. med. J. (1953 I) 1249.
333. Acta tbc. Scand. 27 (1952) 211.
334. Arch. int. Med. 90 (1952) 763.
335. Ann. Allergy 10 (1952) 136.
336. N. Y. J. Med. 53 (1953) 448.
337. Nord. Med. 48 (1952) 1589.
338. Dis. Chest. 23 (1953) 241.

339. Minerva Med. 44 (1953) 384.
340. Riforma med. 67 (1953) 169.
341. Arch. int. Med. 92 (1953) 248.
342. Amer. J. Med. 14 (1953) 532.
343. Antibiotics and Chemotherap. 3 (1953) 481.
344. Information Abbot Laboratories.
345. J. A. M. A. 153 (1953) 90.
346. J. Allergy 24 (1953) 383.
347. Lancet (1952 I) 1211; New Engl. J. Med. 248 (1953) 1022.
348. New Engl. J. Med. 249 (1953) 368.
349. New Engl. J. Med. 249 (1953) 479.
350. J. Allergy 24 (1953) 407.
351. Settim. med. 40 (1952) 61.
352. Nord. Med. 48 (1952) 1590.
353. Beitr. klin. Chir. 186 (1953) 463.
354. Amer. Rev. Tbc. 68 (1953) 229.
355. Amer. Rev. Tbc. 68 (1953) 238.
356. Arch. Otolaryng. 58 (1953) 55.
357. Brit. J. Radiol. 23 (1950) 616.
358. ALBAHARY, S. 383.
359. Ned. Tijdschr. v. Geneesk. 98 (1954) 924.
360. J. A. M. A. 153 (1954) 1170.
361. J. A. M. A. Referat 153 (1954) 1219.
362. Amer. J. med. Sci. 225 (1953) 274.
363. J. A. M. A. 153 (1953) 1266.
364. Maine med. Ass. J. 44 (1953) 284.
365. J. A. M. A. 154 (1954) 561.
366. J. Allergy 25 (1954) 52.
367. Arch. int. Med. 93 (1954) 23.
368. Antibiotics and Chemotherap. 3 (1953) 1183.
369. Arch. int. Med. 93 (1954) 397.
370. Lancet (1953 II) 1293; (1954 I) 624.
371. Lancet (1954 I) 285.
372. Lancet (1954 I) 393.
373. Beitr. Klin. Tbk. 107 (1952) 147.
374. N. Y. J. Med. 53 (1953) 1237.
375. Arch. Ophthalm. 50 (1953) 331.
376. Brief aus Israël, J. A. M. A. 154 (1954) 1022.
377. Northw. Med. (Am.) 49 (1950) 352.
378. Amer. J. Ophthalm. 33 (1950) 973.
379. J. A. M. A. 143 (1950) 653.
380. J. A. M. A. 143 (1950) 361; 142 (1950) 1333.
381. Amer. J. Syph. 34 (1950) 177.
382. Lancet 258 (1950) 978.
383. Pr. méd. 57 (1949) 308.
384. J. A. M. A. 138 (1948) 22.
385. Ann. Allergy 11 (1953) 555, 50/411.
386. Ann. Allergy 11 (1953) 218.
387. Antibiotica et Chemotherapia, S. 138. Basel: Karger. 1954.
388. Amer. Rev. Tbc. 69 (1954) 522.
389. Amer. Rev. Tbc. 69 (1954) 543.
390. Medizinische (1954) 623.
391. New Engl. J. Med. 249 (1953) 261.
392. Lancet (1954 I) 945.
393. Ann. int. Med. 40 (1954) 711.
394. Lancet (1954 II) 602.
395. Amer. Pract. Digest Treatment 5 (1954) 783.
396. J. Allergy 25 (1954) 270.
397. J. Michigan med. Soc. 53 (1954) 61, 91.
398. Oral Surgery, Oral Medicine, Oral Pathology (1954) 993.
399. Zbl. Haut- u. Geschl.-krkh. 83 (1953) 331.
400. Rev. Fac. méd. Téhéran 11 (1953) 175; Lancet (1954 I) 62.
401. Calif. Med. 81 (1954) 34.
402. Amer. Heart J. 47 (1954) 300.
403. Medizinische 33/34 (1954) 1089.
404. New Engl. J. Med. 250 (1954) 1069.
405. Pr. méd. 63 (1955) 146.
406. Sem. Hôp. Paris 30 (1954) 3403.
407. Dtsch. med. Wschr. 79 (1954) 1120.
408. Lancet (1954 II) 1157.
409. Canad. Med. Ass. J. 70 (1954) 388.
410. Antibiotics Symposion, Washington 25. bis 29. Oktober 1954.
411. Tubercle (London) 34 (1953) 324.
412. Brit. J. Tbc. Dis. Chest. (1954) 298.
413. Riv. Pat. Clin. Tbc. 27 (1954) 97.
414. J. A. M. A. 155 (1954) 1534.
415. Antibiotics and Chemotherap. 4 (1954) 327.

416. Lancet (1954 II) 999, 1017.
417. Schweiz. med. Wschr. 84 (1954) 1382; Lyon méd. 86 (1954) 295, 339; Ärztl. Wschr. 10 (1955) 149.
418. Proc. Meet. Mayo Clin. 29 (1954) 513.
419. Antibiotics and Chemotherap. 4 (1954) 433.
420. Acta oto-laryng. (Schwd.) 44 (1954) 254.
421. Pédiatr. Lyon 9 (1954) 387.
422. Antibiotics and Chemotherap. 4 (1950) 411.
423. Arch. int. Med. 94 (1954) 351.
424. New Engl. J. Med. 251 (1954) 491.
425. J. A. M. A. 155 (1954) 894.
426. Amer. Rev. Tbc. 70 (1954) 812.
427. Pr. méd. 62 (1954) 738.
428. Schweiz. med. Wschr. 84 (1954) 1174.
429. Pr. méd. 62 (1954) 739, 741.
430. Pr. méd. 62 (1954) 1159.
431. Pr. méd. 62 (1954) 744.
432. LINDEMAYR, S. 10.
433. LINDEMAYR, S. 46, 47.
434. Ärztl. Wschr. 9 (1954) 659.
435. Dtsch. med. Wschr. 80 (1955) 308; J. A. M. A. 152 (1953) 28.
436. Klin. Wschr. 33 (1955) 278.
437. Bruns' Beitr. 186 (1953) 463.
438. Klin. Wschr. 33 (1955) 278.
439. Lancet (1955 II) 223.
440. Dtsch. med. Wschr. 80 (1955) 1218.
441. Z. Haut- u. Geschl.-krkh. 19 (1955) 51.

XV. Medikamente gegen Malaria

Chinin

Die Empfindlichkeit gegen Chinin variiert stark. Das Mittel wird normalerweise gut vertragen und verursacht erst bei hoher Dosierung Brechreiz oder Erbrechen.

Es gibt jedoch auch Personen, die bereits nach 300 mg Chinin erbrechen und sogar das Bewußtsein verlieren können (1).

1. Magen-Darmkanal. Außer Brechreiz, Erbrechen und Diarrhöe sah man einige Male auch Melaena.

2. Sinnesorgane. Sehen und *Hören* können durch Chinin leiden, weil Spasmen der Blutgefäße entstehen: Flimmern vor den Augen, Einschränkung des Gesichtsfeldes und sogar Blindheit können hieraus folgen. Die Amaurose kann schon mehrere Stunden nach dem Einnehmen von Chinin entstehen, meist aber sieht man sie erst, wenn eine Periode von Bewußtlosigkeit vorherging (2). Einschränkung des Gesichtsfeldes und Nachtblindheit gehen manchmal sehr langsam zurück. Die Blindheit kann jedoch auch bleibend sein (3).

Ohrensausen, Schwindelanfälle, Taubheit. Auch die Taubheit geht erst langsam zurück.

Ein Patient, der chininhaltiges Tonikum gebrauchte, bekam Ohrensausen und die Hörschärfe war gleichzeitig beiderseits deutlich herabgesetzt. Erst nach Aussetzen des Tonikums kam es zu Restitution. In dem Tonikum bekam er täglich 100 mg Chinin (45).

Die Gefahr schwerer Seh- und Hörstörungen nimmt mit der pro Tag eingenommenen Menge Chinin zu. Die Gefahr ist kleiner, wenn man die Vorschrift der Malaria-Kommission der Vereinten Nationen befolgt und nicht mehr als 1 bis 1,3 g täglich darreicht. Man soll dann weniger Beschwerden beobachten als bei einer Dosis von 2 bis 3 g,

wie sie in den englischsprechenden Ländern noch immer gebräuch-
lich ist.

Einige sind der Ansicht, daß bei einem Kinde einer schwangeren
Frau, die Chinin gebraucht, ernste Seh- und Hörstörungen auftreten können (4). Andere hingegen glauben, daß es absolut nicht sicher
ist, daß Chinin diese Störungen verursacht (5).

3. Zentralnervensystem. Veränderungen unter Chinineinfluß: Depression, Aufgeregtheit, Reizbarkeit, Kopfschmerzen, Schwindelgefühl,
Ohrensausen, Tremor.

Bei Überdosierung: Halluzinationen, Verwirrtheit, Konvulsionen,
Koma.

4. Das *Herz* kann durch eine große Chinindosis geschädigt werden,
wobei zuerst die Reizbildung und die Reizleitung gestört werden; langsamer Puls; es kann zu ventrikulärer Tachykardie kommen.

Vereinzelt Schock (11), insbesondere bei intravenöser Zuführung.

5. Geschlechtsorgane. Chinin beeinflußt die *Menstruation;* bei leichtem Blutverlust wird die Blutung durch Chinin noch geringer, bei
starkem Blutverlust eher schwerer.

Chinin verursacht Kontraktionen des *Uterus,* weshalb dieses Mittel
in der zweiten Hälfte der Schwangerschaft nicht gegeben werden soll.
Chinin soll den Uterus vom vierten Monat ab für verschiedene Reize
empfindlich machen (Hypophyse-Hinterlappen, mechanische und ther-
mische Reize). Sogar eine Dosis von 2 mg pro Kilo Körpergewicht
kann schon zu dieser erhöhten Reizbarkeit führen (6). Nach Ansicht
anderer Autoren ist die Gefahr des Abortus bei Malaria ohne Chinin
größer (7).

Die meisten Tropenärzte haben nicht das geringste Bedenken, während der Schwangerschaft eine normale Dosis Chinin zu ordinieren.

6. Blut. Hämolyse, Schwarzwasserfieber, Verminderung des Prothrombingehaltes im Blut (8).

Purpura mit und ohne Thrombopenie und andere Äußerungen hämorrhagischer Diathese (12).

Thrombopenie kann schon nach Gebrauch von 65 mg Chinin entstehen (12 a).

7. Nieren. Beschwerden beim Harnlassen, Albuminurie, Hämaturie.

8. Lokale Wirkung von Chinin. Intramuskuläre Injektionen von
Chinin (Transpulmin) können *Nekrose* verursachen; wird ein Nerv
beschädigt, kann bleibende Lähmung die Folge hievon sein. Die
Beschädigung einer Arterienwand kann die Entstehung eines Aneurysma zur Folge haben. Nach einer Chinin-Urethan-Injektion wurde
eine Embolie gesehen (9). Einzelne Fälle von Tetanus wurden beobachtet (42).

9. Allergische Erscheinungen. Es gibt Menschen, die für Chinin
überempfindlich sind. *Überempfindlichkeit* kann angeboren sein (Idiosynkrasie) oder erworben. Man kann Chinin jahrelang gut vertragen
und dann plötzlich mit gastrointestinalen Erscheinungen allergisch

reagieren; Schnupfen, Konjunktivitis, Asthma, anginöse Symptome, Fieber.

Chininhaltiges Haarwasser und chininhaltiges Antikonzipiens können allergische Erscheinungen hervorrufen.

10. Haut. Jucken, Urtikaria, angioneurotische Ödeme, scharlach- und masernartige Exantheme, Wasserpocken oder echten Blattern ähnliche bullöse Exantheme, hämorrhagische Exantheme, Erythema exsudativum multiforme, Roseola; Dermatitis exfoliativa, die allgemein oder lokal sein kann und dann Augenlider, Penis oder Skrotum angreift (9); Ekzeme, Pigmentationen der Haut und Schleimhäute (Gaumen) (9, 10), Exantheme.

Nach vaginaler Anwendung eines chininhaltigen Antikonzipiens entstand beim Ehemann ein Chininausschlag an der Innenseite der Oberschenkel, am Skrotum und am Penis (46).

Reagiert jemand allergisch auf Chinin, bleibt diese Überempfindlichkeit zeitlebens bestehen.

Ein Patient reagierte auf Chinin mit Fieber, einem skarlatiniformen Exanthem, besonders am Penis, und Rötung im Hals.

Später entstand nach einer kleinen Menge sofort wieder Fieber mit scharlachartigem Exanthem (47).

Atebrin (Mepacrin, Quinacrin, Aciquinin)

1. Haut. Gelbe Verfärbung der Haut (14), gelber Harn, schieferfarbige Flecke (15, 17); ochronose-ähnliche Flecke an hartem Gaumen, Nase, Konjunktivae, Nagelbett; Fluoreszenz der Nägel (16, 17); Hautausschläge, die Skarlatina, Flecktyphus, Lichen planus, Pityriasis rosea gleichen können (44); lichenoide und ekzematoide Dermatosen. Exfoliative Dermatitis (18), Lupus erythematosus-ähnliche Dermatitis (19). Purpura als Zeichen einer Schädigung der Kapillaren (44). Hyperkeratose der Handflächen und Fußsohlen (44).

2. Psychische Erscheinungen. Kopfschmerz, Schwindel, Schlaflosigkeit, Depression, Konvulsionen, Polyneuritis (44), schwere psychotische Reaktionen (50).

Von 7604 Patienten, die mit Atebrin behandelt wurden, bekamen 35 eine toxische Psychose, meist einige Tage nach Einstellen der Behandlung mit diesem Mittel (20).

3. Magen-Darmkanal (21). Brechreiz, Erbrechen, Magenschmerzen, Cheilitis, Glossitis.

4. Leber. Hepatitis, manchmal nach langdauernder Anwendung, manchmal schon nach 100 mg (22); Nekrose der Leber (23).

Man darf nicht vergessen, daß Atebrin im Harn Fluoreszenz erzeugt, die man besonders nicht mit Urobilin verwechseln darf.

5. Allergische Erscheinungen. Konjunktivitis, Rhinitis, Bronchitis, Asthma (22).

Bei einem Patienten kam es bereits nach Verabreichung kleinster Mengen Atebrin zu erheblichen Temperatursteigerungen (51).

6. Blut. Aplastische Anämie (24), Leukopenie (41), Agranulozytose, Panzytopenie (25), stärkere Hämolyse mit Hämoglobinurie kann schon nach einer Dosis von 120 bis 150 mg Atebrin entstehen (26), Eosinophilie.

Bei einem Patienten, der wegen Lupus erythematosus mit Atebrin behandelt wurde, entstand eine tödliche aplastische Anämie (48).

7. Augensymptome. Ödem der Kornea (23, 27), Erosionen der Kornea (23), Keratitis; Sehstörungen, sogar Blindheit.

Ein Patient klagte darüber, daß er farbige Ringe um Lichtpunkte herum sehe (49).

Plasmochinin (Pamaquin, Chinoplasmin = Plasmochinin + Chinin)

1. Magen-Darmkanal. Anorexie, Brechreiz, Erbrechen, Magenschmerzen, Diarrhöe, Hepatitis.

2. Blut. Zyanose, Methämoglobinämie, akute hämolytische Anämie (28), Hämoglobinurie (29), hämolytischer Ikterus (30). Leukopenie.

3. Allgemeine Erscheinungen. Herzbeschwerden, Kopfschmerzen, Schwindel, Schwitzen, Schock, Photophobie, Harnbeschwerden.

Resochin (Chloroquin, Nivaquin, Aralen)

1. Psychische Erscheinungen. Toxische Psychosen, Schlaflosigkeit, Schwindelanfälle (31). Manchmal wird über Kopfschmerzen geklagt. Zwei Menschen, die prophylaktisch Chloroquin nahmen, bekamen immer heftige Kopfschmerzen, wenn sie Alkohol gebrauchten (43).

2. Gastro-intestinale Erscheinungen. Schmerzen im Bauch, in den Genitalien und Schenkeln.

3. Augenbeschwerden. Akkomodationsschwäche, Doppeltsehen.

4. Haut. Jucken, Ausschlag, Urtikaria, Lichen planus. Das Haupthaar wird manchmal blaß an den Haarwurzeln.

Im *Harn* kann man granulierte Zylinder und Erythrozyten finden. *Elektrokardiogramm:* Senkung der T-Zacken (32). *Methämoglobinämie.*

Pentaquin (Plaquinol)

1. Magen-Darmkanal. Anorexie, Bauchschmerzen, Brechreiz.

2. Allgemeine Erscheinungen. Müdigkeit, Schwindel, Ohrensausen, Taubheit, Ausschlag, Fieber, niedriger Blutdruck, Synkope (33).

3. Blut. Akute hämolytische Anämie, Methämoglobinämie.

Die Giftigkeit von Pentaquin nimmt zu, wenn es gleichzeitig mit Metachloridin (S. N. 11 437) oder Sulfadiazin gegeben wird. Es kann zu deutlicher Leukopenie und Agranulozytose kommen (34).

Die Kombination von Atebrin mit Pentaquin erhöht die Gefahr der Methämoglobinämie und verursacht stärkere Hämolyse (34).

Pentaquin + Chinin führte zu Methämoglobinämie und Senkung der T-Zacken im EKG (35).

Paludrin (Chloroguanidin)

Krankheitsgefühl, Kopfschmerz, Schwindel, Magen- und Bauchschmerzen, Diarrhöe, Brechreiz, Erbrechen (36), Myelozyten im peripheren Blut (37), Schwarzwasserfieber.

Erytheme, Ödeme, Parästhesien, schmerzhafte Hände und Füße, Schuppen und Furchen in den Nägeln entstanden dreimal nacheinander, jedesmal nach prophylaktischem Gebrauch von Paludrin (40).

Primaquin (Methylbutyl-amino-methoxychinolin)
1. Bauchsymptome. Krämpfe, Magenschmerzen, Anorexie, Erbrechen, Sodbrennen.
2. Blut. Zyanose durch Bildung von Methämoglobin. Leichte hämolytische Anämie bei Weißen, schwere Hämolyse bei Negern. Leukopenie, Leukozytose (39).

Literatur

1. Brit. J. Ophthalm. 30 (1946) 281.
2. FUEHNER, S. 212.
3. Arch. int. Med. 80 (1947) 763.
4. Amer. J. Obstet. Gynec. 36 (138) 241.
5. Brit. med. J. (1951 II) 110; J. Trop. Med. 51 (1948) 2.
6. Wien. med. Wschr. 101 (1951) 752.
7. GHOSH, S. 472.
8. J. Trop. Med. 50 (1947) 44.
9. J. MAYR, S. 44.
10. Edinb. med. J. 58 (1951) 45.
11. Ugeskr. Laeg. (Dän.) 110 (1948) 9.
12. Acta med. Scand. Suppl. 213 (1948) 165; J. lab. clin. Med. 45 (1955) 18.
12a. Amer. Practitioner 3 (1952) 43.
13. Alabama med. J. 33 (1948) 613.
14. Bull. U. S. Army med. Dept. 86 (1945) 63; Lancet 249 (1945) 107.
15. Arch. Derm. Syph. (Chicago) 53 (1946) 349; Illinois med. J. 89 (1946) 234.
16. J. A. M. A. 131 (1946) 808, 809; 137 (1948) 1220; Canad. med. Ass. J. 60 (1949) 508.
17. Coll. Papers Mayo Clin. 38 (1947) 404.
18. Ann. int. Med. 31 (1949) 1078; J. A. M. A. 14 (1946) 131.
19. Brit. J. Derm. Syph. 58 (1946) 263.
20. Amer. J. Trop. Med. 27 (1947) 477.
21. GHOSH, S. 479.
22. J. A. M. A. 131 (1946) 14; 134 (1947) 446.
23. Arch. Ophthalm. (Chicago) 35 (1946) 120.
24. Blood 4 (1949) 928; Bull. New Engl. med. Center 13 (1951) 252; J. A. M. A. 153 (1954) 1172.
25. Amer. J. med. Sci. 212 (1946) 211.
26. U. S. Nav. med. Bull. (Wash.) 43 (1944) 1232.
27. Bull. Johns Hopk. Hosp. 78 (1946) 325.
28. J. clin. Invest. 26 (1947) 77.
29. Quart. J. Med. 15 (1946) 25.
30. Ann. int. Med. 25 (1946) 103.
31. J. A. M. A. 131 (1946) 963.
32. J. clin. Invest. 27 (1948) 46.
33. J. A. M. A. 132 (1946) 322; J. clin. Invest. 27 (1948) 25.
34. J. Nat. Malar. Soc. 2 (1948) 118; Excerpta med. Sec. VI, Intern. Med., Vol. III (1949), Referat Nr. 1621, S. 346.
35. Aviat. Med. (Am.) 20 (1949) 161.
36. Brit. med. J. (1946 I) 903.
37. Klin. Med. (Mosk.) (1949) 76; Excerpta med. Sec. VI, Intern. Med., Vol. III (1949), Referat Nr. 6272, S. 1413.
38. Med. J. Austral. 1 (1951) 728.
39. J. A. M. A. 194 (1952) 1563, 1568.
40. Brit. J. Derm. Syph. 64 (1952) 106.
41. Pr. méd. 61 (1953) 394.
42. Bull. Acad. nat. Méd. Paris 1 (1949) 42.
43. East African med. J. 30 (1953) 115.
44. J. A. M. A. 153 (1953) 1515.
45. J. A. M. A. 153 (1953) 1304.
46. J. MAYR, S. 45.
47. LINDEMAYR, S. 39.
48. Lancet (1955 I) 281.
49. Arch. int. Med. 94 (1954) 131.
50. Z. Haut- u. Geschl.-krkh. 18 (1955) 112.
51. Tropenmedizin und Parasitologie 6 (1955) 176.

XVI. Medikamente gegen Amöben

Emetin

1. Magen-Darmkanal. Schwere Diarrhöe, Bauchschmerzen, Tenesmus, Brechreiz.

2. Nervensystem. Schwindelanfälle, Kopfschmerz, Müdigkeit (1), Tremor (2).

Polyneuritis, besonders in den unteren Gliedmaßen. Zuerst Schmerzen, später Lähmungen oder Paresen. Es können sich auch motorische Erscheinungen ohne Schmerzen entwickeln. Man sah auch Fälle von aufsteigender Paralyse. Lähmungen der Hals- und Nackenmuskeln, Sprech- und Kauschwierigkeiten (4). Vorübergehende Amaurose, während sich auch eine isolierte Plexusneuritis entwickeln kann. Manchmal wird über Muskel- oder Gelenkschmerzen geklagt. Es kann zu einem Krankheitsbild kommen, das der progressiven Muskelatrophie ähnlich sieht (3).

3. Erscheinungen seitens des Herzens. EKG-Veränderungen sollen in fast 50% der behandelten Fälle vorkommen (5). Abnormale T-Zacken und QRS-Komplexe, Senkung des ST-Intervalls. Bei 100% sollen leichte Veränderungen der T-Zacken in der Brustableitung, bei 90% Verlängerung der QT-Zeit vorkommen (5a). Diese Veränderungen können nach Gebrauch von 0,4 bis 13 g entstehen und noch zwei Monate nach dem Aussetzen der Emetinbehandlung fortbestehen. Sind die Veränderungen im EKG deutlich, muß man so wie bei Tachykardie die Behandlung sofort einstellen. Man warte mindestens zwei Monate, bevor man neuerlich Emetin reicht (6).

Die Gesamtmenge von Emetin soll bei einer Kur 600 mg nicht überschreiten.

Einzelne Todesfälle durch toxische Myokarditis wurden beschrieben; ein Patient davon war Alkoholiker (7).

Kammerflimmern, Bradykardie, Tachykardie, Angina pectoris, akute Herzschwäche, Blutdrucksenkung und auch Schock können entstehen (10).

4. Allergische Erscheinungen. Jucken, Urtikaria, Erytheme (8), angioneurotische Ödeme, Asthma, Lungenödem.

5. Einige andere Nebenerscheinungen. Hepatitis, akute Niereninsuffizienz, hämorrhagische Diathese mit Blut im Stuhl und Blut-Erbrechen (4), Veränderungen der Nägel.

In der Schwangerschaft und bei Herz- und Gefäßkrankheiten ist der Gebrauch von Emetin kontraindiziert.

Ipecacuanha

Asthma und andere allergische Erscheinungen.

Jodhydroxychinolin-Verbindungen: Chiniofon (Yatren), (Enterosept, Enterovioform)

Brechreiz, Erbrechen, Urtikaria, Hepatitis.

Diodoquin

Erytheme, Fieber (9), Furunkulose.

Vioform

Verfärbung der Haare und Nägel (11).

Ein Fall von Agranulozytose wurde beobachtet.

Fumagillin

Anorexie, Brechreiz, Erbrechen, Diarrhöe, Pruritus ani, Kopfschmerzen, Muskelschmerzen, Schwindelanfälle.

a) Bei einem Patienten schälten sich die Handflächen und Fußsohlen.

b) 30 Minuten nach dem Einnehmen entstanden — für die Dauer von 20 Minuten —: Gefühlsstörungen in den Händen und Füßen, Taubheit, Augenschmerzen. Weiters Schuppung der Handflächen und Fußsohlen.

c) Ein anderer Patient klagte über starken Kopfschmerz, Fieber, Halsschmerzen, Schwellung der Halsdrüsen, Stuhlverstopfung und Magenschmerzen (12).

Literatur

1. Ann. int. Med. 28 (1948) 892; Arch. int. Med. 79 (1947) 228.
2. J.A.M.A. 134 (1947) 1020.
3. Pr. méd. 57 (1949) 121.
4. GHOSH, S. 326.
5. Amer. Heart J. 36 (1948) 923; Trans. R. Soc. Trop. Med. 43 (1950) 513.
5a. Amer. Heart J. 43 (1952) 456.
6. Ann. int. Med. 79 (1947) 228.
7. New Engl. J. Med. 240 (1949) 995.
8. J. MAYR, S. 50.
9. J.A.M.A. 128 (1945) 1080.
10. J.A.M.A. 147 (1951) 377.
11. Med. Klinik 17 (1952) 344.
12. J.A.M.A. 155 (1954) 903.

XVII. Wurmmittel und Insektizide

A. Wurmmittel

Santonin

1. Sinnesorgane. Farbensehen, zuerst violett, später gelb: Xanthopsie, Blindheit; Geschmack, Geruch und Gehör können abnehmen. Harn und Haut können gelb werden.

2. Nervensystem. Kopfschmerzen, Schwindelgefühl, Ataxie, Schläfrigkeit.

Bei schwerer Intoxikation können Symptome zunehmender Benommenheit, Hypotension, langsamer, weicher Puls, Verwirrtheit, Koma und Konvulsionen auftreten; sie kann auch den Tod herbeiführen (2).

3. Magen-Darmkanal. Brechreiz, Erbrechen, Diarrhöe.

4. Nieren. Schmerzhaftes Harnlassen, Albuminurie, Hämaturie (1).

5. Allergische Erscheinungen. Urtikaria, skarlatini- und morbilliforme Exantheme, Ödeme, Konjunktivitis, Rötung des Gaumens, Fieber.

Chenopodium-Öl (Ascaridol)

1. Magen-Darmkanal. Brechreiz, Speichelfluß, Erbrechen, Bauchschmerzen, Gastritis, Enteritis.

2. Nervensystem. Ohrensausen, vorübergehende Blindheit, Optikus-Atrophie (32), Taubheit (3), dauernde Kochlearisschädigung (32), Parästhesien, Kopfschmerz, Schwindelanfälle, Benommenheit, Depression, Kongestionen, langsame Atmung, träg reagierende Pupillen, erloschene Reflexe, Polyneuritis, Augenmuskel- u. a. Lähmungen; Delirium, Konvulsionen, Hemiplegie, Aphasie (32), Psychose mit epileptiformen Krämpfen (5 a), Gehirnödem, Koma (4), Atemlähmung.

3. Allgemeine Erscheinungen. Erytheme, Fieber, Tachykardie.

4. Andere Nebenwirkungen. Nephritis, Bronchitis, Pneumonie, fettige Degeneration der Leber und der Niere.

Ungenügende Kohlehydraternährung und dadurch verursachte Glykogenarmut der Leber fördern die Intoxikation (5).

Bei einem Kind kam es zu ernster Hepatitis, Anurie und Urämie.
Die Genesung folgte nach Exsanguinations-Transfusion (4 a).

Eine 37jährige Frau wurde einmalig mit 16 Tropfen Ol. chenop. behandelt. Kurze Zeit später trat unter Übelkeit und Erbrechen Taubheit auf. Das
Gehör stellte sich nach einigen Tagen wieder ein, doch blieb eine erhebliche
Einschränkung des Gehörs mit starkem Ohrensausen bestehen (34).

Nach einer regulär durchgeführten Wurmkur kam es bei einem achtjährigen Mädchen zu schweren zerebralen Störungen mit einer totalen Aphasie.
Das Hörvermögen war nach zehn Monaten noch angedeutet eingeschränkt.

In diesem Fall war nach den ersten fünf Tropfen ein Exanthem entstanden, ein weiterer Hinweis auf eine Idiosynkrasie (35).

Mit Rücksicht auf die Möglichkeit einer kumulierenden Wirkung soll
eine Kur nicht vor Ablauf von zehn Tagen wiederholt werden.

Filix mas (Rhizoma)

1. Magen-Darmkanal. Brechreiz, Bauchschmerzen, Erbrechen, Diarrhöe, manchmal blutig.

2. Nervensystem. Muskelzuckungen, Kopfschmerz, Konvulsionen,
vorübergehende, manchmal sogar bleibende Blindheit; Schläfrigkeit,
Bewußtlosigkeit, Schock, Koma; vereinzelt Psychosen.

3. Zirkulation. Myokardschädigung. Ein vorher gesunder Mann
starb an den Folgen einer akuten Herzdilatation, nachdem er im Laufe
eines Jahres fünf Kuren mit Filix mas durchgemacht hatte (32).

Alte Menschen bekommen manchmal Anfälle von Angina pectoris
und starke Schmerzen in den Beinen, die an Dysbasia intermittens
erinnern (6).

4. Andere Nebenerscheinungen. Hepatitis, Nierenläsionen, hämolytischer Ikterus.

Kinder und alte Menschen sind besonders empfindlich für Filix mas.
Um die Gefahr einer Vergiftung zu verkleinern, darf das Mittel nicht
nach einer fetten Mahlzeit gegeben werden.

Ein Patient wurde sofort nach dem Einnehmen von Filix mas benommen und starb 1½ Tage später an einer Pneumonie mit Nekrosen
im Lungengewebe (7). Solche Ölpneumonien kann man auch beim
„Verschlucken" mit Lebertran sehen.

Gentianaviolett

Magen-Darmbeschwerden, Brechreiz, Erbrechen, Diarrhöe, Bauchschmerzen.

Kopfschmerz, Müdigkeit, Schwindelanfälle (8).

Tetrachlorkohlenstoff

Kopfschmerz, Schwindelgefühl, Schläfrigkeit, hie und da Bewußtlosigkeit, Brechreiz, Erbrechen. Lungenblutungen und Blutungen aus dem Magen-Darmtrakt, Hämaturie, Anurie, Nephrose (8), Hepatitis (9), Lebernekrose, Pankreatitis (31), Dermatitis (10).

Bei Obduktionen wurden Degenerationen der parenchymatösen Organe gefunden.

Alkoholiker sind für Tetrachlorkohlenstoff empfindlich (11). Zur Einschränkung der unangenehmen Nebenwirkungen darf man dieses Mittel nicht auf nüchternen Magen geben und nachher keinen Alkohol und keine fette Speise folgen lassen.

Tetrachloräthylen

ist weniger schädlich als Tetrachlorkohlenstoff. Man sah jedoch einen Patienten nach 3 ml Tetrachloräthylen sterben, mit Erscheinungen von Schläfrigkeit, Bauchschmerzen, Schock. Bei der Obduktion fand man eine schwere Enteritis (12).

Phenothiazin (Biverin, Conbaverm, Helmetina Wurmschokolade, Reconox, Phenoxur, Wurmthional)

Magen-Darmerscheinungen. Brechreiz, Erbrechen, Magenschmerzen, Bauchkoliken, Diarrhöe.

Hämolytische Anämie.

Bericht über teilweise schwere hämolytische Anämie bei zehn Fällen von Phenothiazinvergiftung durch Helmetina Wurmschokolade (33).

Drüsenschwellungen, Hepatitis, nephrotische Veränderungen mit 1 bis 2 ‰ Eiweiß im Harn (13). Tachykardie, intra-uteriner Fruchttod, Pankreas-Läsion (14). Dermatitis an lichtexponierten Hautstellen, Koma, Delirium.

Piperazin (Diäthylendiamin) enthaltendes Wurmelixier

Schwindelgefühl, Ataxie, Tremor, visuelle Störungen, Lichtscheu, bei Schließen der Augen Farbensehen, Benommenheit, muskuläre Schwäche, Absenzen, Anfälle von Heißhunger (36).

Thymol

Symptome der Basedowschen Krankheit entstanden nach Ausspülungen des Mundes mit Thymol (15), Eosinophilie und eosinophile Rhinitis nach Gebrauch von thymolhaltiger Seife (16).

B. Insektizide

Dichlordiphenyltrichloräthan (DDT, Omyl)

Wird DDT in Lösung gebraucht, kann es durch die Haut resorbiert werden.

1. Magen-Darmkanal. Akute Gastro-Enteritis (17) mit starken Tenesmen; Magen-Darmkrämpfe, die Wochen bis Monate bestehen bleiben können (18).

2. Nervensystem. Kopfschmerz, Schwindelgefühl, Müdigkeit, Tremor, Parästhesien, niedrige Reflexe, Überempfindlichkeit der Haut.

Nach Einnehmen von DDT entstanden Konvulsionen und Taubheit (28).

3. Allgemeine Erscheinungen. Schnupfen, Halsschmerzen, Husten, Bronchitis (30), Schmerzen in Armen und Beinen, Periarteriitis nodosa (19, 20), Tachykardie, Müdigkeit, Schwindel, Kopfschmerz.

4. Blut. Eine leichte Anämie und eine aplastische Anämie können entstehen, Purpura mit und ohne Thrombopenie (21), vereinzelt Agranulozytose (22). Oft Leukozytose. Hypoglykämie.

5. Haut. Erytheme, angioneurotische Ödeme, exfoliative Dermatitis (19), Dermatitis bullosa (17), Purpura, Herpes zoster, Konjunktivitis.

6. Nieren. Eiweiß, Erythrozyten und granulierte Zylinder im Harn, Anurie wurden beobachtet (23).

7. Leber. Hepatitis, Funktionsstörungen (30).

Organische Phosphate mit Anti-Cholinesterase-Wirkung

Di-isopropyl fluorophosphat (DFP), Tetra-aethyl pyrophosphat (TEPP), p-Nitrophenyl diaethylthionophosphat (Parathion), Hexaaethyl tetraphosphat (HETP).

Man kann nahezu dieselben Symptome wie bei Nikotinvergiftung finden. Zu Beginn: Anorexie, Brechreiz, Erbrechen, Bauchkrämpfe, Schwitzen, Speichelfluß, enge Pupillen. Wird mehr aufgenommen: Diarrhöe, Tenesmen, Inkontinenz von Harn und Stuhl; enge, nicht reagierende Pupillen, Sehstörungen, akutes Glaukom (29), asthmatische Zustände, Lungenödem, Muskelzuckungen, Unruhe, Tremor, Schwindel, Kopfschmerzen, Schlaflosigkeit, Angst, Ataxie, Desorientierung, Halluzinationen, Koma mit Erlöschen aller Reflexe, Konvulsionen, Tod durch Atemlähmung oder Zirkulationsschwäche.

Atropin ist das angezeigte Gegengift (24). Man gibt jede Stunde 1 bis 2 mg und eine Tagesdosis von 10 bis 20 mg.

Hexachlorocyclohexan (Gammexan, Lindane)

Ein Kind starb an Fraisen, nachdem es dieses Mittel in Salbenform gegen Krätze bekommen hatte (25).

Es kann zu Konvulsionen kommen, wenn das Mittel bei Erwachsenen als Wurmmittel gebraucht wird (19).

Benzylbenzoat

Ausschlag und Jucken: Dann aufhören, sonst folgt eine Dermatitis (26).

Dixanthogen (27)

Erythematöse und papulo-vesikulöse Exantheme. Dermatitis.

Literatur

1. Davison, S. 217.
2. Sollmann, S. 193.
3. Münch. med. Wschr. 79 (1932) 1152.
4. J. A. M. A. 132 (1946) 330.
4a. Minerva Pediatr. III/14 (1951) 717.
5. Ned. Tijdschr. v. Geneesk. 83 (1939) 5472.
5a. Ärztl. Wschr. 7 (1952) 562.
6. Duodecim, Helsinki 64 (1948) 640.
7. Nord. Med. 35 (1947) 1707.
8. J. Urol. 55 (1946) 342.

9. Ethel Browning, S. 176.
10. Sollmann, S. 187.
11. J. A. M. A. 143 (1950) 965.
12. Indian med. Gaz. 82 (1947) 115.
13. J. A. M. A. 122 (1943) 1006.
14. Ned. Tijdschr. v. Geneesk. 94 (1950) 1109.
15. Ned. Tijdschr. v. Geneesk. 61 (1917) 2057.
16. Dtsch. med. Wschr. (1939 I) 249.
17. Ned. Tijdschr. v. Geneesk. 94 (1950) 1109; J. Missouri med. Ass. 43 (1946) 384.
18. Amer. J. digest. Dis. 16 (1949) 79.
19. J. invest. Derm. 12 (1949) 207.
20. New Engl. J. Med. 235 (1946) 897.
21. J. Pediat. 37 (1950) 373; N. Y. J. Med. 52 (1952) 2808.
22. Amer. J. Med. 1 (1946) 562; Klin. Wschr. 28 (1950) 622.
23. Lancet 257 (1949) 1178.
24. Ann. int. Med. 32 (1950) 1229.
25. J. A. M. A. 138 (1948) 1253.
26. J. A. M. A. 127 (1945) 88.
27. Ned. Tijdschr. v. Geneesk. 91 (1947) 3221.
28. Pediatrics 9 (1952) 745.
29. Amer. J. Ophthalm. 35 (1952) 1031.
30. Rev. Asoc. méd. argent. 66 (1952) 719.
31. Ärztl. Wschr. 8 (1953) 1051.
32. Münch. med. Wschr. 97 (1955) 70.
33. Dtsch. med. Wschr. 80 (1955) 280.
34. Dtsch. med. Wschr. 80 (1955) 1501.
35. Z. Laryng. 28 (1949) 332.
36. J. lab. clin. Med. 2 (1917) 308; Brit. med. J. (1953 II) 1272; Münch. med. Wschr. 97 (1955) 531, 1157.

XVIII. Laxantia

Phenolphthalein

kommt in vielen Abführmitteln (Phenolax, Ex-Lax, Partola, Darmol) und kombiniert mit Agarol vor.

1. Magen-Darmkanal. Anorexie, Abmagerung, Erbrechen, Diarrhöe, hie und da Symptome von Enteritis (1) und Kolitis (2), Bauchschmerzen, Bauchkoliken.

2. Allgemeine Erscheinungen. Müdigkeit, Kopfschmerz, Fieber (3), Schmerzen in den Gliedmaßen.

Herzklopfen, Schocksymptome, anginöse Beschwerden. Hämorrhagische Diathese (1).

3. Nervensystem. Polyneuritis; Lähmungen, Hemi- oder Monoplegie; Delirium, Koma.

4. Nieren. Im Harn kann man Eiweiß finden; manchmal bestehen Hämaturie (2), Nierenkoliken, Oligurie; akute Nephrose mit Anurie.

5. Haut (2). Fixe Erytheme, z. B. an den Händen, Schenkeln, am Skrotum oder Penis, braune oder dunkelgraue Flecke; Jucken, Urtikaria, Quinckesches Ödem, Erythema exsudativum multiforme, exfoliative Dermatitis, Kontaktdermatitis (4), Herpes, Pemphigus, Purpura, Epitheliome (5).

Erythematöses Exanthem auf den Extremitäten, dem Handrücken, Penis und Skrotum durch Phenolphthalein als Zusatz zu einer Zahnpasta (21).

Dystrophie der Nägel; lividrote Pigmentation der Lunula, am deutlichsten am Daumennagel (20); Paronychia.

Pruritus ani, Hyperplasie der Haut in der Umgebung des Anus (6).

Eine bullöse Dermatitis des Gesichtes, der Streckseite der Unterarme und der Hände und der Streckseite der Unterschenkel und der Füße wird beschrieben.

Der akute Anfang, die symmetrische Lokalisation und das Ausbleiben neuer Effloreszenzen während des Aufenthaltes in der Klinik ließen an eine Arzneitoxikose denken. Es wurde jedoch nicht festgestellt, welche Arznei die Ursache sei. Die Hauterkrankung ging mit Zurücklassung einer braun-lila Pigmentation zurück.

Einige Tage nach der Entlassung aus dem Krankenhaus wurde der Patient mit einem Rezidiv wieder aufgenommen. Man stellte fest, daß er zu Hause Abführtabletten, die Phenolphthalein enthielten, eingenommen hatte.

Zur Sicherheit ließ man ihn in der Klinik eine solche Tablette einnehmen, worauf sich dieselben Hauterscheinungen einstellten (22).

6. Schleimhäute. Konjunktivitis, Blutungen in die Sklerae, Stomatitis, Ulzera und Plaques auf der Zunge; Rötung, Schwellung und Geschwüre auf der Lippe oder auf dem Penis, die einige Ähnlichkeit mit einem Primäraffekt haben [aber der Grund ist nicht hart und die Lymphdrüsen sind nicht geschwollen] (7).

Anthrachinon-Präparate (Cascara, Aloe, Senna, Rhabarber)

Es können allergische Erscheinungen entstehen, sowie Urtikaria.

Melanosis coli: gelbschwarze Flecke (so wie auf der Haut eines Krokodils) kommen im Coecum und in der Rektumschleimhaut vor. Man kann sie bei der Rektoskopie sehen (8).

Diarrhöe. Es kommt nicht so selten vor, daß Patienten über Diarrhöe klagen, die sie selbst durch Laxantia verursacht haben.

Wir hatten Grund, eine Frau dessen zu verdächtigen. Sie litt jahrelang an einer „Kolitis", weshalb sie wiederholt in Krankenhäusern aufgenommen wurde. Es war eine Witwe, die lebensmüde war und auf diese Art Aufmerksamkeit und Schutz zu erreichen suchte, die sie entbehrte. Der Harn solcher Patienten bekommt eine rote Farbe, wenn man Alkali zugibt.

Ölhaltige Laxantia, Paraffin

Wird Paraffinum liquidum durch lange Zeit gebraucht, können Erscheinungen von Vitamin-A-Mangel entstehen, weil sich das Vitamin A in Paraffin auflöst und so aus dem Körper ausgeschieden wird (9).

Allergische Erscheinungen, z. B. Dermatitis, kommen vor. Nach Gebrauch von flüssigem Paraffin sah man Akne und Pruritus.

Eine eigenartige Reaktion entstand nach Applikation eines paraffingetränkten Tampons. Nach dessen Einbringung nach einer Operation des Mittelohres verursachte das Paraffin zweimal nacheinander Schwellung, Schmerz und eine vorübergehende Fazialislähmung (10).

Aus kosmetischen Rücksichten eingespritztes Paraffin kann zum Entstehen von Papillomen (?) der Haut führen (11).

Durch Verschlucken von paraffinhaltigen Nasentropfen können in den Lungen Paraffinome entstehen (12).

Diese Komplikationen hat man auch nach Lebertran und Rizinusöl gesehen.

Bei Kindern muß man mit Paraffin und Öl aufpassen, weil diese sich sträuben und dadurch Schluckstörungen und starken Husten bekommen.

Glyzerin

kann Benommenheit, Kopfschmerzen, Nierenkoliken, Blutdiarrhöe und Erscheinungen von Hämolyse verursachen (16).

Rizinusöl

Allergische Erscheinungen: scharlachähnlicher Ausschlag, angioneurotische Ödeme, Schwellung von Zunge und Gaumen, Stomatitis, Konjunktivitis, Rhinitis (13), Asthma (14).

Methyl-Zellulose

enthaltende Abführmittel können durch Wasseranziehung vollständigen Verschluß der Speiseröhre und des Darmkanals verursachen (15). Bei einem Patienten kam es hiedurch sogar zur Perforation der Flexura sigmoidea (19).

Serutan

(ein pflanzliches Laxans mit hydroskopischen Eigenschaften) kann auch zu Verschluß der Speiseröhre führen (18).

Bittersalz (Natriumsulfat, Magnesiumsulfat)

Langdauernder Gebrauch (aber das gilt auch für andere Laxantia) kann Abmagerung, allgemeine Schlaffheit, Kachexie, Hypoproteinämie, Hypokalämie (Herz), Hypokalzämie (Tetanie und Osteomalazie) hervorrufen (17).

Calomel

kann bei Kindern Akrodynie verursachen. Weiteres s. Quecksilber, S. 98.

Literatur

1. J.A.M.A. 99 (1932) 654.
2. J.A.M.A. 101 (1933) 761; Pr. méd. 63 (1955) 144.
3. Calif. West. Med. 71 (1949) 38.
4. Arch. Derm. Syph. (Chicago) 59 (1949) 338.
5. Edinb. med. J. 58 (1951) 41.
6. Pr. méd. 59 (1951) 730.
7. Pr. méd. 59 (1951) 69.
8. J.A.M.A. 101 (1933) 1.
9. Klin. Wschr. (1939 I) 499.
10. Rev. Laryng. etc. (Bordeaux) 73 (1952) 273.
11. Davison, S. 171.
12. Amer. J. Med. 10 (1951) 316; Arch. Dis. Childhood 26 (1951) 141; New Engl. J. Med. 240 (1949) 284.
13. Ann. Allergy 3 (1945) 297.
14. Policlinico 58 (1951) 417.
15. J.A.M.A. 148 (1952) 372; Sven. Läk. tidn. 48 (1951) 2901; Arch. Mal. Appar. digest. (Paris) 41 (1952) 671; Pr. méd. 60 (1952) 867; Mém. Acad. Chir., Paris 78 (1952) 668.
16. Münch. med. Wschr. 94 (1952) 1417; Fuehner, S. 145.
17. Schweiz. med. Wschr. 75 (1945) 243; Helvet. med. Acta 16 (1949) 262; J. clin. Invest. 32 (1953) 258; Bull. Mém. Hôp. Paris (1950) 1508.
18. J.A.M.A. 146 (1951) 1129; 152 (1953) 318.
19. J.A.M.A. 154 (1954) 1273.
20. Brit. J. Derm. Syph. 43 (1931) 186.
21. J. Mayr, S. 86.
22. Ned. Tijdschr. v. Geneesk. 98 (1954) 3282.

XIX. Hormone

Schilddrüsenextrakt (Elytiran, Apondon enthält Schilddrüsenextrakt)

Sowohl durch Gebrauch von Schilddrüsenpulver (Thyreoid) als auch durch Thyroxin können Erscheinungen von schlechter Toleranz auftreten. Diese Empfindlichkeit für Thyreoid wechselt bedeutend, einerseits vom Extrem der Lipoidnephrose, bei der Gramme vertragen werden können, bis anderseits zu den Krankheiten, die durch herabgesetzte Funktion des Hypophyse-Vorderlappens verursacht werden (Krankheiten von SIMMONDS und von SHEEHAN). Diese Krankheiten können schon auf 50 mg Thyreoid ungünstig reagieren; man beobachtet Verschlechterung der schon vorhandenen Beschwerden. Es kann sogar ein Syndrom, das einer ADDISON-Krise ähnelt, entstehen und das Leben in Gefahr bringen (1 a).

Bei Behandlung von Myxödem und noch eher bei der Behandlung von Fettsucht kann es zu Symptomen von Überdosierung kommen: Der Grundumsatz wird zu hoch, und gleichzeitig treten auf: Herzklopfen; schneller Puls, Kongestionen, Schwitzen, Kopfschmerzen, Schmerz in den Gliedmaßen, Müdigkeit, Abmagerung, Tremor, Haarausfall, Diarrhöe und psychische Erscheinungen von Hyperthyreoidie; Unruhe, Schlaflosigkeit und sogar echte Psychosen. Selten sieht man Augensymptome durch Überdosierung von Thyreoid.

Doch kann Exophthalmus entstehen, sowohl beiderseitig als auf einer Seite, falls man längere Zeit Thyreoid gebraucht hat und die Behandlung plötzlich aussetzt (1).

Das Herz kann sehr ungünstig auf Einnehmen von Thyreoid reagieren. Man muß besonders bei alten Menschen mit Myxödem mit einer kleinen Dosis anfangen, z. B. 50 mg, und sehr vorsichtig die Dosis um 50 mg steigern.

Wir haben selbst psychotische Zustände bei einer zu aggressiven Thyreoidtherapie beobachtet.

Bei alten Personen mit Arteriosklerose der Herzgefäße und der Koronararterien ist Vorsicht geboten. Man hat das Entstehen von Angina pectoris sowie Verschlechterung einer bereits vorhandenen Angina pectoris und das Entstehen von Herzinfarkten beobachtet. Akute Herzschwäche ist bei schnell gehobenem Stoffwechsel möglich.

Herzblock und Kammerflimmern sah man ebenfalls nach Gebrauch von Thyreoid.

Es ist möglich, daß bei Personen, die wegen Fettsucht mit Schilddrüsenpulver behandelt wurden, die Symptome der Hyperfunktion auch nach Aussetzen dieser Behandlung bestehen bleiben (2). Auch das Gegenteil wurde beobachtet: Die Schilddrüse hat sich abgewöhnt, selbst Hormon zu bilden, und es kann vorübergehend zu einer hypothyreoiden Phase kommen.

Thyreoidbehandlung kann weiter Jucken, papulöse Exantheme, periartikuläre Schwellungen und Fieber herbeiführen. Auch Sehstörungen und sogar Atrophie des N. opticus hat man beobachtet (184).

Bei Kindern kann Thyreoid ein rascheres Wachsen des Skeletts verursachen (3).

Ein Stoff, der nichts mit der Schilddrüse zu tun hat, aber doch den Stoffwechsel erhöht und deshalb bei der Behandlung der Fettsucht verwendet wird, ist das *Dinitrophenol* (und Dinitrokresol und Dinitronaphthol). Vor Gebrauch dieser Mittel muß ernstlich gewarnt werden. Schon bei einer kleinen Menge können unangenehme Erscheinungen, lebensgefährliche Zustände und Todesfälle vorkommen (5): Tachykardie, Schwitzen, Schlaflosigkeit, Appetitlosigkeit, grüngelbe Verfärbung der Haut und der Schleimhäute (kein Gallenfarbstoff), Geschmacksstörungen, Erbrechen, Kopfschmerz, Dyspnoe.

Hautsymptome: Exanthem, Urtikaria, QUINKEsches Ödem, Dermatitis, Alopezie.

Zerebrale Erscheinungen: Hohes Fieber (46° C wurden beobachtet), niedriger Blutdruck, Koma, Konvulsionen, doppelseitiger Katarakt (6), Blindheit, Parästhesien, Neuritis, Störungen im Wasser- und Mineralstoffwechsel, Azidose. Ikterus mit starker Leberschädigung.

Eiweiß und Blut können im Urin auftreten und in schweren Fällen kann starke Degeneration des Nierengewebes konstatiert werden (7). Veränderungen im Blut, Thrombopenie (185), hämolytische Anämie, Leukopenie, Agranulozytose, Panzytopenie.

Nebenschilddrüsenextrakt (Parathormon, Epithelkörperchenextrakt)

Überdosierung dieses Präparates erzeugt Erscheinungen, die auch bei Hyperparathyreoidie und zu hoher Dosierung von Vitamin D_2 bekannt sind. Diese werden durch *Hyperkalzämie* erzeugt: Anorexie, Erbrechen, Bauchschmerzen, Diarrhöe, Unruhe, Angst, Muskelschwäche, Schwindelgefühl, Kollaps, Blutungen (5), Schmerzen in den Knochen infolge von Entkalkung des Skeletts, Kalkniederschläge in anderen Organen, z. B. den Nieren, wodurch auch Hämaturie, Albuminurie und Urämie entstehen können (s. auch Vitamin D_2).

Desoxycorticosteron (DOCA)

1. Veränderungen in der Zusammensetzung der Elektrolyten. Bei Überdosierung von DOCA wird so viel Natrium und Chlor festgehalten, daß Ödeme und Hydrämie entstehen. Ferner wird der Blutdruck zu hoch, wodurch es zu Symptomen von Decompensatio cordis kommen kann.

Der Kaliumgehalt des Blutserums wird niedriger, worauf auch ein drohender Zustand von schlechter Herztätigkeit folgen kann (also keine kaliumarme Diät während einer DOCA-Therapie).

Es gibt Autoren, die der Ansicht sind, daß kein Ödem durch Überdosierung von DOCA entstehen kann, wenn die Nebennieren gesund sind, sogar, wenn man überdies Salz zugibt (11). Andere bestreiten dies und sahen Herzschwäche mit Hypokalämie und Ödeme infolge Retention von Kochsalz bei Menschen mit gesunden Nebennieren (10). Die Hypokalämie durch DOCA kann außer starker Müdigkeit und

Herzsymptomen auch Lähmungen verursachen; sogar eine Paraplegie wurde beschrieben (14 a).

Außer durch Retention von Wasser und Salz kann unter Einfluß von DOCA durch eine direkte Wirkung auf den Gefäßtonus Hypertension entstehen. Diese trockene Hypertension kann bleibend sein; Nieren- und Augenveränderungen wurden dabei beschrieben (186).

2. Gelenkssymptome. Durch DOCA können Erscheinungen einer subakuten Arthritis entstehen. Hiebei kommt es zu Schwellung, Rötung der Gelenke, Fieber und erhöhter Blutsenkung.

Man sah diese Polyarthritis bei zwölf von 86 Patienten, die mit DOCA behandelt worden waren (14).

Diese Arthritis kann flüchtig sein, schon in den ersten Tagen der Behandlung entstehen oder erst nach Monaten deutlich werden.

Ein Patient mit Addisonscher Krankheit bekam zuerst täglich, dann jeden zweiten Tag 5 mg. Nach sechs Wochen entstand eine Arthritis des Knöchelgelenkes. Nach Aussetzen der DOCA-Therapie verschwanden die Erscheinungen, um sich nach Erneuerung der DOCA-Behandlung zu wiederholen (13).

DOCA kann zur Entstehung von Aschoffschen Knötchen führen. Man hat Veränderungen beobachtet, die das Aussehen einer Periarteriitis nodosa hatten (16).

Ein Mann starb plötzlich, nachdem er vorher bei einer Behandlung mit DOCA Konvulsionen bekommen hatte. Es wurden stellenweise im Herzmuskel und in Skelettmuskeln nekrotische Herde mit Anhäufung von Lymphozyten in der Umgebung der Blutgefäße gefunden.

3. Noch einige Folgen von DOCA-Behandlung. Man sah Hypoglykämie (9) und Gynäkomastie.

Man war auch der Ansicht, daß Patienten mit Addisonscher Krankheit während der Behandlung mit DOCA eine Aktivierung tuberkulöser Herde anderswo im Körper bekommen können (186).

Cortison und adrenocorticotropes Hormon (ACTH, Cortrophin)

Cortison und ACTH verursachen im großen und ganzen dieselben Nebenerscheinungen, aber man hat doch den Eindruck, daß durch Cortison etwas weniger Nebenerscheinungen entstehen als durch ACTH.

Die meisten Nebenerscheinungen verschwinden wieder nach Aussetzen der Therapie oder Verkleinerung der Dosis. Je höher die Dosis, desto größer die Gefahr der Nebenerscheinungen. Schwere Nebenerscheinungen sind selten und kommen nur bei einer hohen Dosis und bei langdauernder Darreichung vor. Kontraindikationen müssen beachtet werden. Nebenerscheinungen sind bei Frauen häufiger als bei Männern, die meisten sieht man aber bei Kindern (16 a).

1. Biochemische Veränderungen. Es kommt zu Retention von Natrium und Verlust von Kalium. Diese Veränderungen sind nach ACTH deutlicher als nach Cortison. Durch *Natriumretention* können Ödeme, Exsudat in der Pleurahöhle und Aszites entstehen.

Salzarme Diät setzt die Ödembildung herab (21).

Ein 13jähriges Mädchen wurde wegen akutem Rheumatismus mit 50 mg ACTH täglich behandelt. Nach sechs Tagen entstanden Lungen- und Gehirnödem.

Wegen *Kaliumverlust* muß man für genügende Zufuhr von Kalium in der Nahrung sorgen.

Erscheinungen von Kaliummangel mit Muskelschwäche und Herzsymptomen können vorkommen. Bei der Hälfte der behandelten Patienten findet man einen zu niedrigen Kaliumgehalt im Blutserum (52 a).

Verstärkte Kalziumausscheidung mit dem Harn kann zu einer *Hypokalzämie* führen. Erscheinungen von Tetanie können sich entwickeln (22 a). Auch eine erhöhte Phosphorausscheidung wurde wahrgenommen. Öfters wurde Osteoporose beobachtet.

Osteoporosis kann Schmerzen in den Knochen verursachen, Schmerzen im Rücken durch Entkalkung der Wirbelsäule und Spontanfrakturen (24).

Bei vier Männern, die eine langdauernde Behandlung mit Cortison oder ACTH durchmachten, entstand eine schwere Osteoporose, die multiple Frakturen der Wirbelsäule zur Folge hatte (197).

Als Prophylaxe empfiehlt man Testosteron und so viel als möglich Körperbewegung.

Besonders bei alten Menschen, bei Frauen in der Menopause und Patienten, die infolge schwerer Arthritis wenig Bewegung machen können, muß man vorsichtig sein (197).

Eine schwere Osteoporose entstand auch bei Patienten, die drei Jahre mit 75 bis 200 mg Cortison pro die behandelt worden waren.

Druck auf Nervenstämme und andere schwere neurologische Symptome waren ebenfalls Folge von Osteoporose.

Röntgenkontrolle und Kontrolle der Kalziumausscheidung in regelmäßigen Zeitabständen ist bei Menschen, die lange mit diesen Hormonen behandelt wurden, unbedingt notwendig (198).

Manchmal entwickeln sich *Alkalose* (25) und eine Steigerung des Cholesteringehaltes im Blut (26). Die *Blutsenkung* wird durch Abnahme des Globulin- und Fibrinogengehaltes im Blutplasma niedriger (27).

Es kann *erhöhter Eiweißabbau* entstehen: Die Stickstoffbilanz wird negativ.

Die *Blutgerinnung* kann gefördert werden (27 a, 28, 29), wodurch die Gefahr einer Thrombose größer wird.

Man hat eine hämorrhagische Diathese, die durch *Vitamin-C-Mangel* infolge ACTH verursacht wurde, beobachtet.

Darreichung von Vitamin C führte zur Besserung (31).

ACTH und Cortison erhöhen den *Harnsäuregehalt* des Blutes und können bei Gichtkranken einen akuten Gichtanfall hervorrufen (72).

2. ACTH und Cortison können die *innere Sekretion* eingreifend verändern.

Nebennieren. Die Nebennierenrinde kann unter Einfluß von ACTH und Cortison Symptome von *Hyperfunktion* und von *Hypofunktion* verursachen.

Die *Erscheinungen von Hyperfunktion der Nebennierenrinde* erinnern an das Syndrom von CUSHING.

Es können Vollmondgesicht und Fettsucht entstehen. Die Zunahme des Fettes sieht man besonders in der Umgebung von Schultern und Nacken (17). Die Haut wird dünn und es bilden sich Striae. Bei einem Patienten wurde die Haut an den Stellen der Striae so dünn, daß ein Riß in der Bauchwand entstand (178).

Die Haut wird fettig und es kommt zu Akne, besonders im Gesicht. Man beobachtete sogar eine echte seborrhöische Dermatitis (18). In der Umgebung schlecht geheilter Wunden (z. B. bei Ulcus cruris) können sich Pigmentationen entwickeln, man findet auch Bildung von Teleangiektasien und Hyperkeratose. Verstärkter Haarwuchs sowie Haarwuchs an Stellen, an denen bisher kein Haar gewachsen war, kommt vor.

Es können Muskelschwäche, Polyzythämie (19) und Hypertension entstehen. Hohen Blutdruck findet man besonders bei Kindern. Man sah Symptome von ausgesprochenem Virilismus. Als Teilerscheinung hievon kann bei Frauen die Stimme tiefer werden.

Erscheinungen von Hypofunktion der Nebennierenrinde. Durch Behandlung mit ACTH und Cortison kann eine herabgesetzte Funktion der Nebennierenrinde mit fatalen Folgen entstehen. Die Nebennierenrinde kann durch ACTH verbraucht und durch Cortison atrophisch werden. In beiden Fällen kommt es zu Symptomen der ADDISONschen Krankheit (68, 69, 70). Müdigkeit, allgemeine Körperschwäche, niedriger Blutdruck, Gelenkschmerzen, Brechreiz (34).

Die geringere Leistung der Nebennierenrinde ist reversibel (164), aber sie kann doch monatelang bestehen bleiben.

Man meint, daß die Atrophie ausbleibt, wenn man zugleich mit Cortison 125 mg Testosteron pro Woche reicht (171). Die Atrophie wurde histologisch festgestellt.

Oft zeigt sich die Nebenniereninsuffizienz erst, wenn die Darreichung von ACTH und Cortison eingestellt wird oder wenn höhere Ansprüche an die Nebennieren gestellt werden.

Ein Patient mit Rheumatismus wurde mit einer Tagesdosis von 100 mg ACTH behandelt. Nach 1600 mg zeigten sich alle Symptome der ADDISONschen Krankheit: starke Pigmentationen, Müdigkeit, Brechreiz, Anorexie; hoher Kalium- und niedriger Natriumgehalt im Blut. Nach Einstellen der Therapie verschwanden alle Erscheinungen mit Ausnahme der Pigmentation (199).

Bei einem Patienten, der wegen hämolytischem Ikterus täglich 125 mg ACTH bekam, zeigten sich Symptome der ADDISONschen Krankheit mit ausgesprochenen Pigmentationen, besonders im Gesicht und in der Mundschleimhaut. Allmählich wurde die Dosis vermindert und gleichzeitig Cortison dargereicht. ACTH wurde nach einer Woche, Cortison nach 20 Tagen ausgesetzt (200).

Bericht über einen Patienten mit ADDISONscher Krankheit, bei dem nach einem Thorn-Test mit 25 mg ACTH eine Krise entstanden sein soll. Genesung durch Noradrenalin (201). (Meiner Ansicht nach kann dies ein anaphylaktischer Schock gewesen sein.)

Ein Patient wurde wegen Kolitis mit ACTH behandelt. Er starb unter dem klinischen Bild der akuten Nebenniereninsuffizienz. Man fand Blutungen in beide Nebennieren, wie bei dem WATERHOUSE-FRIDERICHSENschen Syndrom (168).

Auch bei einer Operation stellt man hohe Ansprüche; man hat bei einer solchen auch fatale Folgen gesehen. Wenn der Patient kürzlich eine ACTH- oder Cortisonkur durchgemacht hat, und sogar wenn diese drei Vierteljahre vorher stattgefunden hat, kann die Nebennierenrinde in einem so schlechten Zustand sein, daß der Patient mit Schock reagiert.

Man sieht dasselbe bei einem Addisonkranken, wenn er operiert wird oder auf andere Art mit „stress" reagiert.

Verschiedene Todesfälle, die dadurch vorkamen, sind bekannt (150), und man muß bei dem heutzutage vielfältigen Gebrauch von ACTH und Cortison vor jeder Operation eine Anamnese in dieser Richtung aufnehmen.

Patienten, die in den letzten acht Monaten mit ACTH oder Cortison behandelt wurden, müssen, um einem postoperativen Schock vorzubeugen, folgenderweise mit Cortison behandelt werden (177, 150):

200 mg werden 48 Stunden, 24 Stunden und 1 Stunde vor der Operation gegeben; nach der Operation gibt man das Mittel noch einige Tage in abnehmender Menge.

Auch bei plötzlichem Aussetzen der ACTH- und Cortison-Therapie können Entzugserscheinungen vorkommen, die auf akuter Nebenniereninsuffizienz beruhen (21, 74 b, 74 c): Müdigkeit, Fieber, Schüttelfrost, Anorexie, Muskelkrampf, Arthritissymptome. Die Einstellung der Behandlung muß darum immer stufenweise vor sich gehen.

Ersatz von Cortison durch Hydrocortison hatte eine akute Insuffizienz der Nebenniere zur Folge. Es wird empfohlen, beim Wechsel der Therapie die Menge des Cortisons allmählich zu verkleinern, während man bereits Hydrocortison darreicht (202).

Diabetes kann vorübergehend entstehen. Dieser Diabetes reagiert schlecht auf Insulin. Der Zuckerstoffwechsel kann so gestört sein, daß Polydipsie und Polyurie entstehen, während in den meisten Fällen nur eine verminderte Toleranz für Kohlehydrate durch eine diabetische Blutzuckerkurve festgestellt wird (19).

Diabetespatienten, die ACTH bekommen, brauchen mehr Insulin. Ketonurie ist eine andere Folgeerscheinung der Intoleranz (16 a). Man hat gemeint, daß Patienten mit einer Psychose eher eine Störung des Zuckerstoffwechsels bekommen (32).

Auch *renale Glukosurie* wurde während einer ACTH-Kur beobachtet (33).

Bei langdauernder Behandlung kann es zu einem Syndrom der Hypofunktion der Nebennieren kommen. Diese ist durch *Hypoglykämie* und eine *stärkere Empfindlichkeit für Insulin* charakterisiert. Zu diesen Symptomen kam es nach Aussetzen der Behandlung mit Cortison (203).

Es ist aufgefallen, daß praematur geborene Kinder unter Einfluß von ACTH *schlechter wachsen* und unruhig werden (71). *Myasthenia gravis* wird bei ACTH-Behandlung schlechter (52 a).

Die *Menstruation* kann sich ändern. Man hat Amenorrhöe, unregelmäßige Menstruation, wenig oder aber mehr Blutverlust beobachtet. Manchmal wird über Wallungen geklagt, Libido und Potenz können abnehmen. Es kann zu lästigen Erektionen kommen (39).

Es ist möglich, daß die Behandlung mit ACTH und Cortison in den ersten Monaten der Schwangerschaft Anlaß zu Mißbildungen geben kann.

Von 30 Patientinnen, die wegen Erbrechens in der Schwangerschaft mit Cortison behandelt wurden, sah man fünf Kinder mit angeborenen Mißbildungen (204).

Man beobachtete Erscheinungen seitens der *Schilddrüse* mit Hypothyreoidie und im Gegenteil eine Hyperthyreoidie bei Einstellung der Behandlung (34).

Es kann auch eine Überfunktion der *Nebenschilddrüsen* mit Symptomen von Hyperparathyreoidie und eine Unterfunktion mit Tetanie als Folge auftreten (22 a, 24).

Gynäkomastie, aber auch Atrophie der Mammae kann vorkommen (52 a).

ACTH und Cortison befördern angeblich das Wachstum eines Mammakarzinoms.

3. Magen-Darmkanal. ACTH und Cortison verursachen eine starke Zunahme von Salzsäure und Pepsin; diese kann bis zu 200 % betragen (49).

Zunahme und Rezidiven der Beschwerden eines *Ulcus pepticum* kommen oft vor (45). Perforation und Blutungen (41, 46, 47, 49 a) aus einem Ulkus wurden wiederholt beschrieben, und man nimmt an, daß diese Komplikation dadurch entsteht, daß zu viel Salzsäure gebildet wird und daß ACTH und Cortison die Wirkung haben, Bindegewebe zum Verschwinden zu bringen.

Die Krankengeschichte eines Patienten mit Ulcus ventriculi ist bemerkenswert (49): Unter Einfluß von 100 mg ACTH pro Tag wurden zuerst die Magenbeschwerden schlechter, und darauf zeigten sich Symptome einer drohenden Perforation mit lokalen Erscheinungen einer Peritonitis.

Man soll deshalb Kranke mit Ulcus pepticum, die ACTH oder Cortison bekommen, regelmäßig kontrollieren. Man schreibt strengere Diät vor, mehr Milch, Alkali und kontrolliert den Magen durch Röntgen.

Aus der Literatur wurden 55 Fälle, bei denen ein frisches Ulkus oder eine ernste Verschlechterung eines Ulcus pepticum entstand, zusammengestellt. Man fand:

17mal Ulcus ventriculi,
25mal Ulcus duodeni,
zweimal Ulcus ventriculi und Ulcus duodeni,
bei neun Patienten wurde die Lokalisation nicht angegeben.

25 Patienten hatten vorher niemals über Magenbeschwerden geklagt.

Bei 45 % kam es zu schwerer Blutung oder zu einer Perforation. Manchmal entstand das Ulkus schon nach einer Behandlung von drei bis fünf Tagen.

Auch über andere Komplikationen im Magen-Darmtrakt berichtet diese Publikation: Perforation der Gallenblase, Perforation eines MECKELschen Divertikels, ulzeröse Ösophagitis und phlegmonöse Gastritis (205).

Auch leichte Magenbeschwerden, wie Aufstoßen, Meteorismus und unbestimmte Schmerzen im Oberbauch, kommen vor.

Auch anderswo im Darm kann sich derselbe Prozeß abspielen wie im Magen. Wiederholt fand man Perforation und Blutungen von Geschwüren im *Kolon* (41).

Bei einem Patienten nahm die Geschwürbildung solche Ausmaße an, daß ein bedeutender Teil des Darmes bloß lag.

Geschwüre in der Speiseröhre (181), die bluten können, hat man ebenfalls gesehen.

Bedeutende Stuhlverstopfung und Ileus können entstehen, wenn der Kaliumgehalt des Blutserums zu niedrig wird (52 a).

Man sah die Entwicklung einer hämorrhagischen Pankreatitis (48) und einer Fettleber (49). Bei Leberkrankheiten kann der Aszites zunehmen.

Aphthen an der Zungenschleimhaut und dem Gaumen (50) kommen vor, und in einem anderen Falle trat Schwellung der Parotis auf (17).

4. Herz und Blutgefäße. Bei einem Teil der Patienten entsteht nach der Behandlung mit ACTH und Cortison *Hypertension* entweder durch Retention von Wasser und Salz oder durch eine verengernde Wirkung auf die Arteriolen. Es wurden sogar Fälle von maligner Hypertension beobachtet, und in einzelnen Fällen wurden Veränderungen an den Arterien wie bei einer Periarteriitis nodosa gefunden. Man sah diese Veränderungen u. a. nach Behandlung von Sklerodermie (60) und man beobachtete die Entwicklung einer malignen Hypertension nach der Behandlung der Periarteriitis nodosa mit Cortison (162).

Von 32 Patienten mit Lupus erythematosus bekam die Hälfte trotz einer strengen salzlosen Diät eine deutliche Hypertension. Nach Beendigung der Behandlung mit ACTH oder Cortison ging der Blutdruck wieder auf die normale Höhe zurück (195).

Als Folge der Hypertension können Herz und Gehirn verschiedene Symptome zeigen.

ACTH und Cortison sollen die Thrombose- und Emboliebereitschaft erhöhen (28, 29). Die Thrombose kommt oft in peripheren Gefäßen vor, aber auch in der Vena portae, den Mesenterialgefäßen und im Gehirn (52 a, 172).

Von mehr als 700 Patienten, die mit ACTH oder Cortison behandelt wurden, bekamen 28 Thrombose oder Embolie (30). Schon 48 Stunden nach Beginn der Behandlung scheint die Gerinnungszeit des Blutes verkürzt zu sein und bleibt es manchmal noch gut drei Wochen nach Einstellen der Behandlung. In anderen Fällen verschwindet die Neigung zu erhöhter Blutgerinnung schon während der Behandlung (183).

Angeblich werden die Patienten unter Einfluß von ACTH sehr empfindlich für Dicumarin (52 a).

Im Gegensatz zu diesen Berichten meldet eine andere Publikation (206): 87 Patienten, die schwere kardiovaskuläre und zerebrovaskuläre Erkrankungen hatten, wurden täglich mit 200 bis 300 mg Cortison behandelt, wobei sich keine Fälle von Thrombose einstellten.

Nicht nur die Venen, auch die Arterien können thrombosieren, und die Verengung wird nicht allein durch Thrombose verursacht, sondern es kann auch Endarteriitis der Grund sein.

So hat man die Abschließung der Arteria centralis retinae, der A. radialis (59), der A. femoralis (59 a) und der Nierenarterie (165) beobachtet. Auch zu Herzinfarkten kann es kommen (30).

Eine Mitteilung berichtet über zwei Sterbefälle nach 720 bzw. 860 mg ACTH im ganzen. Man fand fibröse Obliteration der Arterien und Ischämie verschiedener Organe.

Auch einzelne Fälle von Tod durch Schock wurden nach intravenöser Darreichung von Cortison gesehen (149 a) (s. weiter allergische Erscheinungen).

In der Aorta können sich Lipoide abscheiden (149).

Man meint, die Entwicklung einer Amyloidose beobachtet zu haben (207).

Man sah während der Behandlung mit ACTH die Entstehung von Hämangiomen (166).

Es können Extrasystolen und Kammerflimmern vorkommen (58). Das EKG kann Verlängerung der QT-Zeit und niedrige T-Zacken zeigen.

5. *Lungen und Luftwege.* Wenn Patienten mit einer Lungenkrankheit, die mit Bindegewebsvermehrung einhergeht, mit ACTH behandelt werden, kann bei plötzlichem Einstellen der Therapie eine heftige Atemnot entstehen.

Es kann zu Lungenödem kommen, besonders bei Nierenkranken (62), und man hat auch einige Fälle von Asthma während einer Behandlung mit ACTH und Cortison beobachtet.

6. *Nieren.* ACTH und Cortison können eine Herabsetzung der Nierenfunktion verursachen. In einigen Fällen kam es zu Urämie. Ein Patient hatte während der Cortisonbehandlung eine acht Tage dauernde Anurie (159).

Manchmal findet man Eiweiß im Harn oder eine Zunahme bestehender Albuminurie (53, 54).

Verschlechterung einer Glomerulonephritis und einer Amyloidnephrose (52 a) wurde beobachtet.

Die Diurese kann zunehmen und zu Polyurie führen; bei dem nephrotischen Syndrom können auf diese Art Ödeme entwässert werden (55).

ACTH verkleinert die Rückresorption von Kalium.

Man beobachtete das Entstehen von Niereninfarkten.

7. *Haut.* Verschiedene Erytheme, Erythema multiforme, QUINCKEsches Ödem, Purpura und Urtikaria (182) können entstehen. Wir selbst sahen bei einer Behandlung mit ACTH eine Urtikaria, die an den Einspritzungsstellen begann und sich dann über den ganzen Körper verbreitete.

Man sah das Entstehen eines schmetterlingsförmigen Erythems im Gesicht (64) und auch Herpes zoster (63), Psoriasis (68), sebor-

rhöische Dermatitis (18) und andere Formen von Dermatitis (52 a).
Auch Kontaktdermatitis kommt vor.

Keloide werden kleiner. Es können Striae, Naevi (65) und Akne
entstehen.

Man sah die Entwicklung von Akne schon nach einer so minimalen
Menge von Cortison, wie sie in Augentropfen oder Augensalbe gebraucht
wird (167).

8. *Blut.* Es ist normal, daß der Prozentsatz der Eosinophilen und
der Lymphozyten kleiner wird, wenn Personen mit normalen Nebennieren ACTH oder Cortison bekommen. Es kann bei dieser Therapie
aber auch zu Eosinophilie kommen, möglicherweise durch Wirkung
des körperfremden Eiweißstoffes (157).

Man hat eine Zunahme der Zahl der Blutplättchen beschrieben (66),
aber in 50% kommt eine Verminderung der Thrombozyten vor (170).

Man hat Purpura beobachtet, die durch eine erhöhte Durchlässigkeit
der Kapillaren begründet zu sein scheint. Zuweilen traf man Vitamin-
C-Mangel an (31).

Es kann Leukozytose entstehen; Retikulozyten und die Zahl der
Erythrozyten per mm³ nehmen zu. Die Blutgerinnung geht schneller
vor sich.

Man hat beobachtet, daß Fälle von Leukämie und Lymphogranulom
unter Einfluß dieser beiden Mittel ungünstig verliefen (52 a).

Bei einem Patienten, der wegen rheumatoider Arthritis mit Cortison
behandelt wurde, entwickelte sich eine Leukopenie mit relativer Lymphozytose
(1350 bzw. 76%). Man konnte nicht feststellen, ob das Cortison oder das
gleichzeitig gebrauchte Salizyl oder Codein die Ursache waren (169).

Man hat auch einen Fall von tödlich verlaufender Panzytopenie
während einer ACTH-Kur beobachtet (176).

9. *Nervensystem. a) Psychische Veränderungen:* Euphorie, guter
Appetit, erhöhte Energie, schnelleres Denken, Gesprächigkeit, Nervosität, Reizbarkeit, Unruhe, Angst, Schlaflosigkeit, Stupor.

b) Schwerere psychische Störungen, die zu großen Schwierigkeiten
führen können, sind möglich. Die ganze Persönlichkeit kann sich
ändern.

Manische und depressive Zustände, Erscheinungen von Katatonie,
Mutismus, Negativismus, Schizophrenie, Delirium tremens und Amentia
wurden beobachtet (33 a).

Weiter: Verwirrtheit, Desorientierung, Halluzinationen. Die psychische Verwirrtheit kann zu Selbstmord führen (62).

In der psychiatrischen Klinik Lund wurden vier Fälle (208) von Psychosen bei Patienten, die wegen Gelenkschmerzen behandelt wurden, beobachtet:
1. Eine 66jährige Frau wurde nach zehn Tagen ACTH erst aufgeregt,
dann ängstlich, hatte Gesichtshalluzinationen und Depression. Sie wurde
aggressiv und mißtrauisch, äußerte unwahre Beschuldigungen und hatte
Selbstmordgedanken. Genesung nach Aussetzen der Therapie.
2. Ein 70jähriger Mann wurde nach fünf Tagen ACTH (125 mg) ängstlich und hatte Gesichtshalluzinationen. Obwohl die Behandlung sofort unterbrochen wurde, dauerten die Symptome noch sechs Wochen.

3. Eine 39jährige Frau bekam acht Tage nach total 1300 mg Cortison Depression, Wahnvorstellungen, wurde unruhig und mißtrauisch, später stuporös. Nach 1¹/₂ Jahren war noch keine Besserung in diesem schizophrenieähnlichen Zustand eingetreten.

4. Eine 50jährige Frau war nach 950 mg Cortison in acht Tagen euphorisch. Sie glaubte, es genügten ihr vier Stunden Schlaf. Hierauf wurde sie ängstlich, wollte aus dem Fenster springen, hatte Wahnvorstellungen und Halluzinationen. Genesung nach dreieinhalb Monaten.

Es scheint, daß Patienten, die früher psychisch labil waren (2 und 3), eher mit Psychosen reagieren, so daß man bei Patienten mit psychischer Anamnese mit diesen Hormonen vorsichtig sein muß (209). Die Patienten reagieren oft nach der Hormonbehandlung mit denselben Symptomen, die sie bei früheren psychischen Störungen gezeigt hatten.

Drei Patienten mit Addisonscher Krankheit bekamen im Laufe von 72 Stunden nach Beginn der Cortisontherapie psychotische Erscheinungen (210).

c) Neurologische Störungen. Kopfschmerz, Tremor, Parästhesien, Lähmungen, Geschmacksstörungen, Verlust des Geruches, vorübergehende Taubheit (34) und Inkontinenz hat man gesehen. Hie und da konstatierte man eine Neuritis (34).

d) Erscheinungen von Enzephalopathie können durch Hirnödem und Gefäßstörungen entstehen. Der Gehirndruck kann erhöht sein (35) und der Eiweißgehalt der Lumbalflüssigkeit kann zunehmen. In einem Falle kam es zu subarachnoidaler Blutung (191). Veränderungen im Elektroenzephalogramm wurden wiederholt beschrieben (25). Es kann zu Koma kommen, oft auch zu Konvulsionen, besonders bei Kindern. Diese Konvulsionen können ebenso wie Epilepsie verlaufen.

Unter 40 Kindern, die mit ACTH behandelt wurden, stellte man bei drei einen Status epilepticus fest (37). Bei einem fünfjährigen Knaben endeten diese Konvulsionen mit dem Tode. Der Blutdruck war auf 190/150 gestiegen (163).

Ein Asthmatiker nahm täglich 200 mg Cortison. Nach einer stark gesalzenen Mahlzeit bekam er vier Anfälle von Bewußtlosigkeit, Perioden, denen Kopfschmerzen, Brechreiz, Erbrechen, klonische Krämpfe und Inkontinenz vorangingen. Der Mann hatte außerdem einen Tremor der Finger und der Augenlider (38).

Ein siebenjähriges Mädchen mit akutem Rheumatismus bekam 60 mg ACTH pro Tag. Nach vier Tagen kam es zu Konvulsionen, Delirium, Halluzinationen. Nach einem Status epilepticus von vier Tagen trat Restitution ein. Die ACTH-Behandlung wurde sofort eingestellt (211).

10. Augen. Vorübergehende Myopie (19), Glaukom (52a), Perforation eines Ulcus corneae (67), homonyme Hemianopsie, Augenmuskellähmungen (159), Ödem der Bindehäute (154), allergische Erscheinungen durch Augensalben oder Tropfen.

11. Allergische Erscheinungen. Auf den ersten Blick scheint es eigenartig zu sein, daß man durch ein Mittel, das gegen Allergie gebraucht wird, allergische Erscheinungen bekommen kann. Man muß aber bedenken, daß ACTH aus tierischen Organen zubereitet wird und daher antigene Eigenschaften haben kann (51). Wiederholt wurde

Eosinophilie beobachtet. Manchmal entsteht Vermehrung der eosinophilen Zellen wohl durch das eine Präparat, aber durch das andere nicht (52 b).

Über allergische Hautveränderungen s. Nr. 7, S. 229. Es kann zu Fieber kommen (52).

An der Injektionsstelle können Rötung, Schwellung und Jucken vorkommen.

Anaphylaktischen Schock sah man wiederholt (51 a), besonders nach intravenösen Injektionen.

Ein Patient starb unmittelbar im Anschluß an die neunte wöchentliche intravenöse Infusion. Bei der Obduktion fand man akutes Lungenemphysem (51 b).

Bei zwei Patienten entstand anaphylaktischer Schock nach einem intravenösen Infus, das auf 500 ml physiologische Kochsalzlösung 20 mg ACTH enthielt. Nach 15 Minuten — die Patienten hatten ungefähr 2 mg ACTH bekommen — kam es zu Brechreiz, Schüttelfrost, Klagen über Kopf- und Rückenschmerzen, und es trat Schock ein (153).

Ein Infus mit ACTH verursachte Lungenödem (212). Ein anderer Patient starb an anaphylaktischem Schock (213).

Es folgen einige merkwürdige Beobachtungen (214):

a) Ein Patient, bei dem dreimal eine Kalbshypophyse implantiert wurde, bekam nach 45 mg ACTH (das von einem Kalb stammte) Schwellung, Rötung und Jucken an den Implantationsstellen.

Ein Jahr später kam es drei Minuten nach 50 mg ACTH zu anaphylaktischem Schock.

b) Nach einem ACTH-Infus entwickelten sich auf den früheren Injektionsstellen von Asthmolysin (Hypophyse Rind) große, juckende Urtikaria-Quaddeln.

Allergische Erscheinungen nach intraartikulärer Einspritzung von Hydrocortison (230).

12. Infektionen. Der Widerstand gegen Infektion nimmt während der Behandlung mit ACTH und Cortison ab. Die Ursache hievon ist vielleicht die Destruktion lymphoiden Gewebes. Wiederholt sah man, daß Wunden schlecht heilen und Infektionen durch Kokken und Bakterien entstehen: Pneumokokken, Staphylokokken, Coli.

Furunkulose, Abszesse, Pyelitis, Parotitis, Orchitis, Perforation eines Empyems der Gallenblase (192) wurden beobachtet. Meistens kommt es zu diesen Infektionen oder zu ihrem Fortschreiten ohne Temperaturerhöhung. Manchmal entstehen Abszesse an den Injektionsstellen. Staphylokokken-Sepsis (229).

Malaria, Virus-Pneumonie (52 a), Vaccinia, Varicellen (173), Poliomyelitis, Blastomykose, Nocardiose wurden beobachtet.

Große Abszesse wurden durch Aspergillus und C. albicans in Herz, Perikard, Lungen, Pleura, Gehirn, Dura mater, Leber, Milz, Nieren, Nebennieren, Schilddrüse, Peritonaeum und Haut bei einer ACTH-Therapie hervorgerufen (217).

Ein Patient mit Myelom bekam eine eitrige Meningitis; ein Patient mit lymphatischer Leukämie starb an Aktinomykose.

Im Anschluß an eine Kolitis kann eine Peritonitis ohne alarmierende Symptome entstehen; Ulcus pepticum, Appendizitis (41), Peritonitis. Bei Kindern mit nephrotischem Syndrom, die mit ACTH behandelt wurden, sah man Septikämie und Erysipel (57).

Ein ungünstiger Einfluß auf Dekubitus und Ulcus varicosum wurde beobachtet (40).

Besonders ernst sind die Wahrnehmungen über das Aktivieren und die Aussaat von *Tuberkulose* (42). Die Tuberkulose ist durch einen schnell fortschreitenden, exsudativen und kavernösen Prozeß charakterisiert. Fälle von miliarer Tuberkulose (44) und tuberkulöser Meningitis (42 a, 215) sind nicht selten.

Die Aktivierung der Tuberkulose tritt wahrscheinlich dadurch ein, daß die schützende Kapsel von Lymphozyten und Bindegewebe in der Umgebung des Herdes unter Einfluß von ACTH und Cortison zur Auflösung gebracht wird.

Zwei Fälle von Miliartuberkulose bei Behandlung einer akuten Leukämie; sechs von sieben Patienten mit HODGKINscher Krankheit zeigten frische Erscheinungen von Tuberkulose nach Behandlung mit Cortison und ACTH (216).

Immunologisch interessant und wichtig ist es, daß die PIRQUETsche Reaktion oft negativ wird (156).

Tuberkulose, geheilte Tuberkulose und alte Herde bilden eine unbedingte Kontraindikation für die Behandlung mit ACTH oder Cortison.

Die *Prozentanteile* der meist vorkommenden Nebenerscheinungen von ACTH und Cortison werden nach den Angaben einer Statistik über 211 Fälle im folgenden angeführt:

Ödem 42,6, Vollmondgesicht 27,5, Akne 17, leichte Euphorie 18, Schlaflosigkeit 30,8, erhöhter Appetit 69,5, schlechte Heilung von Wunden nach Probeexzision 20 (73).

Kontraindikationen. Herzpatienten (74), Koronarerkrankungen, andere Symptome von Arteriosklerose, Hypertension, Diabetes, CUSHINGsches Syndrom (74 a), Tuberkulose, Osteoporose, Psychosen, chronische Nephritis, Myasthenie.

Bei Ulcus pepticum dürfen ACTH und Cortison nur mit großer Vorsicht gebraucht werden und dann nur in Kombination mit Diät, Alkali und Antispasmodika.

Zur Vermeidung von Infektionen können Antibiotika angewendet werden.

Androgene Stoffe

Bisher wurde bei 18 Patienten ein eigenartiger Einfluß auf die Leber beschrieben; sie bekamen Gelbsucht nach Einnehmen von Methyltestosteron sowie auch nach intramuskulärer Injektion. In den interzellulären Gängen wurden Gallenthrombi im Zentrum der Leberläppchen gefunden mit spärlichen Veränderungen der Leberzellen und des periportalen Bindegewebes trotz schwerem Ikterus. Die Ausflockungsreaktionen fielen normal aus, ebenso war der Albumin/Globulin-Quotient normal. Es bestand eine mäßige Erhöhung der alkalischen Phosphatase. Nach reinem Testosteron und Testosteron-propionat sah man keinen Ikterus (146).

Drei Patienten mit Leberzirrhose wurden 10 bis 15 Tage nach Implantation von Methyl-testosteron komatös, mit Erscheinungen von Hypoglykämie und Reststickstoffsteigerung. Man fand Hämatochromatose (155).

I. Einfluß von Testosteron auf den Mann. Bei Knaben kann eine frühzeitige Schließung der Epiphysenfugen und Zurückbleiben im Wachstum folgen. Der Penis kann wachsen, und es kommt zu verstärktem Haarwuchs am Körper, wobei auch geistig von einem prämaturen Reifungsprozeß gesprochen werden kann (187). Unter Einfluß einer großen Menge und langdauernder Darreichung von Testosteron bei erwachsenen Männern und bei Knaben kann die Hypophyse derart gehemmt werden, daß die Hoden atrophieren und eine Azoospermie entsteht.

Androgenes Hormon kann bei Männern Gynäkomastie hervorrufen.

Androgenes Hormon, das oft zur Behandlung der Impotenz verwendet wird, kann sogar eine Verminderung der Libido und Potenz verursachen (151).

In einem Fall sah man bei einem Mann Priapismus entstehen, nachdem in einer Woche 100 mg Testosteron-propionat gegeben worden waren (161).

Durch Wasser- und Salzretention kann es zu Hypertension und Decompensatio cordis mit Dyspnoe, Lungenödem, Zyanose und Symptomen von „forwardfailure" kommen (81).

Testosteron befördert die Bildung von Muskelprotoplasma und angeblich auch den Fettansatz.

Prostatakarzinome wachsen nach Testosteron.

II. Einfluß von Testosteron auf die Frau (75). Gewichtszunahme durch Bildung von Muskelprotoplasma (Stickstoffretention), Fett- und Flüssigkeitsretention.

Es kommt zu Retention von Natrium und Chlor, wodurch Ödeme, besonders an den Beinen, entstehen können. Das Herz wird überlastet, dadurch kommt es zu Insuffizienzsymptomen; sogar Sterbefälle kamen vor (76).

Erhöhte Libido.

Symptome von Maskulinismus: Vergrößerung der Klitoris, männlicher Haarwuchs, Bartwuchs. Manchmal kann von einem tatsächlichen Hirsutismus, bei dem Hypertrichose am Körper und Verlust des Kopfhaares vorkommen, gesprochen werden. Das Gesicht wird runder und röter, der Hämoglobingehalt und die Zahl der Erythrozyten nehmen zu, fettige Haut, Akne, Furunkulose (175), tiefere Stimme infolge von Ödem und Vergrößerung des Kehlkopfes, manchmal wird über Halsschmerzen geklagt (175), Atrophie der Mammae, Uterusatrophie mit Amenorrhöe.

Es können Hyperkalzämie mit Klagen über Brechreiz, Erbrechen, Abmagerung und Erscheinungen von Niereninsuffizienz (78) entstehen.

Es kann auch zu Brechreiz, Erbrechen, Diarrhöe, Anorexie bei einem normalen Kalziumgehalt kommen. Oft wird über Schläfrigkeit, Schwindelgefühl und Zittern geklagt (80).

Bei 82 Patienten mit Mammakarzinom, die mit Testosteron-propionat behandelt wurden, sah man folgende Prozentanteile von Nebenerscheinungen:

Heiserkeit 61, Hirsutismus 52, Verlust der Kopfhaare 22, Akne 30, Gröberwerden 44, Schläfrigkeit 10, Brechreiz 18, Erbrechen 11, Besserungsgefühl 76, Gewichtszunahme 71, erhöhte Libido 37, Ödem 16, Hyperkalzämie 10, Urämie 4.

Nach Behandlung mit Testosteron können juckende Exantheme (79), Fieber, Gelenkschmerzen, Urtikaria, Erythrodermie, Erythema nodosum (219) entstehen.

An Stelle von Amenorrhöe kann es zu Menorrhagien, sogar bei Frauen, die schon lange in der Menopause sind, kommen.

Bei Frauen in der Menopause kann Androgen-Hormon an Stelle von Atrophie Schwellung und sogar Sekretion der Mammae verursachen (142).

Eine Frau, die in einer Fabrik arbeitete, in der Methyltestosteron erzeugt wurde, bekam nach zwei Monaten ein juckendes Erythem, Akne und Haare im Gesicht. Die Menstruation wurde geringer, die Stimme heiser. Nachdem sie zwei Monate nicht mehr dort gearbeitet hatte, verschwanden alle Symptome (188).

Methyl-androstendiol

Dieses Mittel ist mit dem Methyltestosteron verwandt, soll aber weniger oft Maskulinisation verursachen und auch die Libido weniger verstärken. Aber auch bei diesem Präparat hat man Zeichen von Hirsutismus und Libidoverstärkung beobachtet (147).

Anorexie, Brechreiz, Erbrechen, Diarrhöe, Schläfrigkeit, Akne, Hyperkalzämie können vorkommen. Durch Methyl-androstendiol soll bei Kindern das Längenwachstum angeregt werden (193).

Eine 23jährige II. Para wurde wegen Mammasarkom mit Methyl-androstendiol behandelt. Vom sechsten Monat ab bis zur Geburt bekam sie im ganzen 3,2 g. Die Schwangerschaft wurde nicht beeinflußt. Das neugeborene Mädchen hatte eine bedeutende Vergrößerung der Klitoris und eine skrotumartige Vergrößerung der großen Labien (218).

Östrogene Stoffe: Östron (Menformon), Östradiol (Dimenformon) (7)

I. Nebenerscheinungen östrogener Stoffe beim Mann. 1. Erscheinungen von Feminisation: Hohe Stimme, die Haare werden dünn, seidenartig, verminderter Bartwuchs, Kichern, Atrophie der Hoden mit Aufhören der Spermiogenese (82), verminderte Libido, Impotenz, Gynäkomastie, Pigmentation der Brustwarzen (84).

2. Magen-Darmerscheinungen. Anorexie, Brechreiz, Erbrechen, Diarrhöe, Bauchschmerzen, toxische Hepatitis? (85).

3. Allgemeine Erscheinungen. Kopfschmerzen, Müdigkeit, Parästhesien, Schwindel, Durst, trockener Mund, akute psychotische Zustände.

Decompensatio cordis durch Retention von Wasser und Salz.

4. Haut. Jucken, angioneurotische Ödeme (86), Erythrodermie (87 a), Pigmentation von Skrotum, Penis, Bauch, Achselhöhlen und Narben.

5. Symptome von Hyperkalzämie mit Dehydration und Nierenschädigung. Anfänglich Polyurie, später Anurie und Urämie; Osteoporose und Osteoplasie (87).

6. Mammakarzinom entstand in einer Reihe von Fällen bei Behandlung von Prostatakarzinom mit östrogenen Stoffen (88, 89). Auch nach Stilböstrol kann Mammakarzinom entstehen (152).

7. Blut. Fälle von thrombopenischer Purpura wurden beobachtet (142).

8. Kontakt mit östrogenen Stoffen, z. B. bei Arbeitern, die bei der Fabrikation beschäftigt sind, kann Jucken und Schwellung der Mammae, Kopfschmerzen, verminderte Libido, Impotenz, Hodenatrophie zur Folge haben (187).

Ein Laboratoriumsdiener kam mit seinen Händen viel mit einer alkoholischen Lösung von hohem Gehalt an östrogenen Stoffen in Berührung. Er bekam Gynäkomastie, Hodenatrophie und wurde impotent (90).

Nach Gebrauch einer östrogenhaltigen Salbe zeigte sich bei einem Jungen frühzeitige sexuelle Entwicklung (90 a). Ein anderer vierjähriger Junge bekam Symptome von Gynäkomastie mit Pigmentation der Brustwarzen. Seine Mutter war mit Einpacken von Stilböstrol beschäftigt, anfänglich in einem Laboratorium, später zu Hause (148).

II. Nebenwirkungen von östrogenen Stoffen bei der Frau. Östrogene Stoffe sind bei jungen Mädchen ebenso kontraindiziert wie männliche Hormone bei Knaben. Auch bei Mädchen besteht die Gefahr einer vorzeitigen Schließung der Epiphysenfugen und infolgedessen von Aufhören des Wachstums. Es kann auch zu Erscheinungen von Pubertas praecox kommen.

1. Einfluß auf den weiblichen Geschlechtsapparat. Es kommt zu Uterusblutungen (91), sogar bei sehr alten Frauen, die die Menopause schon lange hinter sich haben, wenn östrogene Stoffe lange Zeit hindurch gereicht werden. Blutungen können ferner einige Tage bis eine Woche nach Aussetzen der Östrontherapie auftreten.

Starke Blutungen können sich bei glandulärer Hyperplasie mit Zystenbildung im Endometrium zeigen. Diese Hyperplasie entsteht, wenn zu viel und zu lange Östrogen gebraucht wurde (92). Es scheint, daß diese Entwicklung besonders bei Frauen im Präklimakterium und bei Frauen mit Myomen vorkommt (93).

Hämatometra und Hämatosalpinx entstanden nach 14jährigem Gebrauch von Östron (158).

Der Uterus vergrößert sich unter dem Einfluß von östrogenen Stoffen. Man muß damit rechnen, daß nach langdauerndem Gebrauch von Östron Uterus und Mammakarzinome entstehen. Das Entstehen eines Uteruskarzinoms ist ziemlich sicher (94).

Corpuskarzinom entstand nach 17jähriger Follikelhormonmedikation wegen Dysmenorrhöe (220), Uteruskarzinom durch östronhaltige Salbe (94 a).

Die Brüste können größer werden und eine schmerzhafte Spannung verursachen. Die Areolae mammae werden pigmentiert. Eine große Menge Östron kann die Funktion der Mammae hemmen und der Milchbildung entgegenwirken.

Man muß damit rechnen, daß ein schon bestehendes Karzinom schneller wächst. Östron veranlaßt Gewichtszunahme, teils durch Fettansatz, teils durch Retention von Wasser (Hämoglobingehalt, Zahl der Erythrozyten und Hämatokritwerte werden kleiner) (91 a). Bei einem großen Prozentsatz sieht man Ödeme.

2. *Magen-Darmkanal.* Brechreiz, Erbrechen, Diarrhöe, Anorexie. Östrogene Stoffe scheinen einen ungünstigen Einfluß auf die Leber auszuüben.

Man glaubt, daß mit zunehmendem Alter die Häufigkeit der Magenbeschwerden bei mit Östron behandelten Frauen abnimmt (175).

Hepatitis, selbst mit tödlichem Ausgang, wurde beobachtet. Es wird empfohlen, Frauen mit Menstruationsstörungen, die Symptome einer gestörten Leberfunktion oder Ikterus gehabt haben, kein Östrogen zu geben (99).

Vereinzelt wurde Glossitis konstatiert, die auf Vitamin-B-Komplex gut reagierte.

3. *Haut.* Oft kommen Pigmentationen der Areolae mammae, der Achselhöhlen, Narben, Labien, Nabelgegend, Linea alba, Halsgegend und im Gesicht vor (221).

Manchmal wird über Jucken geklagt, und es können Erytheme entstehen.

Östron kann auch Urtikaria und andere allergische Erscheinungen sowie Fieber verursachen.

Bei einer Frau kam es nach starker Überdosierung zu *Erythrodermie,* Hypertension mit Benommenheit und starken Ödemen (196).

Hie und da wurde geringe Zunahme der Behaarung konstatiert.

4. *Kalziumstoffwechsel.* Hyperkalzämie mit Osteoporose des Skelettes und Verkalkung der Nierentubuli mit fortschreitender Schädigung und Urämie (96).

Diese Erscheinungen sah man auch nach Gebrauch synthetischer östrogener Stoffe.

Man fand auch einen niedrigen Kalziumgehalt des Blutes mit Tetaniesymptomen (95).

5. *Blut.* Es gibt verschiedene Publikationen, die auch über Vorkommen von thrombopenischer Purpura bei Frauen berichten (97, 98).

Bei einer Frau beobachtete man eine Panzytopenie, die dem Gebrauch östrogener Stoffe zugeschrieben wurde. Sie hatte zehn Jahre hindurch wegen Pruritus vulvae in verschiedenen Zeiträumen Injektionen von Östradiol bekommen. Einige Wochen nach der letzten Serie starb sie an Erschöpfung des Knochenmarks (189).

6. *Nervensystem.* Schwindel, Schläfrigkeit, Kopfschmerzen und Libido können beobachtet werden. Vereinzelt wurden psychotische Erscheinungen konstatiert, bei denen das sexuelle Leben im Vordergrund

steht (187). Manchmal treten Miktionsbeschwerden, manchmal Inkontinenz auf (175).

7. *Lokale Verwendung.* Durch Cremes, Salben und Haarwässer (!), die Östron enthalten, können verschiedene Nebenerscheinungen entstehen: Brechreiz, Erbrechen, Diarrhöe, Fieber, Jucken und Urtikaria (100). Man sah auch Hyperplasie des Endometriums (99 a), Uterusblutungen (99 b) nach Einstellen der Therapie und auch Uteruskarzinom (94 a).

Auch Gynäkomastie ist bei dieser Anwendung nichts Seltenes.

Einem sechsjährigen Mädchen wurde die Vulva länger als einen Monat mit Diaethylstilböstrol-Salbe behandelt. Kurz nach Beginn dieser „Behandlung" schwollen die Brüste an und es wurde eine starke Pigmentation der . Areolae mammae festgestellt. Eine vaginale Blutung stellte sich ein. Nach Aussetzen der Behandlung erholte sich das Kind in kurzer Zeit (222).

8. *Bei synthetischen Stoffen mit östrogener Wirkung* kann man dieselben Nebenerscheinungen erwarten. Man nimmt an, daß der Prozentsatz ungefähr gleich ist. Der Einfluß auf die Verknöcherung der Epiphysen soll bei Gebrauch synthetischer Produkte stärker sein (102). Man muß daher bei jungen Menschen mit diesen vorsichtiger umgehen als mit natürlichen östrogenen Stoffen (143).

Äthinylöstradiol (Lynoral)
macht wenig Magenbeschwerden (143), Stilböstrol aber schon nach einer kleinen Dosis (101).

Auch nach Gebrauch von Lynoral hat man Urtikaria gesehen (103).

Als anschauliches Beispiel für die Frequenz der Nebenwirkungen einer starken Östrogen-Kur bei Mammakarzinom lassen wir den Prozentsatz einer Statistik über 235 Patienten folgen: Anorexie 57, Brechreiz 58, Erbrechen 32, Bauchschmerzen 6, Diarrhöe 5, Schwindelanfälle 4, Kopfschmerzen 7, Schläfrigkeit 8, Libidozunahme 2; Pigmentation der Areolae 80, der Achselhöhlen 40, Narben 18, Hauterytheme 1, Jucken 4.

Vergrößerung der Brüste 20, Empfindlichkeit der Mammae 16, Uterusblutungen 33, Blutungen beim Aussetzen der Therapie 42, Amenorrhöe 88, Urindrang und Inkontinenz 28, Ödeme 34, kardiale Stauungssymptome 9, Sterbefälle an Herzerkrankung 3, Hyperkalzämie 1.

Progesteron
Nach Progesteron entstanden Asthma, QUINCKEsches Ödem, Urtikaria, Migräne, Pruritus vulvae, ulzeröse Stomatitis (228).

Gonadotropes Hormon
kann die Ursache der Entstehung von Ovarialzysten sein. In einem Fall kam es sogar zur Ruptur einer solchen Ovarialzyste (104). Es kann Gynäkomastie entstehen (223).

In einem Falle kam es nach intramuskulärer Injektion von gonadotropem Hormon zu einem schweren anaphylaktischen Schock (105). Ein Arbeiter wurde durch Einatmen von gonadotropem Hormonpulver bei der Fabrikation asthmatisch (160).

Vasopressin (Pituitrin, Pitressin)

Nach Pituitrininjektionen kann man folgende Erscheinungen beobachten: Blaßwerden, Tachykardie, erhöhter Blutdruck, Ohrensausen, Angst, Schwitzen, Zittern, Konvulsionen, schlechtes Sehen, Mydriasis, Erbrechen, Diarrhöe, Schmerzen in der Herzgegend, Bauchkoliken, schmerzhafte Uteruskrämpfe, Uterusruptur, Rötung an der Injektionsstelle (106).

Ein Asthma-Anfall folgte der Einatmung von Pituitrin (231).

Asphyxie des Kindes (DAVISON), schlechte Herztöne, Tod durch Hirnschädigung des Kindes. Man hat bei einem Kind einen so starken Gefäßkrampf gesehen, daß Ischämie eines Beines (108) entstand.

Es kann zu allergischen Erscheinungen kommen: Urtikaria, QUINCKEsches Ödem, Asthma. Auch Schock kann entstehen (107).

Bei Gebrauch von Pituitrin in der Röntgenologie kam es unmittelbar im Anschluß an die Injektion zu einem Sterbefall: Blässe, Schwitzen, anginöse Beschwerden, Kontraktion der Koronararterien mit Ischämie des Herzmuskels.

Drei andere Fälle als Folge eines Myokardinfarktes wurden beschrieben, 20 Minuten bis vier Stunden nach einer Pitressininjektion. Die Injektionen wurden während des Anfertigens eines Gallenblasenphotos gegeben (109).

Nach einer Einspritzung bei einer Entbindung starb eine 30jährige Frau eine Stunde später im Schock. Es wurde eine große Blutung in das Myokard gefunden, zweifellos als Folge von Spasmus einer Koronararterie (109 a).

Der Gebrauch von Pituitrin während einer Cyclopropananästhesie ist gefährlich: Hypertension, unregelmäßige Herztätigkeit, Schock, Lungenkollaps durch Bronchuskrampf (110).

Man nimmt an, daß Barbitursäure die Wirkung des Pituitrins verstärkt (111).

Insulin

1. Symptome von Hypoglykämie. Diese sind nicht an einen bestimmten Blutzuckergehalt gebunden. Man kann einen niedrigen Blutzuckergehalt finden, von dem der Patient nichts spürt, während schwere hypoglykämische Erscheinungen bei kaum herabgesetztem Blutzuckergehalt vorkommen.

Man glaubt, daß die Geschwindigkeit der Senkung des Blutzuckergehaltes wichtig ist. Sinkt der Blutzucker schnell, entstehen die Symptome früher als bei langsamer Abnahme. Ein Teil der hypoglykämischen Erscheinungen gleicht den Symptomen, die nach einer Adrenalin-Injektion entstehen, und es ist auch nicht ausgeschlossen, daß eine schnelle Abnahme des Blutzuckergehaltes eine Erhöhung des Adrenalingehaltes im Blut verursacht. Diese Erscheinungen trifft man häufiger bei schnellwirkendem Insulin als bei Präparaten mit verzögerter Wirkung an. Es treten folgende *allgemeine Symptome* auf: Nervosität, Tremor, Ermattung in den Muskeln, Muskelkrämpfe, Müdigkeit, Herzklopfen, Tachykardie, Schwitzen, Erblassen oder Erröten, Schüttelfrost, Hungergefühl, Brechreiz, Erbrechen, manchmal auch Speichelfluß oder Polyurie.

Oft wird über Schwierigkeiten beim Lesen geklagt, die Akkomodation ist gestört. Doppeltsehen ist selten. Die Pupillen können eng oder weit sein. Manchmal kommt es zu Retinablutungen. Hie und da hat man Exophthalmus gesehen (194). Auch Sprachstörungen treten auf. Oft wird über Kopfschmerzen und Schwindelanfälle geklagt, manchmal über Parästhesien, Tremor und Ataxie. Inkontinenz ist keine Seltenheit. Zumeist sind die Patienten etwas aufgeregt, sprechen viel, können in der Nacht nicht schlafen. Manchmal sind sie im Gegenteil schläfrig und benommen.

In einzelnen Fällen dominieren Schmerzen. Leichter Schmerz in der Magengegend kommt oft vor, selten starke kolikartige Bauchschmerzen. Es können auch starke Kopfschmerzen wie bei Migräne vorkommen.

Man hat auch leichte Schmerzen in der Herzgegend und typische Angina pectoris beobachtet.

Hiebei wurden Veränderungen im EKG gefunden. Störungen des Rhythmus kommen ebenfalls vor: Tachykardie, Bradykardie, Extrasystolen, Kammerflimmern. Diese Erscheinungen sind meist vorübergehend, zuweilen aber bleibend.

Wir sahen eine ausgesprochene Angina pectoris bei einem 60jährigen Mann, die sich jeden Tag auf dem Weg vom Amt nach Hause gegen 12 Uhr einstellte. Er spritzte sich am Morgen Insulin ein und war gegen 12 Uhr hypoglykämisch. Die Angina pectoris war leicht zu beheben.

Wiederholt hat man während der Hypoglykämie das Entstehen eines Herzinfarktes beobachtet. Eine ausgebreitete Degeneration des Herzmuskels wurde bei einem Patienten gefunden, als er drei Stunden nach dem Einspritzen von 140 E Insulin starb (116). Hypoglykämie ist bei Arteriosklerose eine bedeutende Gefahr. Man muß darauf achten, daß alte Menschen nicht hypoglykämisch werden.

Die Symptome des *Zentralnervensystems* stehen bei Hypoglykämie oft im Vordergrund (112, 114, 144, 174).

Bei Diabetespatienten, die Insulin bekommen, sind alle psychischen Störungen möglich.

Es kommt zu Veränderungen der Stimmung, Persönlichkeit und Urteilsfähigkeit.

Der Denkprozeß ist langsamer, das Koordinieren schwieriger. Die Menschen lachen viel, schreien, schimpfen oder sind deprimiert und ängstlich.

Man sah oft Unruhe, Verwirrtheit, Desorientierung, manische Zustände, Halluzinationen. Häufig zeigen sich Erscheinungen von Aggressivität, durch die der hypoglykämische Patient mit der Polizei in Konflikt kommen kann.

Auch Negativismus beobachtete man, und dieses Symptom kann einen Übergang zu Stupor und hypoglykämischem Koma bilden.

Vorübergehende Mono-, Hemi- und Paraplegie sind möglich (113, 114 a). Sie können gleichzeitig mit anderen Symptomen von Hypoglykämie vorkommen oder als einzige Erscheinung. Manchmal beobachtete man Hyperästhesie. Es hängt von der Dauer der Hypoglykämie ab, ob die neurologischen und psychischen Erscheinungen schnell zurückgehen, sich langsam bessern oder bleibend sind. Oft zeigt sich während der Periode von Hypoglykämie Amnesie.

Ferner konnten beobachtet werden: Muskelzuckungen, Spasmen, Glottiskrampf, Konvulsionen, choreatische und athetotische Bewegungen; unwillkürliche Bewegungen, z. B. Saugen und In-die-Luft-Greifen; Gesichter-Schneiden. BABINSKI-Reflex kann vorhanden sein.

Wird das *Koma tiefer*, kommt es zu Lähmungen oder es wird Steifheit, manchmal Opisthotonus wie bei Dezerebration beobachtet.

Wird das *Koma noch tiefer*, dann wird die Atmung oberflächlicher, der schnelle Puls langsam, der Patient wird blaß, die Temperatur sinkt, die Pupillen sind sehr eng. Die Gliedmaßen sind dann gelähmt. Es sind keine Reflexe mehr auslösbar. Auch der Kornealreflex fehlt.

Das Koma kann tagelang dauern, worauf sich der Patient erholt, oder es bleiben Restzustände zurück. Das Koma kann auch tödlich verlaufen.

Patienten können durch Hypoglykämie unter Erscheinungen von Lungenödem, Schock mit niedrigem Blutdruck, Herz- oder Atemstillstand plötzlich sterben, und es kann auch vorkommen, daß der Patient aus dem Koma nicht mehr erweckt werden kann und der Zustand sich allmählich verschlimmert. Nach einigen Tagen tritt der Tod ein. Während des Komas kann der Blutzucker bereits längst normal geworden sein.

Man hat einen Patienten beobachtet, bei dem nach einer Periode von 19tägiger Bewußtlosigkeit schwere Schädigungen des Zentralnervensystems zurückgeblieben sind. Ein Jahr später war er noch vollkommen hilfsbedürftig. Er hatte einen schleifenden Gang, war apathisch und der rechte Arm war paretisch.

Ein anderer Patient erholte sich vollkommen nach einem 72stündigen Koma, währenddessen er deutliche Herzsymptome hatte (144).

Andere Restzustände, die vorgekommen sind: Hemiplegie, Paraplegie, Ataxie, Inkontinenz, Aphasie, Chorea, Parkinsonismus, Epilepsie; geistige Störungen, sogar Idiotie.

Vereinzelt wurde auch Polyneuritis gesehen.

Beim Krankheitsbild der hypoglykämischen und posthypoglykämischen Enzephalopathie werden anfänglich Hyperämie, kleine Blutungen und Ödem der Hirnrinde und in einem späteren Stadium Degeneration der Nervenzellen und Proliferation des Gliagewebes gefunden.

Diese ernste zerebrale Störung kommt öfters vor, wenn man Insulin in der psychiatrischen Praxis benützt, als bei der Behandlung von Diabetes. Tödlich verlaufende Fälle von Hypoglykämie bei Diabetes kommen aber dennoch vor sowohl nach schnellwirkendem Insulin (122) als nach langsamwirkendem Insulin (123).

Manchmal entsteht nach Insulin-Schockbehandlung *Thrombose des Sinus sagittalis superior.*

Drei Fälle wurden beschrieben. Es bestand Koma mit erhöhtem Hirndruck, aber normaler Lumbalflüssigkeit. Die Papillen waren ödematös. Es waren Anzeichen von Reizung und Lähmung nachweisbar. Oft sah man bei Insulinschock-Therapie Wirbelfrakturen. Seltener ist eine Schenkelhalsfraktur (224). Ein Riß im Magen wird wohl eine sehr große Seltenheit sein (117).

Empfindlichkeit für Insulin. Die Menge, die Hypoglykämie verursacht, wechselt stark je nach der Empfindlichkeit des Patienten für Insulin.

Es gibt Menschen, die sehr empfindlich gegen Insulin sind, und es besteht eine Resistenz, die beinahe vollkommen ist.

Bei der ADDISONschen Krankheit (118) und bei Erkrankungen des Hypophysen-Vorderlappens können 5 E Insulin eine sehr schwere Hypoglykämie hervorrufen.

Ein Patient mit hypophysärem Myxödem starb zehn Stunden nach einer intravenösen Injektion von 8 E Insulin. Der Patient konnte aus der tiefen Hypoglykämie trotz großer Glukosemengen nicht zum Bewußtsein gebracht werden (118 a).

Ernste und langdauernde Hypoglykämie sah man auch bei Pellagra (119) und anderen Mangelkrankheiten (120).

Ein Patient mit Anorexia nervosa wurde nach einer intravenösen Injektion von 3 E Insulin komatös (225).

Eine Patientin sollte sich einer Insulin-Mastkur unterziehen, aber sie starb im Koma nach 10 E Insulin.

Die Hypoglykämie kann *ungewöhnlich lang* bestehen bleiben. Nach 30 E Insulin folgte ein Koma von zehn Tagen, worauf der Patient starb (121).

Bei Schockbehandlung muß man gewöhnlich immer mehr Insulin einspritzen, es kommt zur Gewöhnung.

In einigen Fällen sieht man das Umgekehrte. Der Patient wird stets empfindlicher. So konnte bei einem Patienten schließlich durch 10 E Insulin Schock hervorgerufen werden (124).

Eine eigenartige Form von Hypoglykämie hat man bei Patienten mit rheumatoider Arthritis beobachtet. Diese Patienten wurden zweimal mit einer Serie Insulin-Injektionen behandelt. Die erste Kur hatte keine besonderen Folgen. Aber nach Beendigung der zweiten Serie wurden die Patienten im Laufe der folgenden zwölf Tage jeden Morgen hypoglykämisch. Den niedrigsten Blutzuckergehalt fand man am zehnten Tag (125).

Die *Behandlung* der Hypoglykämie muß darauf eingestellt sein, daß man *so schnell wie möglich* Glukose gibt, wenn es geht, innerlich, wenn dies nicht möglich ist, intravenös. Man darf davor nicht zurückschrecken, eine beträchtliche Dosis zu geben. 100 ml einer 40- bis 50%igen Lösung dürften meistens genügen. Patienten mit einer leichten Hypoglykämie kommen von selbst zu sich oder schon nach dem Einnehmen von ein bis zwei Würfeln Zucker.

Körperliche Arbeit fördert die Hypoglykämie.

Bei Patienten, die langsamwirkendes Insulin gebrauchen, muß man daran denken, daß nach anfänglicher Besserung die Hypoglykämie rezidivieren kann.

Wichtiger ist es, der Hypoglykämie vorzubeugen, denn sie ist kein harmloser Zustand. Man muß dem Patienten und den Personen seiner Umgebung richtige Instruktionen geben. Der Patient muß die ersten Zeichen von Hypoglykämie erkennen lernen. Wenn der Arzt die Umgebung des Patienten belehrt, wie die ersten Zeichen der Hypoglykämie aussehen, und sie davon überzeugt, daß sofort Zucker gegeben werden muß, kann man ernsten Symptomen von Hypoglykämie oft vorbeugen.

Eine gute Regelung des Zuckerstoffwechsels des Patienten schränkt die Fälle von Hypoglykämie ein. Ein Patient neigt mehr, der andere weniger zu Hypoglykämie. Hat man den Patienten auf den idealen Zustand des normalen Blutzuckers und zuckerfreien Harn eingestellt und er bekommt dennoch wiederholt Anfälle von Hypoglykämie, muß man sich mit einem weniger idealen Zustand zufrieden geben. Das heißt, daß man sich mit Blutzuckerwerten, die etwas höher als normal sind, zufrieden gibt und eine geringe Menge Zucker im Harn in Kauf nimmt. Bei Patienten, die chauffieren oder andere Berufe ausüben, in denen sie Mitmenschen gefährden können, muß eine kleine Menge Zucker im Harn zugelassen werden.

2. Allergische Erscheinungen. Der Prozentsatz der allergischen Reaktionen durch Insulin wird mit etwa 0,5 angegeben (132, 141).

Manchmal ist eine Insulinsorte Ursache allergischer Erscheinungen, eine andere nicht. Das kann dadurch entstehen, daß ein Insulinpräparat von Schweinen, ein anderes von Rindern stammt. Manchmal verursacht Insulin, das drei- bis siebenmal umkristallisiert wurde, keine allergischen Erscheinungen, wo ein anderes Präparat dies doch tat (136).

Man hat schwere allergische Erscheinungen bei Patienten gesehen, die eine Zeitlang kein Insulin gebrauchten und dann damit von neuem anfingen. Es ist aber sehr gut möglich, daß ein Patient schon bei der allerersten Insulininjektion allergisch reagiert.

An der Injektionsstelle können Rötung, Schwellung und Schmerz entstehen. Schmerzhafte Knötchen können bestehen bleiben.

Blau-graue Hautpigmentierung an den Oberschenkeln nach Insulininjektionen (232).

Ein Patient bekam, nachdem er zwölf Tage Insulin erhalten hatte, schmerzhafte Flecke mit großen Blasen an den Injektionsstellen. Gleichzeitig kam es zu allgemeinen Erscheinungen: Krankheitsgefühl, Brechreiz, Anorexie, Sodbrennen und Erbrechen. Die Reaktion war so heftig, daß der ganze Schenkel anschwoll und Blasen von 4,5 bis 2,5 cm entstanden. Vom 18. Tage angefangen hat er Insulin ohne Reaktion vertragen (226).

Hie und da entsteht als eine Art SHWARTZMAN-Phänomen Nekrose an der Injektionsstelle (149).

Man sah Erytheme und Urtikaria. Oft beginnt die Urtikaria an der Injektionsstelle und breitet sich von dort über den ganzen Körper aus. Angioneurotische Ödeme im Gesicht oder auch am Körper kommen vor, auch Glottisödem.

Man beobachtete Eosinophilie, Gelenkschmerzen, Drüsenschwellungen, Dermatitis und Asthma.

Man sah Purpura, Retinablutungen, Hämaturie (133), Hämatemesis entstehen. Manchmal fand man Thrombopenie.

Brechreiz, Erbrechen, Diarrhöe und Bauchschmerzen erscheinen als Zeichen von Allergie. Die Bauchschmerzen können sehr stark sein. Eine Änderung der Insulinsorte genügt häufig, um die Beschwerden zum Verschwinden zu bringen. Fälle von anaphylaktischem Schock wurden beobachtet.

Man hat auch Symptome eines Myokardinfarkts gesehen ohne Hypoglykämie, wobei eine allergische Entzündung einer Koronararterie (134, 135) als Ursache angenommen wurde. Auch langsamwirkendes Insulin kann zu allergischen Symptomen führen.

Bei einem Patienten sah man Besserung, als statt Protamin-Zink-Insulin kristallisiertes Insulin gegeben wurde (137). Man kann Antihistamine versuchen.

Liefern diese Methoden keinen Erfolg, muß man zu *Desensibilisierung* übergehen.

Beispiele (138): a) Man gab dreimal täglich $^1/_5$ E Insulin, verdünnt in physiologischer Kochsalzlösung. Man verdoppelte diese Menge nach je drei Tagen und so konnte man bis auf dreimal 13 E täglich, ohne daß Beschwerden auftraten, steigern.

b) 1/1000 E Protamin-Zink-Insulin intrakutan. Man verdoppelte die Dosis jede $^1/_4$ Stunde, bis man 1 E erreicht hatte. Hierauf stieg man jeden Tag um eine Einheit und gab das Insulin weiter subkutan. Man stieg bis zur notwendigen Dosis von 24 E.

Bei Allergie gegen Insulin *muß* desensibilisiert werden, da es sonst geschehen kann, daß man einem Koma machtlos gegenüber steht. Auch darf man nach der Desensibilisierung aus gleichen Gründen *nicht aufhören*, Insulin zu geben, auch wenn sich die Toleranz so weit bessert, daß eine entsprechende Diät ohne Insulin möglich wäre.

Ein Patient, der auf Insulin allergisch reagierte, setzte die Insulin-Therapie aus und starb im Koma (139).

Wiederholt wurde gleichzeitig Allergie gegen Insulin und Insulinresistenz beschrieben (130, 140).

Gelingt es, die Allergie durch Desensibilisierung zu beseitigen, dann verschwindet oft auch die Resistenz.

Bei einer 51jährigen Diabetikerin entstand eine ausgeprägte Allergie gegen kristallines Insulin, bei der es interkurrent zur Entwicklung einer hochgradigen Insulinresistenz kam. Der PRAUSNITZ-KUESTNER-Versuch fiel eindeutig positiv aus. Durch Verwendung hoher Dosen des Antihistaminikums Atosil wurde ein Nachlassen der allergischen Erscheinungen erreicht. Die Insulinresistenz bildete sich zurück (233).

3. Lipodystrophie. Manchmal atrophiert das Unterhautzellgewebe an der Stelle der Insulininjektionen: *Lipoatrophie.* Nicht nur Fett, auch die darunterliegenden Muskeln können atrophieren. Oft ist die Haut weniger schmerzempfindlich.

Geringe Lipoatrophie kommt recht oft vor.

Einem Bericht über 186 Diabeteskranke (179) zufolge sah man dieses Symptom bei 102. Es zeigte sich bei Männern in 25 %, bei Frauen in 64 %.

Die Erscheinung war bei 45 % gering, bei 39 % mäßig, bei 16 % deutlich.

Durchschnittlich wurden die Patienten 3/4 Jahre mit Insulin behandelt. Nach Gebrauch von Protamin-Zink-Insulin kommt Lipoatrophie öfter vor als nach Kristallininsulin. Bei 30 % kam es zu spontaner Besserung.

Wenn man das Insulin in den tiefsten Punkt dieser atrophischen Stellen einspritzt, soll vollkommene Genesung nach sechs Wochen eintreten (129), eine Beobachtung, die durch andere nicht bestätigt wird.

Angeblich soll durch Zugabe von Hyaluronidase zu Insulin die Lipoatrophie verschwinden (227).

Lipohypertrophie kommt sehr selten vor. An den Injektionsstellen entsteht Lipomatose.

Man sah durch Behandlung mit Insulin, besonders bei jungen Mädchen, Erscheinungen von *allgemeiner Fettsucht,* wobei insbesondere das Gesicht aufgebläht wird. Manchmal tritt gleichzeitig Amenorrhöe auf (190).

Bei Insulinbehandlung steigt zu Beginn das Gewicht durch Wasserretention. Manchmal kann diese Retention so stark werden, daß sichtbare *Ödeme* entstehen. Die Flüssigkeitsretention verschwindet wieder im weiteren Verlauf.

4. Bei Behandlung des diabetischen Koma verursacht Insulin *Senkung des Kaliumgehaltes* im Blutserum. Hiedurch können schwere Symptome seitens des Herzens und auch Lähmungen entstehen (126).

5. Bei der diabetischen Azidose kann durch Insulin die *Azetonurie* zunehmen, wenn man nicht zugleich mit Insulin Glukose reicht (127). Azetonurie kann auch bei Hypoglykämie entstehen, weil auch dann keine genügende Menge assimilierbarer Glukose zur Verfügung steht (128).

<h3 align="center">Literatur</h3>

1. Amer. J. Ophthalm. 29 (1946) 1028.
1a. Endocrinology (Am.) 20 (1936) 137.
2. Acta med. Scand. 104 (1940) 589; Texas St. J. Med. 47 (1951) 263.
3. Lancet 261 (1951) 289.
4. J. MAYR, S. 131.
5. J. A. M. A. 103 (1934) 1058.
6. Ann. méd. chir. (Belg.) 3 (1947) 59; Pr. méd. 63 (1955) 278.
7. J. A. M. A. 102 (1934) 1141, 1147.
8. Hormonologie 1948, S. 306.
9. Yb. Endocrin., Chicago 1949, S. 172, 174.
10. Wien. klin. Wschr. 63 (1951) 62.
11. Arch. Mal. Coeur 43 (1950) 1020.
12. COMROE, Arthritis, 1945, S. 529.
13. Prensa méd. argent. 37 (1950) 934.
14. Bull. méd. (Paris) 65 (1951) 55.

14a. Bull. Mém. Hôp. Paris 68 (1952) 44.

15. J. A. M. A. 132 (1946) 360; Bull. Soc. méd. Hôp. Paris 66 (1950) 688; Sem. Hôp. Paris 26 (1950) 2724.

16. Hormonologie 1948, S. 276.

16a. J. A. M. A. 150 (1952) 1281.

17. Proc. Meet. Mayo Clin. 26 (1951) 361.

18. J. invest. Derm. 16 (1951) 205.

19. Arch. int. Med. 88 (1951) 211.

20. Bull. Mém. Hôp. Paris 67 (1951) 446.

21. J. A. M. A. 147 (1951) 541.

22. J. A. M. A. 145 (1951) 868.

22a. J. A. M. A. 154 (1954) 43; Rev. Rhumat. 19 (1952) 247.

23. J. A. M. A. 145 (1950) 382; Arch. int. Med. 85 (1950) 199.

24. Arizona Med. 8 (1951) 29; Ann. Allergy 13 (1955) 252.

25. J. A. M. A. 143 (1950) 620.

26. J. A. M. A. 144 (1950) 909.

27. Proc. Soc. exp. Biol. (N. Y.) 76 (1951) 274.

27a. Amer. J. Med. 13 (1952) 27.

28. Instantanés méd. 15 (1951) 409; Amer. J. Med. 9 (1950) 752.

29. Rev. Rhumat. 18 (1951) 189.

30. J. A. M. A. 147 (1951) 924.

31. Proc. Soc. exp. Biol. (N. Y.) 75 (1950) 806; Arch. int. Med. 88 (1951) 760.

32. Bull. New Engl. med. Center 11 (1949) 229.

33. Proc. Soc. exp. Biol. (N. Y.) 73 (1950) 669; Bull. Schweiz. Akad. med. Wiss. 8 (1952) 92.

33a. New Engl. J. Med. 246 (1952) 205; Pr. méd. 63 (1955) 360; Delaware St. med. J. 24 (1952) 197.

34. Northw. Med. (Am.) 50 (1951) 930.

35. Arch. int. Med. 86 (1950) 319.

36. J. A. M. A. 141 (1949) 1273; New Engl. J. Med. 244 (1951) 49.

37. J. A. M. A. 146 (1951) 25.

38. New Engl. J. Med. 24 (1951) 49.

39. J. clin. Path. 3 (1950) 87.

40. J. A. M. A. 147 (1951) 41.

41. Brit. med. J. (1951 I) 1390; Amer. J. digest. Dis. 20 (1953) 318; Bull. Soc. méd. Hôp. Paris 68 (1952) 186; N. Y. J. Med. 52 (1952) 1181.

42. Ann. int. Med. 35 (1951) 694; Bull. Mém. Hôp. Paris 14/15 (1952) 499; Ohio St. med. J. 48 (1952) 318.

42a. Amer. Rev. Tbc. 64 (1951) 564; Instantanés méd. 13 (1950) 326.

43. Arch. int. Med. 85 (1950) 545.

44. J. A. M. A. 147 (1951) 242; Pr. méd. 61 (1953) 1106.

45. Arch. int. Med. 88 (1951) 211.

46. Gastroenterology 18 (1951) 308, 438.

47. Schweiz. med. Wschr. 81 (1951) 844.

48. Arch. Derm. Syph. 61 (1950) 913.

49. J. A. M. A. 143 (1950) 570; 147 (1951) 1529.

49a. New Orleans med. surg. J. 104 (1952) 583.

50. J. A. M. A. 148 (1952) 1143.

51. Ohio St. med. J. 47 (1951) 825; N. Y. J. Med. 51 (1951) 1849.

51a. J. A. M. A. 147 (1951) 40; Lancet 261 (1951) 478.

51b. Internat. Arch. Allergy, Immunology 3 (1952) 299.

52. J. clin. Endocrin. Metabolism 9 (1949) 593.

52a. Northw. Med. (Am.) 51 (1952) 26; Proceedings of Second Clinical A. C. T. H. Conference, Blakiston, 1951, Vol. II; Pr. méd. 60 (1952) 584; Montpellier méd. 41/42 (1952) 380.

52b. Acta Endocrin. 9 (1952) 37.

53. Acta paediatr. (Schwd.) 39 (1950) 215.

54. Canad. Med. Ass. J. 65 (1951) 26.

55. Arch. int. Med. 86 (1950) 319.

56. New Engl. J. Med. 243 (1950) 1028.

57. J. A. M. A. 147 (1951) 1101.

58. W. HEYMANS: Corticotrophine and Cortisone. Dissertation, Leiden, 1952.

59. Ned. Tijdschr. v. Geneesk. 94 (1950) 3722.

59a. Pr. méd. 61 (1953) 300.

60. Arch. int. Med. 88 (1951) 783;
J. A. M. A. 145 (1951) 1230;
Ugeskr. Laeg. (Dän.) 114 (1952)
154.
61. J. A. M. A. 146 (1951) 613.
62. J. A. M. A. 146 (1951) 337; Virginia med. Monthly 78 (1951)
283.
63. Ann. West. Med. Surg. 5 (1951)
487.
64. J. A. M. A. 144 (1950) 218.
65. J. A. M. A. 147 (1951) 941.
66. Experientia 6 (1950) 299.
67. Amer. J. Ophthalm. 33 (1950)
1325.
67a. J. A. M. A. 151 (1953) 27.
68. Amer. J. Path. 21 (1951) 158;
J. invest. Derm. 17 (1951) 61.
69. Bull. Mém. Hôp. Paris 67 (1951)
583.
70. Arch. int. Med. 88 (1951) 28.
71. Pediatrics 8 (1951) 177; Ann.
int. Med. 35 (1951) 315.
72. Science 109 (1949) 280; J. clin.
Endocrin. Metabolism 10 (1950)
835.
73. Proc. Soc. exp. Biol. (N. Y.) 74
(1950) 245.
74. J. A. M. A. 144 (1950) 1339.
74a. Arch. int. Med. 87 (1951) 616.
74b. J. A. M. A. 144 (1950) 1329.
74c. Amer. J. clin. Path. 21 (1951) 158.
75. J. A. M. A. 140 (1949) 1197.
76. Instantanés méd. 17 (1951) 466.
77. Lancet 260 (1951) 667.
78. J. clin. Endocrin. Metabolism 9
(1949) 1.
79. Ned. Tijdschr. v. Geneesk. 92
(1948) 3514.
80. Bull. Mém. Hôp. Paris 67 (1951)
659.
81. Rev. méd. Louvain 14 (1950) 216.
82. Lancet 257 (1949) 217.
83. Dtsch. med. Wschr. 73 (1948) 305.
84. J. A. M. A. 141 (1949) 738.
85. Nord. Med. 42 (1949) 1173.
86. J. A. M. A. 118 (1942) 557.
87. J. clin. Endocrin. Metabolism 9
(1949) 1.
87a. Stanford Med. Bull. 9 (1952)
245.
88. Oncologia (Basel) 1 (1948) 129.

89. J. A. M. A. 146 (1951) 7.
90. J. A. M. A. 140 (1949) 1156.
90a. Arch. paediatr., Upps. 41 (1952)
177.
91. Nord. Med. 42 (1949) 1173.
91a. Proc. Soc. exp. Biol. (N.Y.) 78
(1951) 626.
92. J. A. M. A. 114 (1940) 1850.
93. Wien. med. Wschr. 100 (1950)
781.
94. J. A. M. A. 131 (1946) 805;
Ugeskr. Laeg. (Dän.) 112 (1950)
1289.
94a. Magy. nöorv. lap. (Budapest)
19 (1952) 146.
95. Ann. Endocrin. (Paris) 6 (1945)
212.
96. J. clin. Endocrin. Metabolism 9
(1949) 1.
97. J. lab. clin. Med. (1947) 583;
Virginia med. Monthly 76 (1949)
344.
98. Arch. int. Med. 88 (1951) 701.
99. Arch. int. Med. 88 (1951) 765.
99a. J. A. M. A. 150 (1952) 790;
Schweiz. med. Wschr. 83 (1953)
81.
99b. J. clin. Endocrin. Metabolism
12 (1952) 751.
100. Ohio St. med. J. 44 (1948) 472.
101. J. A. M. A. 113 (1939) 2312.
102. Hormonologie 1948, S. 118.
103. Brit. med. J. (1948 II) 809.
104. Acta obstet. gynec. Scand. 28
(1949) 285.
105. Amer. J. Obstet. Gynec. 44 (1942)
706.
106. J. clin. Endocrin. Metabolism 9
(1949) 650.
107. GREENHILL, Obstetrics in General Practice, Yearbook 1945;
Amer. J. Obstet. Gynec. 56
(1948) 366; 31 (1936) 1047;
Geneesk. Gids 28 (1950) 391.
108. Ned. Tijdschr. v. Geneesk. 93
(1949) 3172.
109. J. clin. Endocrin. Metabolism 8
(1949) 691; Excerpta med. Sec.
VI, Intern. Med., Vol. IV (1950),
Referat Nr. 1511, S. 350;
J. A. M. A. 146 (1951) 1127; Proc.
Meet. Mayo Clin. 24 (1949) 254.

109a. Amer. J. Obstet. Gynec. 64 (1952) 686.

110. Amer. J. Obstet. Gynec. 48 (1944) 109.

111. Yb. Drug Therapy 1949, S. 610.

112. Amer. J. med. Sci. 213 (1947) 206.

113. Paris méd. 41 (1951) 380; Amer. J. med. Sci. 175 (1928) 756.

114. Ned. Tijdschr. v. Geneesk. 83 (1949) 2585.

114a. Bull. Soc. méd. Paris 28. April 1951.

115. Lancet 260 (1951) 904.

116. Schweiz. med. Wschr. 80 (1950) 1010.

117. Pr. méd. 59 (1951) 597.

118. Pr. méd. 33 (1925) 1665.

118a. Acta Endocrin. 8 (1951) 363.

119. Acta med. Scand. 100 (1939) 208.

120. Ars medici 1947, S. 545.

121. Ned. Tijdschr. v. Geneesk. 92 (1948) 2827.

122. JOSLIN, The Treatment of Diabetes mellitus. Philadelphia: Lea & Febiger. 1946.

123. J. A. M. A. 111 (1938) 254; Ned. Tijdschr. v. Geneesk. 83 (1939) 1844.

124. Allg. Z. Psychiatr. 108 (1938) 296; Ned. Tijdschr. v. Geneesk. 85 (1941) 182.

125. Brit. med. J. (1951 II) 578.

126. J. A. M. A. 131 (1946) 1186; Ned. Tijdschr. v. Geneesk. 91 (1947) 1704.

127. Z. klin. Med. 146 (1950) 68.

128. Sven. Läk. tidn. 43 (1946) 2803.

129. New Engl. J. Med. 241 (1949) 610; Ned. Tijdschr. v. Geneesk. 97 (1953) 1312.

130. J. A. M. A. 145 (1951) 1558.

131. Ned. Tijdschr. v. Geneesk. 97 (1953) 1853; J. MAYR, S. 74, 75; Med. Welt 13 (1939) 150; Endocrinology 10 (1932) 412.

132. J. A. M. A. 102 (1934) 1934; 113 (1939) 198; JOSLIN, The Treatment of Diabetes mellitus, S. 464.

133. Ned. Tijdschr. v. Geneesk. 77 (1933) 3779; Pr. méd. 40 (1932) 1680.

134. Przegl. Lek. 5 (1949) 728; Excerpta med. Sec. VI, Intern. Med., Vol. V (1951), Referat Nr. 5984, S. 1269.

135. J. lab. clin. Med. 26 (1941) 1090.

136. Arch. int. Med. 83 (1949) 363.

137. N. Y. J. Med. 49 (1949) 1306.

138. J. clin. Endocrin. Metabolism 9 (1949) 895.

139. Klin. Wschr. 4 (1925) 491.

140. Progr. med. Napoli 18 (1950) 595; Excerpta med. Sec. VI, Intern. Med., Vol. V (1951), Referat Nr. 4465, S. 943.

141. Acta Allerg. (K'hvn) 3 (1950) 26.

142. Pr. méd. 60 (1952) 125, 145.

143. J. A. M. A. 120 (1942) 117.

144. Ann. int. Med. 36 (1952) 536.

145. Arch. Neurol. Psych. 67 (1952) 32.

146. Ann. int. Med. 40 (1954) 147; New Engl. J. Med. 246 (1952) 176; Amer. J. Med. 8 (1950) 325; J. A. M. A. 150 (1952) 1484; Bull. New Engl. med. Center 14 (1952) 87; North Carolina med. J. 15 (1954) 499.

147. J. A. M. A. 148 (1952) 1212.

148. Pediatrics 9 (1952) 55.

149. Schweiz. med. Wschr. 82 (1952) 573; Amer. J. Path. 165 (1952) 315.

149a. Ann. med. int. Fenniae 41 (1952) 165.

150. J. A. M. A. 149 (1952) 1542.

151. Brit. med. J. (1952 I) 986.

152. Ann. Surg. 135 (1952) 411; Acta path. Scand. 31 (1952) 61; Z. ärztl. Fortbild. 47 (1953) 584.

153. Lancet (1951 II) 478.

154. J. Allergy 23 (1952) 319.

155. Sem. Hôp. Paris 27 (1951) 2393.

156. J. clin. Invest. 30 (1951) 445; Bull. N. Y. Acad. Med. 26 (1950) 255; Bull. Johns Hopk. Hosp. 87 (1951) 186.

157. Ugeskr. Laeg. (Dän.) 113 (1951) 1751.

158. J. Obstet. Gynaec. 59 (1952) 214; Lancet (1949 II) 513.

159. Symposium van de Nederl. Vereniging voor Endocrinologie 1952.

160. Sem. Hôp. Paris 21 (1948) 667.

161. J. Urol. (Am.) 68 (1952) 373.
162. Arch. Path. (Chicago) 52 (1951) 145.
163. Amer. J. Dis. Child. 84 (1952) 409.
164. Arch. int. Med. 91 (1953) 1.
165. J.A.M.A. 145 (1951) 861.
166. Lancet 27 Dec. 1952.
167. Amer. J. Ophthalm. 35/6 (1952).
168. J.A.M.A. 152 (1953) 230.
169. South. med. J. 45 (1952) 738.
170. Proc. Soc. exp. Biol. (N. Y.) 79 (1952) 709.
171. Pr. méd. 61 (1953) 825.
172. Amer. J. Med. 13 (1952) 27.
173. Brit. med. J. (1953 II) 82.
174. Arch. int. Med. 91 (1953) 695.
175. J.A.M.A. 152 (1953) 1135.
176. J.A.M.A. 152 (1953) 1223.
177. J.A.M.A. 152 (1953) 1509.
178. J.A.M.A. 152 (1953) 1526.
179. Metabolism (Am.) 2 (1953) 201.
180. Arch. int. Med. 91 (1953) 744.
181. Gastroenterology 22 (1952) 550.
182. Rev. Rhumat. 19 (1952) 608.
183. Rev. Rhumat. 20 (1953) 120.
184. ALBAHARY, S. 482.
185. J.A.M.A. 106 (1936) 1085; 108 (1931) 2110, 2193.
186. ALBAHARY, S. 496.
187. ALBAHARY, S. 521-548.
188. Sem. Hôp. Paris 28 (1952) 839.
189. Sang (1942/43) 528.
190. ALBAHARY, S. 566.
191. Ir. J. med. Sci. 6 (1953) 284.
192. Ann. int. Med. 38 (1953) 1313.
193. Sem. Hôp. Paris 29 (1953) 2699.
194. Metabolism (Am.) 2 (1953) 485.
195. Arch. int. Med. 93 (1954) 503.
196. Z. Haut- u. Geschl.-krkh. 16 (1954) 183.
197. J.A.M.A. 156 (1954) 467.
198. J. Allergy 25 (1954) 201.
199. N. Zealand med. J. 51 (1952) 234.
200. Med. Klinik 49 (1954) 551.
201. Pr. méd. 63 (1955) 213.
202. Arch. int. Med. 94 (1954) 326.
203. Sem. Hôp. Paris 29 (1953) 2438.
204. Amer. J. Obstet. Gynec. 65 (1953) 227.
205. Minn. Med. 37 (1954) 626.
206. Amer. Heart J. 47 (1954) 653.
207. Ned. Tijdschr. v. Geneesk. 98 (1954) 2352.
208. Nervenarzt 25 (1954) 273; J. A. M. A. 143 (1950) 620; Amer. J. Psychol. 108 (1952) 641.
209. Brit. med. J. (1954 I) 1109.
210. J. clin. Endocrin. Metabolism 14 (1954) 344.
211. Maandschr. Kindergeneesk. 22 (1954) 210.
212. Pédiatr. Lyon 9 (1954) 419.
213. Lancet (1954 I) 1218.
214. Dtsch. med. Wschr. 79 (1954) 27.
215. Pr. méd. 62 (1954) 1487.
216. Pr. méd. 62 (1954) 1526.
217. Arch. int. Med. 95 (1955) 118.
218. Geburtsh. u. Frauenhk. 13 (1953) 216.
219. LINDEMAYR, S. 29.
220. Geburtsh. u. Frauenhk. 12 (1952) 985.
221. Z. klin. Med. 152 (1955) 530.
222. Maandschr. Kindergeneesk. 22 (1954) 127.
223. Ann. int. Med. 50 (1954) 985.
224. Z. klin. Med. 152 (1955) 543.
225. Brit. med. J. (1954 I) 1306.
226. Brit. med. J. (1954 II) 396.
227. Pr. méd. 62 (1954) 748.
228. Ann. int. Med. 42 (1955) 205.
229. Lancet (1955 I) 887.
230. Pr. méd. 63 (1955) 1374.
231. Ann. Allergy 12 (1954) 294.
232. Medizinische (1955) 1409.
233. Ärztl. Wschr. 10 (1955) 878.

XX. Andere Organextrakte

Beim Injizieren von Organextrakten können dieselben allergischen Erscheinungen entstehen, die von den Reaktionen nach Insulin, Penicillin, Arsphenamin usw. bekannt sind.

Gegenwärtig ist man der Ansicht, daß allergische Erscheinungen auf eine oder andere Art durch Freiwerden von Histamin entstehen, das sich aus Histidin während des Abbaues von Eiweißstoffen entwickelt.

Histamin

Histamin beeinflußt besonders die Kapillaren, die sich erweitern und für Blutplasma durchlässig werden. Als Folge hievon kann es zu Urtikaria und zu angioneurotischen Ödemen kommen. Außerdem kann, wenn in einem großen Kapillargebiet Erweiterung entsteht, durch Verminderung des zirkulierenden Blutvolumens ein Krankheitsbild entstehen, das wir als anaphylaktischen Schock kennen. Wahrscheinlich verursacht Histamin überdies Kontraktion der Lebervenen, wodurch die Entstehung des Schocks gefördert wird. Durch Histamin wird die Sekretion von Magen-, Tränen- und Speicheldrüsen gefördert.

Histamin ist auch die Ursache der Kontraktion von Muskeln des Bronchialbaumes (Asthma), von Eingeweiden und des Uterus.

Infolge dieser Eigenschaften des Histamins können Erscheinungen auftreten (1), die man auch bei Allergie sieht: Hyperämie im Gesicht und den Bindehäuten, Kopfschmerzen, Speichelfluß, Tränen, Asthma.

Ein Patient starb in einem Asthmaanfall vier Minuten nach dem Einspritzen von 1 mg Histamin während einer Magensaft-Untersuchung (2).

Andere Symptome, die durch Histamin verursacht werden: Niedriger Blutdruck, Tachykardie, Schock, Erytheme, Urtikaria, Parästhesien, Jucken, Erbrechen, Bauchschmerzen mit Diarrhöe.

Im EKG kann man eine Senkung des ST-Intervalls und der T-Zacken finden (11).

Leberextrakt

Bei ungefähr 5 % der Patienten, die mit Leberextrakt behandelt wurden, beobachtete man Erscheinungen von Allergie.

Jucken, Urtikaria, Hyperämie des Gesichts, Ödem des Gesichts und der Lippen, Glottisödem, Brechreiz, Erbrechen, Diarrhöe (3), Asthma (3, 4), erhöhte Sekretion von Nase und Augen (5).

Nitroide Reaktion (4), allgemeines Schwächegefühl, Kopfschmerz, Tachykardie, Ohnmacht; Schock, manchmal mit tödlichem Verlauf (5); anginöse Beschwerden (4).

Ein Brustkind bekam allergische Erscheinungen (Fieber, skarlatinöses Exanthem, Bronchitis), nachdem die Mutter infolge von Leberextrakt einen anaphylaktischen Schock bekommen hatte (12).

An der Einspritzungsstelle (5): Rötung, Jucken, Schwellung, Nekrose, Reaktion vom ARTHUS-Typus (6).

Zur Behandlung der perniziösen Anämie stehen uns im Falle allergischer Symptome folgende Mittel zur Verfügung: Wechseln des Präparates, Leber- oder Leberextrakt innerlich, Vitamin B_{12}, Antihistamine, Desensibilisierung.

Zur Desensibilisierung kann man mit 0,01 ml Leberextrakt beginnen und langsam steigern. Wenn man jedoch eine Pause von zwei bis vier Wochen einschaltet, können die allergischen Erscheinungen rezidivieren; es wird deshalb in solchen Fällen empfohlen, den Patienten sich selbst alle 48 Stunden 0,25 bis 0,5 ml Leberextrakt einspritzen zu lassen (7).

Vitamin B_{12}

kann anaphylaktischen Schock bei leberempfindlichen Patienten hervorrufen (8); es wurden auch Fieber, Urtikaria, Asthma und schmerzhafte Infiltrate an den Injektionsstellen (9) beobachtet. Wurde in diesem Fall Vitamin B_{12}, aus einer Streptomycinkultur angefertigt, eingespritzt, so traten keine Überempfindlichkeits-Reaktionen auf (10).

Aus Streptomyces griseus angefertigtes Vitamin B_{12} kann jedoch auch allergische Reaktionen verursachen (12).

Eine Beobachtung berichtet über zwei Patienten mit akuter Leukämie, deren Zustand nach Darreichung von Leberextrakt und Vitamin B_{12} rasch schlechter wurde. Angeblich ist eine chronische Leukämie durch diese Behandlung in eine akute Leukämie übergegangen. Auch Folinsäure gegen Leukämie wird von diesem Autor als kontraindiziert angesehen (13).

Literatur

1. Ned. Tijdschr. v. Geneesk. 77 (1953) 1313.
2. Med. Klinik 45 (1950) 308.
3. Schweiz. med. Wschr. 75 (1950) 199.
4. J. Haemat. 1 (1946) 307.
5. New Engl. J. Med. 236 (1947) 622.
6. J. Allergy 15 (1944) 173.
7. Ann. int. Med. 32 (1950) 506.
8. Ann. int. Med. 31 (1949) 1102; Brit. med. J. (1952 I) 690.
9. J.A.M.A. 144 (1950) 1586.
10. J.A.M.A. 143 (1950) 893.
11. Helvet. med. Acta 18 (1951) 593.
12. J. Indian med. Ass. 22 (1952) 26.
13. J.A.M.A. 154 (1954) 702.

XXI. Thyreostatika

Thioureum, Thiouracil, Methylthiouracil, Propylthiouracil, Aminothiazol, Methimazol, Carbimazol

Die Nebenerscheinungen dieser verschiedenen Präparate gleichen einander so, daß man sie gleichzeitig besprechen kann. Der Prozentsatz der Nebenerscheinungen beträgt ungefähr 13 (1).

Aminothiazol, Thioureum und Thiouracil sind am meisten toxisch. Die anderen Präparate sind weniger toxisch und stärker wirksam (45).

1. Blut. Agranulozytose. Man muß damit rechnen, daß Agranulozytose in 2% der Fälle, die mit Methylthiouracil behandelt werden, vorkommt; einer von vier Patienten geht daran zugrunde (2). Man tut gut daran, zweimal wöchentlich die Leukozyten zu zählen und einmal wöchentlich eine Differentialzählung der Leukozyten vorzunehmen. Einer normalen Leukozytenzahl darf man aber nicht zuviel trauen, denn die Agranulozytose entsteht oft plötzlich, obwohl die letzte Leukozytenzählung noch normale Werte ergab (3). Wahrscheinlich ist es wichtiger, besonders bei ambulatorischer Behandlung, den Patienten anzuweisen, die Medikamente nicht zu gebrauchen, *wenn er Fieber, Grippe, Halsschmerzen, Erytheme* oder andere Zeichen eines Unwohlseins bemerkt. Eine gründliche Untersuchung einschließlich der Blutuntersuchung ist dann notwendig. Die Agranulozytose kommt laut Angabe besonders zwischen der fünften und achten Woche vor, aber sie kann auch früher entstehen und sogar erst, nachdem der Patient das Mittel ein bis zwei Jahre gebraucht hat (4, 4a).

Man nimmt an, daß Propylthiouracil weniger Nebenerscheinungen verursacht, aber auch hiebei wurde wiederholt *Agranulozytose* beobachtet. Ein Patient bekam Agranulozytose, nachdem er vier Monate lang 50 mg pro Tag gebraucht hatte (5).

Agranulozytose (6, 46) sah man auch nach Gebrauch von Methimazol (Tapazol, Mercazol).

In einem anderen Falle kam es gleichzeitig mit Agranulozytose zu einer toxischen Hepatitis (39).

Carbimazol (Neo-mercazol) verursachte bei zwei Patienten Agranulozytose (42) und bei einem Patienten eine tödlich verlaufende Panzytopenie (43).

Ein Patient reagierte zuerst auf Propylthiouracil mit Urtikaria, dann mit Erythem auf LUGOLsche Lösung. Nachdem er sechs Wochen Tapazol gebraucht hatte, entstanden Halsschmerzen, und es schien sich eine Panzytopenie mit zellarmem Knochenmark entwickelt zu haben. Genesung nach Cortison (46).

184 Patienten wurden mit Methimazol behandelt. Acht zeigten Nebenerscheinungen; vier Jucken, Erythem, Ödem; dreimal wurde eine ernste Granulozytopenie mit Halsschmerzen und Fieber beobachtet. Einmal sah man Fieber mit allgemeiner Urtikaria (48).

Thrombopenie sieht man bei verschiedenen Patienten mit und ohne hämorrhagische Diathese nach Gebrauch von Thiouracil und Thioureum, aber auch nach Propylthiouracil (7).

Man sah auch hämorrhagische Diathese bei einer normalen Zahl von Blutplättchen entstehen, wobei die Prothrombinzeit und die Gerinnungszeit des Blutes bedeutend verlängert waren. Heilung folgte nach Infusion von frischem Blutplasma. Die Leberfunktion war nicht gestört (9).

In anderen Fällen war die Gerinnungszeit des Blutes verkürzt (8). Auch Purpura ohne Blutveränderungen wurde beobachtet (11).

Manchmal entstand Anämie (10).

2. Haut. Jucken, Ausschlag, masern- oder scharlachartiges Erythem, Erythema nodosum, Erythema exsudativum multiforme, vesikuläre Eruptionen (38). Urtikaria, exfoliative Dermatitis; Ödeme im Gesicht, an Händen und Füßen; Purpura ohne Blutveränderungen (11), Hyperkeratose mit Pigmentation (12).

Bei einem Patienten fiel das Haar aus, nachdem zuerst seine weißen Haare gelb geworden waren (13).

Auch die *Schleimhäute* können angegriffen werden: Stomatitis, Konjunktivitis, Keratitis.

3. Allgemeine Erscheinungen. Arzneifieber, Muskelschmerzen, Gelenkschmerzen und Schwellungen, allgemeines Krankheitsgefühl (10), Kopfschmerzen, Sodbrennen, Brechreiz, Erbrechen, Diarrhöe.

Albuminurie und *Hämaturie* kamen vor, manchmal auch *Menstruationsstörungen:* Amenorrhöe oder Metrorrhagie oder Dysmenorrhöe (30).

4. Leber. Hepatitis (14), akute gelbe Leberatrophie (15).

Ein Patient bekam eine schnell und tödlich verlaufende Hepatitis, nachdem er nur 300 mg Propylthiouracil gebraucht hatte (44).

Gallenstauung und Pericholangitis (16).

Ikterus durch Gallenstauung in den zentralen Teilen der Lobuli nach Thiouracil und Methimazol (Tapazol) (49).

5. Drüsenschwellungen. Vergrößerung der Lymphdrüsen; Schwellung der submaxillären Speicheldrüsen (manchmal sehr schmerzhaft), der Parotis (17) und der Tränendrüsen; Syndrom von Mikulicz; Schwellung des Pankreas mit starken Bauchschmerzen und Kollaps (18), Milzvergrößerung (19).

6. Schilddrüse. Eine *Struma* kann größer und härter werden, wodurch es zu Druck auf die Trachea kommt. Anti-Schilddrüsenpräparate dürfen deshalb bei einer intrathorakalen Struma nicht gegeben werden.

Bei zu hoher Dosierung entsteht *Myxödem.*

Bei einem Patienten entwickelte sich lokales Myxödem an den Beinen (20 a). Zu Beginn der Behandlung können die Symptome von Hyperthyreoidie zunehmen. Man beobachtete Fälle von *thyreotoxischen Krisen* (22). Auch die Augensymptome können zunehmen; es wurde sogar ein maligner Exophthalmus beobachtet (23).

7. Nervensystem. Psychische Veränderungen können vorkommen: Angst, Unruhe, Verwirrung, Halluzinationen.

Polyneuritis (26, 47). Parästhesien, Polyneuritis infolge von Arteriitis und Periarteriitis generalisata (27), Periarteriitis mit Symptomen einer Raynaudschen Krankheit (28).

Wir hatten Gelegenheit, einen Fall von Arteriitis zu beobachten. Es handelte sich um eine Frau, die 26 g Methylthiouracil gebraucht hatte. Sie bekam darauf ein Erythem auf beiden Beinen, Fieber und wurde unruhig. Es wurde eine Polyneuritis konstatiert. Reflexe an Armen und Beinen waren nicht auslösbar. Die Beine waren paretisch und ataktisch. Die Sensibilität war deutlich gestört, besonders an den Füßen. Die Patientin starb; bei der Obduktion wurde eine allgemeine Arteriitis und Periarteriitis gefunden.

Die folgende Beobachtung gleicht eher einem Bericht über ein Experiment, als der Krankengeschichte eines Patienten! (29).

Eine Frau wurde mit 200 mg Propylthiouracil pro Tag behandelt. Nach zehn Tagen wurde die Behandlung wegen Magenbeschwerden eingestellt. Kurz darauf begann sie wieder mit Propylthiouracil. Schon nach 200 mg bekam die Patientin Fieber und Diarrhöe, aber man setzte die Behandlung fort. Nach 36 Stunden war die Frau unruhig, inkontinent, und es entstand eine Hemiparese. Alle Erscheinungen verschwanden 24 Stunden nach dem Einstellen der Behandlung.

Eine Woche später wurde eine Probedosis von 50 mg Propylthiouracil gegeben. Innerhalb einiger Stunden stieg die Temperatur, die Frau fühlte sich krank, bekam Diarrhöe und war verwirrt. 24 Stunden später waren alle Symptome wieder verschwunden.

Zwei Monate später begann man, als ob nichts geschehen wäre, wieder mit Propylthiouracil, 200 mg täglich. Nachdem die Patientin 1150 mg gebraucht hatte, wurde sie bewußtlos, bekam eine Hemiplegie und blieb sechs Tage komatös. Darauf starb sie. Bei der Obduktion wurde eine diffuse Periarteriitis gefunden.

8. Sinnesorgane. Geschmacks- und Geruchsstörungen wurden beobachtet (37).

Bei sechs Patienten verschwand nach Methimazol der Geschmack, bei zwei Patienten außer dem Geschmack auch der Geruch. Nach Aussetzen der Behandlung bildeten sich diese Symptome wieder zurück (40).

9. Herz. Folgende Erscheinungen wurden beobachtet: EKG: kleinere Schwankungen, negative T-Zacken, wobei der Grundumsatz nicht verringert ist (34); elektrisches Alternieren der P-Zacken (35), Perikarditis (19); Asthma cardiale und Lungenödem, während der Behandlung einer Angina pectoris mit Thiouracil (36).

10. Während der *Schwangerschaft* reiche man keine antithyreoiden Mittel.

Abgesehen von der Möglichkeit eines Abortus (33), muß ein ungünstiger Einfluß auf die Entwicklung des Kindes für möglich angesehen werden (32).

Es kann zu Hyperplasie der Schilddrüse des Kindes kommen (31). Man beobachtete bei zehn Kindern Zurückbleiben der geistigen Entwicklung und andere Störungen (41).

Literatur

1. J. A. M. A. 127 (1946) 890.
2. J. clin. Endocrin. Metabolism 9 (1949) 330.
3. Lancet 260 (1951) 265.
4. Bull. Mém. Hôp. Paris 60 (1946) 347; J. A. M. A. 139 (1949) 646.
4a. Schweiz. med. Wschr. 83 (1953) 538.
5. Amer. J. Med. 10 (1951) 68.
6. J. A. M. A. 148 (1951) 45; 149 (1952) 1010 und 1637; J. clin. Endocrin. Metabolism 11 (1951) 1057.
7. J. A. M. A. 143 (1950) 891.
8. Schweiz. med. Wschr. 78 (1948) 1947.
9. New Engl. J. Med. 294 (1951) 549.
10. Paris méd. 36 (1946) 401.
11. Ann. int. Med. 32 (1950) 137; Minerva Med. 2 (1948) 757.
12. Acta med. Scand. 124 (1946) 266.
13. J. A. M. A. 147 (1951) 379.
14. J. A. M. A. 135 (1947) 422; Bull. Mém. Hôp. Paris 64 (1948) 1044.
15. J. A. M. A. 138 (1948) 782; Bull. Mém. Hôp. Paris 64 (1948) 1041.
16. J. A. M. A. 127 (1945) 890.
17. Glasgow med. J. 30 (1949) 55.
18. Brit. med. J. (1946 II) 461.
19. Lancet 252 (1947) 519.
20. Ann. int. Med. 25 (1946) 322; Ann. Endocrin. (Paris) 13 (1952) 353.
20a. N. Y. J. Med. 52 (1952) 1431.
21. Ned. Tijdschr. v. Geneesk. 91 (1947) 1060.
22. Ned. Tijdschr. v. Geneesk. 91 (1947) 1049, 1128.
23. J. A. M. A. 128 (1945) 65; Arch. int. Med. 81 (1948) 364.
24. Schweiz. med. Wschr. 81 (1951) 1097.
25. Schweiz. med. Wschr. 78 (1948) 1130; Amer. J. med. Sci. 10 (1951) 68.

26. J. clin. Endocrin. Metabolism 6 (1946) 23.
27. Lancet 249 (1945) 108; Ned. Tijdschr. v. Geneesk. 94 (1950) 1849; J. A. M. A. 130 (1946) 315.
28. Angiology 2 (1951) 256.
29. J. A. M. A. 144 (1950) 1453.
30. Klin. Wschr. 26 (1948) 202.
31. Schweiz. med. Wschr. 77 (1947) 278; J.A.M.A. 149 (1952) 1399.
32. Bull. Mém. Hôp. Paris 62 (1946) 16.
33. J. Endocrin. 4 (1945) 109.
34. Schweiz. med. Wschr. 77 (1947) 278.
35. Exper. Med. Surg. 7 (1949) 173.
36. Amer. Heart J. 32 (1946) 494.
37. J.A.M.A. 149 (1952) 109.
38. Arch. int. Med. 89 (1952) 368.
39. J.A.M.A. 152 (1953) 27.
40. J.A.M.A. 152 (1953) 322; N. Y. J. Med. 53 (1953) 1236.
41. Lancet (1953 I) 1281.
42. Lancet (1954 I) 396; J. clin. Endocrin. Metabolism 13 (1953) 1305.
43. Brit. med. J. (1954 I) 364.
44. New Engl. J. Med. (1953) 815.
45. Amer. J. Med. 17 (1954) 36.
46. Ann. int. Med. 41 (1954) 844.
47. J.A.M.A. 155 (1954) 253.
48. J. clin. Endocrin. Metabolism 14 (1954) 948.
49. Ann. int. Med. 42 (1955) 701.

XXII. Antikoagulantia

Heparin

1. Allergische Erscheinungen (1). Es kann vorkommen, daß ein Patient auf Heparin, das von einer gewissen Tierart stammt, allergisch reagiert, während er Heparin von einem anderen Tier gut verträgt.

Man beobachtete drei Patienten, die mit Rhinitis, Konjunktivitis und Asthma auf Heparin reagierten, das aus Schweinsleber hergestellt war. Heparin aus Rindsleber vertrugen sie gut (20).

Zumeist entsteht die Allergie für Heparin schon während der Behandlung, oder wenn der Patient schon früher einmal mit Heparin behandelt worden war. Aber auch schon die erste Injektion kann Erscheinungen von Sensibilisation verursachen, und das ist verständlich, wenn der Patient gegen das Eiweiß einer bestimmten Tierart überempfindlich ist.

Ein Patient bekam nach der ersten Injektion von 10 mg Heparin einen schweren Asthmaanfall und ausgebreitete Urtikaria (4).

Man hat anaphylaktischen Schock mit oder ohne Asthma oder Erythem beobachtet (3).

Andere allergische Symptome: Fieber, Schüttelfrost, Schwindelanfälle, Parästhesien, Erbrechen, Urtikaria (2), QUINCKEsches Ödem, verschiedene Erytheme.

Es wird empfohlen, bei allergischen Patienten vor der Behandlung einen intrakutanen Hauttest mit z. B. 5 mg Heparin anzustellen (4).

2. Hämorrhagische Diathese. Blutungen, die während einer Behandlung mit Heparin entstehen, sind glücklicherweise nicht so schwer wie diejenigen, die Dicumarin verursachen kann.

Heparin ist nach einigen Stunden wirkungslos, und dann hört die Blutung von selbst auf. Gewöhnlich entstehen Blutungen nur, wenn eine Wundfläche vorhanden ist, wie nach einer Prostataoperation. Besonders gefürchtet sind die Blutungen aus Gefäßnähten.

Bei einem Patienten wurde ein Embolus aus der A. poplitea entfernt. Er wurde mit Heparin behandelt. Es kam zu einer Blutung, und das Blut verbreitete sich zwischen die Beinmuskeln. Die Blutung konnte nicht zum Stillstand gebracht werden.

Man sah auch eine schwere Blutung in die Kniehöhle nach einer Meniskusoperation (5).

Es kommt ferner zu Hautblutungen, Nasen- und Zahnfleischblutungen, Darmblutungen, Nierenblutungen (6), subarachnoidalen Blutungen. Bei Behandlung eines Lungeninfarktes kann eine schwere Blutung in die Pleurahöhle entstehen.

Man beobachtete auch eine Blutung in die Nebennieren mit tödlichem Ausgang (8).

Gefährlich sind auch Hirnblutungen, die auftraten, wenn Patienten mit Endokarditis Antikoagulantia bekamen. Endokarditis ist daher eine absolute Kontraindikation einer derartigen Behandlung (7).

Wiederholt fiel es uns auf, daß der Blutverlust während der Menstruation nicht stärker wird.

Ist es notwendig, eine Blutung nach Heparin so schnell als möglich zu stoppen, kann man eine Bluttransfusion geben, aber auch 50 bis 100 mg Protaminsulfat, intravenös eingespritzt, genügen, um eine normale Gerinnung zu erreichen. Auch Toluidinblau kann von Vorteil sein.

Man sah einen bedeutenden Prozentsatz von großen Hämatomen nach subkutaner und besonders nach intramuskulärer Anwendung.

Dicumarin

1. Hämorrhagische Diathese. Öfters kommen bei Anwendung von Dicumarinpräparaten unbedeutende Blutungen vor. Man sieht oft geringe Nasen- und Zahnfleischblutungen. Einzelne Erythrozyten im Harn sind keine Ursache zur Beunruhigung. Nach einer kurzen Unterbrechung kann man die Behandlung fortsetzen.

Trotz aller Vorsorgen kann man doch bei 2 bis 4 % Blutungen von größerer Bedeutung erwarten.

Bis 1946 wurden in der amerikanischen Literatur 1471 Behandlungen mit Dicumarol verzeichnet. Bei 123 Patienten kamen Blutungen vor (8,3 %), darunter fünf mit tödlichem Ausgang (0,34 %) (26).

Was für Dicumarol gilt, gilt auch für Dicumacyl (Tromexan), mit dem Unterschied, daß die lebensgefährlichen Blutungen bei Dicumacyl (Tromexan) sicher seltener sind, weil die Wirkung dieses Präparates bedeutend kürzer ist.

Bei Dicumarol kann es geschehen, daß die Prothrombinzeit doch noch eine Woche nach Aussetzen der Therapie hoch bleibt. Das kommt bei Dicumacyl nicht vor. Aber dennoch können nach Dicumacyl (Tromexan) gefährliche Blutungen entstehen (9 a), so daß dieselben Indikationen, Kontraindikationen und Vorsichtsmaßregeln beachtet werden müssen. Blutungen kommen in den verschiedensten Organen vor. Nierenblutung ist wahrscheinlich die häufigste. Man beobachtete Blutungen aus dem Magen-Darmkanal, Blutungen in die Pleurahöhle, in das Perikard und Retinablutungen.

Sehr gefährlich sind Blutungen in das Gehirn und die Hirnhäute.

Eine Blutung in die Bauchhöhle kann Symptome einer akuten Bauchfellentzündung zeigen (26).

Eine Blutung kann durch *Druckwirkung* gefährlich werden. Dies geschah bei einem Hämatom in das Mesenterium, das den Darm zudrückte und dadurch einen Ileus verursachte.

Bei einem Herzinfarkt kann eine Blutung in den Herzbeutel Herztamponade verursachen.

Beim Einspritzen in die Umgebung des N. sympathicus bei Personen, die unter Einfluß von Dicumarin oder Heparin standen, kam es in einzelnen Fällen zu einer schweren retroperitonealen Blutung (25).

Eine ernste hämorrhagische Diathese der Nieren kann Anurie zur Folge haben (11 a).

Es entwickeln sich Hämatome, wenn während einer Dicumarinbehandlung Injektionen mit Penicillin u. a. gegeben werden. Sie können Druck auf einen Nervenstamm ausüben, mit Schmerzen und Lähmung als Folge.

Eine Operationswunde öffnet sich, wenn in ihr ein Hämatom entsteht.

Es kommt vor, daß die Blutung fortschreitet, obwohl die Prothrombinzeit wieder normal geworden ist; es kommt auch vor, daß die Blutung aufhört, während die Prothrombinzeit noch niedrig ist (13).

Es gibt Personen, die besonders empfindlich sind und schon nach einer geringen Dosis bluten. Es gibt auch Patienten, die unempfindlich sind und bei denen die gewöhnliche Dosierung nicht den mindesten Einfluß auf die Prothrombinzeit zeigt. Ältere Patienten mit Arteriosklerose sind sehr empfindlich. Ein 67jähriger Mann starb infolge Blutungen aus den Nieren und dem Kolon, nachdem er in 48 Stunden im ganzen 400 mg Dicumarol bekommen hatte (9). Lebensgefährliche Blutungen wurden bei Hypertension und bei Herzpatienten mit einem Prothrombingehalt, der als nicht zu niedrig angesehen werden kann (40″, Kontrolle 13″), beobachtet (10, 11).

Bei Stauungserscheinungen seitens des Herzens sieht man oft eine Senkung der Prothrombinzeit nach einer sehr kleinen Menge von Dicumarin (12), wahrscheinlich durch Oligurie. Auch bei schlechter Nierenfunktion wird Dicumarin ungenügend ausgeschieden; man kann eine stärkere Senkung der Prothrombinzeit erwarten, als es normal der Fall ist.

Auch bei gestörter Leberfunktion fällt der Prothrombingehalt rasch.

Katastrophal waren die Folgen bei einem Patienten mit einem Aneurysma dissecans, der wegen eines angeblichen Herzinfarktes mit Antikoagulantien behandelt wurde (16, 27).

Ein 19jähriger junger Mann wurde wegen Thrombose mit Dicumarin behandelt. Er bekam eine kleine Gehirnblutung, die eine Parese eines Beines zur Folge hatte (29).

Man nimmt an, daß Quecksilberdiuretika der prothrombinherabsetzenden Wirkung des Dicumarins entgegenwirken (32).

Kontraindikationen für eine Dicumarinbehandlung. 1. Leberkrankheiten. Bei diesen ist die Prothrombinzeit oft etwas verlängert. Eine kleine Menge Dicumarin kann lebensgefährliche Blutungen verursachen.

Ein Thrombose, die nach einer Gallenblasenentfernung entstand, wurde mit Dicumarol behandelt. Nach einer sehr kleinen Menge wurde der Prothrombingehalt bedeutend niedriger und die Operationswunde begann zu bluten. Später stellte sich heraus, daß der Patient eine Leberzirrhose hatte.

2. Zustände, bei denen es zu Vitamin-K-Mangel kommen kann, wodurch der Prothrombingehalt niedriger wird, sind: Gallenfistel, Magen-Darmfistel, wenn die Darmflora durch Antibiotika vernichtet ist.

3. Vitamin-C-Mangel.

4. Niereninsuffizienz. Dicumarin wird schlecht ausgeschieden, wodurch die Wirkungsdauer unbegrenzt verlängert wird.

5. Hämorrhagische Diathese bei Blutkrankheiten.

6. Alte Personen mit Arteriosklerose.

7. Nach Operationen am Gehirn oder Rückenmark ist von Antikoagulantien immer abzuraten; nach anderen Operationen darf man erst nach dem vierten Tag anfangen.

8. Endokarditis.

9. Bei einem blutenden Ulkus oder ulzerierenden Tumor oder, wenn eine große Wundfläche vorhanden ist.

10. Schwangerschaft. Man beobachtete Absterben der Frucht durch Blutungen; in einem Falle bestanden Blutungen in die Thymus, in die Pleura und das Perikard (14).

Frauen, die knapp vor dem Partus mit Dicumarin behandelt worden waren, gebaren Kinder, die eine verlängerte Prothrombin- und Gerinnungszeit zeigten, ohne Symptome einer hämorrhagischen Diathese (28).

Es wird empfohlen, Neugeborenen Vitamin K_1 zu geben, falls die Mutter in der letzten Zeit der Gravidität mit Dicumarin behandelt worden war.

Bei Behandlung der durch Dicumarin hervorgerufenen Blutungen ist es oft notwendig, eine Bluttransfusion anzuwenden. Einzelne glauben, daß man womöglich frisches Blut anwenden soll, andere halten dies nicht für zweckmäßig.

Das Darreichen von Vitamin K hat wenig Effekt. Persönlich sahen wir nicht die geringste Besserung nach 1000 bis 2000 mg Vitamin K. Vitamin K_1 und das Oxyd von Vitamin K_1 sollen bessere Resultate erzielt haben.

Emulsion von Vitamin K_1, in einer Menge von 50 mg intravenös gegeben, soll die Prothrombinzeit in höchstens sechs Stunden zur Norm zurückführen (22).

2. Andere Nebenerscheinungen nach Dicumarin. Ist der Prothrombingehalt des Blutes stark gesunken, soll die Leberfunktion gestört sein (23).

Man hat degenerative Veränderungen in der Leber, sogar Lebernekrose, gesehen (17). Manchmal zeigten sich auch Veränderungen in den Nieren wie bei einer Nephrose (18). Eine Publikation berichtet über Panzytopenie durch Dicumarol (19). Sehr überzeugend ist dieser Zusammenhang nicht.

Bei manchen Patienten sah man eigenartige *Hautveränderungen*. Blutungen und später Nekrose der Haut und des darunter liegenden Gewebes, im Gluteal- und Femoralbereich, in der Höhe des Trochanter major, entstanden bei einigen Patienten zwischen dem fünften und siebenten Tag der Dicumarin-Behandlung (21). In anderen Fällen wurden keine Blutungen beobachtet und die gefundenen Abweichungen standen in keiner Beziehung zur Senkung des Prothrombingehaltes im Blutserum. Große Gewebsdefekte, die lange Zeit zur Heilung brauchten, wurden beobachtet.

Zwei Fälle von ausgedehnten und tiefen Nekrosen (Oberschenkel, Bauchdecken) nach Marcumar. Im zweiten Fall entstand ein paralytischer Ileus als Folge einer Beteiligung des parietalen Peritonaeums (33).

In einem großen Prozentsatz, man spricht von 42 %, soll es 3 bis 20 Wochen, nachdem die Behandlung mit Dicumarin eingestellt worden war, zu *Haarausfall* kommen. Der Haarwuchs stellt sich wieder ein.

Hin und wieder wurde über Brechreiz, Sodbrennen, Krampf in der Magengegend, Meteorismus, Erbrechen und Diarrhöe geklagt.

Bei einem Patienten entstand eine schwere allergische Reaktion: Erythem, Fieber, Ikterus durch Hepatitis, leukämoides Blutbild, Anämie, Tachykardie, Diarrhöe, Blutungen (Hämaturie), ungenügende Nierenfunktion (30).

Ein anderer Patient bekam ein Erythem, später Agranulozytose und starb an „lower nephron nephrose" (31).

Auch **Schlangengift** kann allergische Erscheinungen verursachen (21 a).

Literatur

1. Acta Allerg. (K'hvn) 2 (1949) 7.
2. J. Allergy 18 (1947) 277.
3. New Engl. J. Med. 242 (1950) 315.
4. Ann. int. Med. 35 (1951) 919.
5. New Engl. J. Med. 244 (1951) 436; Circulation 2 (1950) 837.
6. J. A. M. A. 131 (1946) 196.
7. J. Mount Sinai Hosp. 16 (1949) 214.
8. Ned. Tijdschr. v. Geneesk. 91 (1947) 2409.
9. Pr. méd. 59 (1951) 584.
9 a. New Engl. J. Med. 22 (1951) 803.
10. Circulation 1 (1950) 1205.
11. Arch. Surg. 62 (1951) 23.
11 a. Gaz. Hôp. 125 (1952) 85.
12. Amer. J. med. Sci. 218 (1949) 318.
13. Nord. Med. 42 (1949) 1772.
14. Amer. J. Obstet. Gynec. 57 (1949) 965; J. A. M. A. 139 (1949) 758.
15. Minn. Med. 32 (1949) 1003.
16. New Engl. J. Med. 230 (1944) 131; Arch. int. Med. 88 (1951) 770.

17. Brit. med. J. (1944 I) 718.
18. Dtsch. med. Wschr. 76 (1951) 558.
19. New Engl. J. Med. 242 (1950) 211.
20. Proc. Meet. Mayo Clin. 27 (1952) 16.
21. Ned. Tijdschr. v. Geneesk. 96 (1952) 1578; 97 (1953) 286.
21a. J.A.M.A. 150 (1952) 1328.
22. Ann. Surg. 135 (1952) 454.
23. Arch. int. Med. 91 (1953) 464.
24. Suppl. Gynaecologia 130 (1950) 532; Schweiz. med. Wschr. 83 (1953) 509.
25. J.A.M.A. 147 (1951) 1233; 152 (1953) 399; Ann. Surg. 13 (1950) 575.
26. Arch. int. Med. 92 (1953) 760.
27. Lancet (1954 II) 792.
28. Ned. Tijdschr. v. Geneesk. 99 (1955) 107.
29. New Engl. J. Med. 250 (1954) 810.
30. J.A.M.A. 155 (1954) 739.
31. Lancet (1954 II) 580.
32. Schweiz. med. Wschr. 85 (1955) 131.
33. Ärztl. Wschr. 10 (1955) 896.

XXIII. Zytostatika

Senfgasverbindungen (Mitoxin)

1. Allgemeine Erscheinungen. Brechreiz; Erbrechen sieht man oft, Diarrhöe selten. Hie und da treten Geschwüre im Magen-Darmkanal auf. Sogar schwere Hämatemesis und Melaena wurden beobachtet.

Allgemeines Krankheitsgefühl (1), manchmal Schocksymptome (2).

2. Blutveränderungen. Panzytopenie, Agranulozytose, Anämie, Thrombopenie, Leukopenie, Lymphopenie. Der niedrigste Punkt der Zytopenie wurde zwischen dem 21. und 25. Tag beobachtet. Genesung folgt vier bis fünf Wochen nach den Injektionen der Senfgasverbindung (42).

Die Blutgerinnung kann verlangsamt sein (3).

3. Haut. Jucken, makulo-papulöse Eruptionen, masern- oder varizellenähnliches Exanthem (42), exfoliative Dermatitis (4), Kontaktdermatitis, Keratitis (5), Konjunktivitis.

Leberschädigung (6), Störung der Spermiogenese (1), Psychosen (7).

Infolge Abbau von vielem Kernmaterial kann der Harnsäurespiegel im Blut steigen und der Harn übersättigt werden. Bei einem Patienten folgte durch die Auskristallisierung der Harnsäure eine Verstopfung beider Ureteren (41).

Senfgasverbindungen sollen besser vertragen werden, wenn vorher 100 mg Pyridoxin intravenös eingespritzt worden sind (8).

Die Venen, die zur Mitoxineinspritzung benützt wurden, thrombosieren.

Tri-aethylen-melamin (TEM)

Brechreiz, Erbrechen, Diarrhöe.

Anzeichen von Schädigung des Knochenmarkes (9). Thrombopenie (47).

Allgemeines Schwächegefühl; Steigerung des Ureumgehaltes im Blut, sogar Urämie (10); Erscheinungen erhöhter Hämolyse (44), Erythrozyten im Harn, Dermatitis (11).

Letal verlaufende Schädigung des Knochenmarkes schon nach 7¹/₂ und 10 mg TEM (46).

Colchicin

Brechreiz, Erbrechen, Diarrhöe, Bauchschmerzen, manchmal begleitet von Schocksymptomen; Melaena (45).

Kopfschmerz; Müdigkeit, besonders in den Beinen; Tachykardie, retrosternale Schmerzen.

Ein Patient starb im Koma nach fünftägigem Gebrauch von Colchicin (12).

Auch Erscheinungen von Epilepsie wurden beobachtet (13). Hämaturie, Porphyrinurie (15).

Blutveränderungen: Starke Leukozytose mit Linksverschiebung und sogar Myelozyten im peripheren Blut. Leukopenie (14) und aplastische Anämie wurden beobachtet.

Pentamidin

Tachykardie, niedriger Blutdruck, Schock.

Schwitzen, Schwindelanfälle, Kongestionen, Speichelfluß, Brechreiz, Erbrechen. Auch über bitteren Geschmack wird manchmal geklagt. Auch Parästhesien hat man gesehen: ein Gefühl von Brennen und Stechen.

Vereinzelt tritt Beklemmung im Hals (16) und in der Brust auf. Auch Klagen über Bauchschmerzen hört man zuweilen.

Manchmal reizt die Einspritzung zum Husten.

Es können Ödeme entstehen (17).

Stilbamidin

Bemerkenswert sind die Parästhesien im Gebiet des N. trigeminus (18). Es wird über ein dumpfes und juckendes Gefühl geklagt. Der Tastsinn kann vermindert sein. Schmerz und Wärmegefühl sind normal.

Diese Erscheinungen zeigen sich manchmal erst ein bis drei Monate, nachdem man die Einspritzung von Stilbamidin eingestellt hat (19).

Hie und da sah man Erscheinungen von peripherer Neuritis (20). Der Blutdruck kann sinken (21), so daß es geboten ist, Adrenalin vorzubereiten.

Seitens der Vasomotoren sind verschiedene Reaktionen möglich. Angeblich kann man diesen Symptomen mit Atropin vorbeugen.

Eine vorhandene Nierenkrankheit kann schlechter werden (22). Man beobachtete auch akute gelbe Leberatrophie (23) und Lebernekrose, und eine Beobachtung spricht sich dahin aus, daß Stilbamidin die Ursache einer Periarteriitis nodosa war (24).

Phenylhydrazin

Jucken, Urtikaria, Dermatitis (25), Schwindelgefühl. Erhöhte Gefahr einer Thrombose.

Blut: Manchmal starke Leukozytose, akute hämolytische Anämie mit großer Leber und großer Milz (26); Hämoglobinurie; Hämaturie.

Ikterus infolge erhöhter Hämolyse und Schädigung der Leberzellen (27).

Vereinzelt wurde aplastische Anämie beobachtet.

Urethan

1. Magen-Darmkanal. Anorexie, Brechreiz, Erbrechen und manchmal Diarrhöe wurden bei mindestens zwei Dritteln der Patienten beobachtet. Ein Artikel über Behandlung von 66 Kranken berichtet, daß
bei 13 die Urethantherapie eingestellt werden mußte (28).

Wenn 300 mg Nikotinsäure täglich gegeben werden, sollen die Nebenerscheinungen weniger störend sein (29).

2. Blut. Anämie, die manchmal aplastischen Charakter annehmen
kann; Erscheinungen erhöhter Hämolyse (30), Leukopenie, Agranulozytose, Panzytopenie, Thrombopenie.

Es gibt Beobachtungen, die darauf hinweisen, daß infolge von
Urethan eine chronische Leukämie in eine akute Leukämie übergehen
kann (27).

Das Urethan erhöht die Gefahr von Thrombose peripherer Venen
und Hirnvenen, weil die Gerinnungszeit des Blutes abnimmt (27).

3. Allgemeine Erscheinungen. Schwindelanfälle (48), Schläfrigkeit,
Schlaflosigkeit, Konvulsionen.

Speichelfluß; es bilden sich Urethankristalle in der Kornea.

Wiederholt hat man Leberschädigungen beobachtet (32), sogar
Lebernekrose (33).

Nierenkoliken (27) und manchmal Albuminurie können entstehen.

Es ist möglich, daß Urethan auf die Schilddrüse hemmend wirkt,
was sich aber erst nach langem Gebrauch äußern kann.

Ein Patient bekam Erscheinungen von Myxödem (43).

Folsäure-Antagonisten: Aminopterin, Teropterin

1. Mund- und Rachenhöhle. Stomatitis mit Geschwüren der Mundschleimhaut, glatte, schmerzhafte Zunge, Pharyngitis, Angina, Schluckbeschwerden, Zahnfleisch- und Nasenblutungen (34).

2. Magen-Darmkanal. Anorexie, Brechreiz, Erbrechen, Diarrhöe,
Blutungen in den Magen-Darmkanal, Geschwüre im Darmkanal können entstehen, Perforation von Geschwüren.

3. Blut. Thrombopenie, Leukopenie, Panzytopenie. Im Knochenmark zeigen sich Megaloblasten, und im peripheren Blut findet man
stark segmentierte Leukozyten (35).

4. Haut. Erytheme (36), Pigmentationen (37), Haarausfall (38).

5. Man hat Fälle von Hepatitis und auch Hodenatrophie (27) gesehen.
Ebenso wurde eine analgetische Wirkung von Teropterin beobachtet (39).

Es wird die Ansicht vertreten, daß ein Teil der toxischen Wirkungen der Folsäure-Antagonisten durch den Citrovorum-Faktor und
durch Vitamin B_1 beseitigt werden kann (40).

Myleran

Thrombopenie, Hypoplasie des Knochenmarks, Panzytopenie.

Literatur

1. Acta haemat. (Basel) 3 (1950) 122; Arch. int. Med. 82 (1948) 125; Blood 4 (1949) 328.
2. Bull. Mém. Hôp. Paris 64 (1948) 569.
3. Amer. J. Surg. 77 (1949) 509.
4. Ann. int. Med. 32 (1950) 393.
5. Excerpta med. Sec. VI, Intern. Med., Vol. III (1949), Referat Nr. 3551, S. 782.
6. Progr. med. Napoli 5 (1949) 525.
7. J. nerv. ment. Dis. 115 (1952) 356.
8. Wien. med. Wschr. 101 (1951) 157.
9. Arch. int. Med. 87 (1951) 477.
10. Arch. int. Med. 89 (1952) 387; J.A.M.A. 146 (1951) 1595.
11. J.A.M.A. 152 (1953) 914.
12. Ann. rheumat. Dis. 6 (1947) 224.
13. Ärztl. Forsch. 2 (1948) 457.
14. Wien. klin. Wschr. 62 (1950) 203.
15. Dtsch. Gesdh.wes. 3 (1948) 50.
16. Bull. Soc. Path. exot. 41 (1948) 89.
17. Indian med. Gaz. 84 (1949) 139.
18. Nord. Med. 41 (1945) 295.
19. J.A.M.A. 137 (1948) 6.
20. BIJLSMA, S. 220.
21. J. Mount Sinai Hosp. 13 (1946) 119.
22. J.A.M.A. 137 (1948) 514.
23. J.A.M.A. 150 (1952) 1332; Arch. Pediatr. 69 (1952) 267.
24. Ann. int. Med. 34 (1951) 1472.
25. Brit. J. Derm. Syph. 58 (1946) 236.
26. J. Kentucky St. Med. Ass. 48 (1950) 365.
27. ALBAHARY, S. 584, 586.
28. J.A.M.A. 147 (1951) 824.
29. Z. inn. Med. 4 (1949) 65.
30. Acta haemat. (Basel) 3 (1950) 116; J.A.M.A. 135 (1947) 901.
31. Ther. Gegenw. (1950) 11.
32. Amer. J. clin. Path. 22 (1952) 22.
33. New Engl. J. Med. 243 (1950) 984; Blood 10 (1955) 76; Arch. int. Med. 96 (1955) 277.
34. Blood 4 (1949) 168; Amer. J. clin. Path. 19 (1949) 119.
35. J. lab. clin. Med. 33 (1948) 1643; Ned. Tijdschr. v. Geneesk. 94 (1950) 1622; Ann. int. Med. 35 (1951) 236.
36. Ann. int. Med. 32 (1950) 112.
37. Proc. Soc. exp. Biol. (N.Y.) 75 (1950) 332.
38. Brit. med. J. (1950 I) 1447.
39. Science 109 (1949) 286.
40. Sang 22 (1951) 33.
41. Ann. int. Med. 39 (1953) 1327.
42. Quart. J. Med. 23 (1954) 246.
43. J.A.M.A. 154 (1954) 1415.
44. Bluttransfusion 3 (1954) 9.
45. Ann. int. Med. 42 (1955) 167.
46. Brit. med. J. (1955 I) 1380.
47. Wien. klin. Wschr. 67 (1955) 876.
48. Dtsch. med. Wschr. 80 (1955) 1502.

XXIV. Blut und Blutersatzpräparate

Man muß stets daran denken, daß eine Bluttransfusion ein Eingriff ist, der die Ursache verschiedener unangenehmer und selbst lebensgefährlicher Komplikationen sein kann, so daß eine Bluttransfusion eine wirkliche Indikation, eine sorgfältige Vorbereitung und eine gründliche Beobachtung erfordert. Selbst bei der besten Vorbereitung muß man doch mit einem Sterbefall auf 1000 bis 3000 Transfusionen rechnen (34).

Folgende Komplikationen können vorkommen:

1. Schüttelfrost mit Fieber durch pyrogene Stoffe. Patienten, die eine ernste Blutkrankheit haben (Leukämie, aplastische Anämie, Agranulozytose, Thrombopenie) und Patienten mit Lupus erythematosus (1a) reagieren besonders heftig auf eine Bluttransfusion.

2. Allergische Erscheinungen stellen sich bei 1 % der Bluttransfusionen ein: Kopfschmerzen, Magen-Darmerscheinungen (Übelkeit,

Erbrechen, Diarrhöe), Jucken, Urtikaria, angioneurotische Ödeme, Asthma, anaphylaktischer Schock. Andere Symptome wie bei Serumkrankheit können in den Vordergrund treten. Vorsicht bei Asthmapatienten! In seltenen Fällen genügen schon 15 ml Blut, um ernste anaphylaktische Erscheinungen zu verursachen (37).

Es wird empfohlen, allergischen Personen prophylaktisch Ephedrin oder ein Antihistaminpräparat zu geben. Adrenalin muß vorbereitet sein.

In der Narkose kommen Transfusionsstörungen selten vor.

Menschen mit allergischer Konstitution sollen lieber nicht als Spender fungieren.

Ein Patient, der gegen Rindsleber allergisch war, erhielt Blut von einem Spender, der vorher Leber gegessen hatte, und reagierte mit einer Urtikaria (63).

Ein Patient hatte vor der Transfusion Tomaten gegessen und bekam nach der Transfusion mit Blut von einem für Tomaten überempfindlichen Spender Urtikaria (63).

Während einer Plasmainfusion entstanden Stuhldrang, Bradykardie mit 40 Schlägen pro Minute, eine Stunde später Schock und nicht meßbarer Blutdruck.

Nach einer intensiven Schockbehandlung folgte Restitution. Der Kranke bekam einen Herpes labialis und Gelenkschmerzen (54).

3. Hämolyse (1), mit großer Gefahr eines Schocks (2) durch allgemeine Kapillaropathie und „lower nephron nephrose" (freies Hämoglobin im Urin).

Bei einem Kind kam es zu doppelseitiger Rindennephrose (48). Es können auch degenerative Veränderungen in der Leber, Lungeninfarkte, Lungen- und Hirnödem gefunden werden.

Klagt der Patient während einer Transfusion über Schmerzen in der Lendengegend oder über Schwere in der Brust, höre man sofort mit der Transfusion auf. Bei einer unrichtigen Transfusion muß man sofort das richtige Blut geben, nebst Alkali, um der Bildung von Hämatin in den Nierenkanälchen vorzubeugen.

Hämolyse kann entstehen:

a) Durch Fehler beim Bestimmen der Blutgruppe. Man gebe keine Bluttransfusion ohne Kreuzprobe.

b) Dadurch, daß man den Rhesusfaktor außer acht gelassen hat, oder daß ein Unterschied in den Untergruppen besteht (Patient $A_2 RH +$, Donor $A_1 RH +$) (3).

c) Durch Sensibilisation gegen Untergruppen [M, N, K, L, S, U (45) und Kellfaktor (49)].

Eine Bluttransfusion mit Kell-positivem Blut hatte bei einem Kell-negativen Empfänger eine schwere hämolytische Reaktion mit Anurie zur Folge (55).

d) Wenn das Plasma des Spenders besonders kräftige Iso-Agglutinine (5) oder Kälte-Agglutinine enthält (43).

Die Produktion normal vorkommender Iso-Agglutinine kann bedeutend gesteigert werden, wenn der Spender mit Antitetanusserum behandelt oder geimpft war.

Diphtherie- und Tetanus-Anatoxine enthalten A-Agglutinine, wodurch bei den vakzinierten Personen A-Agglutinine entstehen. Gehören diese Menschen zur Blutgruppe 0, kann ihr Blut bei Patienten mit Blutgruppe A heftige Reaktionen verursachen (44).

Blut von der Blutgruppe 0 darf daher nur im äußersten Notfall Patienten mit Blutgruppe A, B oder AB gegeben werden (5a).

Ein Krankheitsbild wie bei hämolytischem Ikterus und sogar Transfusionsnieren können entstehen.

Transfusion von Rh-negativem Blut mit einem hohen Titer von Antikörpern bei einer Rh-negativen Frau kann Symptome von Erythroblastose bei dem Kind erzeugen (34).

e) Durch Hämolyse im Gefäß. Das geschieht, wenn das Blut zu stark erwärmt wurde [Erwärmung ist immer überflüssig (4)] oder wenn zu stark abgekühlt wurde oder wenn das Blut länger als drei Stunden bei Zimmertemperatur stehen blieb. Hämolyse kann auch entstehen, wenn zu dem Blut hypertone und hypotone Lösungen zugegeben wurden und wenn das Blut länger als 21 Tage im Eiskasten aufbewahrt wurde.

Hämolyse kann ebenfalls entstehen, wenn das Blut infiziert ist. Selbst geringe Hämolyse macht das Blut zur Transfusion ungeeignet.

4. Hämorrhagische Diathese kann vorkommen:

a) *Bei nicht passendem Blut* (33). Eine Publikation berichtet über vier solcher Patienten. Alle Faktoren, die auf die Gerinnung Einfluß ausüben, können gestört sein. Die Anzahl der Thrombozyten nimmt ab, Gerinnungszeit und Prothrombinzeit nehmen zu. Im Blutplasma fehlt zuweilen das Fibrinogen.

Manchmal sind die Blutungen leicht, manchmal schwer. Sie können in allen Organen vorkommen: Zahnfleisch, Haut, Uterus, Operationswunden usw.

Man muß in erster Linie die Anurie behandeln; daneben ist eine Transfusion mit frischem Blut, Vitamin K$_1$ und Fibrinogen notwendig (51).

b) *Bei passendem Blut,* wenn eine sehr große Transfusion vorgenommen wird.

Bei 14 Patienten, die zwischen 5500 und 20500 ml Blut im Lauf von 48 Stunden bekamen, entstand eine signifikante Thrombopenie (5200 bis 64000). Elf von diesen Patienten zeigten Blutungen in die Haut, in Schleimhäute, in das Operationsfeld, oder Hämaturie. Der Grad der Thrombopenie stand in deutlichem Zusammenhang mit der Gesamtmenge von Blut und der Schnelligkeit der Infusion. Bei fünf Kindern, die mit Exsanguinations-Transfusion behandelt wurden, kam es zu Thrombopenie und bei zwei von ihnen zu Blutungen. Eine stichhaltige Erklärung konnte für diese Thrombopenie nicht gegeben werden (64).

5. Bei Überbelastung der Zirkulation kann es zu *Lungenödem* kommen. Während einer Transfusion muß man die Füllung der Halsvenen beobachten.

6. Reaktion durch Zugabe von *Natriumzitrat* (6). Wenn große Transfusionen gegeben werden (1500 bis 2500 ml) und dies in kurzer Zeit geschieht, kommt so viel Zitrat in den Körper, daß es schädlich wird. Es können ernste Symptome auftreten, die verhängnisvoll werden können: *Tetanie;* ferner Zyanose, vorübergehende Apnoe, Angst, Ohrensausen (7), Ödeme, manchmal unstillbare Blutungen. Die Gerinnungszeit kann nämlich verlängert sein.

1 bis 4 g Kalzium-Gluconat pro Liter Zitratblut halten die Tetanie auf. Muß man viel Blut transfundieren, ist besser Heparin statt Zitrat zu gebrauchen.

Lebensgefährliche Zitratvergiftung. Trotz genügender Blutzufuhr bleibt der Blutdruck niedrig. Nach Kalziumzufuhr steigt der Blutdruck, jedoch nicht immer (62).

7. Wird das Blut lange aufbewahrt, verläßt das Kalium die Erythrozyten und kommt ins Plasma. Wird nun ein Plasmainfus gegeben, enthält dieses zu viel *Kalium* (8), und man sieht darnach nachteilige Folgen. Besonders bei einer arteriellen Transfusion kann diese Hyperkalämie gefährlich sein (56).

8. Werden häufiger Transfusionen gegeben, muß der Körper zu viel Eisen verarbeiten, wodurch auf die Dauer *Hämochromatose* (9) und *Hämosiderose* (57) der Leber und des Pankreas entstehen können.

9. Lungenembolie durch kleine Fibringerinnsel (8).

Luftembolie, besonders bei Transfusion unter erhöhtem Druck (10).

10. Thrombophlebitis.

Bei einem Kranken kam es nach einer Transfusion zu Konvulsionen, später zu Hemiplegie und Hemianopsie. Thrombose? (59).

11. Es können *Krankheiten* übertragen werden.

a) Lues; nur, wenn das Blut kürzer als drei Tage im Eiskasten aufbewahrt wurde (11).

b) homologe Serumhepatitis. Die Gefahr bei Plasmatransfusion ist bedeutend größer als bei Bluttransfusion. Man empfiehlt daher, eine Plasmamischung zu gebrauchen, die von nicht mehr als acht bis zehn Spendern stammt (12).

Während des Krieges in Korea wurde bei 22% von den beinahe 600 Soldaten, die Plasma und Blut bekamen, Hepatitis mit Ikterus beobachtet. Bei denen, die nur Blut bekamen, waren es nur 3,6%.

Die Inkubationszeit dieser Hepatitis betrug 90,3 ± 11,7 Tage.

Bestrahlung mit ultraviolettem Licht konnte ihr nicht vorbeugen (42).

Wird Plasma ein halbes Jahr hindurch bei Zimmertemperatur aufbewahrt, soll das Risiko einer Hepatitis nicht mehr bestehen (47).

Man muß jeden Spender abweisen, der in den letzten zwei Jahren Ikterus hatte.

Dramatisch verlief die Hepatitis bei zehn Kindern, die mit Serum aus demselben Vorrat gegen Masern geimpft worden waren. Sieben dieser Kinder bekamen ernste Hepatitis und drei davon starben (13).

c) Sepsis, Blattern, Masern, Influenza, Brucellose (58), Varizellen, Flecktyphus (14), Mononucleosis infectiosa (32), Herpes zoster (15), Trypanosomiasis (38) wurden übertragen.

Man muß Spender, die erkältet sind oder eine erhöhte Blutsenkung haben, abweisen.

Blut, das mit *Coli* oder der Pseudomonasgruppe infiziert war, verursachte bei einigen Patienten Schock, der in verschiedenen Fällen tödlich verlief (36).

Malaria kann ebenfalls übertragen werden. Malaria-Plasmodien bleiben jedoch nicht länger als fünf Tage am Leben, wenn das Blut im Eiskasten aufbewahrt wurde. In Gegenden, wo Malaria vorkommt, kann also Blut, das länger als fünf Tage aufbewahrt wurde, ohne Gefahr gebraucht werden. Wenn man frisches Blut verwendet, muß der Empfänger prophylaktisch gegen Malaria behandelt werden (34).

12. Besonders wenn der Rhesusfaktor nicht berücksichtigt wird, kann der Empfänger *sensibilisiert* werden. Bekommt eine junge Frau eine weitere Transfusion, kann dies gefährlich werden; das Kind kann mit *Ikterus neonatorum* geboren werden (5 a).

Es kann auch zu Sensibilisierung kommen, wenn bei Wiederholung die gleiche Person das Blut spendet (17).

Vier Tage nach einer Bluttransfusion erhielt ein Patient zum zweiten Mal Blut vom gleichen Spender. Diesmal reagierte er mit Asthma und Urtikaria (63).

Ein 15jähriger Junge mit kongenitaler Afibrinogenämie wurde durch wiederholte Bluttransfusionen gegen das Fibrinogen des Spenders sensibilisiert. Antifibrinogen konnte nachgewiesen werden. Vollblut rief anaphylaktische Reaktionen hervor; defibriniertes Blut hingegen wurde ohne Reaktion vertragen (60).

Ernste Symptome von *Polyneuritis* (18) entstanden nach einer zweiten Transfusion mit Blut A_1 Mn Rh bei einem Patienten mit Blutgruppe A_2 M Rh.

Die Polyneuritis begann einige Stunden nach der zweiten Transfusion, breitete sich immer mehr aus, so daß der Patient eine Woche später an einer Lähmung der Atemmuskeln starb. Bei der mikroskopischen Untersuchung fand man perivaskuläre Infiltrate um die Arterien herum, die die Nerven mit Blut versorgen.

Nach wiederholten Bluttransfusionen beobachtete man mehrere Fälle einer aufsteigenden Neuritis (18 a).

Hier muß noch der Spender angeführt werden, der mit Rh-Blut immunisiert wurde, um ein Anti-Rh-Serum zu erhalten. Es traten Herzsymptome auf, die als eine allergische Entzündung der Koronararterien erklärt werden müssen (39).

Bei Patienten mit hämolytischer Anämie kann es nach Bluttransfusionen zu unangenehmen Reaktionen kommen. Dies kann sogar nach Einspritzung von 10 bis 30 ml frischen Plasmas geschehen (aber nicht, wenn „gewaschene" Erythrozyten eingespritzt wurden): Fieber, Schüttelfrost, Schmerzen im Rücken und in den Beinen, Erbrechen (19).

Sogar beim Einspritzen „eigenen" Blutes kann es bei allergischen Menschen zu schweren anaphylaktischen Symptomen mit Fieber und Urtikaria kommen (20).

Es ist möglich, daß Männer, die Blut einer jungen Spenderin bekommen, *Gynäkomastie* zeigen. Dies wurde in drei Fällen beobachtet (50).

Man sah nach einer Transfusion von Plasma akute Ischämie eines Beines, wahrscheinlich durch einen arteriellen Krampf verursacht (21). Gangrän nach intraarterieller Transfusion (53).

Serum-Albumin

Nach einer zu hohen Dosis bei intravenöser Einspritzung können bei Herzpatienten Stauungserscheinungen entstehen, und bei Leberzirrhose kann Überfüllung der Gefäße Blutungen aus Varizen verursachen (22, 23).

Von Rindern stammendes Albumin kann Serumkrankheit zur Folge haben.

Nach einem Infus mit Albumin können innerhalb von zehn Minuten Schüttelfrost und hohes Fieber entstehen. Es kann auch zu Erythem und Niesanfällen kommen.

Man beobachtete auch eine hämorrhagische Diathese: Bluthusten und hämorrhagisches Exanthem.

Öfters kommt eine leichte Albuminurie vor.

Bei einem Patienten entwickelte sich allgemeines Ödem, und im Harn fand man 14 $^0/_{00}$ Eiweiß.

Je 80 mg Antallergan am Abend und am Morgen vor dem Infus sollen angeblich die allergischen Reaktionen hintanhalten (61).

Es wurden auch Schädigungen von Herz, Leber und Nieren beobachtet (24).

Gammaglobulin

kann allergische Erscheinungen verursachen (46).

Aminosäuren (Amparon, Amigen, Aminosol)

Fieber, Brechreiz, Erbrechen, Anorexie (25).

Anaphylaktischer Schock (26) entwickelte sich unmittelbar nach Injektion von Amigen (Eiweißdigest); man mußte eine Tracheotomie machen, aber der Patient starb an Lungenödem. Das PRAUSNITZ-Phänomen war bei zehn Personen positiv, bei denen 0,1 ml Serum intrakutan eingespritzt worden war.

Dextran (Macrodex)

Lokale degenerative Veränderungen in Leber und Nieren (27). Pseudoagglutination der Erythrozyten kann die Blutgruppenbestimmung unmöglich machen.

Allergische Erscheinungen: Asthma, Urtikaria (28), angioneurotische Ödeme, Kopfschmerzen, Brechreiz, bedeutende Brustschmerzen, Arthritis, auch schwerer anaphylaktischer Schock wurden beobachtet (40, 41).

Nasen- und Zahnfleischblutungen und Blutungen in die Konjunktivae kamen vor (52).

Arabischer Gummi (Lösung nach BAYLISS)

Allergische Erscheinungen, Urtikaria, Ödem, anaphylaktischer Schock, Lungenödem (22).

Agglutination der Erythrozyten, kapilläre Blutungen, verzögerte Blutgerinnung, Hypoxämie, da die Erythrozyten in eine Lage Gummi eingehüllt sind, Leberschädigung durch Ansammlung von arabischem Gummi in der Leber (23).

Der Eiweißgehalt des Blutes wird geringer, insbesondere das Fibrinogen (23).

Literatur

1. Ned. Tijdschr. v. Geneesk. 94 (1950) 369; GOWIN, HARDIN, ALSEVER, Blood Transfusion. Philadelphia: Saunders. 1949.
1a. Arch. int. Med. 90 (1952) 801; Brit. med. J. (1945 II) 83.
2. Ann. int. Med. 30 (1949) 745.
3. Lék. Listy 5 (1951) 143; Excerpta med. Sec. VI, Intern. Med., Vol. V (1951), Referat Nr. 5448, S. 1159; Z. Urol. 45 (1952) 605.
4. J. A. M. A. 114 (1940) 859.
5. J. clin. Invest. 25 (1946) 627; Bull. Mém. Hôp. Paris 67 (1951) 808.
5a. Med. Press 227 (1952) 440; Ärztl. Wschr. 8 (1953) 621.
6. Surg. Gynec. Obstet. 76 (1943) 85.
7. Surg. Gynec. Obstet. 77 (1943) 113.
8. Amer. Practitioner 3 (1949) 275.
9. Arch. int. Med. 83 (1949) 477; Pr. méd. 62 (1954) 68.
10. J. A. M. A. 132 (1946) 141; Lancet 256 (1949) 735.
11. Ned. Tijdschr. v. Geneesk. 94 (1950) 369.
12. Amer. J. clin. Path. 19 (1949) 994.
13. Brit. med. J. (1951 II) 6.
14. Yokohama med. Bull. 2 (1951) 19.
15. Ärztl. Wschr. 5 (1950) 512.
16. Ned. Tijdschr. v. Geneesk. 94 (1950) 3312.
17. Schweiz. med. Wschr. 77 (1947) 127.
18. Nervenarzt 22 (1951) 87.
18a. Dtsch. med. Wschr. 77 (1952) 18.
19. Blood 5 (1950) 129.
20. Ned. Tijdschr. v. Geneesk. 83 (1939) 5101.
21. Edinb. med. J. 56 (1949) 557.
22. J. clin. Invest. 28 (1949) 583.
23. J. clin. Invest. 29 (1950) 998.
24. J. clin. Invest. 26 (1947) 1185.
25. New Engl. J. Med. 239 (1948) 164.
26. J. Allergy 20 (1949) 369; J. lab. clin. Med. 28 (1942) 1203; J. A. M. A. 128 (1945) 732.
27. Surg. Gynec. Obstet. 88 (1949) 661.
28. Proc. Meet. Mayo Clin. 23 (1948) 44.
29. Surg. Gynec. Obstet. 64 (1937) 772.
30. J. A. M. A. 105 (1935) 654.
31. Alabama med. J. 109 (1947) 301.
32. Ned. Tijdschr. v. Geneesk. 95 (1951) 3036.
33. Surg. Gynec. Obstet. 92 (1951) 734.
34. J. A. M. A. 151 (1953) 1435.
35. J. A. M. A. 149 (1952) 1613.
36. New Engl. J. Med. 245 (1951) 760; Arch. int. Med. 92 (1953) 75.
37. Klin. Wschr. (1951) 464.
38. Gaz. méd. portug. 4 (1951) 1030.
39. Ärztl. Wschr. 7 (1952) 1156.
40. S. African med. J. 26 (1952) 941.
41. Lancet (1952 I) 1081.
42. Arch. int. Med. 92 (1953) 678.
43. Ann. Méd. 49 (1948) 499.
44. Sang 22 (1951) 478.
45. J. A. M. A. 153 (1953) 1444.
46. Alabama Med. Ass. J. 23 (1953) 74.
47. J. A. M. A. 154 (1954) 103.
48. Texas J. Med. 49 (1953) 770.
49. Blood 8 (1953) 1029.
50. Münch. med. Wschr. 95 (1953) 653.
51. Amer. J. Surg. 63 (1954) 41.

52. Brit. med. J. (1954 I) 893.
53. Wien. klin. Wschr. 66 (1954) 309.
54. Dtsch. med. Wschr. 79 (1954) 1869.
55. Blood 8 (1953) 1029.
56. Lancet (1954 II) 127.
57. Schweiz. Z. allg. Path. 17 (1954) 592.
58. Brit. med. J. (1955 I) 27.
59. Lancet (1950 II) 1286.
60. Acta haemat. (Basel) 11 (1954) 40.
61. A. Weeke, Dissertation, Groningen 1954.
62. J. A. M. A. 157 (1955) 1361.
63. H. Wigand: Die nicht-hämolytischen Bluttransfusionsstörungen. Berlin-Göttingen-Heidelberg: Springer. 1955.
64. J. A. M. A. 159 (1955) 171.

XXV. Vitamine

Vitamin A

Vitamin A kann Intoxikationserscheinungen verursachen, wenn man große Dosen durch lange Zeit einnimmt. Man glaubt, daß mindestens 75 000 E täglich im Laufe eines halben Jahres diese Erscheinungen verursachen können (10). Fünf bis sieben Wochen nach Aussetzen der Therapie verschwinden die Symptome wieder (9).

1. Haut und Schleimhäute. Die Haut wird trocken und schuppig. Manchmal entsteht sogar eine follikuläre Hyperkeratose und die Nägel werden brüchig.

Wiederholt wird über Jucken geklagt. Es entstehen Rhagaden an den Mundecken, manchmal in der Nachbarschaft der Nase und des Anus.

Ein Erythem kann sich zeigen. Manchmal wird die Haut gelb. (Die gelbe Verfärbung der Handflächen und Fußsohlen durch zuviel Karotin, eine Vorstufe des Vitamins A, ist bekannter.)

Es treten auch Pigmentationen auf, so daß man von Chloasma sprechen kann. Wiederholt sieht man Haarausfall, und dann besonders des Kopfhaares, der Wimpern und der Augenbrauen.

Gingivitis, Blepharitis, Konjunktivitis (2), Stomatitis, Glossitis und Rhinitis kommen vor.

Symptome einer hämorrhagischen Diathese können auftreten. Vitamin K_1 kann notwendig werden.

Akne und Miliaria wurden beobachtet.

2. Allgemeine Erscheinungen. Kopfschmerzen, Schwindelanfälle, Reizbarkeit, Kongestionen, Müdigkeit, Anorexie, Brechreiz, Diarrhöe, Abmagerung. Wiederholt wurden große Leber und große Milz festgestellt (8). Eine Beobachtung berichtet über Amenorrhöe (3). Auch Exophthalmus (3) kommt vor.

Bei einem Patienten entstanden ein doppelseitiger, pulsierender Exophthalmus, starke Kopfschmerzen, Doppeltsehen als Folge erhöhten Hirndruckes.

Dekompression kann sogar notwendig werden (59).

Bei Kindern kann man eine gespannte Fontanelle finden, entweder ohne Symptome oder mit solchen: Erbrechen, Benommenheit, Anorexie (58).

Der Kopf kann vorübergehend größer werden. Der Kopfumfang eines Kindes betrug 47 cm, der Brustumfang demgegenüber nur 43 cm (1 a).

Auch kam es zu Otitis media, gleichzeitig mit Lichtscheu, Rhinitis, Diarrhöe und Haarausfall (2).

3. Veränderungen am Skelett. Reizerscheinungen im Periost, besonders der langen Knochen. Durch periostale Knochenwucherung werden diese dicker.

Es wird über Schmerzen in den Armen und Beinen geklagt; manchmal fühlt sich die Diaphyse dicker an und es können Beschwerden beim Gehen entstehen (4, 5).

Kalkabscheidung in Gelenkkapseln, Sehnen, Ligamenten (58).

Radius, Femur, Tibia, Clavicula und die Rippen werden besonders ergriffen, aber auch der Unterkiefer, das Os ileum und die Scapula (7) sind manchmal ebenfalls verändert. Man sah auch Hyperostosen des Os temporale (6). Es können Aufhellungen im Hand- und Fußskelett entstehen. Auch die Epiphysen können verdickt sein.

Ein 28jähriges Mädchen zeigte durch acht Jahre verschiedene Erscheinungen nach Vitamin A, bevor die richtige Ursache entdeckt wurde. Die Patientin nahm 500 000 E pro die ein! Sie klagte über starke Kopfschmerzen und Sehstörungen und hatte erhöhten Hirndruck.

Es wurden Verkalkungen mit und ohne Knochenbildung perikapsulär gefunden, außerdem auch in Ligamenten und Sehnen sowie subperiostal.

Die Patientin hatte Jucken, Faulecken, Alopezie und Pigmentationen. Der Vitamin-A-Gehalt des Blutes betrug 2000 µg/100 ml (59).

4. Blutveränderungen. Der Gehalt des Blutes an Vitamin A kann stark erhöht sein. Auch der Phosphorgehalt und der Cholesteringehalt des Blutserums sind zu hoch.

Der Prothrombingehalt des Blutes ist oft herabgesetzt (9).

Es können auch eine Anämie und eine Leukopenie gefunden werden, und manchmal ist die Zahl der Blutplättchen unter der Norm.

Es soll eine erhöhte Ausscheidung von Vitamin C entstehen, die zu C-Avitaminose führen kann (60).

Nun folgen einige Beobachtungen:

Neun Patienten mit Psoriasis wurden mit einer großen Menge Vitamin A behandelt (59).

400 000 internationale Einheiten pro Tag wurden symptomlos vertragen.

Bei 1 000 000 E pro Tag kam es zu Trockenheit der Haut, Abschilfung und Rhagaden an den Lippen.

Bei 2 bis 4 000 000 E entstanden Rhagaden an der Nase und am After (33). Die Zunge wurde atrophisch. Es wurde über Brechreiz, Kopfschmerzen und Schwindelgefühl geklagt. Die Erscheinungen entstanden nach einer Vitamin-A-Behandlung von sechs bis acht Wochen.

Ein 2³/₄ Jahre altes Kind hatte 185 000 E Vitamin A pro Tag im Laufe von neun Monaten erhalten, als es zu einem typischen Bild einer kortikalen Hyperostose kam (11).

Ein dreijähriges Kind wurde mit 240 000 E täglich ein Jahr hindurch behandelt. Nach neun Monaten begannen Symptome: Anorexie, Reizbarkeit, juckendes Erythem der Haut, Haarausfall, Schmerz in Armen und Beinen durch kortikale Hyperostose. Besonders wird mitgeteilt, daß trotz der schlechten Eßlust ein besonderer Appetit für Butter vorhanden war. Hiedurch wurde der Vitamin-A-Gehalt noch vergrößert. Diesen „Butterhunger" findet man auch in anderen Berichten über A-Hypervitaminose. Monate, nachdem das Vitamin A ausgesetzt worden war, war die Struktur der Röhrenknochen wieder normal (28).

Vier Kinder zwischen drei und sieben Monaten bekamen Erscheinungen von heftigem Erbrechen, Blässe und Schläfrigkeit 12 bis 24 Stunden nach einer Einspritzung von 350 000 E Vitamin A (kombiniert mit D_2). Die Fontanellen waren stark gespannt. Ein Kind bekam auch Diarrhöe. 24 bis 48 Stunden später waren alle Erscheinungen verschwunden (12).

Bei vier Säuglingen zwischen dem vierten und fünften Monat kam es 12 bis 24 Stunden nach 100 000 E Vitamin A zur Vorwölbung der Fontanelle (58).

Es ist angezeigt, schwangere Frauen nicht mit einer großen Menge Vitamin A zu behandeln, da Versuche an trächtigen Tieren deutlich zeigten, daß eine Gefahr von Mißbildungen besteht (39).

Beim Essen von Walfisch- oder Bärenleber entstanden ebenfalls Erscheinungen, die man für A-Hypervitaminose ansah (1, 1a).

Lebertran kann allergische Symptome erzeugen: Skarlatiniformes Erythem, Urtikaria, Ekzem, Kontaktdermatitis, Erbrechen und Diarrhöe (13).

Vitamin B$_1$

Nach Einspritzen von Vitamin B$_1$ (Thiaminchlorid, Thiamid, Aneurin) wurden schwere anaphylaktische Erscheinungen wahrgenommen, manche sogar mit tödlichem Verlauf.

Im Jahre 1945 ersuchte mich ein Patient, ihm eine intravenöse Injektion mit 50 mg Aneurin zu geben. Es war meines Erachtens absolut keine Indikation dafür vorhanden; aber diese Behandlung wurde auf Vorschrift eines Professors ein Jahr hindurch angewendet und der neurasthenische Patient glaubte, dadurch Hilfe zu finden. Er fühlte sich immer nach einer solchen Injektion besonders in Form und wollte nun eine Einspritzung haben, da er bei einer Versammlung sprechen mußte und annahm, daß er ohne Vitamin B$_1$ dazu nicht imstande wäre. In der Annahme, ein harmloses Mittel einzuspritzen, habe ich mich überreden lassen. Unmittelbar nach der Injektion kollabierte der Mann, schwitzte stark, wurde blaß und unruhig. Der Puls war kaum fühlbar und der Blutdruck betrug 70 mm Hg. Ich gab sofort Adrenalin-Injektionen. Etwa nach einer halben Stunde begann der Blutdruck zu steigen und der Patient erholte sich langsam.

Einige Wochen später erschien eine Publikation über einen Patienten, der nach einer Injektion von 25 mg Vitamin B$_1$ unter den gleichen Erscheinungen gestorben war (15). Später wurden mehrere solche Fälle mitgeteilt, sowohl nach intravenöser (sogar nach nur 10 mg Vitamin B$_1$) (16) als auch nach intramuskulärer Injektion (17).

Auch andere allergische Erscheinungen mit positivem Hauttest wurden beschrieben: Jucken, angioneurotische Ödeme, Urtikaria (18), Kontaktdermatitis (19), Brechreiz, Erbrechen, Magenschmerzen, Asthma, Konjunktivitis, Schwindelgefühl, Ohrensausen, Fieber, Schlaflosigkeit, Reizbarkeit, anginöse Beschwerden. Man empfiehlt sogar, zuerst einen Hauttest zu versuchen, bevor man Vitamin B_1 einspritzt (20).

Im Falle von Allergie ist Desensibilisierung möglich (21).

Man sah bei perniziöser Anämie, daß durch Vitamin-B_1-Injektion die Glossitis schlechter wurde, Diarrhöe und pellagraartige Hauterscheinungen entstanden und gleichzeitig die neurologischen Abweichungen deutlicher wurden (22).

Erscheinungen von Pellagra kamen auch bei Behandlung von Polyneuritis mit einer großen Dosis Vitamin B_1 vor (23).

Durch Vitamin-B_1-Behandlung können hartnäckig positive serologische Reaktionen bei latenter Lues angeblich negativ werden (24).

Nikotinsäure

Nach intravenöser Einspritzung von 25 mg Niacin (25) bekam ein Patient Schock mit schnellem Puls, einer kalten Nase, starker Zyanose. Nach Adrenalin erholte er sich. In einem anderen Fall wurde nach 10 mg intravenös eine unangenehme nitroide Reaktion gesehen.

Nach Gebrauch von Nikotinsäure klagen Patienten oft über Blutandrang, Kopfschmerzen, Brechreiz, Erbrechen, Jucken, unangenehmen Geschmack im Mund, Parästhesien, Exantheme (26).

Nach langdauerndem Gebrauch von Nikotinsäure sah man Erscheinungen von Hirsutismus.

Unter Einfluß von Nikotinsäure kann der Bilirubingehalt im Blut steigen, gleichzeitig kommt es zu einer stärkeren Ausscheidung von Urobilin im Harn. Leberschädigung und stärkere Hämolyse konnten nicht gefunden werden. Es wurde an eine vermehrte Resorption von Urobilinogen aus dem Darmkanal gedacht (27).

Bei einem Patienten mit Pellagra kam es nach Behandlung mit Nikotinsäure zu einer Polyneuritis (23).

Nach einer intravenösen Einspritzung mit Nikotinsäure entsteht eine deutliche Leukopenie, die nach $1/4$ Stunde wieder verschwindet (32).

Lokale Anwendung von Nikotinsäure kann allergische Hauterscheinungen hervorrufen, u. a. Ekzem (37).

Folsäure

Kongestionen, andere Reaktionen von Vasomotoren, Parästhesien im Gesicht. Allergische Symptome (29), Fieber, Urtikaria, angioneurotische Ödeme, Dermatitis, Diarrhöe. Schwerer anaphylaktischer Schock nach 50 mg Folsäure (29).

Bei Patienten mit perniziöser Anämie können durch Folsäure oder Folsäure enthaltende Präparate (Multivitamine) ernste Erscheinungen einer kombinierten Strangerkrankung bei normalem Blutbild entstehen (30).

Para-amino-benzoesäure

Brechreiz, Erbrechen, Fieber, Exanthem, Hepatitis, Meteorismus, paralytischer Ileus, Dunkelwerden des Haares, Leukopenie (39), Granulozytopenie, Azidose, Schwindel, Tetanie (40), Koma (41), Delirium (42), Taubheit, Neuritis (43).

Bei Leukämie können sich unter Einfluß von PAB die Leukozyten vermehren, nach Sulfonamiden hingegen vermindern (45).

Nach Gebrauch von PAB kann der Urin reduzieren (44).

Drei Sterbefälle infolge PAB wurden beobachtet. Fettige Degeneration von Herz, Leber und Nieren wurden gefunden (40).

Vitamin C (Ascorbinsäure)

Nach Gebrauch einer sehr großen Dosis: Schlaflosigkeit? Zunahme der Thrombozytenzahl? (46), Hypertension? (47).

Vitamin D$_2$ (Calciferol, Vigantol) (48)

Man muß mit der Therapie bei *Vitamin D$_2$* sofort aufhören, wenn sich Symptome einer Überdosierung zeigen, ob nun der Gehalt des Blutserums an Kalzium erhöht ist oder nicht. Von 200 Patienten, die mit Calciferol behandelt wurden, kam es bei 38 zu toxischen Erscheinungen (49). Diese kann man bei einer Dosierung von 100 000 bis 150 000 oder mehr Einheiten pro Tag erwarten.

1. Allgemeine Erscheinungen. Zunächst eine gewisse Euphorie mit erhöhtem Appetit und Libidozunahme, später Kopfschmerzen, Schwindelgefühl, Müdigkeit, Abmagerung, Fieber.

2. Magen-Darmkanal. Anorexie, Brechreiz, Erbrechen. Die Schleimhäute können so trocken sein, daß das Schlucken erschwert ist.

Flatulenz; Bauchschmerzen, die so stark sein können, daß fälschlich ein operativer Eingriff empfohlen wurde; hartnäckige Stuhlverstopfung, Diarrhöe.

Sofort nach Einnahme von Vitamin D$_2$ kann man Klagen über Anorexie und Brechreiz hören. Spritzt man aber Vitamin D$_2$ ein, verschwinden diese Beschwerden sofort.

3. Nervensystem. Depression, Stupor, psychotische Symptome (50), Schlaflosigkeit, Agitation, Parästhesien, Hyperästhesie der Haut, Störungen der Geschmacksempfindung, neuralgische Erscheinungen, Rückenschmerzen, Muskelschmerzen, Zahnschmerzen. Meningeale Symptome: Im Lumbalpunktat kann zu viel Eiweiß sein, manchmal Blut; der Druck kann erhöht sein.

Erscheinungen von Apoplexie, Hemiplegie (61), Konvulsionen; epileptische Krämpfe (51), Muskelatrophie, Polyneuritis, Optikusatrophie mit Amaurose.

4. Nieren. Albuminurie, Hämaturie, Zylinder, Hypertension, Herabsetzung des Konzentrationsvermögens der Nieren, verminderte Clearance und Phenolrotausscheidung, starker Durst, Polyurie, häufiges Harnlassen, Urämie.

Die Nierenfunktion soll bei Behandlung mit Vitamin D$_2$ immer gestört sein (53), dieser Einfluß auf die Nierenfunktion entsteht jedoch früher, wenn die Nieren vorher nicht ganz normal waren (52).

Angeblich gehen diese Nierenveränderungen wieder zurück, wenn die Vitamin-D$_2$-Behandlung rechtzeitig eingestellt wird.

Mikroskopisch zeigen die Nieren das Bild einer Nephrose. Außer Degeneration der Tubuli kann man auch Kalkniederschläge antreffen.

5. *Blut.* Normochrome Anämie, Erhöhung der Blutsenkungsgeschwindigkeit.

6. *Veränderungen im Kalkstoffwechsel.* Hyperkalzämie mit erhöhter Kalziumausscheidung mit dem Harn. Der Phosphorgehalt ist normal oder wird höher. Alkalische Phosphatase zeigt Erniedrigung.

Einerseits kommen Erscheinungen von Entkalkung des Skelettes vor, anderseits kommt es zu Kalziumniederschlägen in anderen Organen. Man findet sie in den Nieren [Nephrocalcinosis (67)], den Lungen, im Magen, im Pankreas, in der Schilddrüse, im Herz, in der Aorta, der Nierenschlagader und anderen Schlagadern, periartikulär, in den Skleren, den Konjunktiven, in der Kornea [Bandkeratitis (62)], in der Haut, im Unterhautzellgewebe, in den Lippen und Nägeln.

Auch Nierensteine können entstehen.

Bei Kindern sieht man im Röntgenbild streifenförmige Schatten zwischen Diaphyse und Epiphyse (54).

Ein viereinhalb Jahre altes Mädchen bekam seit dem zweiten Lebensjahre alle drei Monate 10 bis 15 mg Vigantol. Man fand außer verbreiterten und vermehrt kalkhaltigen Epiphysenzonen eine deutliche Vergrößerung der Knochenkerne am Knie und auch eine vorzeitige, dem Lebensalter nicht entsprechende Entwicklung der Handwurzelknochen (66).

Bei Kindern kann durch Hypervitaminose D_2 das Wachstum gestört sein.

Bei einem einjährigen Kind kam es nach dreimal 300 000 E Vitamin D_2 zu einer schweren Form von Rachitis. Auch Albuminurie, Glukosurie und erhöhte Ausscheidung von Aminosäuren entstanden (38).

7. *Herz.* Wiederholt beobachtete man Tachykardie. Das EKG zeigte eine Verlängerung des PQ-Intervalls, eine Verkürzung der ST-Zeit und negative T-Zacken. Durch Hypertension kann es zu Dekompensationssymptomen kommen.

8. *Haut.* Trockene Haut, Exantheme, Jucken, gelbbraune Pigmentationen, Konjunktivitis, Keratitis (31), Erythema nodosum (35), Akne vulgaris, Granuloma annulare, papulo-nekrotische und lichenoide Tuberkulide.

Lupusherde können in der zweiten bis vierten Woche der Behandlung hyperämisch und exsudativ werden, woraus Nekrose und Ulzeration entstehen. Diese Reaktion wird als eine Art der Reaktion nach HERXHEIMER aufgefaßt (36).

Es kann auch zu allgemeinen tuberkulösen Hautveränderungen kommen (57).

Karzinom in Lupusstellen? (35).

9. *Andere Erscheinungen.* Man beobachtete auch das Entstehen von *Gynäkomastie* (32).

Bei drei jungen Männern kam es zu Schwellungen der Mammae nach 12½ bzw. 3 Millionen Einheiten Vitamin D_2 (55).

Man glaubt auch, daß die Aktivierung latenter Tuberkulose durch Vitamin D_2 möglich ist (56).

Das Entstehen toxischer Symptome durch Vitamin D_2 wird durch Bettruhe und Kalziumzufuhr per os gefördert.

Man empfiehlt folgende Maßregeln bei Intoxikation: Unmittelbares Einstellen der Vitamin-D_2-Behandlung, kalkarme Diät, ausgiebige Flüssigkeitszufuhr, soviel Körperbewegung, als bewilligt werden kann, kein Alkali und Vermeiden von Sonnenlicht.

Zur Bekämpfung der Intoxikationserscheinungen von Vitamin D_2 wurde Testosteron empfohlen.

In der Nähe von Wien wurden irrtümlich Kinder prophylaktisch mit 10 bis 100 mg pro die behandelt.

Bei 26 Kindern kam es zu schweren Intoxikationserscheinungen (63). Diese entwickelten sich einige Tage bis einige Wochen nach Beginn der Darreichung: Anorexie, Erbrechen, Obstipation; livide, blasse Hautfarbe; Dehydration, Zahnfleischblutungen.

Bei Säuglingen: eingesunkene Fontanelle, Fieber, Unruhe, Nackensteifheit, Liquor normal.

In einem Falle Abducensparese. Apathie; Polyurie, selten Anurie. Interstitielle Pneumonie.

Röntgenveränderungen: Kalkniederschläge im Falx und Tentorium, periartikuläre Verdichtung der Diaphyse, Osteoporose der Metaphyse. Es können Querstreifen durch Abwechslung von Osteoporose mit kalkhaltigen Zonen entstehen. Einige Kinder hatten eine bleibende JACKSONsche Epilepsie. Verkalkung der Hirnrinde wird als Ursache angegeben.

Vitamin D_3

Die Wirkung des Vitamins D_3 ist bei Kindern doppelt so stark als D_2. D_3 in gleicher Menge wie D_2 bringt daher die Gefahr der Überdosierung mit sich.

Ein viermonatiger Säugling bekam innerhalb sechs Wochen 46,3 mg D_3 (Vigantol) und erkrankte mit: Anorexie, Erbrechen, Obstipation, Dystrophie und Exsikkose, Fieber und Neigung zu Krämpfen.

Serumkalzium 18,3 mg%, Reststickstoff 94,6 mg%.

Röntgenbild: deutliche sklerosierende Abschlußlinie in den Wachstumszonen und periostale Begleitsäume. Genesung nach Infusionen.

D_3-Hypervitaminose nach einem einzigen Stoß 10 mg D_3-Vigantol. Dieselben Symptome. Serumkalzium 16,7 mg% (64).

Drei Säuglinge hatten eine interstitielle Pneumonie. Im Herzmuskel und in den Nieren wurden Verkalkungen gefunden (65).

AT 10 (Dihydrotachysterol)

ruft bei hoher Dosierung ebenfalls Erscheinungen von Hyperkalzämie hervor: Osteoporose mit Schmerzen in den Gliedmaßen, Anorexie, Brechreiz, Erbrechen, Durst, Miktionsbeschwerden, allgemeines Krankheitsgefühl, Zirkulationsstörungen, hartnäckige Stuhlverstopfung durch Entstehen eines Megakolon, Nierenveränderungen mit Isosthenurie, Verkalkung von Blutgefäßen und andere Kalkniederschläge (34).

Literatur

1. Ned. Tijdschr. v. Geneesk. 93 (1949) 267; Ärztl. Wschr. 10 (1955) 545.
1a. Ärztl. Wschr. 10 (1955) 545.
2. Klin. Med. (Mosk.) 26 (1948) 49; Excerpta med. Sec. VI, Intern. Med., Vol. III (1949), Referat Nr. 5318, S. 1189.
3. J. A. M. A. 146 (1951) 788; New Engl. J. Med. 248 (1953) 621; J. A. M. A. 146 (1955) 788.
4. Amer. J. Roentgenol. 65 (1951) 12.
5. Pediatrics 7 (1951) 372.
6. J. A. M. A. 146 (1951) 1573.
7. Northw. Med. (Am.) 50 (1951) 418.

8. Amer. J. Dis. Child. 67 (1944) 33;
73 (1946) 473; 79 (1950) 475; Pr.
méd. 56 (1948) 737.
9. J. A. M. A. 144 (1950) 304.
10. Pediatrics 5 (1950) 672.
11. J. A. M. A. 146 (1951) 1222.
12. Pr. méd. 59 (1951) 1570.
13. Schweiz. med. Wschr. 75 (1945) 199.
14. Arch. Derm. Syph. 46 (1942) 140.
15. J. A. M. A. 130 (1946) 491.
16. Calif. West. Med. 72 (1950) 178;
China med. J. 63 (1944) 7; Bull.
Mém. Hôp. Paris 68 (1952) 41;
Pr. méd. 62 (1954) 1867.
17. J. A. M. A. 117 (1941) 1501; Ann.
Allergy 5 (1947) 349; Minerva Med.
40 (1949) 720.
18. Klin. Wschr. 29 (1951) 394;
Geriatrics 5 (1950) 274.
19. Arch. Derm. Syph. (Chicago) 61
(1950) 858; Ann. Allergy 4 (1949) 291.
20. Sven. Läk. tidn. 44 (1947) 33;
J. A. M. A. 132 (1946) 42.
21. J. Allergy 15 (1944) 150.
22. Pennsylv. med. J. 50 (1947) 1053.
23. Riforma med. (1951) 430.
24. Wien. med. Wschr. 101 (1951) 593.
25. Ann. int. Med. 29 (1948) 558.
26. Davison, S. 573.
27. J. lab. clin. Med. 34 (1949).
28. New Engl. J. Med. 246 (1952) 978.
29. Ann. int. Med. 31 (1944) 1102.
30. New Engl. J. Med. 245 (1951) 529;
Sven. Läk. tidn. 48 (1951) 718;
Brit. med. J. (1954) 564.
31. Ther. Gegenw. (1950) 2.
32. Blood 7 (1952) 623.
33. Dermatologica (Basel) 104 (1952) 80.
34. Dtsch. med. Wschr. 72 (1952) 553.
35. Z. Haut- u. Geschl.-krkh. 12 (1952)
151.
36. Z. Haut- u. Geschl.-krkh. 10 (1951) 1.
37. Pr. méd. 61 (1953) 714.

38. Ann. paediatr. (Basel) 173 (1949) 299.
39. Science 117 (1953) 535.
40. Bull. Johns Hopk. Hosp. 88 (1951)
211.
41. J. Indian med. Ass. 41 (1948) 591.
42. J. A. M. A. 133 (1947) 933.
43. Alabama med. J. 40 (1947) 81.
44. J. lab. clin. Med. 37 (1951) 425.
45. Acta haemat. (Basel) 3 (1950) 120.
46. Klin. Wschr. (1941 II) 1079.
47. Klin. Wschr. (1937 II) 1543.
48. Lancet 252 (1947) 135; Brit. J.
Derm. Syph. 61 (1949) 409;
Schweiz. med. Wschr. 78 (1948)
49; Brit. med. J. (1948 I) 386;
(1950 I) 745; Amer. J. med. Sci.
24 (1951) 369; Amer. J. Med. 14
(1953) 116.
49. Quart. J. Med. 17 (1948) 203.
50. Amer. J. med. Sci. 221 (1951)
369; J. A. M. A. 144 (1950) 1558;
Alabama med. J. 41 (1948) 389.
51. Lancet 260 (1951) 884.
52. Schweiz. med. Wschr. 78 (1948)
49; 80 (1950) 765.
53. Lancet 255 (1948) 1010.
54. Mschr. Kinderheilk. 46 (1930) 228.
55. Pr. méd. 59 (1951) 1454.
56. Lancet 252 (1947) 135; Ned. Tijdschr. v. Geneesk. 94 (1950) 228.
57. Dermatologica (Basel) 101 (1950) 1.
58. Maandschr. Kindergeneesk. 22
(1954) 271.
59. Amer. J. Med. 16 (1954) 729.
60. Pr. méd. 62 (1954) 1082.
61. Arch. franç. Pédiatr. (1947) 498;
Ann. Méd. 51 (1950) 1005.
62. Arch. Ophthalm. 52 (1954) 106.
63. Wien. med. Wschr. 104 (1954) 948.
64. Med. Mschr., November 1954, 767.
65. Dtsch. med. Wschr. (1954) 370.
66. Dtsch. med. Wschr. 80 (1955) 285.
67. Pr. méd. 63 (1955) 365.

XXVI. Sera und Vakzinen

A. Sera

1. Serumkrankheit entsteht meistens nach einer Woche, manchmal
früher: Fieber, Schwellungen und Schmerzen in den Gelenken, Ausschlag, Urtikaria, angioneurotische Ödeme, Erythema multiforme (1);
Purpura, Asthma (2), Kopfschmerzen, Brechreiz, Erbrechen, Diarrhöe,

allgemeines Krankheitsgefühl, Schwellung der Lymphdrüsen, Milzvergrößerung.

Symptome von Nephritis: Albuminurie, Hämaturie.

Blutveränderungen: Verzögerte Blutgerinnung, Leukopenie, Eosinophilie.

In einer Reihe von Serumkrankheitsfällen, insbesondere, wenn diese mit deutlicher Lymphdrüsenschwellung und Gelenkschmerzen verlaufen, hat man eine Vermehrung der Anzahl der *Plasmazellen* im peripheren Blut und im Knochenmark beobachtet. Gewöhnlich beträgt der Prozentsatz der Plasmazellen im peripheren Blut 2 bis 10 %. Bei vier Patienten wurden jedoch 20 bis 60 % Plasmazellen im Blut gezählt. Diese Vermehrung der Plasmazellen dauert aber meistens nur einige Tage (2 a, 111).

Seltene Erscheinungen bei Serumkrankheit (1 a): Hepatitis, Thyreoiditis, Orchitis, Pankreatitis, lymphozytäre Meningitis, Pleuritis, Perikarditis (9).

2. Anaphylaktischer Schock. Kurz nach der Injektion, bei intravenöser Injektion sogar während des Einspritzens: Schock, Jucken, Urtikaria; angioneurotische Ödeme, besonders im Gesicht, an den Lippen und an der Zunge, Glottisödem, Ödem der Bronchusschleimhaut, Spasmen der Bronchien (Asthma), Tachykardie, Arrhythmie, Erbrechen, Diarrhöe, bei Kindern manchmal auch Konvulsionen. Der Patient kann so plötzlich sterben, daß die genannten Symptome keine Zeit zur Entwicklung haben.

Schock mit tödlichem Ausgang wird berechnet auf 1 : 65 000 mit Serum behandelten Patienten.

Zehn Minuten nach 1500 I. E. Tetanusantitoxin stürzte ein Patient auf der Straße bewußtlos zusammen und kam im Krankenhaus trotz Herz- und Kreislauftherapie 25 Minuten nach der Einlieferung ad exitum (113).

Bei Behandlung der anaphylaktischen Symptome sind Adrenalin, Antihistamine, ACTH und Cortison die richtigen Mittel.

Wenn ein Patient früher Serum bekommen hat, auch wenn er darauf nicht allergisch reagiert hat, oder wenn er eine allergische Konstitution hat, soll man vorerst durch eine intrakutane Injektion oder Einträpfeln von Serum in die Bindehaut untersuchen, ob er nicht gegen Serum allergisch ist.

Gut gereinigte Sera geben weniger Reaktionen. Doch können sie auch anaphylaktischen Schock verursachen. Man kann das Serum nach der Vorschrift von Besredka verwenden. Wo es nötig ist, kann man bei Allergie statt Pferdeserum Serum von Schafen geben.

Die prophylaktische Gabe eines Antihistaminikums wird empfohlen.

Zum Beispiel hat man gleichzeitig Synopen verabreicht und nach diesen Mischspritzen keinen Serumschock und selten eine Andeutung von Serumreaktion gesehen (127).

3. Arteriitis. In einigen Fällen wurden Veränderungen in den Nieren, dem Herzen, der Leber und anderen Organen gefunden. Man sieht sowohl Degeneration und Nekrose als auch Infiltration. Die Ursache davon ist eine vaskuläre Allergie. Die Veränderungen können einer Periarteriitis nodosa ähneln (3), werden aber besser als Arteriitis nekroticans bezeichnet.

Die Veränderungen am *Herzen* wurden gut studiert (4, 5, 6). Man weiß auch, daß die Gefäßveränderungen und ihre Folgen reversibel sind, wenn sie nicht zu lange bestanden haben. Es können derartige Veränderungen des EKG entstehen, daß man an einen Herzinfarkt denken muß.

Bei einem Patienten wurden außer Herzveränderungen Gelenkschmerzen und Urtikaria konstatiert.

Ein anderer zeigte nach einer Seruminjektion Schockerscheinungen: als er dennoch wiederum Serum bekam, entstand das typische Bild eines Myokardinfarktes (7).

Ein dritter Patient zeigte auf dem Höhepunkt der Serumkrankheit alle Zeichen eines Myokardinfarktes (8).

Man nimmt an, daß die Ursache dieser Form von Myokardinfarkt ein Verschluß der Koronararterie ist, der die Folge einer allergischen Entzündung ist.

Zumeist sind die Änderungen im EKG von kurzer Dauer, z. B. 12 Tage (7 a), sie können aber auch länger dauern.

Ein 21jähriger Mann bekam acht Tage nach dem Einspritzen von Anti-Tetanus-Serum Fieber, Rückenschmerzen, ein Exanthem und QUINCKESCHES Ödem. Gleichzeitig klagte er über heftige Schmerzen in der Herzgegend. Das EKG zeigte einen Vorderwandinfarkt an.

Erst nach fünf Monaten war das EKG wieder normal (9 a).

Bei zwei Patienten kam es während der Serumkrankheit zu einer akuten Perikarditis mit Brustschmerzen, perikardialen Reibegeräuschen und Veränderungen im EKG (109).

4. Lokale Erscheinungen der Serumtherapie. Bei einer intramuskulären Einspritzung von Serum können Erscheinungen von Infiltration mit Schmerz und Rötung entstehen. Als große Seltenheit bezeichnet man lokale Nekrose, die mit dem Phänomen von ARTHUS verglichen werden kann (1 a).

Intralumbale Verwendung von Serum kann eine aseptische, eitrige Meningitis verursachen.

5. Neuritis (10) kann 5 bis 15 Tage nach der Serumtherapie entstehen.

Meistens geht die Serumkrankheit einer Neuritis voraus. Auch Schlaflosigkeit, Rücken- und Bauchschmerzen können der Neuritis vorausgehen. Die Neuritis ist stets motorischer Art, es werden keine Sensibilitätsstörungen gefunden, doch tritt in den meisten Fällen vor der Lähmung in demselben Gebiet heftiger Schmerz auf.

Prädilektionsstellen sind der *Plexus brachialis, N. suprascapularis* und *N. thoracalis longus* (der den M. serratus anterior innerviert). Der Plexus brachialis wird in 50 % der Fälle ergriffen (114).

Meist kommt es zu hartnäckiger Muskelatrophie.

Bei einem Patienten entstand eine Woche nach der Seruminjektion ein Exanthem mit Jucken und Schmerz in einer Schulter. Die Bewegungen im Schultergelenk waren gestört. Es handelte sich um eine Entartungsreaktion des M. serratus.

Lähmungen an den Beinen kommen, wenn auch selten, vor. Das Syndrom von GUILLAIN-BARRÉ und eine aufsteigende Paralyse nach LANDRY können entstehen (106). Doppelseitige Peronaeuslähmung, kombiniert mit einseitiger Lähmung des N. phrenicus wurde wahrgenommen (11a). Auch Atemmuskeln können ergriffen werden (13).

Lähmungen der Hirnnerven sind ebenfalls selten, manchmal sind sie mit einer Lähmung des Plexus brachialis kombiniert. Neuritis optica kommt vor.

Fazialisparalyse (11b). Es wurden auch Lähmungen des II., III., VI. und X. Hirnnerven beobachtet (1a). Rekurrenslähmung (11).

Auf Serumkrankheit mit Gelenkschmerzen, Urtikaria, Fieber, Drüsenschwellungen folgte eine *Trigeminusneuralgie* (115).

Es kommen auch Augenmuskellähmungen und Schluckbeschwerden vor, hie und da entwickelt sich ein Herpes zoster.

Meningeale Erscheinungen und Herderscheinungen im Gehirn wurden beobachtet (12), Hemiplegie, Paraplegie, choreatische und zerebelläre Symptome (106).

Koma und Konvulsionen können ebenfalls vorkommen.

Einen Tag nach einer prophylaktischen Einspritzung von Anti-Tetanusserum (3000 E) kam es bei einem 14jährigen Jungen zu einer Hemiplegie durch eine meningeale Blutung. Genesung folgte nach vier Wochen.

Bei einem Patienten entstand acht Tage nach der Serumtherapie Urtikaria, worauf eine 48stündige Periode von Bewußtlosigkeit folgte. Nach Wiederkehr des Bewußtseins waren eine rechtsseitige Hemiplegie, Aphasie und Hemianopsie vorhanden. Der Patient genas mit bedeutenden Defekten.

Ein anderer Patient mit denselben Schädigungen des Gehirns genas mit nur geringen Defekten (81).

Bei einer jungen Frau entstanden gleizeitig mit ausgebreiteter Urtikaria bleibende Taubheit und Ohrensausen (86).

Es gibt Mitteilungen, die darauf hinweisen, daß Serumneuritis mit gutem Erfolge mit ACTH und Cortison behandelt werden kann (82).

Ein Patient mit doppelseitiger Neuritis optica und ein Patient mit Polyneuritis erholten sich auffallend schnell durch Cortison (114).

Obwohl die Heilung einer Serumneuritis im allgemeinen 6 bis 18 Monate dauert, heilte die Neuritis in drei Fällen, die mit Cortison zuerst 100 mg pro Tag, später weniger, behandelt wurden, besonders schnell in einer bis zwei Wochen (116).

6. Noch einige Nebenerscheinungen bei Serumtherapie. Eine Neuritis war in einem Falle mit vorübergehender Hypertension kombiniert (14).

Eine Publikation berichtet über einen Fall von Myasthenie nach Serumtherapie (89).

Nach einer Anti-Tetanuseinspritzung wurde Priapismus beobachtet (77).

Oft sah man Injektions-Hepatitis (15, 83).

B. Vakzinen

Pockenvakzine

1. Das *Zentralnervensystem* ist der Ort, an dem sich die meisten schweren Folgen der Impfung zeigen.

Enzephalitis kommt besonders bei Kindern vor, die über ein Jahr alt sind, bei jungen Erwachsenen, die das erste Mal geimpft wurden, oder wenn eine frühere Impfung erfolglos war.

Es ist eigenartig, daß in einem Land viele, in einem anderen wenige Fälle von postvakzinaler Enzephalitis vorkommen. Die Niederlande gehören zu den Ländern, in denen der Prozentsatz hoch ist, in Frankreich ist diese Komplikation selten.

Man nimmt an, daß in Frankreich die Impfpflicht während der ersten Lebensmonate die Ursache davon ist (1 a).

Der Beginn ist plötzlich. Zehn bis zwölf Tage nach der Vakzination kommen hohes Fieber, Kopf- und Rückenschmerzen, bei Tag Schläfrigkeit, in der Nacht Schlaflosigkeit, manchmal Aufregung. Oft beobachtet man Erscheinungen seitens der Luftwege und des Magen-Darmtraktes, wie Erbrechen und Diarrhöe.

Wiederholt besteht Nackensteifheit und die Patienten liegen mit angezogenen Knien. Das Kernigsche Symptom ist vorhanden. Manchmal wird der Patient komatös. Oft gibt es Konvulsionen, Herderscheinungen, oft Bulbärsymptome wie Augenmuskellähmungen. Zu Anfang sind die Reflexe hoch und der Reflex nach Babinski auslösbar. Dann stellen sich schlaffe Lähmungen der Arme und Beine ein.

Es wurden einige Fälle doppelseitiger *Neuritis n. optici* beobachtet. Diese entsteht meist 7 bis 14 Tage nach der Impfung.

Einen solchen Patienten sah man auch nach Blatternimpfung, bei der gleichzeitig Diphtherie-Tetanus Anatoxin eingespritzt worden war.

Es wurde ACTH gegeben. Nach vier Tagen war das Sehvermögen in Ordnung (110).

In manchen Fällen beobachtete man athetotische und choreatische Bewegungen, oder es standen meningeale Symptome im Vordergrund. Auch zerebelläre Erscheinungen sind möglich und manchmal kann das Bild eher einer Myelitis oder Polyneuritis gleichen (17, 18). Im Lumbalpunktat ist der Eiweißgehalt erhöht, gleichzeitig wird eine mäßige Erhöhung der Zahl der Lymphozyten gefunden.

Die Sterblichkeit beträgt 30 bis 50%. Der Rest wird gesund oder behält Restsymptome.

15 Soldaten, die in der Kindheit eine postvakzinale Enzephalitis durchmachten, unterzogen sich 7 bis 15 Jahre später ohne Beschwerden einer Revakzination (16).

2. Haut. Hauterscheinungen verschiedener Art können auf eine Impfung folgen. Sekundäre Infektion der Blatternpustel kann Impetigo, Pemphigus, Phlegmonen und Erysipel verursachen. Sogar Gangrän und Abszesse in den regionalen Lymphdrüsen können entstehen. Die Vakzina generalisata kommt bei Kindern vor, die den Inhalt der

Impfpusteln über den ganzen Körper verschmieren. Dies findet man besonders dort, wo die Haut vor der Impfung geschädigt war.

Bei Vakzina können auch die Augen angegriffen werden (20): Konjunktivitis, Keratitis, Ophthalmie. Aureomycin scheint dagegen wirksam zu sein.

Bei der Obduktion eines Falles von generalisierter Vakzine wurden nekrotische Herde in der Leber, den Nieren, Nebennieren und im Pankreas gefunden. In diesen Herden wurde das Pockenvirus gefunden (107).

Um den zehnten Tag herum kann man in der Umgebung der Impfpustel Hauteruptionen sehen, aber es kommen auch generalisierte Exantheme (126) vor: scharlach-, masern-, rubeola- und varizellenartige Erytheme. Es kann zu Purpura kommen. Man sah Purpura mit Thrombopenie am elften Tage nach einer Erstimpfung (70).

Auch Urtikaria, Jucken ohne Urtikaria, angioneurotische Ödeme, Dermatitis exfoliativa (84), Ekzema vaccinatum (19), Herpes zoster und Erythema exsudativum multiforme (1) kommen vor. In letzterem Fall können auch Geschwüre im Mund entstehen. Das vollständig entwickelte STEVENS-JOHNSON-Syndrom wurde zehn Tage nach einer Impfung beobachtet; es heilte nach Chloramphenicol (18 a).

Bei einem Vakzinierten sah man das Entstehen einer Sklerodermie; auch variköse Geschwüre und sogar Pemphigus wurden nach Vakzination beobachtet (117).

Bei 17 Erwachsenen kam es 16 bis 20 Tage nach einer erfolgreichen Revakzination zu einem stark juckenden, polymorphen Exanthem im Gesicht, an der Streckseite der Arme und Beine und manchmal am Rumpf. Das Exanthem bestand aus roten Papeln und mit rotem Hof umgebenen Bläschen. Manchmal hatten die Blasen einen Durchmesser von 2 bis 3 cm.

Zwei Kinder bekamen eine lichenoide Eruption.

Manchmal zeigte sich eine leichte Eosinophilie (6 bis 11 %). Ein Patient wurde zum ersten Mal geimpft. Außer Exanthem kam es bei ihm auch zu Fieber, Drüsenschwellung, Vergrößerung der Leber und Milz.

Die Exantheme verschwanden ausnahmslos nach ein bis zwei Wochen.

Bei drei Patienten entwickelten sich drei Wochen nach der Revakzination an den Knöcheln, der Innenseite der Schenkel und im Gesicht rote Plaques von Handflächengröße. Sie verschwanden nach zehn Tagen (118).

3. Andere Krankheiten können im Anschluß an eine Impfung entstehen. Wiederholt sah man Tetanus als Folge einer sekundären Infektion der Impfpustel.

Einige Publikationen berichten über akute Nephritis, sowohl nach Primo- als auch nach Revakzination (18, 21, 22).

Eine Beobachtung berichtet über drei Patienten, bei denen acht bis zehn Tage nach einer Erstimpfung akute Nephritis entstand. Sie hatten keine Ödeme und keine Hypertension. Es wurden schwere Veränderungen im Harn gefunden, die bei zwei Patienten dauernd waren (21 a).

Nach Blattern- und anderen Impfungen wurde Poliomyelitis beobachtet, wobei das Segment, in dem die Impfung stattfand, paralytisch wurde (26, 27).

Bei einem Patienten mit Osteomyelitis konnte das Vakzinevirus aus dem Eiter isoliert werden (28).

Akuter Rheumatismus und Tuberkulose können angeblich durch Blatternimpfung aktiviert werden (25).

Bei Patienten mit Diabetes kann die Toleranz für Kohlehydrate durch Impfung vermindert werden und als Folge davon kann es zu Azidose und sogar Koma kommen (24).

In einigen Fällen beobachtete man nach Impfung Schwangerer bei dem Kinde eine tödlich verlaufende generalisierte Vakzine.

Nach Impfung von Melkern können Kühe wunde Zitzen bekommen, wodurch andere Melker infiziert wurden (Kuhpockenendemie) (12).

Serumhepatitis kann entstehen, wenn man nicht für jede Impfung eine andere Impfnadel gebraucht.

Kontraindikationen für Impfung: Hautkrankheiten (besonders Ekzem, Impetigo); überstandene neurotrope Infektionen; kaum geheilte Nephritis (53). Nach Scharlach, Röteln und Erysipel darf man nicht impfen; ebenso impfe man nicht vorzeitig geborene oder unterernährte Kinder. Während einer fieberhaften Krankheit darf man niemals impfen. Ernste Reaktionen hat man auch bei Leukämie gesehen (90).

Typhus- und Paratyphusvakzine

Allgemeine Erscheinungen. Einige Stunden nach der Einspritzung von Typhusvakzine kommt es oft zu Fieber, einem allgemeinen Krankheitsgefühl, Rücken- und Kopfschmerzen. Diese Symptome können ein bis zwei Tage dauern. Man hört auch Klagen über Bauchschmerzen, Brechreiz, Erbrechen und Diarrhöe. Es kommt sogar vor, daß man im Stuhl und Erbrochenen Blut findet.

Man beobachtete auch Erscheinungen von anaphylaktischem Schock.

Auf 100 000 Impfungen gegen Typhus im französischen Heer starben ein bis zwei Soldaten zumeist binnen zehn Stunden nach der Impfung. Es waren beinahe immer Revakzinationen. Auffallend war die verhältnismäßig große Zahl chronischer Alkoholiker unter den Opfern (29). Bei Patienten, die an Typhus erkrankten, nachdem sie kurz vorher gegen diese Krankheit geimpft worden waren, wurde eine hämorrhagische Diathese im Darm, in der Milz, der Leber und den Hirnhäuten beobachtet (30).

Hautveränderungen. Verschiedenartige Erytheme, Urtikaria, Erythema exsudativum multiforme, Erythema nodosum, Erythrodermie (1 a).

Blut. Leukozytose, Leukopenie.

Agranulozytose wurde bei einem Typhuskranken gesehen, der mit Typhusvakzine behandelt worden war. Auch ein gesunder Mann bekam Agranulozytose, und zwar nach der zweiten prophylaktischen Injektion von Typhusvakzine. Auch Panzytopenie hat man gesehen.

Reaktionen seitens des *Nervensystems* sieht man öfters: Bei einem Patienten entstand nach der zweiten Einspritzung Urtikaria mit Meningitis (6000/3 Zellen) (76). Auch ein anderer Patient mit Meningitis wurde beschrieben (79). Ferner sah man: Enzephalitis (31), Hemiplegie, Monoplegie, Myelitis, Neuritis n. optici, Augenmuskellähmungen (91), Polyneuritis (34), Konvulsionen, Chorea, Delirium (1a).

Aktivierung von Tuberkulose durch Typhusvakzine (32). Vier Fälle von Meningitis tuberculosa wurden im Anschluß an eine Typhusvakzination gesehen (33). Akute Nephritis (35) soll bei 1 %o der gegen Typhus Geimpften vorkommen (1a).

An den Injektionsstellen können schmerzhafte Infiltrate entstehen, hie und da ein steriler Abszeß.

Nach intravenösen Einspritzungen von Typhusvakzine wurden Blutungen in inneren Organen beobachtet und überdies Nekrose der Leber und Nieren (36).

Flecktyphusvakzine

Urtikaria, angioneurotische Ödeme (38), anaphylaktischer Schock (37, 40).

Ein Sterbefall unter Erscheinungen von anaphylaktischem Schock mit Koma und Konvulsionen, zwölf Minuten nach der ersten Injektion, wurde beschrieben. Es war bekannt, daß der Patient auf den Genuß von Eiern allergisch reagierte (39). Die Flecktyphusvakzine wird in bebrüteten Eiern zubereitet.

Tollwutvakzine (Rabiesvakzine)

Nervensystem. Enzephalitis (41); Myelitis, zumeist in der zweiten oder dritten Woche nach der Impfung; Querläsionen mit Inkontinenz.

Es kann auch LANDRYsche Paralyse und das Syndrom von GUILLAIN-BARRÉ (105) entstehen. Eine Publikation teilt mit, daß Rückenmarksymptome nach Phenergan schnell zurückgingen (101). Es kommen auch Schädigungen der Hirnnerven vor: Bulbärparalyse (42), doppelseitige Fazialisparalyse (17). Auch Wurzelschmerzen (104), Neuritis und psychotische Erscheinungen wurden beobachtet.

Von 1928 bis 1951 kam es in der Stadt New York zu 46 Fällen von Enzephalomyelitis. Drei Formen konnte man unterscheiden: Enzephalitis, dorsolumbäre Myelitis und Neuritis. Es kam nicht zu Todesfällen. Man sah diese Komplikationen in 1 auf 2000 mit Rabiesvakzine behandelten Fällen (42a). Antihistamine sollen günstig wirken (78).

Eine Publikation aus Israel berichtet über 14 Patienten. Bei zwei Patienten kam es zu Polyneuritis, bei sieben zu Myelitis und bei vier zu einer aufsteigenden Paralyse nach LANDRY. Vier Patienten starben (80).

In Hongkong sah man bei 14119 Patienten, die mit Rabiesvakzine behandelt worden waren, 17 Fälle mit neurologischen Komplikationen. Darunter waren drei Fälle von Querläsionen, einmal aufsteigende Myelitis, drei Fälle von Enzephalomyelitis, einmal Enzephalitis ohne Lähmungen, fünf Fälle von Polyneuritis.

Man hatte den Eindruck, daß ACTH günstig wirkte (105).

Allgemeine Erscheinungen. Fieber, Brechreiz, Bauchschmerzen, Kopfschmerzen, Drüsenschwellungen, Urtikaria. Berichtet wurde über Anurie (43) und über eine allergische Myokarditis (44).

Influenzavakzine

Hämorrhagische Diathese. Vier Stunden nach einer subkutanen Vakzine A + B kam es zu Hautblutungen, Blutungen aus Mund und Vagina, Konvulsionen, hohem Fieber, Exitus (45).

Empfohlen wird, sich vor der Impfung über Allergie gegen Hühnereiweiß zu informieren.

Keuchhustenvakzine

An der Einspritzungsstelle können schmerzhafte, harte Infiltrate entstehen, manchmal sterile Abszesse. Man sah hie und da nach der Einspritzung keuchhustenähnliche Hustenanfälle (92).

Enzephalitis; weniger Sterbefälle, mehr Lähmungen als bei Enzephalitis nach Blatternimpfung. Erscheinungen schon nach 20 Minuten bis 72 Stunden nach der Injektion: Hohes Fieber, Unruhe, Reizbarkeit, Benommenheit, Konvulsionen, Koma, Lähmungen (46), Hemiplegie, Dezerebrationssteifheit. Es ist nicht ausgeschlossen, daß im Anschluß an die Impfung Poliomyelitis entsteht und daß besonders das Glied ergriffen wird, in das der Impfstoff eingespritzt wurde (47).

Blutungen mit oder ohne Thrombopenie (128).

Gelbfiebervakzine (48 a)

1. Erscheinungen durch das Virus selbst. Zwischen dem sechsten und achten Tag erscheinen meistens Symptome einer Grippe: Kopfschmerz, Schmerz in den Extremitäten, Fieber, Apathie, Schwindelgefühl. An der Einspritzungsstelle kann ein Infiltrat entstehen, manchmal kombiniert mit Schwellung der regionären Lymphdrüsen.

2. Allergische Erscheinungen. Erytheme; Urtikaria, einige Minuten bis 14 Tage nach der Impfung; QUINCKEsches Ödem, Erythema multiforme (40), Ekzem. Asthma, Rhinitis vasomotoria, Gelenkschmerzen.

In seltenen Fällen kam es einige Minuten nach der Einspritzung zu anaphylaktischem Schock.

Empfohlen wird, bei allergischen Personen zuerst 0,1 ml 1 : 10 verdünnter Vakzine intrakutan einzuspritzen. Die positiv Reagierenden bekommen noch eine intrakutane Injektion, die negativ Reagierenden hierauf die volle Dosis subkutan.

Manchmal wurde beobachtet, daß Personen nach einer Gelbfieberimpfung gegen Hühnereiweiß überempfindlich wurden. Das Umgekehrte soll öfter vorkommen.

3. Zwischen dem 11. und 21. Tag kann eine leichte *Enzephalomeningitis entstehen, die immer wieder heilt.*

Bei einem fünf Wochen alten Baby entstand eine Meningoenzephalitis mit Krämpfen, die sich in je zehn Minuten wiederholten. Genesung (119).

4. Serumhepatitis.

Choleravakzine

Bei einem Patienten beobachtete man nach der Impfung eine Colitis haemorrhagica (120).

Diphtherieanatoxin

Ausschlag, angioneurotische Ödeme, Urtikaria, Drüsenschwellungen, Gelenkschwellungen, Purpura nach HENOCH-SCHOENLEIN, Bauchkoliken mit blutigem Stuhl (49), tödlicher anaphylaktischer Schock bei einem eineiigen Zwilling (50), Konvulsionen, vorübergehende Blindheit (51) und Hemiparese, aseptische Meningitis (52), akute Nephritis (53), Poliomyelitis (47).

Tetanusanatoxin

Frühreaktion, anaphylaktischer Schock, Bewußtlosigkeit, Konvulsionen. Die Beschwerden beginnen oft mit Jucken und Parästhesien. Die Frühreaktion tritt meistens nach der ersten Stunde ein. Spätreaktion, 1 bis 14 Tage nach der Injektion: Schüttelfrost, Fieber, Urtikaria, angioneurotische Ödeme, Drüsenschwellungen, Gelenkschmerzen, Magen-Darmbeschwerden (54).

BCG-Vakzine

Bei Kindern, die zweimal 0,1 ml BCG intrakutan bekamen, hatten 28 % Lymphdrüsenschwellung und bei der Hälfte davon waren die Drüsen erweicht. Bei Kindern, die zweimal 0,05 ml BCG bekamen, entstanden bei 16 % Lymphdrüsenschwellung und ¹/₅ davon hatte Erweichung der Drüsen (108).

1. Lokale Erscheinungen. An der Impfstelle entsteht eine rote Papel oder ein kleiner Abszeß mit Fistelbildung, in dem der Bacillus Calmette-Guerin gefunden werden kann. Streptomycin oder PAS, lokal angewendet, führen zu schneller Heilung.

2. Drüsenschwellungen. Es kann eine regionäre Lymphdrüsenschwellung entstehen, aber auch die Achsel-, Hals-, Supraklavikular-, Hilus- und Mesenterialdrüsen können anschwellen (58); manchmal sind die Drüsen verkalkt (73).

Die Krankengeschichte eines neunjährigen Kindes berichtet: Nach einer Impfung mit BCG entstand eine maligne Tuberkulose mit Schwellung aller Lymphdrüsen. Exitus. Man fand eine enorme Vergrößerung der Drüsen in der Umgebung der Trachea und der Hili. Die Drüsen füllten das ganze Mediastinum aus. Über den Hals- und Gesichtsdrüsen zerfiel die Haut geschwürig. Bei Tierversuch am Meerschweinchen wurden keine virulenten Tuberkelbazillen gefunden (121).

3. Allgemeine Erscheinungen. Fieber, Magen-Darmerscheinungen, Anorexie, Gewichtsverlust, Müdigkeit, Gelenkschmerzen, Milzvergrößerung, Parotitis (88), Infiltrate in den Lungen.

Hämatogene Streuungen, die röntgenologisch in der Lunge nachweisbar sind (129).

Ein zwölfjähriges Kind, kaum genesen nach einer Nephritis und Scharlach, bekam nach einer BCG-Impfung wieder Albuminurie und eine bedeutende Zahl Erythrozyten im Harn.

4. Haut. Verschiedene Exantheme können entstehen, zumeist sieben bis zehn Tage nach der Impfung (75).

Lupus vulgaris an der Impfstelle (71). Symmetrische papulöse Exantheme, die wie ein Lichen scrofulosorum oder wie papulonekrotische Tuberkulide aussehen (72).

Urtikaria (66), Erythema nodosum (87), Purpura.

5. Augen. Phlyktänen (67), Konjunktivitis, Episkleritis (57), Uveitis (57), Iritis, Retinitis.

6. Otitis media (58, 58 a).

250 Fälle mit Komplikationen nach BCG:

Lymphdrüsen: Leisten 94, Achsel 109, Hals 15, Hilus 8, Multipel 2; Verkalkung 20, Lungeninfiltrate 4, Phlyktänen 3, Erythema nodosum 2, Gelenkschmerzen 3, Fieber 4, Erythem 2, Lupus 1 (122).

Tuberkulin

Zu der Zeit, in der die Tuberkulintherapie noch regelmäßig angewendet wurde, sah man lokale (Infiltrat an der Injektionsstelle), allgemeine (Fieber) und Herdreaktionen. Ein Aufflackern des tuberkulösen Prozesses konnte man dabei beobachten. Auch bei der Anwendung von Tuberkulin als Diagnostikum soll ab und zu eine Aktivierung der Tuberkulose vorkommen. Ein Kind bekam im Anschluß an eine Reaktion von MANTOUX Phlyktänen, Erythema nodosum, Pleuritis und eine Meningitis tuberculosa (55). Nach MANTOUX-Reaktionen wurden Phlyktänen, Uveitis, Iritis, Episkleritis beobachtet (57).

Ein erythematös-papulöses Exanthem kombiniert mit Purpura entstand als Folge eines Tuberkulin-Hauttests bei einem Kind, das 42 Tage vorher mit BCG geimpft war (74).

Nach einem positiven Tuberkulintest entwickelten sich ein eosinophiles Infiltrat in den Lungen, Asthma und Erythema exsudativum multiforme (66).

Allergene

Tod infolge von anaphylaktischem Schock bei einer Untersuchung durch einen Hauttest (59, 60).

Bei Desensibilisation können Fieber, Urtikaria und Asthma entstehen.

Es wurde ein Patient beobachtet, der während einer Desensibilisationskur einen tödlichen Asthmaanfall bekam (125).

Nach Behandlung von Heufieber mit einer Pollenvakzine können Fieber, Urtikaria, angioneurotisches Ödem und Gelenkschwellungen vorkommen.

Ein Patient wurde drei Monate lang mit einem Pollenextrakt steigender Dosis behandelt. Er starb fünf Minuten nach Einspritzung von 0,8 ml Pollenextrakt (Helisen), Lösung $^1/_{10}$.

Bei der Obduktion wurde Glottisödem und Ödem der Bronchien gefunden (124).

Ein tödlich verlaufender anaphylaktischer Schock entstand nach einer Einspritzung mit Hausstaub (103, 123).

Anaphylaktischer Schock bei einer Läppchenprobe: Eine Stunde nach dem Auflegen des Allergens auf die Haut entstanden Brechreiz, Bauchschmerzen, Erbrechen, Diarrhöe, schneller Puls, niedriger Blutdruck, Lungenödem, Benommenheit (61).

In solchen Fällen Abbinden der Extremität, Adrenalin, Antihistaminpräparate.

Asthmaanfälle und andere allergische Erkrankungen können durch das betreffende Antigen hervorgerufen werden.

Bei einem Patienten entwickelte sich an der Stelle des Hauttests ein Keloid (69).

Pyrifer

und andere fiebererzeugende Mittel (Typhusvakzine, Malaria). Folgende Erscheinungen wurden bei Anwendung von *Pyrifer* beobachtet (61).

Gleichzeitig mit Fieber: Kopfschmerzen, Schmerzen in den Gliedmaßen, Unruhe, Erbrechen, Albuminurie, Herpes labialis. Man hat auch Polyneuritis (93) beobachtet. Es können auch Erscheinungen von Herzschwäche mit Tachykardie und Extrasystolen entstehen.

Anaphylaktische Reaktionen, Eosinophilie, Hirnödem, Konvulsionen, Keratitis, Konjunktivitis, Lähmungen.

Blutung aus Darmgeschwüren (65).

Todesfälle durch Pyrifer bei der Behandlung von Neurolues beruhen zumeist auf einer hämorrhagischen Diathese. Purpura cerebri, besonders im Boden des dritten Ventrikels und im Gebiet der vegetativen Kerne (94). Hohes Fieber, Konvulsionen, manchmal Glukosurie und Kollaps beherrschen das Krankheitsbild.

Man ist der Meinung, daß durch eine Behandlung mit Pyrifer die Widerstandskraft gegen Infektionen abnehmen kann, so daß Furunkulose und sogar Sepsis entstehen können (95).

Ein Asthmapatient starb 1¹/₂ Stunden nach Einspritzung von *Pyromen* unter Erscheinungen zunehmender Benommenheit (96).

Man sieht öfters nach einer Fiebertherapie schwere Asthmaanfälle, sei es durch die Vakzine oder durch Schwefelöl-Injektionen (97).

Auch bei Behandlung von Asthma mit Autovakzinen kann es zu einem Status asthmaticus kommen.

Eine tödlich verlaufende Reaktion entstand durch Vakzine-Therapie, wobei allergische Entzündungszeichen um die Blutgefäße des Herzens herum festgestellt wurden (98).

Wiederholt wurde über Hepatitis berichtet. Bei 250 Patienten führte die Fiebertherapie in 48 Fällen zu Hepatitis (99).

Sogar Lebernekrose folgte 24 Stunden nach der Einspritzung (100).

Bei der *Malariatherapie* sah man besonders oft Ikterus. Man gibt bis zu 50 % an. Stärkere Hämolyse ist meistens die Ursache davon. Bei der *Malariatherapie* sah man weiter: Ödeme, leichte Nierenerscheinungen, Neuritis.

Seltene Komplikationen sind Perisplenitis, Milzruptur (62), Purpura (63), Herpes zoster, Urtikaria, Kammerflimmern, Tetanie, Augensymptome (64).

Literatur

1. J. Pediat. 29 (1946) 513.
1a. ALBAHARY, S. 649.
2. Ann. int. Med. 35 (1951) 922.
2a. Pr. méd. 61 (1953) 21; Klin. Wschr. 32 (1954) 365.
3. Arch. int. Med. 63 (1939) 1163; Bull. Johns Hopk. Hosp. 77 (1945) 43; Quart. J. Med. 39 (1946) 255.
4. Med. J. Austral. 1 (1948) 337; Amer. Heart J. 23 (1942) 1.
5. J. Pediat. 17 (1940) 801; Harefuah (Tel-Aviv) 44 (1953) 225.
6. Lancet 254 (1948) 61.
7. Arch. Mal. Coeur 40 (1947) 328.
7a. J.A.M.A. (1952) 203.
8. New Engl. J. Med. 242 (1950) 17.
9. Ann. int. Med. 25 (1951) 226.
9a. Cardiologia 21 (1952) 58.
10. Klin. Wschr. 25 (1947) 812; Ned. Tijdschr. v. Geneesk. 94 (1950) 808; J.A.M.A. 112 (1939) 590; Lancet 221 (1931) 1128; Pr. méd. 44 (1936) 883; Arch. Neurol. Psych. (Chicago) 64 (1950) 568; Post-Graduate med. J. 13 (1953) 210.
11. West. Virg. med. J. 38 (1942) 253.
11a. Chirurg (Berlin) 23 (1952) 27.
11b. Concours méd. 74 (1952) 2307.
12. Lancet 247 (1944) 464.
13. Amer. J. Med. 10 (1951) 786.
14. Mil. Surgeon 95 (1944) 129.
15. Lancet 246 (1944) 814; Amer. J. med. Sci. 207 (1944) 626.
16. Abstr. World Med. (1950) 563 (Ref.).
17. Ned. Tijdschr. v. Geneesk. 93 (1949) 2899.
18. Arch. Neurol. Psych. (Chicago) 62 (1949) 383.
18a. Lancet (1953 I) 1129; Arch. Kinderheilk. 146 (1953) 258.
19. J.A.M.A. 141 (1949) 657.
20. China med. J. 69 (1951) 58.
21. Pr. méd. 58 (1950) 320.
21a. Ned. Tijdschr. v. Geneesk. 97 (1953) 17.
22. Pr. méd. 58 (1950) 320; Bull. Mém. Hôp. Paris 32 (1916) 1715, 2089; Bull. Soc. méd. milit. franç. 28 (1934) 192; 31 (1937) 656; 32 (1938) 99, 105; Amer. J. Path. 20 (1944) 1011.
23. Ned. Tijdschr. v. Geneesk. 92 (1948) 1161.
24. Bull. Mém. Hôp. Paris 63 (1947) 291.
25. J. Pediat. 36 (1950) 635.
26. Brit. med. J. (1950 II) 6.
27. Ned. Tijdschr. v. Geneesk. 94 (1950) 2665; Lancet 258 (1950) 659, 724, 819.
28. Bull. Hosp. Joint Dis. (N. Y.) 10 (1949) 59.
29. Bull. Mém. Hôp. Paris 63 (1947) 214.
30. Dtsch. med. Wschr. 71 (1946) 48.
31. J. Egypt. Med. Ass. 35 (1952) 306.
32. Ned. Tijdschr. v. Geneesk. 84 (1940) 2273.
33. Z. klin. Med. 145 (1949) 346.
34. Arch. Psych. Neurol. 180 (1948) 531.
35. Pr. méd. 58 (1950) 320.
36. U.S. Nav. med. Bull. (Wash.) 45 (1945) 1104.
37. J. lab. clin. Med. 22 (1947) 109.
38. J. Allergy 18 (1947) 21.
39. Ann. int. Med. 25 (1945) 246.
40. U.S. Nav. med. Bull. (Wash.) 48 (1948) 48.
41. South. med. J. 42 (1944) 127.
42. J.A.M.A. 130 (1946) 33; Alabama med. J. 37 (1944) 539.
42a. J.A.M.A. 151 (1953) 188.
43. J.A.M.A. 133 (1947) 430.
44. Cardiologia 12 (1947) 183.
45. J.A.M.A. 133 (1947) 1063.
46. Ann. int. Med. 32 (1950) 343; Brit. med. J. (1950 II) 608.
47. Brit. med. J. (1950 II) 251.
48. U.S. Nav. med. Bull. (Wash.) 40 (1952) 411.
48a. Bull. Soc. méd. Hôp. Paris 32/33 (1947) 990; Ned. Tijdschr. v. Geneesk. 96 (1952) 3146.

49. Actapaediatr.,Upps. 33 (1945) 54.
50. J. A. M. A. 131 (1946) 731.
51. Dtsch. med. Wschr. 74 (1949) 769.
52. Amer. J. Dis. Child. 76 (1948) 331.
53. Pr. méd. 58 (1950) 320.
54. New Orleans med. surg. J. 98 (1946) 420.
55. J. Pediat. 15 (1939) 682; J. Allergy 14 (1943) 544; 552.
56. J. Mayr, S. 106.
57. Nord. Med. 43 (1950) 849; Arch. Ophthalm. (Chicago) 41 (1949) 436; Ophthalmologica (Basel) 122 (1951) 143; N.Y. J. Med. 51 (1951) 2657.
58. Brit. med. J. (1951 II) 702.
58a. Pract. oto-rhino-laryng. 14 (1952) 81.
59. Amer. J. med. Sci. 217 (1949) 169.
60. J. Allergy 21 (1950) 208.
61. Schweiz. med. Wschr. 78 (1948) 159; Arch. Mal. Coeur 7-8 (1947) 328; J. Allergy 17 (1947) 21; Ann. Allergy 2 (1944) 299.
62. Ann. int. Med. 24 (1946) 444; Arch. int. Med. 79 (1947) 95.
63. Amer. J. med. Sci. 212 (1946) 54.
64. Arch. Ophthalm. (Chicago) 35 (1946) 48.
65. Dtsch. med. Wschr. 41/42 (1948) 529; 33/34 (1952) 973.
66. Dtsch. Arch. klin. Med. 198 (1951) 337.
67. Brit. med. J. (1952 I) 814.
68. Ned. Tijdschr. v. Geneesk. 96 (1952) 1589.
69. Arch. Derm. Syph. 65 (1952) 53.
70. Mschr. Kinderheilk. 19 (1921) 455; Amer. J. Dis. Child. 36 (1925) 856; Lattante (Parma) 23 (1952) 37; Ned. Tijdschr. v. Geneesk. 96 (1952) 2138.
71. Acta derm.-vener. (Stockholm) 32 (1952) 51; Hautarzt 1 (1950) 336.
72. Ned. Tijdschr. v. Geneesk. 96 (1952) 2675.
73. Rev. Tbc. (Paris) 15 (1951) 1193.
74. Bull. Mém. Hôp. Paris 31/32 (1951) 1361.
75. Arch. franç. Pédiatr. 8 (1951) 451.
76. H. Pette, Die akut entzündlichen Erkrankungen des Nervensystems. Leipzig: G. Thieme. 1942.
77. J. Urol. 68 (1952) 371.
78. J.A.M.A. 151 (1953) 491.
79. Lancet (1952 II) 1104.
80. Harefuah (Tel-Aviv) 37 (1949) 5.
81. Neurology 3 (1953) 277.
82. Amer. J. Med. 14 (1953) 137; J.A.M.A. 157 (1955) 906.
83. South. med. J. 45 (1952) 801.
84. Arch. Kinderheilk. 146 (1953) 258.
85. Ned. Tijdschr. v. Geneesk. 97 (1953) 524.
86. Arch. Otolaryng. 58 (1953) 501.
87. Ned. Tijdschr. v. Geneesk. 97 (1953) 2780.
88. Schweiz. Z. Tbk. 3 (1946) 437.
89. Rev. neurol. B. Aires 81 (1949) 296.
90. J. London, Les accidents de la vaccination jennérienne chez les leucaemiques. Dissertation. Paris 1932.
91. Acta Ophthalm. 27 (1949) 183.
92. Arch. franç. Pédiatr. 8 (1951) 490.
93. Dtsch. med. Wschr. 50 (1928) 2093.
94. Dtsch. med. Wschr. 50 (1927) 2119; Med. Klinik 11 (1929) 434.
95. Zbl. inn. Med. 65 (1932) 635; Schweiz. med. Wschr. 83 (1953) 817.
96. J. Allergy 23 (1952) 322.
97. J. Oslo City Hospitals 2 (1952) 144.
98. Tidsskr. Norske Laegeforening 12 (1952) 1.
99. Canad. Med. Ass. J. 51 (1944) 445.
100. New Engl. J. Med. 237 (1947) 765.
101. Excerpta med. Sec. VI, Intern. Med., Vol. VII, Referat Nr. 7589, S. 1529.
102. Sem. Hôp. Paris 29 (1953) 1349.

103. Acta Allerg. (K'hvn) 6 Suppl. 3 (1953) 167.
104. Amer. J. Dis. Child. 86 (1953) 395.
105. Trans. R. Soc. Trop. Med. 47 (1953) 372.
106. Neurology 3 (1953) 277.
107. Lancet (1954 I) 35.
108. Ned. Tijdschr. v. Geneesk. 98 (1954) 1290.
109. New Engl. J. Med. 250 (1954) 278.
110. Amer. J. Dis. Child. 86 (1953) 601.
111. Amer. J. clin. Path. 24 (1954) 302.
112. Bull. Soc. méd. milit. franç. 30 (1936) 105; J.A.M.A. 76 (1921) 69.
113. Wien. klin. Wschr. 67 (1955) 41.
114. Schweiz. med. Wschr. 84 (1954) 1299.
115. Ann. int. Med. 41 (1954) 605.
116. North Carolina med. J. 15 (1954) 515.
117. Pr. méd. 63 (1955) 105.
118. Ned. Tijdschr. v. Geneesk. 99 (1955) 252.
119. Brit. med. J. (1954 II) 852.
120. Arch. Mal. Appar. digest. (Paris) 43 (1954) 363.
121. Amer. Rev. Tbc. 70 (1954) 402.
122. Lancet (1955 I) 315.
123. Acta Allerg. (K'hvn) 7 (1954) 186.
124. Klin. Wschr. 14 (1937).
125. Tidsskr. Norske Laegeforening (1952) 386.
126. Pr. méd. 63 (1955) 381.
127. Med. Mschr. 2 (1955) 103.
128. J.A.M.A. 107 (1936) 2120.
129. Wien. klin. Wschr. 67 (1955) 896.

XXVII. Antabus

(Disulfiram, Tetraaethylthiuramdisulfid, Refusal, Abstinyl)

A. Erscheinungen, die nach Alkoholgenuß entstehen. Diese werden durch Azetaldehyd, das bei Oxydation von Alkohol entsteht, verursacht (1).

1. Allgemeine Erscheinungen. Kongestionen durch Dilatation der Gesichts- und Halskapillaren, Hyperämie der Sklerae, Ödem der Augenlider, Dyspnoe, Hyperventilation.

Die Patienten fühlen sich, wenn sie Alkohol zu sich nehmen, schwer krank (und das ist auch der Zweck). Brechreiz, Erbrechen, Bauchschmerzen. Oft wird über klopfende Kopfschmerzen geklagt.

Schläfrigkeit, Schwindelgefühl, Schlaflosigkeit.

2. Kardio-vaskuläre Symptome. Störungen des Herzrhythmus: Extrasystolen, nodaler Rhythmus (2), Bradykardie, Tachykardie, Kammerflimmern und -flattern (3).

Manchmal Hypertension, öfters Herabsetzung des Blutdruckes.

Symptome ungenügender Durchblutung des Herzmuskels: Anginöse Beschwerden, Herzinfarkt. Schock oft als Folge von Herzinfarkt (2).

Änderung im EKG; Niedriger- oder Negativwerden der T-Zacken. Senkung des ST-Intervalls. Verlängerung der QT-Zeit (15).

Die Veränderungen im EKG entstehen ¼ Stunde nach Alkoholgenuß und verschwinden meistens wieder nach einer Stunde (21).

Man hat beobachtet, daß das Minutenvolumen um 50% zunimmt.

Einige Todesfälle wurden beschrieben (9). In Dänemark kamen auf 11 000 behandelte Patienten 17 Sterbefälle vor (8).

Ein Patient starb nach Trinken von 300 ml Rum: Es wurde eine starke Dilatation des rechten Herzens gefunden (10). In einem anderen Falle starb der Patient plötzlich nach einem Probetrunk von nur 15 ml Alkohol (11).

3. Nervensystem. Angst, Verwirrtheit, Aufregung, Zornanfälle, Halluzinationen, Delirium, Konvulsionen, Epilepsie, Veränderungen im EEG (4).

Es kommt zu Bewußtlosigkeit, wenn der Alkoholgehalt des Blutes auf 125 bis 150 mg pro 100 ml steigt.

Apoplexie (5), die manchmal tödlich verlief, wurde wiederholt beschrieben. Manchmal blieb eine Hemiplegie zurück.

Auch vorübergehende Blindheit, entstanden durch Zirkulationsstörungen, wurde beobachtet (6).

4. Verschiedene andere Nebenwirkungen. Man sah bisweilen Erytheme entstehen (7), manchmal fixe Erytheme.

Nach forcierter Hyperventilation kam es bei einem Patienten zu Tetanie (12). Akute Nephrose (13) und auch Glukosurie können vorkommen.

Es folgen einige der wichtigsten Reaktionen auf Alkohol in Prozenten: Dyspnoe 18, Bauchschmerzen 12, Brechreiz 71, Erbrechen 63, Benommenheit 85, tiefe Atmung 54, Veränderungen im EKG 92 (14).

Personen, die Disulfiram gebrauchen, darf man natürlich kein Tonikum oder andere Medikamente geben, in denen Alkohol vorkommt. Auch dürfen sie nicht mit Spiritus eingerieben werden (16). Paraldehyde und Disulfiram vertragen sich nicht (17).

B. Nebenerscheinungen nach Disulfiram ohne Alkoholgebrauch. Die Patienten können sich weniger frisch fühlen, müde, apathisch und schläfrig sein. Veränderungen in der Persönlichkeitsstruktur sind möglich; Gedächtnisstörungen. Manchmal werden Männer impotent. Oft spürt man einen starken üblen Geruch aus dem Mund; es wird über Kopfschmerzen geklagt, Herzklopfen, Parästhesien, Schwindel, Kurzatmigkeit, Metallgeschmack, Anorexie, Obstipation, Diarrhöe, Abmagerung.

Man kann Veränderungen im Bereiche des Nervensystems finden (18): Es können Psychosen entstehen.

Bei 250 Behandlungen zeigte sich, daß 10 % 500 mg Disulfiram nicht vertragen konnten.

Die Kranken reagierten mit den oben beschriebenen Erscheinungen. Zum Schlusse kam es zu Verwirrung, Angst, Schlaflosigkeit. Obige Symptome entstanden etwa sechs Wochen nach Beginn der Behandlung und verschlechterten sich, wenn die Dosis nicht herabgesetzt wurde.

Nach Aussetzen der Therapie gehen die Erscheinungen schnell zurück. Sie wiederholen sich nicht, wenn man dem Patienten eine kleinere Dosis ordiniert (22, 23).

Man beobachtete einige Patienten mit peripherer Neuritis (19).

Es kommen allergische Erscheinungen vor und auch Akne.

Nach einer dreiwöchigen Behandlung entstand Purpura mit Thrombopenie (20).

Bei einem Patienten war man gezwungen, die Kur zu unterbrechen, da Gehirnödem eintrat, das durch Steigung des Blutdruckes bis zu 240/130 verursacht wurde (24).

Bei Diabetes kann die Toleranz für Kohlehydrate während der Behandlung abnehmen; es können sich Symptome von Azidose zeigen. Man sah sogar ein Coma diabeticum (4).

Bei den folgenden Krankheiten wird große Vorsicht oder lieber noch gänzlicher Verzicht auf Disulfiram empfohlen: Diabetes mellitus, Herzerkrankungen auf arteriosklerotischer Basis, Gallenblasen- und Lebererkrankungen, chronische und akute Nephritis, Hyperthyreoidie, Epilepsie, Psychosen, Schwangerschaft (4). Außerdem wird vor dem Gebrauch von Disulfiram bei Tuberkulose und Asthma gewarnt (6).

Man hat beobachtet, daß Disulfiram Organsysteme, die krank sind oder krank waren, eher angreift (4).

Literatur

1. Amer. J. Psychiatr. 106 (1950) 8; Arch. Neurol. Psych. (Chicago) 66 (1951) 38; J.A.M.A. 145 (1951) 483, 147 (1951) 1653.
2. J.A.M.A. 146 (1951) 1377.
3. Sven. Läk. tidn. 45 (1948) 2469.
4. J.A.M.A. 150 (1952) 79.
5. Pr. méd. 58 (1950) 795.
6. ALBAHARY, S. 290.
7. J.A.M.A. 139 (1949) 918.
8. Quart. J. Stud. Alcohol 13 (1952) 12; 14 (1953) 363.
9. Lancet 256 (1949) 1059; Canad. Med. Ass. J. 60 (1949) 609; Pr. méd. 58 (1950) 795.
10. Canad. Med. Ass. J. 60 (1949) 609.
11. J.A.M.A. 149 (1952) 568.
12. Ned. Tijdschr. v. Geneesk. 94 (1950) 1726.
13. Wien. klin. Wschr. 61 (1949) 536.
14. J.A.M.A. 149 (1952) 42.
15. J.A.M.A. 152 (1953) 1597.
16. J. med. Soc. N. Jersey 47 (1950) 168.
17. J.A.M.A. 151 (1953) 1408.
18. Geneesk. Gids 27 (1949) 496; Schweiz. med. Wschr. 80 (1950) 1151.
19. J.A.M.A. 152 (1953) 1329; Brit. med. J. (1953 II) 380, 937.
20. Wien. klin. Wschr. 64 (1952) 431; 67 (1955) 876.
21. Medizinische (1954) 456.
22. Lyon méd. 3. Oktober 1954.
23. Quart. J. Stud. Alcohol 14 (1953) 406.
24. Pr. méd. 62 (1954) 1436.

XXVIII. Verschiedene Arzneimittel

Ätherische Öle (z. B. aus Salbei oder Zitrone)
Allergische Störungen, u. a. Stomatitis.

BAL (Dimercaprol, 2,3-Dimercaptopropanol)
1. Allgemeine Erscheinungen. Müdigkeit, Schläfrigkeit, Unruhe, Fieber, Brechreiz, Erbrechen, Bauchschmerzen.

Schmerzen im Kopf, in den Gliedern, im Rücken und in den Zähnen.

Parästhesien in den Lippen, in Mund, Hals, Augen, Händen, Füßen, Penis (3).

Tremor, Spasmen von Muskelgruppen, Tetanie (104).

Tachykardie, Hypertension (4). Präkordialangst mit Brustbeklemmung.

2. Allergische Erscheinungen. Konjunktivitis (5), Exantheme, Urtikaria, Dermatitis (6).

3. Lokale Erscheinungen. Schmerzhafte Infiltrate und Abszesse an den Injektionsstellen. Urtikaria durch BAL enthaltende Salben (8). Kontaktdermatitis (7).

Ephedrin und Antihistamine sollen bei Nebenerscheinungen von BAL günstig wirken (9).

Benemid (10)

Ernste Nebenerscheinungen sind selten. Am schwersten sind die allergischen Symptome: Frösteln, Fieber, Ausschlag, Muskelschmerzen, Kurzatmigkeit, Brechreiz, Erbrechen, Schocksymptome.

Ein 65jähriger Mann hatte 30 Tage Benemid gut vertragen. Nach zehn Monaten erkrankte er nach einmaligem Einnehmen von 0,5 g im Laufe einer Stunde: Jucken und Urtikaria an den Füßen. Ödem des Gesichtes und Kopfes. Kurz hierauf begann der Patient zu schwitzen, fühlte sich matt und wurde blaß. Er hatte Tachykardie und niedrigen Blutdruck.

Ein anderer Patient bekam nach einem Monat Fieber.

Folgende Nebenwirkungen sah man bei Benemidbehandlung von 2502 Patienten (87):

Magen-Darmsymptome bei 78 Patienten.

Anorexie bei 2, Brechreiz bei 25, Erbrechen bei 6, Diarrhöe bei 1, Meteorismus bei 42 und Sodbrennen bei 2 Patienten.

Allergische Erscheinungen bei 8, Arzneifieber bei 9, Exanthem bei 34 Patienten. Nierenkolik, Schmerzen in der Lendengegend, Abgang von Harnsteinen, Hämaturie bei 21 Patienten. Akuter Gichtanfall bei 31, Wallungen bei 1 Patienten. Kopfschmerzen hie und da. Reduzierender Stoff im Harn bei 14, Schwindelanfälle bei 1, Anämie bei 1, hoher Reststickstoffwert bei 3 Patienten.

Die Exantheme werden als scharlachartig, makulopapulös, urtikariaartig beschrieben. Meist sind sie von Fieber begleitet. Neunmal sah man Exanthem ohne Fieber.

Die Magenbeschwerden waren zumeist unbedeutend. Nur in acht Fällen mußte man die Therapie einstellen.

Bei einem Patienten entwickelte sich in der vierten Woche eine leichte Anämie. Weiters wurden im Blut keine Veränderungen gefunden. Auch die Leberfunktion war normal. In den Nieren fand man bei Patienten, die während der Behandlung einer Infektionskrankheit mit Penicillin und Benemid starben, keine Veränderungen.

Die reduzierende Substanz ist wahrscheinlich Benemid, gekoppelt an Glukuronsäure.

Benzol

Panzytopenie, Leukämie, hämolytische Anämie.

Cantharidin

Bei äußerlichem Gebrauch können Schädigungen der Harnwege mit ernsten Blutungen auftreten. Es wurde auch Ataxie beobachtet.

Bei Anwendung von Spanischen Fliegen im Nacken, wegen Kopfschmerzen, kam es zu Konvulsionen, denen der Patient einige Stunden später erlag (88).

Caronamid

Leukopenie; Knötchen in der Haut, so wie man sie auch bei Periarteriitis nodosa sieht (11); Ödeme, Senkung der Ureumclearance (12), Erythrozyten und Leukozyten im Harn, verlängerte Blutungszeit (13), die Blutkapillaren werden porös.

Oleum cinnamoni

kann allergische Symptome verursachen. Jucken und Blasen an den Händen (14). Kontaktdermatitis (15). Cheilitis (16).

Ein Patient litt fünf Jahre an einer Dermatitis, die durch eine Zimtöl enthaltende Zahnpasta verursacht zu sein schien (14).

Chrysarobin

Jucken, erythematöse und vesikulöse Hauteruptionen, Erbrechen, Diarrhöe, Hämaturie, Albuminurie, Fieber. Man muß gut auf die Augen aufpassen. Kommt eine kleine Menge ins Auge, kann eine Keratitis folgen.

Decholin (19)

Allergische Erscheinungen. Urtikaria und Erythem der Brustwand, außerdem feuchtes Rasseln über beiden Lungen, entwickelte sich bei einem Patienten nach dreimal Decholin. Adrenalin und Pyribenzamin brachten Genesung (20). Es kann auch zu ernsten Symptomen von anaphylaktischem Schock (21) und Asthma (22) kommen.

Ein Asthmatiker bekam nach 4 ml 20 % Decholin einen schweren Anfall und starb in drei Minuten (89).

Niesanfälle, Brechreiz und Erbrechen wurden beobachtet (89).

Hier folgen noch vier Berichte eines Autors über Decholin (90):

a) 15jähriges Mädchen. Fünf Minuten nach der Einspritzung Dyspnoe, Unruhe, Konvulsionen, hierauf Aussetzen der Atmung. Die Pulsfrequenz sank auf zehn Schläge in der Minute. Exitus.

b) Zehn Minuten nach der Injektion von 5 ml 20 % Decholin entstanden Dyspnoe, Zyanose, Hyperpnoe, Tachykardie und dann Apnoe. 20 Minuten nachher Exitus.

Bei der Obduktion fand man Lungenödem.

c) Fünf Minuten nach 3 ml Schock. Pulsfrequenz 30. Eine Stunde später Vorhofflimmern. Genesung.

d) Nach drei Minuten entstanden Dyspnoe, Schüttelfrost, Fieber, Erbrechen, Zyanose. Genesung.

Diaethylen-glycol

Brechreiz, Erbrechen, Kopfschmerzen, Benommenheit, Schwindel, Schwitzen, Parästhesien, Koma mit Verlust aller Reflexe. Vier Patienten erkrankten 10 bis 30 Minuten nach einem Klysma mit Diaethylenglycol. Einer von ihnen starb.

Hämaturie, Albuminurie, Anurie, Symptome von Bulbärparalyse, Ikterus, Lebernekrose, Blutungen in den Magen-Darmkanal.

In Amerika wurden zahlreiche Sterbefälle infolge von Massengilsulfonamid-elixier, das Diaethylen-glycol enthielt, beobachtet (23).

Diamox (Acetasolamide)

Benommenheit, Schläfrigkeit, Diarrhöe.

Ein Patient bekam starken Krampf in den Schenkeln (91). Ein anderer Patient hatte nach zwei Gaben von 0,5 g Dyspnoe, Husten, Fieber, Kopfschmerz, retrosternale Schmerzen (92). Über einen Fall von Agranulozytose wird berichtet (93).

Parästhesien, Schwindelanfälle, Kopfschmerzen, Brechreiz, Erbrechen, Müdigkeit und Beklemmung.

Neuritis, Kaliumabnahme, Psychose (103).

Dimedon

Granulozytopenie (23).

Dulcin (Synthalin, Sucrol, Phenetolcarbamid)

Bei übermäßigem Gebrauch: Erbrechen, Bauchschmerzen, Benommenheit, Ataxie, Konvulsionen, Zyanose, Methämoglobinämie.

Fett

gebraucht als parenterale Nahrung, intravenös angewendet (68): Schüttelfrost, Fieber, Kongestionen, Brechreiz, Erbrechen, Schwankungen des Blutdruckes.

Fluorescin (24)

Intravenös: Asthma, Urtikaria, Schock.

Glukose

Es können allergische Erscheinungen entstehen. Wenn eine aus Zuckerrüben verfertigte Glukose schlecht vertragen wird, kann eine aus Rohrzucker verfertigte doch gut vertragen werden. Auch das Umgekehrte ist möglich.

Bauchschmerzen, Brechreiz, Erbrechen, Eosinophilie. Der Urin kann die Farbe von Portwein bekommen (25).

Wenn ein Patient nach einem Glukoseinfus Erscheinungen zeigt, die man nicht sofort erklären kann, muß man an eine Allergie gegen Glukose denken (26).

Nach parenteraler Zufuhr von Glukose können schwere Nierenveränderungen in Form einer *Nephrose* entstehen. Bei einem solchen Patienten wurden 3000 g Glukose in 15 Tagen eingespritzt (83).

Hyaluronidase

Durch schnelle Resorption einer Hypodermoclyse kann die Zirkulation überbelastet werden (27).

10 mg Hyaluronidase, eingebracht in den Cervix uteri, verursachten plötzliche Reizung, Feuchtigkeitsausscheidung, Jucken in der Vagina und in den äußeren Geschlechtsteilen. Überdies fühlte sich die Patientin krank, hatte Bauchkrämpfe, Husten, mußte oft niesen, und ihre Augen tränten (28).

Wenn man, um das Entstehen von Nierensteinen zu verhindern, zu wenig Hyaluronidase reicht, kann man die Steinbildung erst recht fördern (80).

Einem Patienten wurde die Blase mit Hyaluronidase ausgespült. Er wurde schwer krank und starb. Man fand, daß der extravesikale Raum stark eitrig entzündet war. Eine Perforation war nicht vorhanden. Man nahm an, daß der infizierte Harn durch Enzymwirkung die Blasenwand passieren konnte (94).

Bei Verwendung in der Augenheilkunde entstanden nach subkonjunktivaler Injektion: Ödem, Chemosis, Augenschmerzen, Brechreiz, Erbrechen, Schocksymptome mit niedrigem Blutdruck und verlangsamtem Puls (95).

Ionen-Austauscher

Während des Gebrauchs bei Herzkranken und Leberzirrhose kann man folgende Erscheinungen beobachten:

1. Magen-Darmkanal. Anorexie, Brechreiz, Erbrechen, Obstipation (31, 54), Diarrhöe (67).

2. Veränderung in der Zusammenstellung der Elektrolyten. Azidose. Bei ungenügender Nierenfunktion kann es selbst zu schwerer Azidose kommen (29, 53).

Verminderung des Kalium-, Natrium- und Kalziumgehaltes kann beobachtet werden.

Tetanie bei Kindern, die ein Jahr lang mit 22 bis 35 g Kationen-Austauscher täglich behandelt worden waren. Außerdem wurde röntgenologisch eine Osteoporose festgestellt (105).

Es wird über eine 28jährige Frau mit einer kardialen Zirrhose berichtet. Unter der Behandlung sank der Kalziumwert auf 5,8 mg%, dabei kam es zu schweren tetanischen Anfällen (106).

Es können Eisenmangelanämien entstehen.

Es ist möglich, daß bei Salzmangel und Symptomen von Dehydration Schock und Urämie entstehen (30).

3. Nervensystem. Schläfrigkeit, Apathie, erschwertes Sprechen, Tremor. Bewußtseinsstörungen: Zuweilen haben die Patienten einen starren Blick, reagieren nicht auf gestellte Fragen oder nehmen eine gezwungene Haltung an, und man sieht Zeichen von Automatismus; manchmal sind sie verwirrt.

4. Haut. Man sah Erytheme (32).

5. Es können Symptome von *Digitalis*-Intoxikation entstehen, so wie sie bei digitalisierten Patienten, die mit Quecksilberdiuretika behandelt wurden, ebenfalls bekannt sind (86).

Kongorot

Sechs Fälle von schwerem anaphylaktischem Schock mit zwei Sterbefällen wurden nach Einspritzen von Kongorot zu diagnostischen Zwecken beobachtet (17). Sie betrafen Patienten, denen vorher schon einmal Kongorot eingespritzt worden war.

Man hat auch eine Verzögerung der Blutgerinnung unter Einfluß von Kongorot entstehen sehen (40).

Menthol

In Form von Nasentropfen kann Menthol bei Kleinkindern manchmal sogar letale Glottiskrämpfe hervorrufen. Ferner kann Menthol allergische Erscheinungen verursachen: Ohrensausen, Ohrenschmerzen, Husten, Konjunktivitis, Erytheme, Ekzem, Dermatitis, Symptome von Nierenschädigung.

Eine Krankengeschichte berichtet über einen Patienten, der Purpura mit normaler Thrombozytenzahl bekam, immer, wenn er Zigaretten rauchte, die Menthol enthielten (33).

Morrhuas-Präparate

Eine Publikation berichtet über sechs Patienten mit schwerem anaphylaktischem Schock und über eine größere Zahl leichter anaphylaktischer Erscheinungen: Rötung und Schwellung des Gesichtes, Rötung der Skleren und Konjunktiven, Beklemmung, Hustenreiz, niedriger Blutdruck, Bauchschmerz, Schmerz in der Nierengegend; Schmerz in dem Bein, in das injiziert wurde; manchmal Urtikaria, Jucken, Erbrechen, Bewußtlosigkeit, Inkontinenz. Jucken und Urtikaria traten manchmal bei früheren Injektionen auf (96).

Bei einem Patienten kam es nach Einspritzung in eine Unterschenkelader zu anaphylaktischem Schock mit einer hämorrhagischen Diathese. Die Blutungszeit war verlängert (34).

Para-aminohippursäure (35)

Durst, Anorexie, Benommenheit, Schwindel, Schwächegefühl, oberflächliche Atmung, Zyanose.

Ödeme durch Natriumretention; hingegen ist ein niedriger Kaliumgehalt des Blutserums vorhanden, wodurch vielleicht das Schwächegefühl zu erklären ist.

Pikrinsäure (= Trinitrophenol)

Kann aus Wunden resorbiert werden: Brechreiz, Erbrechen, Diarrhöe, Ekzem; Gelbfärbung von Haut und Schleimhäuten, die wie Ikterus aussieht; Nierenschädigung, Erythrozyten im Harn, Anurie, Hämolyse (36).

Pflanzenöle (Olivenöl, Sesamöl, Mandelöl)

werden für Depotpräparate von Penicillin, Kampfer und Hormonen gebraucht.

Diese Öle können flüchtige Lungeninfiltrate mit Eosinophilie verursachen. Es wird angenommen, daß diese Infiltrate entstehen, wenn das Öl in eine Vene kommt. Man hat oft herdförmige Infiltrate beobachtet. Meistens ist der Hilus vergrößert. Zuweilen sieht man ein Pleuraexsudat (87).

Radioaktive Isotope

Nach Behandlung mit radioaktivem Phosphor (P^{32}): Leukopenie, Anämie, Thrombopenie. Zu diesen Erkrankungen kommt es in einigen Fällen erst Wochen bis Monate nach dem letzten Gebrauch (37). Ein Patient mit Polyzythämie bekam nach Behandlung mit P^{32} eine thrombopenische Purpura (38). Eine doppelseitige Parotitis entstand nach J^{131} (107).

Wird ein radioaktiver Stoff neben die Vene gespritzt, können nichtheilende Hautgeschwüre entstehen (39).

Thorotrast

Bei einem Patienten wurde mit 70 ml Thorotrast eine Arteriographie vorgenommen. Neun Jahre später wurde auf dem Röntgenphoto ein Schatten in Leber und Milz gefunden. Die Leber war zirrhotisch mit nekrotischen Stellen. Man fand auch noch Thorotrast in Lymphdrüsen und im Knochenmark (40). Thoriumdepots in der Leber konnten bei einem Patienten nachgewiesen werden, so lang er lebte (81).

Nierensarkom, 16 Jahre nach einer Pyelographie mit Thoriumdioxyd (41). In der Umgebung des Tumors waren große Thoriumdepots. Bei einem anderen Patienten entstanden doppelseitige Lungenkarzinome sehr verschiedenartiger Struktur (42).

Leberkarzinom, Panzytopenie (43, 58).

Bei der *Arteriographie des Gehirns mit Diodrast oder Thorotrast* können folgende Nebenerscheinungen vorkommen: Homolaterale Blutungen im Gesicht (44) und besonders in den Konjunktiven, Retinablutungen, Retinitisherde, schlechtes Sehen (nur bei 13,8 % wurden keine Augenstörungen gefunden), Amaurose durch Neuritis optica, homolaterale Dilatation der Pupillen, Schmerz in den und um die Augen, Thrombose der Arteria carotis interna.

Bei langdauernder Wirkung von Thorium X: Aplastische Anämie (45), Leukämie, Lungenfibrose, Lungentumoren, Kiefernekrose, Osteosarkome, Sterilität, Erytheme, Dermatitis, Hautgeschwüre, Deformierungen der Nägel.

Es wird über zwei Fälle berichtet, bei denen es nach intravenöser Peteosthorbehandlung (Eosin-Platinsol + Thorium X) zur Entwicklung einer akuten Myelose kam (108).

Ein Sarkom entstand am Ort der Thorotrast-Injektion (109).

Bei akuter Radiumvergiftung (46): Allgemeine Schwäche, Anorexie, Tränen der Augen, Brechreiz, Erbrechen, Diarrhöe, Schock; hämorrhagische Diathese durch Verminderung der Thrombozyten, durch Kapillarschädigung und dadurch, daß ein heparinähnlicher Stoff gebildet wird; Laryngitis, Tonsillitis, Pharyngitis, Vaginitis, Geschwüre der Schleimhäute und der Haut, Neigung zu sekundären Infektionen, Haarausfall, Grauwerden der Haare, Fieber, zunehmende Anämie, Kachexie. Es können Tumoren entstehen.

Resorcin

Resorcinhaltige Salben können Myxödem verursachen (47).

1%ige Resorcinsalbe verursachte eine akute Dermatitis im Gesicht. 20 Jahre später dieselbe Folge nach Gebrauch von 1 % Resorcin. Nach Genesung kam es nach 0,5 g Resorcin per os zu einer allgemeinen Dermatitis und sechs Stunden später zu einem an das ARTHUS-Phänomen erinnernden Infiltrat an der Stelle, an der ein Hauttest vorgenommen wurde (97).

Rohrzucker (Sukrose)

Nach intravenöser Injektion von 100 bis 200 ml 25 bis 50 % Sukrose entstand Degeneration und Nekrose der Nierenkanälchen (49).

Allergische Erscheinungen kommen nach innerlichem und parenteralem Gebrauch vor (50).

Sauerstoff

Sauerstoffvergiftung kommt vor, wenn man Gasmischungen mit 60 bis 70 % Sauerstoff einatmen läßt: Hyperämie der Lungen, Atelektase, Pneumonie. Symptome seitens des Zentralnervensystems: Blässe, Schwindel, Angst, Konvulsionen, Depression, Euphorie, Halluzinationen (73), Dyspnoe, Herzklopfen (74).

Bei Patienten mit einer Lungenkrankheit kann Sauerstoff gefährlich werden, wenn Retention von CO_2 entsteht.

Dieser Zustand kommt bei ernster Dyspnoe, bei Asthma und Emphysem vor. Der Patient kann durch den Sauerstoff somnolent werden und danach in Koma verfallen. Sauerstoff verursacht Zunahme der CO_2-Retention, wodurch auch die respiratorische Azidose zunimmt. Der Hirndruck ist erhöht (61, 76). Sobald sich Veränderungen in der Psyche und im Bewußtsein des Patienten zeigen, muß die Sauerstoffzufuhr eingestellt werden (59, 75). Wenn sich der Patient nicht wohl fühlt, kann dies schon eine Warnung sein. Er erwacht aus dem Koma, wenn der Sauerstoff rechtzeitig eingestellt wird (77).

Sauerstoffintoxikation ist eine CO_2-Intoxikation: CO_2 führt zu Narkose der Großhirnrinde und der lebenswichtigen Zentren.

Ist das Blut mit Sauerstoff überladen, wird die Übertragungsfunktion des Blutes gestört: CO_2 wird in den Geweben angereichert.

Molekularer Sauerstoff wirkt auch direkt toxisch auf den Respirationstrakt und das Zentralnervensystem.

In luftgefüllten Körperhöhlen verringert sich der Stickstoffgehalt, was zu unangenehmen Erscheinungen führen kann.

Durch Einziehung des Trommelfells können Schmerzen entstehen.

Schmerzhafte Atembeklemmung, besonders beim Einatmen (102).

Führt man Sauerstoff in zu hoher Konzentration bei prämatur geborenen Kindern zu, kann eine retrolentale Fibroplasie entstehen (60, 78).

Es werden gegenwärtig öfters Sauerstoffinjektionen in eine Arterie gegeben. Dabei sieht man: Lumbago, Koliken mit Diarrhöe, Senkung des Blutdruckes, Temperaturerhöhung, Hemiplegie, Koma, Exitus (79).

Aus der Chirurgischen Universitätsklinik Innsbruck wird über 5000 intraarterielle Einblasungen berichtet, wobei drei ernstere Zwischenfälle beobachtet wurden:

Durch Rückstauung des Gases trat ein inkomplettes Querschnittssyndrom auf. Die Erscheinungen bildeten sich nach vier Wochen zurück.

Bei einem zweiten Patienten wurde das Gas noch höher rückgestaut und verursachte ein Krankheitsbild ähnlich einer Meseraica-Thrombose. Bei einem dritten Patienten wurde das Gas bis in das Gehirn zurückgeführt. Es entstand ein apoplektisches Zustandsbild, wobei eine Minderung der Sehkraft bestehen blieb.

Zur Vermeidung der Rückstauung wird eine dünne Kanüle empfohlen. Den Insufflationsdruck wähle man nur wenig höher als den diastolischen Blutdruck. Horizontale Lagerung für zehn Minuten wird empfohlen. Die Insufflation des Gases in die Vene muß unter allen Umständen vermieden werden (110).

Soja (Papain) (48)

Asthma, Rhinitis, angioneurotische Ödeme, Magen-Darmstörungen, Eosinophilie.

Streptokinase-Streptodornase (Varidase) (64)

Fieber, Krankheitsgefühl, Gelenkschmerzen, Leukozytose, weiße und rote Blutkörperchen im Harn, Glukosurie.

Das Fieber erscheint meist nach vier bis sechs Stunden und verschwindet im Laufe von 24 bis 48 Stunden (62).

Bei Behandlung von Empyemen können große Blutungen entstehen.

Streptokinase-Streptodornase darf nicht in Gebieten mit großen Blutgefäßen gebraucht werden (65).

Anaphylaktischer Schock kann vorkommen.

Bei lokaler Behandlung von Thrombose können Lungeninfarkte entstehen (66).

Nach Pneumolyse entstand ein Hämatothorax. Behandlung mit Varidase. Es entwickelte sich ein Chylothorax. Die Chylusfistel schloß sich spontan nach zweieinhalb Wochen (98).

Wir sahen einen Patienten, dem ohne Überlegung 20000 E Streptokinase und 5000 E Streptodornase intramuskulär eingespritzt worden waren. Der Patient erbrach stundenlang und hatte wässerige Diarrhöe. Am nächsten Tag bekam er Schock. Die Austrocknung war so stark, daß ihm erst, nachdem 3 l Flüssigkeit subkutan gegeben worden waren, ein Tropfen Blut zur Untersuchung abgenommen werden konnte. Der Hämoglobingehalt betrug nun 130 %.

Der Mann erholte sich, nachdem ihm 11 l Flüssigkeit zugeführt worden waren.

Succus liquiritiae (Liquiritiae Radix)

Retention von Kochsalz und dadurch Ödeme und Hypertension. Symptome von Decompensatio cordis sowie Leber- und Lungenstauung.

Kopfschmerzen, Benommenheit, Sehstörungen (52). *Hypokalämie* und dadurch Herzbeschwerden (51).

Nach monatelangem Gebrauch von im ganzen 4 kg Succus war der Blutdruck 240/120 mit kardialen Symptomen.

Nach Aussetzen des Mittels wurde der Blutdruck wieder normal (82).

Man sieht wiederholt, daß die Menge des Succus nach und nach vermindert werden muß. Einer unserer Patienten mit ADDISONscher Krankheit kam mit einem Blutdruck von 200 mm Hg zur Kontrolle.

Bei etwa 20 % entstehen Ödeme, steigt der Blutdruck, hört man Klagen über Beklemmung und Kopfschmerzen (100). Senkung des Hämoglobingehaltes. Steigerung des arteriellen und venösen Druckes. Zunahme von Plasma und Schlagvolumen. Kopfschmerzen können auch bei normalem Blutdruck vorkommen. Die Ursache der Elektrolytstörungen ist die Glycyrrhizinsäure.

Ödembildung abwechselnd, je nach dem Gebrauch des Präparates. Dies hängt vermutlich von dem Gehalt an Glycyrrhizinsäure ab, der mit 2 bis 10 % angegeben wird.

Es gibt individuelle Empfindlichkeit für Ödembildung. Vielleicht hängt dies vom Zustand der Nebennieren ab. BORST ist der Ansicht, daß Succus bei M. Addison allein wirkt, wenn noch etwas Nebennierenhormon gebildet wird. Vielleicht ist daher eine stärkere Wirkung durch die Bildung von viel Rindenhormon begründet.

Es kann zu akuten Erscheinungen kommen, wie Asthma cardiale und Angina pectoris.

Es wird über einen Patienten berichtet, bei dem starke Kopfschmerzen gleichzeitig mit depressiven Symptomen auftraten. Es war wohl Ödem vorhanden, aber keine Blutdrucksteigerung.

Man weist auch auf Symptome von Hypokalämie hin: diese Symptome wurden auch wiederholt beschrieben, wenn Succus als Geschmackskorrigens gebraucht wurde.

Berichtet wird über einen Patienten mit akuten Herzerscheinungen als Folge eines zu niedrigen Kaliumgehaltes: Unangenehme Sensationen in der Herzgegend, Bradykardie und Senkung der T-Zacken. Kalium 11,8 mg %.

Bei einem anderen Patienten kam es zu stenokardischen Beschwerden, gleichzeitig mit leichtem Ileus, die nach Aussetzen des Succus verschwanden.

Veränderungen im EKG durch Hypokalämie nach Gebrauch von Succus liquiritiae (99).

Tannin

Geschmacksverlust, trockener Mund, Brechreiz, Erbrechen, Bauchschmerzen, Stuhlverstopfung, manchmal Diarrhöe, Asthma, Rhinitis vasomotoria, Urtikaria.

Natriumthiosulfat

Schwächegefühl, Synkope, Brechreiz, Bauchschmerzen, Nephrose (55).

Tragacanth

Asthma, Urtikaria (56), Dermatitis (57).

Trypsin

Intravenös injiziert kann es folgende Erscheinungen verursachen (85):

1. Unmittelbar nach der Injektion entstehen bei jedem Patienten Kongestionen. Manchmal wird über ein Erstickungsgefühl in der Kehle geklagt. Einmal bekam ein Patient Salzgeschmack im Mund. Drei Minuten nach der Einspritzung verschwinden diese Erscheinungen.

2. Symptome, die etwa zwei Stunden nach der Injektion entstehen: Schüttelfrost, Fieber, Brechreiz, Anorexie, Erbrechen, Krampf im Oberbauch, Schmerz im Oberarm.

Das Eigenartige dieser Reaktion ist, daß sie bei der ersten und zweiten, selten bei der dritten Injektion und nie bei den folgenden entsteht.

Bei einer folgenden Serie von Injektionen können sich dieselben Erscheinungen wiederholen.

3. Thrombose und Embolie wurden bei verschiedenen Patienten wahrgenommen.

Wasser (Aqua destillata)

Man sah Sterbefälle bei transurethraler Prostataresektion als Folge von Hämolyse nach Spülungen mit destilliertem Wasser (69).

Bei transurethraler Resektion kann auch eine bedeutende Menge Spülflüssigkeit durch offenstehende Venen in den Kreislauf kommen und zu Lungenödem führen. Dieser Zustand entstand bei sechs Patienten, wobei man annehmen muß, daß das Herz nicht über genügend Reserveenergie verfügte (101).

Wasserintoxikation entstand bei einer Frau, die durch Klysma neun Liter Wasser in 30 Stunden bekommen hatte. Die Symptome waren: Schwitzen, Erbrechen, Nackenschmerzen, Benommenheit, Konvulsionen.

Besonders bei Megakolon muß man an die Möglichkeit des Entstehens einer Wasserintoxikation denken (70). Wasserintoxikation nach Operationen (71).

Komplikationen *der parenteralen Flüssigkeitszufuhr* (72):

1. Pyrogene Reaktionen.

2. Überbelastung der Zirkulation: Ödeme.

3. Störungen in der Zusammensetzung des Blutes: Niedriger Eiweißgehalt; wenig Kalzium und Kalium; Azidose durch Verdünnung.

Bei Personen mit normalem Kohlehydratstoffwechsel kann Azetonurie durch Infusionen mit 1% Natrium bicarbonicum entstehen.

4. Komplikationen bei rascher Infusion: Plötzliches Sinken des Blutdruckes, plötzlicher Tod, Lungenödem. Durch schnelles Einträufeln von 5% Glukose kann es zu Wasser- und Salzmangel kommen, wenn mehr Harn (der Salz enthält) gebildet wird, als Flüssigkeit zuströmt.

Literatur

1. J.A.M.A. 142 (1950) 1136.
2. Sem. Hôp. Paris 25 (1949) 17.
3. J. clin. Invest. 25 (1946) 480; N. Y. J. Med. 49 (1949) 1965.
4. Pr. méd. 54 (1946) 841; Lancet 262 (1952) 1092.
5. J.A.M.A. 137 (1948) 368.
6. Ann. int. Med. 33 (1950) 922; J.A.M.A. 133 (1947) 293.
7. J. invest. Derm. 9 (1947) 281.
8. Ann. Allergy 3 (1945) 297.
9. Amer. J. Syph. 34 (1950) 490.
10. Trans. Ass. Amer. Physicians 64 (1951) 279.
11. J.A.M.A. 138 (1948) 876.
12. Lancet 256 (1949) 99.
13. J. Pediat. 34 (1949) 83.
14. Arch. Derm. Syph. 64 (1951) 52.
15. Ohio St. med. J. 46 (1950) 659.
16. J.A.M.A. 152 (1953) 404.
17. Quart. Bull. Sea View Hosp., N. Y., 8 (1946) 131.
18. Amer. J. med. Sci. 193 (1937) 626.
19. Amer. Heart J. 34 (1947) 740.
20. Calif. West. Med. 72 (1950) 119.
21. New Engl. J. Med. 248 (1953) 154.
22. Amer. Heart J. 34 (1947) 740.
23. J.A.M.A. 109 (1937) 1984; Proc. Soc. exp. Biol. (N.Y.) 37 (1937) 38/559.
24. Nord. Med. 42 (1949) 1700.
25. Ann. Allergy 8 (1950) 603.
26. Arch. Surg. (Chicago) 61 (1950) 554.
27. Münch. med. Wschr. 95 (1953) 1105.
28. Amer. J. Obstet. Gynec. 58 (1949) 188.
29. Arch. int. Med. 90 (1952) 192.
30. Amer. Heart J. 42 (1951) 698.
31. New Engl. J. Med. 246 (1952) 124; 247 (1952) 239.
32. Amer. J. med. Sci. 223 (1952) 117.
33. J.A.M.A. 146 (1951) 816.
34. Canad. Med. Ass. J. 65 (1951) 473.
35. Clin. Science 8 (1949) 53.

36. Ghosh, S. 595.
37. J. lab. clin. Med. 29 (1944) 1020.
38. Amer. J. Med. 7 (1949) 564.
39. J. A. M. A. 143 (1950) 564.
40. Schweiz. med. Wschr. 78 (1948) 287.
41. Schweiz. med. Wschr. 79 (1949) 1266.
42. Ir. J. med. Sci. 293 (1950) 229.
43. J. lab. clin. Med. 32 (1947) 147; Schweiz. med. Wschr. 83 (1953) 1061.
44. Arch. Ophthalm. 45 (1951) 623.
45. Wien. klin. Wschr. 62 (1950) 497.
46. Ann. int. Med. 32 (1950) 207.
47. Lancet 258 (1950) 851; 260 (1951) 798.
48. Ned. Tijdschr. v. Geneesk. 95 (1951) 121.
49. J. A. M. A. 114 (1940) 1983; Schweiz. med. Wschr. 85 (1955) 1078.
50. J. lab. clin. Med. 36 (1950) 242.
51. Lancet 259 (1950) 381.
52. Ned. Tijdschr. v. Geneesk. 95 (1951) 121.
53. Gastroenterology 19 (1951) 336; Schweiz. med. Wschr. 84 (1954) 558.
54. J. A. M. A. 149 (1952) 1012, 1116.
55. J. A. M. A. 134 (1947) 1092.
56. J. Allergy 17 (1947) 214.
57. Ann. Allergy 6 (1949) 680.
58. Schweiz. med. Wschr. 83 (1953) 1061.
59. Lancet 257 (1949) 1883.
60. Pediatrics 6 (1950) 55.
61. J. A. M. A. 149 (1952) 1116.
62. J. clin. Invest. 30 (1951) 1171.
63. Amer. Surgeon 18 (1952) 891.
64. Sven. Läk. tidn. 45 (1948) 2469.
65. Amer. J. Surg. 85 (1953) 55.
66. Amer. J. Surg. 85 (1953) 226.
67. Arch. int. Med. 90 (1952) 192.
68. Arch. int. Med. 89 (1952) 353.
69. New Engl. J. Med. 237 (1947) 310.
70. Brit. med. J. (1952 I) 692; Lancet (1954 I) 587.
71. Surgery 31 (1952) 654; Lancet (1954 I) 172.
72. C. A. Moyer, Fluid Balance. Chicago: The Yearbook Publishers. 1950.
73. J. A. M. A. 143 (1950) 1044.
74. Brit. med. J. (1947 I) 667, 712.
75. New Engl. J. Med. 19 (1951) 710; Brit. med. J. (1948 II) 639.
76. New Engl. J. Med. 246 (1952) 124; 247 (1952) 239; J. A. M. A. 149 (1952) 1012.
77. J. Allergy 22 (1951) 423.
78. Amer. J. Ophthalm. 35 (1952) 1248.
79. J. A. M. A. 138 (1948) 447.
80. J. A. M. A. 154 (1954) 745.
81. Lancet (1953 II) 852.
82. Münch. med. Wschr. 95 (1953) 580.
83. Ann. int. Med. 39 (1953) 1308; J. Pediat. 3 (1933) 144; J. A. M. A. 114 (1940) 1983.
84. Schweiz. med. Wschr. 82 (1952) 777.
85. J. A. M. A. 154 (1954) 1260.
86. Ann. int. Med. 40 (1954) 698.
87. Arch. int. Med. 95 (1955) 83.
88. Brit. med. J. (1954 II) 1386.
89. J. clin. Invest. 15 (1936) 37.
90. New Engl. J. Med. 251 (1954) 646.
91. J. A. M. A. 156 (1954) 1059.
92. N. Y. J. Med. 54 (1954) 692.
93. J. A. M. A. 157 (1955) 339.
94. Lancet (1954 II) 736.
95. Pr. méd. 63 (1955) 67.
96. Münch. med. Wschr. 96 (1954) 994.
97. Lindemayr, S. 49.
98. Beitr. Klin. Tbk. 112 (1954) 422.
99. Wien. Z. inn. Med. 33 (1952) 410; Therapiewoche 2 (1952) 520.
100. Dtsch. med. Wschr. 79 (1954) 1406.
101. J. A. M. A. 156 (1955) 1042.
102. Klin. Wschr. 33 (1955) 457.
103. Brit. med. J. (1955 I) 983.
104. Ärztl. Wschr. 10 (1955) 538.
105. Lancet (1954 II) 70.
106. Ärztl. Wschr. 10 (1955) 761.
107. Proc. Meet. Mayo Clin. 30 (1955) 149.
108. Ärztl. Forschg. 9 (1955) 1/364.
109. Zbl. allg. Path. 92 (1954) 255.
110. Wien. klin. Wschr. 67 (1955) 899.

Sachverzeichnis